河湖水系连通战略问题研究

徐宗学 庞博 冷罗生 等 著

中国水利水电出版社
www.waterpub.com.cn
·北京·

内 容 提 要

本书从人与自然的关系出发，对河湖水系连通面临的水资源、防洪、环境、生态、哲学、经济和法律问题进行了梳理，并对典型案例进行了研究。全书分为三篇，主要内容包括：探讨了河湖水系连通的概念、内涵和驱动机制，构建了河湖水系连通的理论框架，探讨了规划设计层面和运行管理层面的关键技术，讨论了河湖水系连通的总体布局和国家战略，分析了河湖水系连通战略实施对水资源、防洪、环境、社会、经济的影响，全面剖析和研究了河湖水系连通中的新问题和新情况；依托关中地区和山东潍坊典型案例，分别研究了连通的环境影响、生态效应、法规建设和经济效益，以南水北调工程为例，对我国河湖水系连通的基本格局进行了实证分析，提出了我国河湖水系连通的总体战略格局。

本书可供水利工程管理和科研工作者参考使用，也可作为水文学及水资源、环境科学、资源科学、生态科学和地理学等相关领域的专家、学者和研究生以及高年级本科生的参考用书。

图书在版编目（CIP）数据

河湖水系连通战略问题研究 / 徐宗学等著. -- 北京：中国水利水电出版社，2021.4
ISBN 978-7-5170-9526-2

Ⅰ．①河… Ⅱ．①徐… Ⅲ．①水资源管理－研究－中国 Ⅳ．①TV213.4

中国版本图书馆CIP数据核字（2021）第060492号

审图号：GS（2021）1054号

书 名	**河湖水系连通战略问题研究** HEHU SHUIXI LIANTONG ZHANLÜE WENTI YANJIU	
作 者	徐宗学 庞博 冷罗生 等著	
出版发行	中国水利水电出版社 （北京市海淀区玉渊潭南路1号D座 100038） 网址：www.waterpub.com.cn E-mail：sales@waterpub.com.cn 电话：(010) 68367658（营销中心）	
经 售	北京科水图书销售中心（零售） 电话：(010) 88383994、63202643、68545874 全国各地新华书店和相关出版物销售网点	
排 版	中国水利水电出版社微机排版中心	
印 刷	北京印匠彩色印刷有限公司	
规 格	184mm×260mm 16开本 21.5印张 534千字 6插页	
版 次	2021年4月第1版 2021年4月第1次印刷	
印 数	0001—1000册	
定 价	**198.00元**	

编　委　会

序

水是生命之源、生产之要、生态之基。自古以来，善治国者必先治水。解决好水问题是关系到中华民族生存和发展的长远大计。随着经济社会的快速发展，人水矛盾日益突出，水资源短缺、洪涝灾害肆虐、水环境恶化已成为人类发展面临的重大问题。党的十八大以来，习近平总书记围绕系统治水做出了一系列重要论述和重大部署，科学指引水利建设，开创了治水兴水新局面。各级水利部门认真学习贯彻习近平总书记系列重要讲话精神，全面贯彻落实中央关于水利工作的重大决策部署，加快构建中国特色的水安全保障体系。

当前，我国正处于建设节水型社会和促进水资源管理法制化的重要时期。2011年中央一号文件和中央水利工作会议有关文件明确提出，要把严格水资源管理作为加快转变经济发展方式的战略举措，把建设节水型社会作为建设资源节约型、环境友好型社会的重要内容，以实施最严格水资源管理制度为抓手，加强"三条红线"落实情况的监督考核，加快构建江河湖库水系连通格局，强化水源涵养和生态修复，统筹推进城乡水生态文明建设。

在水资源治理体系中，河湖水系作为水的重要载体，其连通格局在人类开发利用下发生了重大变化。各种调水工程使原本隔绝的河流和湖泊实现了连通，各类防洪工程、人工运河等水利工程使原来只在突发洪水时才可能连为一体的河流、湖泊和湿地成为互为连通的水系和河网，这些河湖水系的连通工程为当地经济社会发展做出了巨大贡献。但我们也应该清醒地认识到，目前在江河湖库综合治理特别是河湖水系连通方面，理论研究尚落后于工程实践，尤其缺乏深入系统的理论研究和战略高度的理论指导。

2012年，北京师范大学联合水利部南水北调规划设计管理局、水利部水利水电规划设计总院、西北大学等单位共同申请了国家社会科学基金重大项目"我国河湖水系连通重大战略问题研究"。该项目旨在从河湖水系连通工程的水利问题、环境生态、政策法律、哲学与历史等方面开展全面系统的理论分析和战略研究，提出相关政策建议，为深入推动河湖水系连通工作提供科技支撑。

我曾先后受邀参加了该项目的启动会议和多次专家咨询会议，对项目的情况比较清楚。在这些会议上，与会专家学者围绕项目的顺利开展提出了许多建设性的意见和建议。总的来说，该项目不仅有跨学科学术研究，涉及水利、环境、生态、政策、法律、哲学与历史等方面，还有水利部水利水电规划设计总院、水利部南水北调规划设计管理局等单位的实证研究。可以说，该项目的研究成果将为我国现阶段乃至今后的河湖水系连通工作提供一些重要理论依据和实践参考。

　　北京师范大学水科学研究院徐宗学教授是本项目的首席专家，他牵头撰写的《河湖水系连通战略问题研究》一书正是上述项目的重要成果之一。该成果在总结概括现有河湖水系连通研究成果及分析国内外已有连通工程演变过程及利弊的基础上，提出了河湖水系连通的基本思路和关键技术，探讨了河湖水系连通中可能存在的环境与生态问题，对已有的思想方法和实践进行了哲学思考和经济分析，提出了针对河湖水系连通的政策法律建议，进而形成了涵盖水利、生态、环境、哲学、经济、法律等方面的河湖水系连通理论框架。基于该理论框架，系统地分析了河湖水系连通的现状格局，梳理了国家、区域和城市各层面对河湖水系连通的需求。在此基础上，根据我国不同地区的功能定位、资源禀赋条件、生态系统特征和发展需求，提出了我国河湖水系连通的战略措施和总体布局，即顺应自然、尊重科学、防范风险、协同发展、依法管理。

　　尽管我国江河湖库综合治理工作取得了显著成效，但也应看到，我国水情复杂，有些水资源开发利用问题由来已久，探索之路依然艰辛。希望该书的出版，能为我国当前乃至今后一段时间内的河湖水系连通工作提供一种战略参考，为进一步优化我国水资源宏观战略配置格局，为奋力推进中国特色水利现代化事业，为全面建成小康社会、实现中华民族伟大复兴的中国梦作出积极的贡献。

河湖水系是水的重要载体，是生态环境的重要组成部分，是经济社会发展的重要支撑。人类文明的出现、社会的进步和发展，都与河湖水系密不可分。河湖水系及其连通格局不但会影响水土资源的配置能力，还对生态环境质量和演变具有重要制约作用，也会对抵御水旱灾害的能力和风险状况产生重要的影响。过去数十年来，随着经济社会的快速发展，河湖水系的连通格局在自然演变和人类开发利用下发生了重大变化。由于人类认识水平的局限性和对水资源不合理的开发和利用，原本连通的河湖水系出现了连通不畅乃至隔绝的状况，造成了水资源调配能力不足、干旱频发，洪水宣泄不畅、风险增大，河流自净能力减弱、污染加重等问题。另外，我国水资源时空分布和人口、经济发展不匹配的现实，也对一些本来不连通的河流提出了连通的要求。

在此背景下，河湖水系连通作为解决我国水问题的重大战略举措受到水利部门乃至全社会的关注。2009 年 10 月，全国水利发展"十二五"规划编制工作会议上正式提出河湖水系连通命题，这一命题在此后一系列会议上多次提出。2011 年，中央一号文件首次以水利为主题发布。其中，关于水利基础设施建设方面，文件明确将河湖水系连通作为加强水资源配置工程建设的一项措施进行说明，强调"完善优化水资源战略配置格局，在保护生态前提下，尽快建设一批骨干水源工程和河湖水系连通工程，提高水资源调控水平和供水保障能力"。河湖水系连通是我国水战略的重要组成部分，也是实现水生态文明和经济社会可持续发展的迫切需要。

从科学发展的世界观、方法论的角度看，河湖水系连通是一个全局性、历史性的发展战略，必须从大系统、全方位、多学科的角度，全面分析河湖水系连通在我国经济、社会和环境协调发展中的地位和作用，准确把握河湖水系连通问题的重点、难点，提出解决河湖水系连通的出发点、着重点和战略手段、战略目标。作为我国新时期提出的治水新理念，河湖水系连通的理论尚未形成体系，各学科的研究成果基本上是从一般性的角度进行研究，缺乏深入系统的理论研究和哲学思考。

2011 年，北京师范大学水科学研究院承担了水利部重大咨询项目"河湖水系连通战略研究"专题"河湖水系连通的理论基础和关键技术研究"，在全国水科学工作者中较早地参与到这一前沿领域的研究中。在其后承担的"区域层面河湖水系连通网络研制关键技术研究"专题研究中，逐步形成了对这一问题的深入思考。2013 年，徐宗学教授联合水利、生态、环境、法学、经济、哲学等多领域专家，共同申报了国家社会科学基金重大项目"我国河湖水系连通重大战略问题研究"。项目由北京师范大学负责，水利部水利水电规划设计总院、水利部南水北调规划设计管理局、西北大学参与，旨在分析总结国内典型河湖水系连通工程运行管理状况及存在问题，借鉴国外河湖水系连通工程运行管理有关经验，从河湖水系连通工程建成前后的水利、环境、生态、政策、法律、哲学与历史方面开展系统的理论分析和战略研究，提出相关的政策建议，为深入推动河湖水系连通工作提供决策支撑。

本书通过深入总结国家社会科学基金重大项目"我国河湖水系连通重大战略问题研究"的研究成果，从人与自然的关系出发，综合生态学、环境科学、经济学、法学、哲学等多学科，分别对河湖水系连通面临的水利、环境、生态、哲学、经济和法律问题进行专题研究；在专题研究的基础上，以南水北调、关中地区和山东省潍坊市为实例进行了案例研究。其主要内容可以归纳为以下方面：

（1）初步探讨了河湖水系连通的概念及内涵；从河湖水系服务功能角度，探讨了河湖水系连通的驱动机制；从研究目的、研究对象、研究方法等方面，初步构建了河湖水系连通的理论框架。在此基础上分别从连通的必要性、可行性和合理性方面对规划设计层面的关键技术进行了探讨；从风险控制、监测、调度、后评估等方面对运行管理层面的关键技术进行了探讨；在此基础上讨论了河湖水系连通的总体布局和国家战略。

（2）河湖水系已经发展成为由水系、社会经济、生态等众多子系统组成的复杂的"水系-社会经济-生态"复合系统。运用水利科学、环境学、法学和经济学等多学科的研究方法，全面、动态地分析河湖水系连通战略实施对水资源、防洪环境、社会、经济的影响，在此基础上从全局的角度，针对河湖水系连通中的新问题、新情况进行全面剖析和方法研究，为解决我国水问题、实现可持续发展提供技术支持、政策储备和法律保障。

（3）广泛收集国内外河湖水系连通典型案例，重点分析其区域自然地理特点、水资源开发利用历程、经济社会状况及生态环境情况等，归纳总结在河湖水系连通、水网建设方面的主要做法和经验，评价河湖水系连通工程带来的正负效益；依托关中地区和山东省潍坊市等典型案例，分别研究河湖水系连通的环境影响、生态效应、法规建设和经济效益；以南水北调工程为例，对我国河湖水系连通的基本格局进行实证分析，提出我国江河湖库水系连通的总体战略格局。

本书内容除包含了国家社会科学基金重大项目的研究成果以外，还包括"河湖水系连通的理论基础和关键技术研究""区域层面河湖水系连通网络研制关键技术研究"等项目的研究成果。尤其是在"河湖水系连通战略研究"专题的研究过程中，本书的著作团队与包括中国科学院、中国水利水电科学研究院、长江科学院、北京师范大学、郑州大学等科研院校相关专家学者进行了广泛讨论，得到了包括汪恕诚先生、刘昌明院士、王浩院士、傅伯杰院士、夏军院士、高安泽总工、顾浩主任、任光照司长、富曾慈总工、刘树坤教授、关业祥局长等水利部门众多资深专家学者的指导。尤其是汪恕诚先生百忙之中多次应邀参与以上项目的咨询工作，为项目的顺利实施提供了非常好的意见和建议，并欣然为本书作序，在此一并对各位专家表示衷心的感谢和深深的敬意！

希望本书能够成为水利工作者进行河湖水系连通工作的工具书和参考材料。尤其是当前黑臭水体治理、河（湖）长制的实施为河湖水系连通工作提出了新的更高的要求。但是，一方面河湖水系连通工作具有复杂性和多学科特征，其中不少问题的研究仍然不够充分与深入；另一方面，随着河湖水系连通工作的深入开展，一些新的研究角度和科学问题不断涌现。由于所涉及内容广泛，参考资料繁多，疏漏在所难免，欢迎专家同行给予批评指正，以求不断完善与提高。

特别需要说明的是，本书参考了许多专家学者的研究成果，尽管尽可能在书中予以标注和说明，挂一漏万在所难免，在此对所有文献的作者表示衷心的感谢。

作者

2020 年 10 月

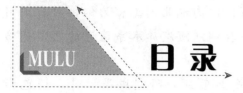

目 录

序
前言

第1篇 理 论 研 究

第2篇 专题研究

第3篇 案 例 研 究

第 1 篇

理 论 研 究

第1章 绪 论

1.1 研究背景和意义

1.1.1 研究背景

近年来，随着经济社会的快速发展，我国人水矛盾日益突出。全国 660 个建制城市中，有 400 个常年供水不足，110 个严重缺水。特别是 2010 年春季，西南 5 省（自治区）面临世纪大旱，受灾面积近 500 万 hm^2，其中 40 万 hm^2 良田颗粒无收，2000 万人面临无水可饮的绝境。在水资源短缺的同时，时空分配不均导致的洪涝灾害日益频繁。1998 年大洪水依然历历在目，2005 年珠江、2007 年淮河又发生流域性大洪水，特别是 2011 年的旱涝急转，更波及湖南、湖北、浙江、江西等省。2012 年北京"7·21"城市暴雨洪水更是举国震惊，全世界瞩目。不仅如此，水污染的恶化使水资源短缺雪上加霜：全国 75% 的湖泊出现了不同程度的富营养化；90% 的城市水域污染严重；对我国 118 个大中城市的地下水调查显示，有 115 个城市地下水受到污染，其中重度污染约占 40%。水资源无序开发导致的水土流失和生态破坏日益严重。全国每年由于经济社会活动造成的土石移动为 392 亿 t，导致江河湖水含沙量越来越高。塔里木河、石羊河断流，西北地区的河流生态面临着严重威胁。因此，以"水多、水少、水脏、水浑"为代表的中国水问题已经成为制约我国经济社会发展的重要因素。

河湖水系是水的重要载体，是生态环境的重要组成部分，是经济社会发展的重要支撑，人类文明的出现、社会的进步和发展，都与河湖水系密不可分。河湖水系及其连通格局不但会影响水土资源的配置能力，对生态环境质量和演变具有重要制约作用，还会对抵御水旱灾害的能力和风险状况产生重要影响。

数十年来，随着经济社会的快速发展，河湖水系的连通格局在自然演变和人类开发利用下发生了重大变化。各种调水工程使原本隔绝的河流和湖泊实现了连通，不同防洪工程、水资源的统一调配使原来只在突发洪水时连为一体的河流、湖泊和湿地成为互为连通的水系和河网，这些河湖水系的连通为当地的经济社会发展作出了巨大贡献。但是，由于人类认识水平的局限性以及对水资源不合理的开发和利用，使原本连通的河湖水系出现了连通不畅乃至隔绝的状况，造成了水资源调配能力不足、干旱频发，洪水宣泄不畅、风险增大，河流自净能力减弱、污染加重等问题。与此同时，我国水资源时空分布和人口、经济发展不匹配的现实，也对一些本来不连通的河流提出了连通的要求。

为解决我国新时期水问题，2009 年 10 月，全国水利发展"十二五"规划编制工作会议上，正式提出了河湖水系连通的重大战略举措，并在此后一系列会议上多次提出。2011年，中央一号文件首次以水利为主题发布，指出"必须下决心加快水利发展，切实增强水利支撑保障能力，实现水资源可持续利用"，为今后我国水利发展指明了方向。其中，关于水利基础设施建设，文件明确将河湖水系连通作为加强水资源配置工程建设的一项措施予以阐明，强调"完善优化水资源战略配置格局，在保护生态前提下，尽快建设一批骨干水源工程和河湖水系连通工程，提高水资源调控水平和供水保障能力"。时至今日，河湖水系连通战略同样符合习近平总书记提出的"节水优先、空间均衡、系统治理、两手发力"的新时代治水思路，是我国水战略的重要组成部分，是水利建设工程中重要的一环，也是实现"人水和谐"和经济社会可持续发展的重要战略。

1.1.2　研究意义

　　河湖水系连通将通过提高蓄滞洪水能力、水资源承载能力和水体自净能力依次解决"水多、水少、水脏"等问题。开展河湖水系连通研究是提高抵御水旱灾害能力的迫切需要。近年来，我国水旱灾害出现频次增多、持续时间延长，使灾害损失加重。为加强水源建设，构建抗旱应急水源通道，增强水源调配的机动性，增强抵御水旱灾害的综合防治能力，提高应对气候变化和突发事件能力，营建保障经济社会协调发展和生活生产安全的条件和环境，急需进行河湖水系连通研究。开展河湖水系连通研究是提高水资源统筹调配能力的迫切需要。河湖水系是我国淡水资源的主要组成部分，既为经济增长和社会发展提供重要的自然资源支撑，又是人类生存、发展必要的自然环境。然而，我国淡水资源在总量、空间和时间分布等方面与社会经济发展存在着一系列的不平衡、不匹配。随着经济社会发展格局和水资源格局匹配关系不断演变，用水竞争性加剧，工农业争水、城乡争水和国民经济挤占生态用水现象越来越严重。从目前全国水资源整体配置情况来看，部分地区仍存在水资源承载能力不足的问题，经济社会供水安全风险逐步加大。为改善水资源系统供水安全不足的现状，适应新的发展格局，以水资源的可持续利用支撑经济社会的全面、协调、可持续发展，开展河湖水系连通研究是保障供水安全的迫切需要。此外，开展河湖水系连通研究还是修复河湖生态环境功能、发挥水生态系统自我修复能力的迫切需要。我国河湖污染严重，城市 90% 的河段受到污染，农村约 3 亿人口饮用水受到污染。许多地区在经济社会快速发展的同时，废污水排放量增大而治污力度不足，进入河湖的污染物负荷大大超过了纳污能力，水污染加剧，水生态环境状况严重恶化，资源环境对经济社会发展的支撑保障能力呈现明显下降趋势，已成为制约经济社会发展的重要因素。因此，实现河湖水系连通是实现我国环境资源特别是水资源合理布局、统筹调配、有效利用的重要途径和手段，对于解决水资源空间和时间分布上的不平衡，治理水环境污染，提高水资源利用效率，实现经济、社会、自然之间的全面可持续发展具有重要意义。

　　河湖水系连通概念虽然在近些年首次提出，但其在中外历史中早已有河湖水系连通相关的工程实践。公元前 2400 年，古埃及兴建了世界上第一个河湖水系连通工程——尼罗河引水灌溉工程，从尼罗河引水至埃塞俄比亚高原南部，满足埃塞俄比亚南部地区的灌溉需求。随着 18 世纪后期工业革命的到来，人口快速增长，城市化不断加快，水资源的需求也逐渐增加，极大地推动了水系连通工程的建设。此后，随着水路运输的快速发展，世界各地兴起了以航运为目的的水系连通工程建设，其中包括举世闻名的三大运河——基尔运河、苏伊士运河和巴拿马运河。20世纪以后，尤其是第一次和第二次世界大战之后，为了本国经济的恢复和发展，许多国家开始兴建各种用途的河湖水系连通工程。

我国的河湖水系连通工程经验也十分丰富，突出的如沟通湘江（长江流域）和漓江（珠江流域）的灵渠，有2000多年的历史，至今在灌溉、航运以及旅游等方面仍发挥着重要作用。从历史的角度研究河湖水系连通问题具有重要的意义和价值。受传统文化影响，我国古代水利科技的发展在工程规划、设计理念等方面都体现出对河流特性和自然规律的尊重与合理改造，体现出人与自然和谐相处的特点，蕴含尊重自然、尊重河流的科学价值。如至今仍在使用的古代水利工程的杰出代表都江堰、灵渠等，其中都蕴含丰富的科学理念，值得今人探讨。因此，总结河湖水系连通的历史经验，对现阶段的河湖水系连通工作具有重要的参考价值和理论意义。

目前有关我国古代河湖水系连通工程的研究主要集中在以下方面。

1. 我国古代河湖水系连通工程的相关研究

（1）古代河湖水系连通工程的梳理和总结，如郑连第（2003）对中国古代和新中国时期的调水工程进行了较为系统的梳理和介绍，崔国韬（2011）对古今河湖水系连通工程发展沿革的总结等。

（2）河湖水系连通对区域社会和环境积极和消极影响的研究，体现在流域和区域层面。

流域层面的研究集中在长江、黄河、海河和淮河四大流域。最为突出的例子如历史上黄河多次改道改变了黄淮海平原的水系格局，对这一区域的社会和环境造成深远影响。这方面成果多从历史地理学的角度出发研究，多见于《历史地理》《中国历史地理论丛》以及各种历史地理学通论著作中。周魁一（2001）通过对长江荆江河段和洞庭湖历史演变的研究，指出荆江河段的泥沙淤积改变了江河防洪形势，进而指出这一现象并非长江所独有，黄河、淮河、海河都存在同样问题，这对今天制定江河流域防洪规划具有重要意义。陈茂山（2006）则对海河流域的河湖水系历史演变做了研究，提出了适度修复、改善海河流域水环境的基本思路和对策。淮河水利委员会对淮河和洪泽湖关系的演变及影响也有过较为系统的分析。

在区域层面的研究，周魁一（1990）通过对浙东古鉴湖兴废的研究，指出鉴湖在宋代大规模围垦前，库容比今天水资源调蓄能力的总和大一倍，鉴湖围垦后得到了湖区的土地，却失去了调蓄水资源的湖泊，破坏了生态环境。围垦前后100年，该区水旱灾害分别增加4倍和11倍，所失远大于所得。鉴湖的围垦是追求眼前利益的短视行为，是违背自然规律并遭到自然报复的一个例证。谭徐明（2011）在对鲁西南地区河湖水系演变和水生态现状研究的基础上，指出以农业为主的鲁西南地区，河湖生态修复是当务之急，将区域内河湖治理与水利工程建设纳入一个整体，进行科学规划部署，实施抢救性的整治和建设，使河湖连通格局得以恢复，进而推动区域经济结构调整，具有十分重要的战略意义。

（3）从水利史的角度论及河湖水系连通工程，相关成果多见于全国或流域的水利史通论性著作中，如《中国水利史稿》《中国水利发展史》和《中国科学技术史（水利卷）》等。论述的内容基本上是工程技术、工程兴建的背景和意义等，很少提及资源的配置问题。如果从工程的功能方面区分，大致可分为两大类：灌溉工程和水运工程。值得一提的是，《中国科学技术史（水利卷）》对各类灌溉工程的类型进行了归纳和分析，对丰富今天的河湖水系连通理论具有重要的参考价值。

2. 河湖水系连通水利方面的研究

马蔼乃（2003）针对我国面临的水资源问题，提出了全国水系网络化和渤海水淡化工程，并解释全国水系网络化为在已建、在建、未建水库的基础上，水库与水库之间以地上或地下的方式连接起来，形成水库之间的连通管道，从而使得全国的大江大河、小江小河构成网络化水系；水系网络化只是作为一种设想被提出，并没有形成一种战略方针，其概念尚未得到诠释，更没有涉及技术方法、调度准则等重大问题。张欧阳等（2010）分析了长江流域水系连通性的基本特征和影响水系连通的原因，认为长江水系连通基本类型包括河流与河流连通、河流纵向连通和河湖连通等三类，而且认为新构造运动、气候变化等自然因素在水系连通的阻碍方面是主导因子。张欧阳等（2010）考察了水系连通性对长江水质、湿地生态环境、水生动物资源、防洪及水资源利用等方面的影响，发现水系连通有助于提高水体复氧和自净能力、加快受污水体稀释速度，对于改善水体水质、治理水体污染具有重要作用。张毅敏等（2010）对太湖流域洮滆水系开展研究，提出利用河湖相连的方法进行水体污染治理控制，认为通过构建河湖连通性网络，建设清水河道，提高湖荡自净能力和生态系统自我修复能力，对水系各污染控制要素进行系统调控和优化配置，从而有效实现污染防控和水环境保护。李原园等（2011）分析了河湖水系连通在水资源配置、河湖生态、防洪抗旱等方面的三大功能，并且从泛地域尺度的角度分析了河湖水系的差异性，认为河湖水系连通研究是21世纪水科学研究新的热点和难点，而且气候变化、学科复杂性等使得河湖水系连通性研究具有较大的挑战性。王中根等（2011）认为我国河湖水系连通理论基础研究落后于工程实践，探讨了河湖水系连通的基本概念；从水系的结构、特征和连通性等方面，尝试揭示水系连通的水循环物理机制；并且从水量平衡、能量平衡、水资源可再生性、水循环尺度等角度，进一步分析了河湖水系连通的战略思想。李宗礼等（2011）尝试提出了河湖水系连通研究的概念框架，认为河湖水系是一个多目标、多功能、多层次、多要素构成的复杂水网巨系统，认为河湖水系连通性研究存在的基本问题是尺度、格局、过程、功能和控制等，初步探讨了河湖水系连通战略研究的思路。唐传利（2011）围绕我国开展河湖水系连通研究有关问题，分析了河湖水系连通研究的必要性和紧迫性、指导思想、研究目标和主要工作内容等，认为河湖水系连通研究的实践性较强，在开展必要的理论研究的同时，应因地制宜，有目标、有重点、有针对性地开展实证研究。夏军等（2012）对河湖水系连通的定义、分类、评判指标、影响因素及其对水环境健康的影响进行了阐述。左其亭和崔国韬（2012）初步构架了河湖水系连通理论体系框架，并对河湖水系连通理论的主要论点、关键理论及关键技术进行了阐述。

3. 河湖水系连通经济方面的研究

较早的文献是林静谦（1981）关于围湖造田历史教训的总结。之后，王亚华（2002）

细致剖析了水资源的各种特性，并引申出相应的政策含义，对于探讨水资源的合理配置途径、实现水资源的科学管理具有重要意义。2002 年，北京市开始对城区河湖水系进行专门研究和治理，车伍等（2005）分析了北京城区河湖水系治理中的问题，并结合这些问题提出了治理的建议。陆杰斌（2005）从分析我国水资源面临的严峻形势入手，指出造成现有水资源危机的自然、人为原因，进而运用经济学外部性和"共有资源"理论对危机产生的成因进行了详细论述，并最终提出解决我国水资源危机的根本之道在于建立水权和水市场，实现水资源的优化配置。杨恢武（2011）建议以水生态修复原理为基础，提出水网规划的目标在于水网与城市用地的共生共荣，其节点还应该拥有各自的特色，以实现水网空间的多样化，提高水网空间的活力。规划应对水网周边用地进行功能管制，建设生态斑块间的联系廊道，打造环湖路及滨河、滨渠路等，并提出建立水环境监测机制和应急机制。李浩（2012）从制度演化经济学、新古典经济学、区域经济学、生态与环境经济学的角度阐释了河湖水系连通战略所体现的区位价值、社会经济价值、生态服务价值。

4. 河湖水系连通法律方面的研究

对于河湖水系连通可能涉及的政策法律问题，例如跨界污染问题、生物多样性保护问题、生态补偿问题、水权分配问题等，国内法学界和相关学术界已经有相当一批研究成果。专著方面有《我国流域跨界水污染纠纷协调机制研究——以淮河流域为例》（赵来军，2007）、《生物多样性法律问题研究》（史学瀛，2007）、《流域生态补偿理论探索与案例研究》（许凤冉，2010）、《流域初始水权分配理论与实践》（王浩等，2008）、《区域水权论》（许长新，2011）。有关这方面的论文数量众多。如蔡守秋（2006）认为生态补偿机制是一种动态的利益协调机制。对经济利益和生态利益、生存利益和发展利益等利益的协调可以实现环境合作，从而达到利益的共赢。生态补偿机制的产生是基于生态安全和生态公平的需要。吕忠梅（2009）认为我国现行立法建立了水污染纠纷的行政处理与司法救济二元机制，但由于水污染纠纷处理机制的主管不明，尤其是司法介入不足使得水污染纠纷的解决障碍重重，不能很好地发挥遏止水污染行为的功能。以对司法介入的调整为基本思路，立足于水污染的流域特性，提出了建立流域水污染专门管辖制度的构想，并特别论证了海事法院管辖流域水污染纠纷的必要性与可能性。此外，王树义（2003）对俄罗斯联邦水权进行了研究，王灿发（2009）论证了我国水污染防治立法的新发展和水资源管理的立法新举措，汪劲（2010）对松花江重大水污染事件可能引发跨界污染损害赔偿诉讼进行了理性思考，曹明德（2009，2010）以南水北调中线库区水源区（河南部分）为例，对跨流域调水生态补偿法律问题进行了分析，还对建立生态补偿法律机制进行了再思考。这些现有的研究成果为本项目的顺利开展提供了重要的参考资料。

从科学发展的世界观、方法论角度看，河湖水系连通是一个全局性、历史性的发展战略，必须从大系统、全方位、多学科角度出发，全面分析河湖水系连通在我国经济、社会和环境协调发展中的地位和作用，准确把握河湖水系连通问题的重点、难点，找准河湖水系连通工作的出发点、着力点，提出战略手段和战略目标。

1.2 研究对象、研究内容与研究方法

1.2.1 研究对象

河湖水系连通战略研究对象的主体是全国范围的河湖水系。它既包含河流、湖泊、湿地等自然水系，又包括水库、渠道等水工程组成的人工水系，是"自然-人工"复合构成的多目标、多功能、多层次、多要素的复杂水网巨系统。

从构成要素上区分，河湖水系连通的研究对象又可以分为自然水系、人工水系和调度规则三个部分。自然演进形成的江河、湖泊、湿地等各种水体构成自然水系，是水的载体，也是实施河湖水系连通的基础；人类社会发展过程中修建的水库、闸坝、堤防、渠系与蓄滞洪区等水工程，不但形成了人工水系，同时也为实现河湖水系连通提供了有效手段和途径；统筹流域和区域发展需求、安全需求、生态需求和文化需求，兼顾上下游、左右岸，水资源开发、利用、节约与保护的调度规则是实现河湖水系连通引排顺畅、蓄泄得当、丰枯调剂功能的重要保障。

河湖水系也是水循环的重要组成部分。社会水循环的取水、用水、排水过程，自然水循环的产流、汇流、补给、渗漏等过程，都与河湖水系密切相关。其中，社会水循环与人类的社会经济活动、生产力总体布局密切相关；自然水循环与河道和流域内的生态系统的维系和演替，污染物的迁移转化等也存在密切的联系。因此，河湖水系、社会经济和生态环境形成了一个相互影响、紧密耦合的整体。这个整体之间的内在联系、相互作用以及连通影响，也是河湖水系连通的重要研究对象。

提出河湖水系连通的基础理论和总体思路是本研究亟待解决的主要问题。首先，在河湖水系连通的内涵和构成要素分析的基础上，提出河湖水系的定义和内涵；其次，针对地理位置、水系特点、地域范围、功能作用、连通形式等特征，进行河湖水系连通的系统分类；最后，通过研究天然河湖的历史演变规律和水循环特征，探讨天然水系统和社会经济系统的分布格局和匹配关系，辩证分析河湖水系连通和阻断对人水系统的影响，分析研究河湖连通的需求、驱动因子和实施准则，提出河湖水系连通的基础理论和总体思路，为河湖连通总体战略研究提供基础。

河湖水系连通中可能存在的环境与生态问题在水安全议题中是不可忽视的一个方面。本书首先从水文变化、水质问题和河流形态演化三个方面进行河湖水系连通的环境影响识别，然后针对河湖水系生境、河湖水系群落以及景观格局变化探索河湖水系连通的生态效应，最后提出连通的健康评价理论体系。

同时，本书针对河湖水系连通进行了哲学思考和经济分析。首先，对我国古代和当代河湖水系连通的思想方法和实践进行了归纳总结，进一步客观系统地提出哲学上的思考分析问题；然后，针对河湖水系连通着眼于解决水资源问题这一特征，尝试对河湖水系连通问题的经济性质、经济分析方法、经济分析内容等问题从两个层面进行了分析。

在确定河湖水系连通战略过程中，准确分析河湖水系连通工程的问题，全面梳理现有有关河湖水系连通的法律法规，深入调查研究河湖水系连通战略中亟待解决的政策法律问

题，参考和借鉴国外的立法经验，提出解决这些政策法律问题的可行方法，为河湖水系连通战略的顺利实施提供政策法律保障。

1.2.2 主要研究内容

（1）河湖水系连通理论框架。重点研究河湖水系连通的内涵和构成要素，在此基础上提出河湖水网体系的定义和内涵。从河湖水系地理位置、水系特点、地域范围、河湖水系连通功能作用、连通形式等方面，进行河湖水系连通的系统分类。辩证分析河湖水系连通和阻断对人水系统的影响，明确河湖水系连通的研究对象，提出河湖水系连通的遵循准则；采用系统分析方法，辨识河湖水系连通组成的"自然-人工"复杂巨系统的目标、要素、功能，分析河湖水系连通的主要研究内容，构建河湖水系连通的理论框架，为河湖连通的思路与技术体系研究提供基础。

（2）河湖水系连通基本原理。在流域和区域水循环机理研究的基础上，分析自然演变和人类活动对河湖水系连通格局和状况变化的贡献；从河湖水系在自然水循环和社会水循环中的作用和功能出发，研究河湖水系连通的驱动机制和变化过程；从水循环和生态环境、社会经济等交互作用出发，揭示河湖水系连通对水资源统筹调配、洪水风险控制、河湖健康、生态环境功能的影响机制，从宏观角度揭示河湖水系格局和生态格局、经济社会格局之间的影响和相互作用关系。

（3）河湖水系连通的支撑理论和总体思路。探讨河湖水系连通的支撑理论和总体思路，初步构建河湖水系连通的理论方法体系，为指导河湖水系连通实践、支撑河湖水系连通战略的制定奠定基础。在对河湖水系连通基本原理分析的基础上，分析河湖水系连通与自然科学和社会科学现有理论方法的区别和联系，构建河湖水系连通的支撑理论体系。在此基础上，研究提出河湖水系连通工程主要功能、作用和影响的分析方法和关键技术，对河湖水系连通工程在防洪、除涝、供水和水生态等方面的功能和影响进行具体分析研究。并根据我国不同区域的水文气象特征、生态系统特征等，提出我国河湖水系连通的总体思路。

（4）河湖水系连通的环境和生态问题。分析河湖水系连通产生的环境影响和生态效应，构建河湖水系连通健康评价理论体系。河湖水系连通产生的环境影响主要体现在水系的水文、水质和河流形态三个方面，河湖水系连通最直接的响应是水文条件，水系生命体与非生命物质的连通载体便是水质，河道形态则是与河湖水系连通长期演化与交互的体现。河湖水系连通引发的生态效应主要体现在生境、生物群落和景观格局三个方面，河湖水系连通状态会诱发生境退化、破碎化和同质化等问题，而生物群落则是河湖水系连通状态优劣的天然指示物，同时，景观格局的连续性也是河湖水系连通在宏观方面的体现。此外，还尝试阐释河湖水系连通健康的定义和内涵，给出了河湖水系连通健康评价理论体系构建的原则，建立了1个目标层、4个准则层、16个指标的河湖水系连通健康评价指标体系，并且为评价目标确立"健康""亚健康""不健康"的评价等级。

（5）河湖水系连通的哲学思考和经济分析。客观而言，半个世纪以来的水利工程建设，确实取得了很多重大的成就，也积累了很多成功的经验，但从系统的观点看，要使我国的水资源和自然生态环境进入可持续的发展状态，仍然需要克服一些缺点和不足。针对河湖水系连通着眼于解决水资源问题这一特征，尝试对河湖水系连通问题的经济性质、经济分析方法、经济分析内容等问题进行分析。

（6）河湖水系连通中的法律问题。在确定河湖水系连通战略过程中，全面梳理现有有关河湖水系连通的法律法规，深入调查研究河湖水系连通战略中亟待解决的政策法律问题，参考和借鉴国外的立法经验，提出解决这些政策法律问题的可行方法，为河湖水系连通战略的顺利实施提供政策和法律保障。

1.2.3　研究方法

河湖水系连通作为新时期我国江河治理的一种新理念，尚未形成完善的理论体系。本书从河湖水系连通的定义、概念、内涵出发，采用定性分析和定量分析相结合的方式，辩证分析河湖水系连通和阻断对人水系统的影响，建立河湖水系连通的基础理论和方法。在此基础上综合采用各学科方法，分别从生态环境、社会经济方面建立分析框架。河湖水系连通要从人-水-自然的综合系统进行研究，构建河湖水系连通的理论体系。基于理论体系的研究框架，系统分析我国河湖水系连通格局现状，厘清国家、区域和城市各层面对河湖水系连通的需求。在此基础上，针对不同地区的功能定位、资源禀赋条件、生态系统特征和发展需求，分析并提出河湖水系连通的战略措施和总体布局，提出我国河湖水系连通的总体构想和基本思路。总体技术路线如图1.1所示。

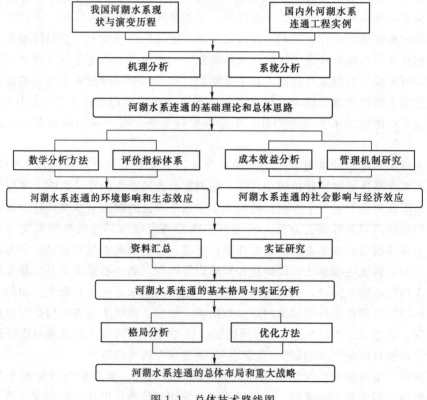

图1.1　总体技术路线图

本书采用的研究方法主要包括以下几种：

（1）机理分析。河湖水系连通工程的实施将改变原有水系格局，不仅会改变河川径流的方向，而且会改变地表、地下径流的时空分布，进一步影响陆地水循环过程；水循环过程的改变又将驱动水系格局的改变，从而对不同区域的水资源安全、经济社会格局、生态环境功能产生重大影响。因此，研究自然演变与人类活动共同作用下河湖水系连通的驱动机制、变化过程和影响机理是河湖水系连通理论研究的重点和基础。

（2）系统分析。河湖水系是由河湖水系、社会经济、生态、环境等众多子系统组成的复合系统，系统内水系、社会经济、生态环境等各个子系统之间相互联系、相互影响，在时间和空间上形成相互交织、作用、制约、影响的复杂关系，系统在内部的相互作用下不断运动、发展和变化。因此，采用大系统分析方法研究河湖水系的结构、功能和规律，是河湖水系连通理论的重要研究内容。

（3）跨学科交叉型研究。河湖水系连通涉及水利、环境、生态、哲学、经济、法律等众多学科，是一个典型的跨学科问题。因此，本书综合水利、环境、生态、经济、法律和哲学等多个学科，进行跨学科联合攻关研究。

（4）比较分析。比较古今、中外河湖水系连通工程的特征和连通效果，分析河湖水系连通的人文、环境、生态效应，在此基础上提炼河湖水系连通的一般性指导准则，在我国国情分析的基础上，提出我国河湖水系连通的理论方法和发展战略。

（5）数学分析。综合主成分分析、数据挖掘模型等数据分析方法，定量分析河湖水系连通的水文效应、环境效应和生态效应，模拟人水之间的交互关系，为河湖水系连通提供定量评价指标和方法。

（6）定量分析与定性分析相结合。结合自然科学和人文科学的定量分析和定性分析结果，综合衡量河湖水系连通对人-水-自然的影响，提高分析的科学性、规范性。

（7）典型调查与系统分析相结合。河湖水系研究，必然涉及自然、社会、文化、经济、制度、生态等众多方面。故本研究必须遵循科学发展观，以河湖水系连通为出发点，将一般性与特殊性、典型调查与系统分析、专家研究与职能部门对话相结合，既强调理论分析，又强化实用性与可操作性。

（8）专家咨询与理论分析相结合。河湖水系连通问题复杂，涉及的领域和专业较多，是一个典型的巨系统，除了严谨的推理和数学、物理分析，尚需要充分吸收相关专业领域专家学者和工程技术专家的意见。

第2章 我国主要水系及其连通演变分析

2.1 主要水系演变分析

2.1.1 主要河流演变分析

2.1.1.1 长江

长江发源于"世界屋脊"——青藏高原的唐古拉山脉各拉丹冬峰西南侧,干流流经青海、西藏、四川、云南、重庆、湖北、湖南、江西、安徽、江苏和上海 11 个省(自治区、直辖市),全长约 6300km,在世界的大河中位居第三。长江干流自西而东横贯中国中部,汇集了数百条支流,延伸至贵州、甘肃、陕西、河南、广西、广东、浙江、福建 8 个省(自治区)的部分地区,流域面积达 180 万 km²,约占中国陆地总面积的 20%。长江流域气候类型主要包括亚热带季风气候、西南热带季风气候和青藏高寒气候,以亚热带季风气候为主,年降水量分布不均匀,其平均值为 1100mm。长江主要水系分布如图 2.1 所示。

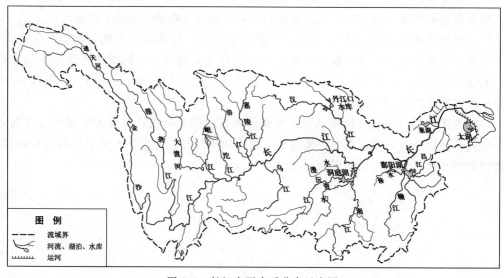

图 2.1 长江主要水系分布示意图

长江的起源可追溯到距今 2 亿年的三叠纪,那时我国大陆中部的地形是东高西低。长江现在是一个与印度洋及太平洋相通的广阔的海湾,属于古地中海的一部分。距今 1 亿年的中生代的侏罗纪,由于一次强烈的造山运动,形成了横断山脉,秦岭升高,古地中海退出今四川、青海、西藏以及贵州、广西的西部，在秦岭、横断山脉、云贵高原之间形成了一个广阔的四川盆地，长江与巫峡、西陵峡以东的洞庭盆地，成为自成系统互不沟通的内陆水系。距今7000万年前的中生代末期，燕山运动使四川盆地上升，洞庭盆地下降，湖北西部的古长江开始发育，并向四川盆地溯源伸长。距今3000万～4000万年的喜马拉雅运动，使全流域的地面普遍间歇上升，上游地区上升最为剧烈，多形成高山、高原与峡谷；中、下游上升的幅度较小，出现丘陵与山地，其间还间歇伴随下沉而形成了两湖、南襄、鄱阳、苏皖等平原。此时，长江沟通四川盆地的水系，在西高东低的地形条件下，汇成了东流巨川。这便是人类历史以前长江形成的过程。

在历史长河中，长江水系也在不断演变交替，因其特殊的地貌特征，长江河段演替模式主要包含两种方式。一种是荆江蜿蜒型河道的变迁，在荆江上游河段，因其河床结构特征与水体流动方向相一致，使河流纵向流速增强，河岸两侧沉积物不断聚集，形成较为坚固的河床；而到了荆江下游河道，河水流向垂直相交，在横向环流的冲刷作用下，河岸两侧的沉积物变得松散，易被河水冲刷掏空，逐渐形成蜿蜒型河道。另一种演替模式为分汊型河道的变迁，在荆江下游河段，河水在山丘堆积平原上流动，形成纵横交错的分汊型河道，由于两个基岩是断层破裂带，束缚了河床自由发展。到了出矶处河床变得开阔，流速减缓，形成江心洲淤积，造成河道分汊。

2.1.1.2 黄河

黄河是世界第五大河流，中国第二长河，是中华文明最主要的发源地，被称为"母亲河"。黄河发源于青海省青藏高原的巴颜喀拉山脉查哈西拉山的扎曲、北麓的卡日曲和星宿海西的约古宗列曲，呈"几"字形。自西向东分别流经青海、四川、甘肃、宁夏、内蒙古、陕西、山西、河南和山东9省（自治区），最后流入渤海，全长约5464km，流域面积约75.2km²。黄河中上游以山地为主，中下游以平原、丘陵为主。由于河流中段流经中国黄土高原地区，因此挟带了大量的泥沙，所以它也被称为世界上含沙量最多的河流。黄河流域气候特征主要包括干旱、半干旱和半湿润气候区，年降水量均值为452mm。黄河主要水系分布如图2.2所示。

据地质演变历史的考证，黄河是一条相对年轻的河流。在距今115万年的晚早更新世，流域内还只有一些互不连通的湖盆，各自形成独立的内陆水系。此后，随着西部高原的抬升，河流侵蚀、夺袭，历经105万年的中更新世，各湖盆间逐渐连通，构成黄河水系的雏形。到距今10万～1万年的晚更新世，黄河才逐步演变成为从河源到入海口上下贯通的大河。由于黄河的洪水挟带大量泥沙，进入下游平原地区后迅速沉积，主流在漫流区游荡，人们开始筑堤防洪，行洪河道不断淤积抬高，成为高出两岸的"地上河"，在一定条件下就决溢泛滥，改走新道。黄河下游河道迁徙变化的剧烈程度，在世界上是独一无二的。据文字记载，黄河曾经多次改道。战国时期，人们开始筑堤防洪，在堤内滩地垦殖，使河床逐渐变窄，到西汉末年，在河南境内出现"悬河"。从东汉到唐代末期，人类退耕还牧，修筑堤防和水门，延缓泥沙堆积，加之下游湖泊、洼地、分支相对增多，黄河河道相对稳定。至11世纪初期，随着黄河下游河道逐渐升高，河水流向飘忽不定，黄河变迁进入紊乱时期。明代期间采取"筑堤束水，以水攻沙"的政策，使黄河下游逐渐变为单股河道，但由于汛期黄河水势凶猛，多次造成倒灌和决堤，并且单股河道并未解决排沙问

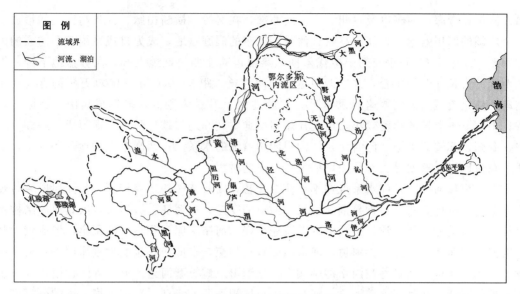

图 2.2　黄河主要水系分布示意图

题，使得"悬河"加剧。河道变迁的范围，西起郑州附近，北抵天津，南达江淮，纵横 25 万 km²。1855 年黄河在河南兰考东坝头决口后，才改走现行河道，夺山东大清河入渤海。由于黄河下游河道不断变迁改道，以及海侵、海退的变动影响，黄河下游地区的河道长度及流域面积也在不断变化，这是黄河不同于其他河流的突出特点之一。

2.1.1.3　珠江

珠江（又名粤江）是中国第二大河流，境内第三长河流，发源于云贵高原乌蒙山系马雄山，流经中国中西部 6 省（自治区）及越南北部，在下游从八个入海口注入南海。珠海年径流量 3300 多亿 m³，居全国江河水系的第二位，仅次于长江，是黄河年径流量的 7 倍，淮河的 10 倍。珠江全长 2320km，流域面积 45.4 万 km²（其中 44.2 万 km² 在中国境内，1.2 万 km² 在越南境内）。珠江流域面积广阔，多为山地和丘陵，占总面积的 94.5%；平原面积小而分散，仅占 55%。珠江地处我国亚热带地区，气候温和，雨水甚多，年平均降水量为 1200～2200mm。珠江水系共有大小河流 774 条，总长约 3.6 万 km，丰盈的河水与众多的支流给珠江的航运事业带来了优越条件，航运价值仅次于长江，居全国第二位。珠江水系水能资源蕴藏丰富，著名的天生桥、大藤峡、鲁布革、新丰江等水电枢纽都位于珠江水系。

珠江主要由西江、北江和东江三条河流组成，其水系分布如图 2.3 所示。

西江，源头是云南省曲靖市乌蒙山系的马雄山，它是华南地区最长的河流，中国第三大河流，长度仅次于长江、黄河。西江干流至思贤滘长 2074.8km，流域面积 35.5 万 km²，其中 1.8 万 km² 在广东省境内。西江至思贤滘后主流折向南流，于磨刀门水道珠海市企人石注入南海，计算到企人石则西江干流河长达到 2214km，流域面积 36.09 万 km²，其中在广东省境内 2.58 万 km²，但历史上并非如此。西江在三榕峡口以上河道自有历史记载以来变化不大，出三榕峡后，地势低平，常受台风潮水顶托，洪水期水流漫溢而产生众多汊道。战国时期西江干流出三榕峡后有四条汊道：北面有大沙河道和羚羊旱峡古河道，南面有东门坳古河道和白土古河道。这四条古河道都自三榕峡口呈放射状，为当

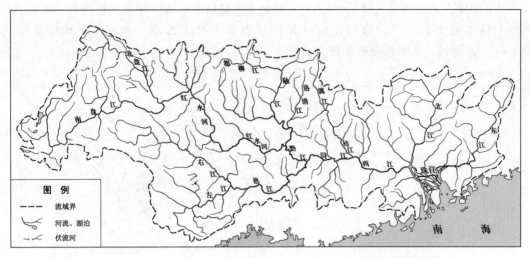

图 2.3　珠江主要水系分布示意图

时西江下游河口区。汉代西江在三水以下分两汊入海，北江为西江的支流。明代时，由于大量修筑堤围，固定河道，西、北两江分流形式逐渐明显，河系开始定型。

北江是珠江流域的第二大水系，流域面积 46710km²，流域面积的 92% 在广东省境内。干流发源于江西省信丰县石碣大茅山，流经广东南雄、始兴、曲江、韶关、英德、清远等县市，在三水思贤滘与西江相汇，部分水流经思贤滘向西汇入西江并注入珠江三角洲，另一部分水流向东注入珠江三角洲。

从白垩纪到早第三纪，北江流域已有许多北东向构造盆地，北江河道在这些盆地中初步形成，但各河互不相连。喜马拉雅运动后，这些河流顺向沿着南倾的古地面下切，流入韶关和英德盆地，再往南切过飞来峡入清远盆地。宋代芦苞涌以南的北江正干已筑堤围，思贤滘淤窄。到明代，飞来峡以下 6 条汊道全部断流而形成单一河道。由于北江水大量流入西江，改变了西江东流的形势，致使西南以下北江干流淤沙增多，形成今天水网交错的形态。

东江是珠江流域第三大水系，发源于江西省寻乌县的桠髻钵，干流流经广东龙川、河源、紫金、惠阳、博罗、东莞等县市，在东莞石龙镇流入珠江三角洲。石龙以上河道全长 520km，集水面积 27040km²，占珠江流域总面积的 5.96%。

东江发育于中生代北东—南西向的构造断陷盆地中。喜马拉雅运动使东江大断裂两侧形成多级剥蚀面，沿东江断裂带的河源、灯塔、龙川等盆地被两侧山地流水切割使盆地连通，逐渐形成东江干流。

2.1.1.4　海河

海河水系是我国华北地区流入渤海诸河的总称，亦称海滦河水系，是我国华北地区的最大水系。它起自天津金钢桥，到大沽口入渤海湾，故又称沽河。海河和上游的北运河、永定河、大清河、子牙河、南运河五大河流及 300 多条支流组成海河水系。以卫河为源，海河全长 1090km，其干流自金钢桥以下长 73km，河道狭窄多弯。海河水系东临渤海，南界黄河，西起太行山，北倚内蒙古高原南缘，地跨北京、天津、河北、山西、山东、河南、辽宁、内蒙古 8 个省（自治区、直辖市），流域面积 22.9 万 km²，其中山区约占

54.1%，平原占 45.9%，人口 7000 多万，耕地 1.8 亿亩。流域多年平均径流量 264 亿 m³，平均年输沙量 1.82 亿 t。海河流域气候特征为半干旱半湿润气候，年平均降水量为 546.6mm。海河主要水系分布如图 2.4 所示。

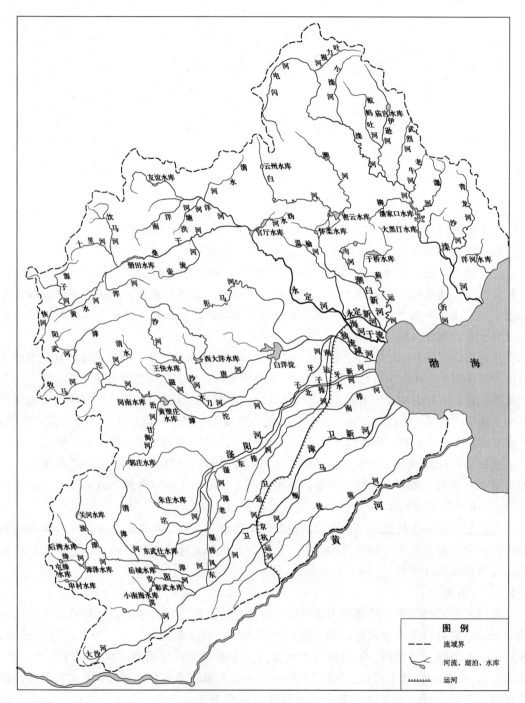

图 2.4　海河主要水系分布示意图

海河干流是随着海河水系尾闾成陆而形成的，海河水系主要形成原因有三个：一是流域内西、北、南三面高，东部低的地势，使诸水顺势东流；二是黄河迁移为海河的形成提供了条件，在先秦时期，受黄河影响，海河流域尚未形成，而到了公元 11 年，黄河迁移，海河平原内各河流独自成河，互不影响，到 1128 年，海河水系基本形成并稳定发展；三是人为的因势利导。东汉末年，因战事所需，将海河平原上的河道连通在一起，初步形成海河水系，但到了北魏时期，南北水系连通中断，海河水系基本解体，直至公元 608 年，重新开凿水渠，海河水系再次形成，因此，海河水系经历了初步形成、暂解体和再形成三个阶段。

2.1.1.5 淮河

淮河流域地处中国东部，介于长江和黄河两流域之间，位于东经 112°～121°，北纬 31°～36°，流域面积 27 万 km²。流域西起桐柏山、伏牛山，东临黄海，南以大别山、江淮丘陵、通扬运河及如泰运河南堤与长江分界，北以黄河南堤和沂蒙山与黄河流域毗邻。流域地跨河南、安徽、江苏、山东及湖北 5 省，由于历史上黄河曾夺淮入海，现状淮河分为淮河水系及沂沭泗水系，废黄河以南为淮河水系，以北为沂沭泗水系。整个淮河流域多年平均径流量为 621 亿 m³，其中淮河水系 453 亿 m³，沂沭泗水系 168 亿 m³。淮河全长 1000km，总落差 196m，平均比降 0.2‰。淮河水系地处南北气候过渡带，北部属于暖带，南部属于亚热带，流域年平均降水量为 1000mm。淮河主要水系分布如图 2.5 所示。

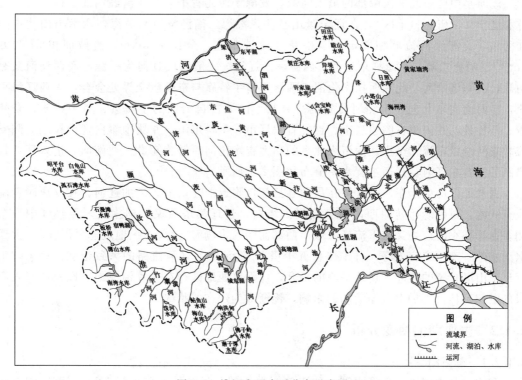

图 2.5 淮河主要水系分布示意图

历史上的淮河是一条从云梯关独流入海的河流，河道宽阔，水流通畅，沂河、沭河、泗河都是淮河的下游支流。受黄河侵淮夺淮的影响，现在的流域面积比当时要大。原来在开封西北入黄河的济水改流入泗水，使部分济水流域成为淮河流域；黄河夺淮后，下游三角洲向东延伸了约 50km；淮河故道淤塞后，迫使淮河从现在的入江水道入长江，使部分长江流域面积变成淮河流域的面积。受黄河长期侵淮夺淮的影响，地形和水系发生了很大变化，古济河、钜野泽和梁山泊已消失；河床普遍淤高，且留下了废黄河河床；形成新的湖泊如洪泽湖、南四湖和骆马湖。中华人民共和国成立以后，对淮河水系进行了大量人工改建、挖掘水渠、扩充汀道、筑建堤坝，并于 1998 年开启淮河入海水道构建工程，截至目前，淮河流域水闸总量约为 5000 个，为蓄水、排洪、挡潮、灌溉、航运等事业的施行提供了保障。

2.1.1.6　松花江

松花江是黑龙江最大的支流，由头道江、二道江、辉发河、饮马河、嫩江、牡丹江等大小数十条河流汇合而成，跨越辽宁、吉林、黑龙江和内蒙古 4 个省（自治区）。松花江全长 1900km，流域面积 54.56 万 km²，超过珠江流域面积，占东北三省总面积的 69.32%，占黑龙江流域面积的 30.2%；多年平均径流量 759 亿 m³，超过了黄河的径流总量。其气候特征为北温带季风气候，年平均降水量约为 500mm。松花江主要水系分布如图 2.6 所示。

2.1.1.7　辽河

辽河是中国东北地区南部的最大河流，发源于河北省平泉县，流经河北、内蒙古、吉林和辽宁 4 个省（自治区），在辽宁盘山县注入渤海。南濒渤海与黄海，西南与内蒙古内陆河和河北海滦河流域相邻，北与松花江流域毗连，全长 1345km，流域面积 21.9 万 km²。辽河有二源，东源称东辽河，西源称西辽河。一般以西辽河为正源，而西辽河又有两源，南源老哈河，北源西拉木伦河。两源于翁牛特旗与奈曼旗交界处会合，为西辽河干流，自西南向东北向，流经河北省的平泉县、内蒙古自治区的宁城县、翁牛特旗、奈曼旗、开鲁县，在内蒙古的通辽市、吉林省双辽市，至科尔沁、左翼中旗白音他拉纳右侧支流教来河继续东流，至小瓦房汇入北来的乌力吉木伦河后转为东北—西南向，进入辽宁省昌图县江合东辽河。辽河主要水系分布如图 2.7 所示。

据考证，历史上东、西辽河在昌图县三江口附近汇合，汇合后的辽河，在汉唐时期南流至铁岭，过铁岭后转向西南流至新民滨塔村，过滨塔后又转向南流，流经辽中县东侧，在海城小河口处又南下流经海城市西部而注入古渤海。《汉书·地理志》原注："大辽水出塞外，南至安市入海，行千二百五十里"，就是对古辽河流路的大致记载。后来，由于辽东山区丘陵的隆起，辽北平原的抬升，辽河以西地区存在大片沼泽地，以及辽河入海口的淤积延伸，再加上人类活动的影响，逐渐成为现在的状况。

2.1.2　主要湖泊演变分析

2.1.2.1　鄱阳湖

鄱阳湖是中国第一大淡水湖，位于江西省北部，距南昌市东北部 50km。鄱阳湖上承赣、抚、信、饶、修五河之水，下接长江。在正常水位情况下，鄱阳湖面积有 3914km²，

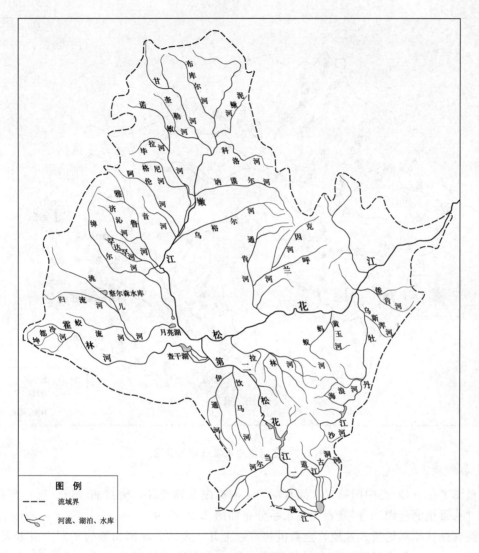

图 2.6 松花江主要水系分布示意图

容积达 300 亿 m^3。经过漫长的地质演变，鄱阳湖形成南宽北狭的形状，犹如一只巨大的宝葫芦系在万里长江的腰带上。鄱阳湖主要水系分布如图 2.8 所示。

鄱阳湖属于新构造断陷湖盆，全新世以来由于赣江泥沙的淤积，已成为河网切割的平原。这里留下了大量新石器时期遗址，汉代在这里设立过枭阳县。5 世纪前后由于湖底下沉，湖面扩大。唐代时期，高温多雨，长江径流量增大，江水涌入湖中，造成鄱阳湖的扩展。而宋末至明初，湖区继续下沉，是鄱阳湖发展的鼎盛时期。近现代，随着湖底逐渐上升，鄱阳湖自南向北逐渐萎缩。鄱阳湖演变如图 2.9 所示。

2.1.2.2 洞庭湖

洞庭湖位于长江中游南岸，湖南省的北部，水面跨湖南、湖北两省，面积 $2740km^2$，

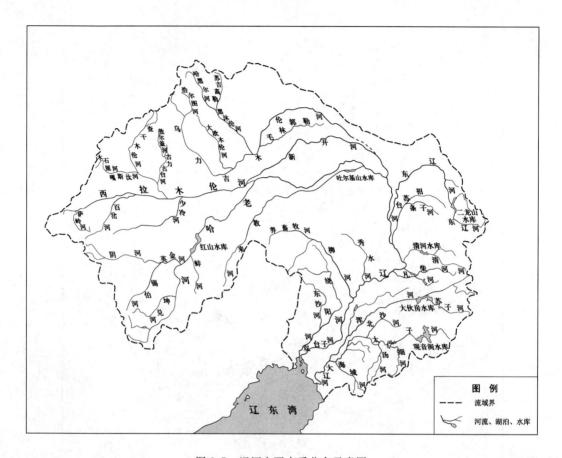

图 2.7　辽河主要水系分布示意图

蓄水量 178 亿 m³，是中国第二大淡水湖泊。洞庭湖北连长江，南接湘、资、沅、鄱四水，号称"八百里洞庭湖"。洞庭湖主要水系分布如图 2.10 所示。

　　洞庭湖区原属地堑式盆地，全新世初普遍上升，湖区为河网切割的平原，留下大量新石器时代遗址。先秦汉晋时期有局部沉降，形成小湖泊与沼泽化现象。至东汉三国时期洞庭四水——湘、资、沅、澧仍直接入长江。华容隆起为荆江与洞庭湖的分界。东晋南朝时期江水穿过华容隆起进入洞庭湖区，形成广阔湖面。唐宋时期湖面进一步扩大，形成"八百里洞庭湖"。19—20 世纪，藕池、松滋两口形成，通过荆江四口（虎渡、调弦），荆江 45％ 的泥沙注入湖区，泥沙淤积与人工堤垸造成湖水萎缩。洞庭湖演变如图 2.11 所示。

2.1.2.3　太湖

　　太湖位于长江三角洲南侧的低洼地带，西边紧接着天目山余脉的低山丘陵，距东海不过 100km，湖区跨江苏、浙江两省，湖泊面积 2292km²，为中国第三大淡水湖泊。太湖有大小岛屿 48 个，峰 72 座。太湖东、北、西沿岸和湖中诸岛，为吴越文化发源地，有大批文物古迹遗存，如春秋时期的阖闾城越城遗址、隋代大运河、唐代宝带桥、宋代紫金庵、

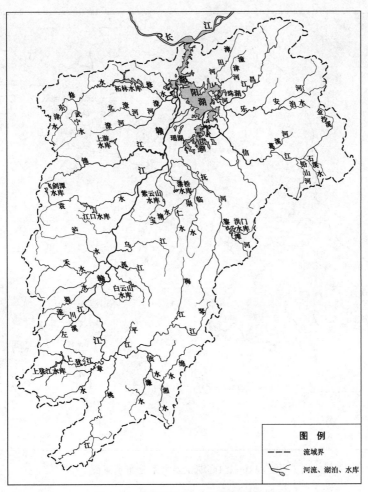

图 2.8　鄱阳湖主要水系分布示意图

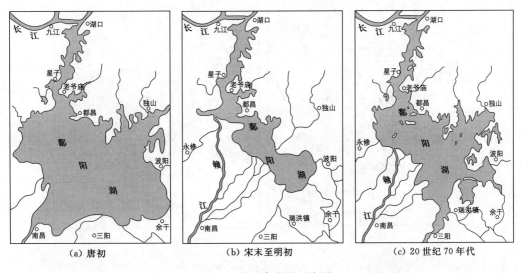

图 2.9　鄱阳湖演变示意图

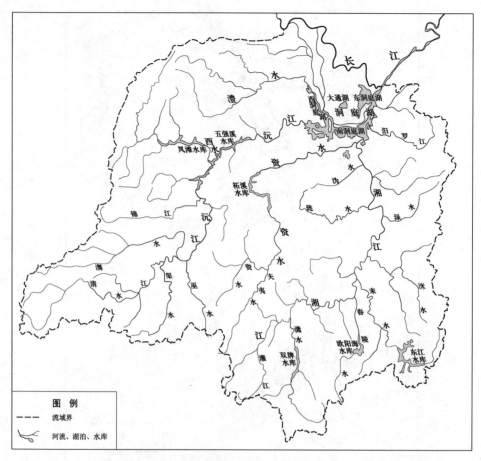

图 2.10　洞庭湖主要水系分布示意图

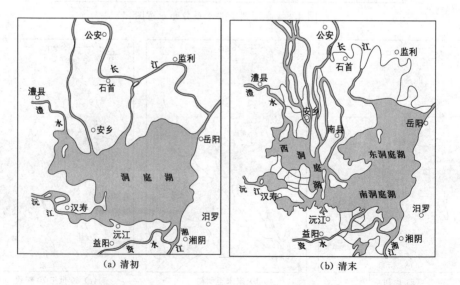

图 2.11（一）　洞庭湖演变示意图

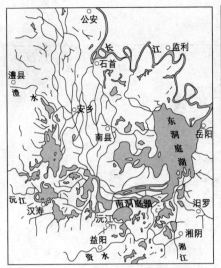
(c) 20 世纪 30 年代

(d) 20 世纪 50 年代

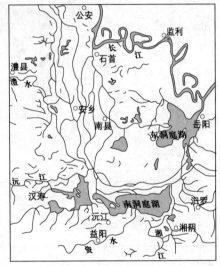
(e) 20 世纪 70 年代

图 2.11（二）　洞庭湖演变示意图

元代天池书屋、明代扬弯一条街、宜兴三洞、无锡三山和苏州东、西洞庭山等。太湖地处亚热带季风区，年平均降水量为 1181mm。太湖主要水系分布如图 2.12 所示。

太湖水系变迁大致沿着：三江→湖泊→水网系统的方向发展。

（1）三江时期：太湖由吴淞江、娄江、东江分流入海，湖泊面积较小。

（2）湖泊兴盛时期：长江三角洲不等量下降和沿海泥沙的淤积，使太湖平原不断向碟形洼地发展。太湖平原地貌的演变，使河流比降发生变化，原来疏通太湖水入海的三江变成海水倒灌的通道。娄江、东江淤积尤甚，主要导水由吴淞江完成。自此太湖平原多洪水，且形成众多湖泊。

（3）水网系统的形成：五代吴越时期，初步完成了水网系统。

太湖演变如图 2.13 所示。

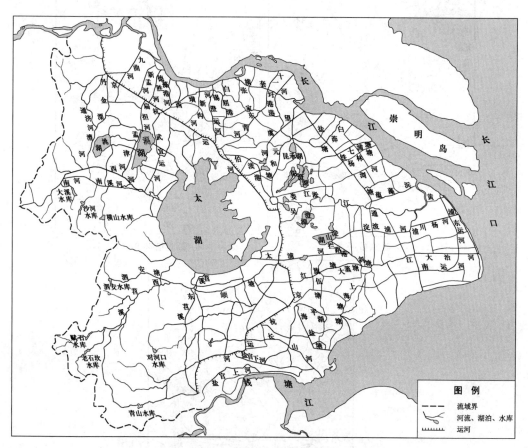

图 2.12　太湖主要水系分布示意图

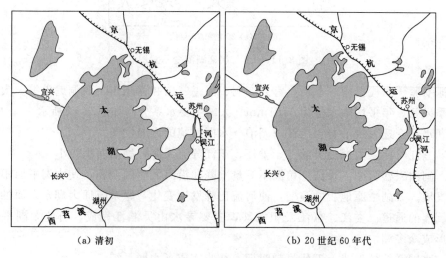

(a) 清初　　　　　　　　　　　　(b) 20 世纪 60 年代

图 2.13（一）　太湖演变示意图

(c) 20 世纪 80 年代

图 2.13（二） 太湖演变示意图

2.1.2.4 洪泽湖

洪泽湖在江苏省西北部，位于淮河中游，面积 1805km² ，是中国第四大淡水湖。由于洪泽湖发育在冲积平原的洼地上，故湖底浅平，岸坡低缓，湖底高出东部苏北平原 4～8m，成为一个"悬湖"。湖区的东部大堤宽 50m，全长 67km，几乎全用玄武岩的条石砌成，长堤不仅保护着下游地区的万顷良田和千百座村镇，而且拦蓄的丰富水源为航运、发电、灌溉提供了便利。洪泽湖主要水系分布如图 2.14 所示。

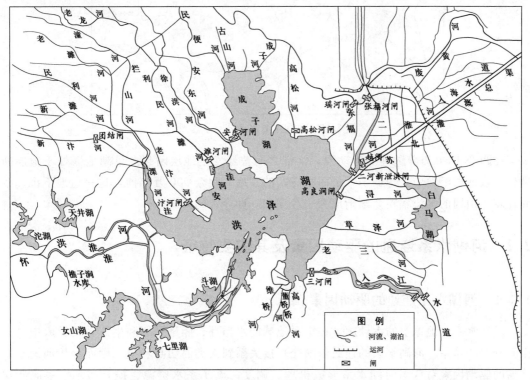

图 2.14 洪泽湖主要水系分布示意图

洪泽湖形成主要有如下因素：其一，地壳断裂形成的凹陷是洪泽湖形成的自然因素，胚胎始于唐宋以前的小湖群，主要有富陵湖、破釜涧、泥墩湖、万家湖等。其二，黄河夺淮是形成洪泽湖雏形的客观因素。宋建炎二年（1128年）、宋绍熙五年（1194年），黄河决阳武，至梁山泊分南北两支，南支与泗水合，南流入淮，此为黄河改道之始。至清咸丰五年（1855年），黄河北徙，由利津入海，黄河夺淮长达近700年之久。由于黄河居高临下，倒灌入淮，黄淮合流，流量增加，水位抬高，将富陵湖、破釜塘等大小湖沼、洼地连成一片，汇聚成湖。其三，大筑高家堰（洪泽湖大堤）是洪泽湖完全形成的人为因素，也是决定性因素。因此，洪泽湖被称为人工湖。

2.1.2.5　巢湖

巢湖位于安徽省中部，面积$753km^2$，湖泊蓄水量18亿m^3，是我国五大淡水湖之一。它地处合肥、巢湖两市和肥东、肥西、庐江三县境内，西有大别山屏障，因地理位置险要，历为兵家必争之地。巢湖主要水系分布如图2.15所示。

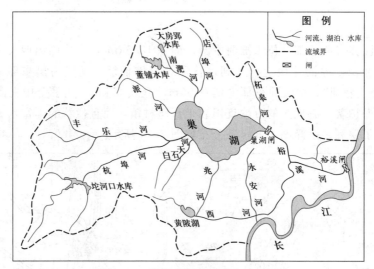

图2.15　巢湖主要水系分布示意图

在距今1000万年的地壳运动中，江淮之间曾经发生地层断裂。巢湖地区处于地层断裂带，在地层断裂中，构造了一个面积辽阔的盆地。距今900万年前，这一盆地下沉，四周丘陵、山冈的水流辐辏，渐渐汇为一片湖泊，即今天的巢湖。

2.2　河湖水系连通的驱动因素及其主要特征

2.2.1　河湖水系连通的驱动因素

河湖水系是地球上的大动脉，在维系地球的水循环、能量平衡和生态系统健康中具有极其重要的作用。河湖水系的连通与演变直接关系到人类的切身利益。因而分析河湖水系连通的驱动因素对认识河湖水系形成机理、调度河湖水系水资源、提升河湖水系服务功能、改善河湖水系生态健康等方面具有十分重要的意义。

2.2.1.1 自然因素

影响河湖水系连通的自然驱动因素主要有地质构造与运动、科里奥利力、地形地貌、气候条件、河流作用等因素。其中地质构造对河湖水系的总体格局、走向起决定性作用，具有剧烈性、突发性等特点。不同的地质构造及岩层差异筑造了不同程度的地表特征，例如地质中岩石的组成及粒径的大小直接影响水体的流向及渗透能力，同时不同的地质构造在对抗水体侵蚀程度方面也存在较大差异。由地球内部驱动力引发的地质变迁及变位运动对河湖水系演变具有强烈的推动作用，例如我国西高东低的地势特征就是一系列地质运动形成的，这一地势特征决定着我国河流的走向、规模、幅度等一系列水文特征。地球是一个不停自转的球体，由于重力及惯性作用，地球表面非赤道地区的物体产生一种地转偏向力，即科里奥利力，在科里奥利力的长期作用下，河流两岸会形成较大的地势差异，对我国而言，就会产生南北方向的科里奥利力，因而河流北岸地势较为平缓，而河流南岸多为陡峭石壁。气候条件对河湖水系连通起着至关重要的作用，其中，降水是影响河湖水系连通的直接因素，降水量的多少直接关系到河湖水量的高低，进而影响河流的水文等特征，特别是极端降水或干旱气候，对河湖水系的发展演变具有重要的影响，此外温度对河湖水系连通也有重要影响作用，特别是冬天，气温较低，我国北方大部分河流均会出现结冰现象，不利于河湖水系的连通。而时时刻刻都在影响河湖水系演变的驱动因素就是河流本身，河流是不断流动的水体，无时无刻不在对河道进行侵蚀、冲刷。河流水体不断冲刷、侵蚀和破坏河岸边界，改变河道原有走向，被冲刷下来的河岸物质沉降在河底，随之被河流搬运转移至其他地方。因而在河流上游，侵蚀作用较强；在河流下游，主要表现为堆积作用。

2.2.1.2 经济社会发展

洪水和干旱灾害是我国主要的自然灾害，严重制约我国社会经济的正常运行。气候变化及人类活动的加剧，导致极端事件发生频率呈不断增长的趋势。中华人民共和国成立以来，我国开展了大规模的江河治理，目前，主要江河和重点区域的防洪体系已初步建立。但在一些地区，仍然存在江河下游河床淤高、河道淤积的问题；与河流连通的众多湖泊淀洼，由于垦殖等原因，调蓄能力大幅降低；有的蓄滞洪区被占用成为经济社会用地，压缩了水系空间。同时，中小河流河道淤积堵塞和水面萎缩现象严重，尤其是农村河道未进行系统清淤整治，有的河道基本的调蓄作用和输水排水功能逐渐丧失，严重危及区域防洪安全。特别是包括独流入海河流、内陆河流在内的众多中小河流，防洪能力严重偏低，有些中小河流甚至不设防，极易对人民生命财产造成损害；近年来，干旱灾害也表现出频次增高、持续时间延长和灾害损失加重等特点，旱灾影响范围已由农业为主扩展到工业、城市、生态等领域，工农业争水、城乡争水和经济社会挤占生态用水现象越来越严重。

随着经济、社会的快速发展，废污水排放量日益增大而治污力度不足，水污染加剧，水生态环境状况严重恶化。根据《2008 年中国水资源公报》，全国主要江河约 28 万 km，河长范围内划定的 6684 个水功能区水质达标状况的评价结果显示：全国水功能区达标个数比例为 55%，其中南方地区为 68%，北方地区为 39%。

水资源短缺和水环境恶化已严重影响我国经济社会的可持续发展，同时，经济社会发展和生态环境保护对水资源支撑和保障能力也提出了新的、更高的要求。因此研究解决水资源短缺和水环境问题已经迫在眉睫。河湖水系连通正是在这样的大背景下,在总结我国几十年治水经验的基础上提出来的。

通过河湖水系连通工程,合理构建国家和区域、流域水网体系,可以优化水资源配置结构、提高河湖水系水环境容量、改善河湖生态系统健康水平、增强抵御水旱灾害能力、促进地区经济的持续健康发展。

2.2.1.3　生态环境健康

在我国,河流保护目前总体上处于水质恢复阶段,水污染是对河流健康的最大威胁。影响水体污染的主要因素有:①污染物的种类、性质和含量;②水体的物理化学条件,如水温、流速、流量、含沙量及溶解氧等因素。自净系数是反映水体自净能力的重要参数,与流速密切相关。具有不同连通特性的水体具有不同的自净和降解能力。河流与湖泊水流流动性存在很大的差异,其污染物的迁移和降解特征也存在较大差异,不同连通特性的水体具有不同的降解特性。水系连通性越好,水质降解系数越大,水体纳污能力越强,具有更大的环境容量(张欧阳等,2010)。

河流、湖泊和湿地系统组成的河湖系统的天然连通是生态健康的保障。河湖水系连通对于保持生物量和生物多样性具有重要影响,连通水体的生境异质性会明显提高,从而维持较高的物种多样性。长江中游不同连通特性的浅水湖泊生物完整性时空变化的比较研究结果也表明,湖泊与河流的连通性越好,鱼类完整性保持得越好。河湖水系连通也是维持湖泊湿地生境的重要条件,周期性涨落的水文条件是促使湖泊洲滩湿地演化的决定因素。对于河道外生态系统,河湖水系连通也是流域生态需水的重要保障。为了维系、恢复重要保护区的生态系统,跨区域和流域的河湖水系连通也是重要手段。如塔河、黄河三角洲的生态调水等河湖水系连通工程,对当地的生态系统健康起到了重要作用。

2.2.2　河湖水系连通的演变特征

河湖水系及其连通状况的改变除受自然因素影响演变频繁外,还受到土地开发利用、江河治理开发等人类活动的剧烈影响,不断演化形成新的河湖水系。中华民族五千年的文明史也是一部治水史。

围绕对江河湖泊的适应、利用、开发、治理和保护,河湖水系格局及其连通状况演变可划分为五个阶段(表2.1)。

表 2.1　　　　　　　　　　　河湖水系演变的五个阶段

不同历史发展时期	主要生活生产方式	水土资源开发方式	河湖资源环境压力	河湖及连通影响因素
远古	游牧生产	顺应自然	无	天然因素
古代	自然经济	分散开发	低	基本天然
近代	小农经济	规模开发	较低	天然为主
现代	农村集体经济	集约开发	较高	天然、人工双重
当代	市场经济	密集开发	高	天然、人工双重

(1)远古:逐水而居,单纯适应自然水情,河湖水系连通状况的演变完全受自然因素控制。

（2）古代：原始农耕，水土资源开发以分散为主，河湖格局及其连通基本为自然演变，开始零星修建兴利除害连通工程，兴利能力有所增强，但抵御自然灾害能力仍然较低。如运河沟通水系满足军事和航运需要，引水河道加强灌溉等，如邗沟、鸿沟、灵渠、京杭大运河以及都江堰等。

（3）近代：小农经济，生产力水平有所提高，江河开发治理形成一定规模，河湖格局及其连通状况以自然演变为主，一定程度上受到人为控制影响，但由于特定气候条件，交替发生持续特大干旱和特大洪水，河湖连通关系的演变十分剧烈，治水重在理顺河湖关系、筑建堤防，如治黄导淮、治江、疏浚吴淞江等。

（4）现代：农村集体经济，生产力水平大幅提高，水土资源规模化开发形成了目前的河湖水系格局，河流人工调控能力显著增强，连通状况受人工和自然双重因素影响，其中河湖围垦侵占较为严重。

（5）当代：市场经济，水资源开发利用程度逐步提高，江河湖泊的径流泥沙情势发生显著变化，河湖水系连通性进一步减弱，水资源与水环境所承载的负荷量进一步加大。随着人类改造自然能力的增强，大量河湖水系连通工程开始修建，极大地改变了江河湖库的水力联系。

2.3 河湖水系连通的主要影响因素

我国主要河湖的水系连通受多种因素影响，主要有气候影响、泥沙影响、人类活动影响等。

2.3.1 气候

气候趋向干旱，易使湖水蒸发，湖面缩小乃至消亡，或由外流湖演变成内陆湖；气候趋向湿润，入湖水量增加，湖面扩大，湖水也日渐淡化。由于气候因素在一个湖区的变化是波动式的，在湖泊地貌形态上往往留下一些有力的证据。位于中国青藏高原和蒙新高原的大多数湖泊，由于气候干旱、蒸发量大于补给量，湖面普遍发生退缩，湖水亦不断浓缩，而向咸水湖或盐湖方向过渡，这些特点在湖泊地貌上的反映也是多方面的。在干旱地区，有些湖泊受气候影响，会引起入湖河道的断流和湖水位的下降，使原来完整的湖泊被分解成若干彼此相连或不相连的湖泊。如居延海因额济纳河补给水量的减少，引起湖泊退缩，被分成嘎顺诺尔和苏古诺尔两个湖泊。又如西藏的色林错及其附近的错鄂、班戈错、吴如错、格仁错等历史上均是色林错古巨泊的湖体。

2.3.2 泥沙

入湖泥沙量的多少直接影响湖泊寿命的长短。位于中国东部平原上的湖泊，一般都与大江大河相通，湖泊为泥沙提供了良好的沉积环境。如黄河、淮河、海河流域在历史上原是湖泊洼淀星罗棋布之地，它们的逐渐消亡与含沙量高的河流的发育是分不开的。由于海河流域支流众多，下游河床受泥沙淤积而不断抬高，尾闾又排水不畅，因此，湖盆受泥沙淤积十分严重。加上黄河在 10 世纪以前，流经现在的海河，因河床多次改道，影响了湖泊的寿命，如文安洼、安晋泊等湖泊均由于这一原因而成为历史陈迹。黄河自1194年开始南徙以后，泗、淮二水被黄河所夺，泗、淮地区的湖泊淤积更盛，历史上的水泊梁山—东平湖和苏北射阳湖的消亡以及洪泽湖大淤滩的形成，均是黄河泛滥所引起的直接结果。江汉平原湖群原是古云梦泽的一部分，是古云梦泽淤积消亡过程中因泥沙堆积的局部差异而造成的洼地积水。古云梦泽被长江、汉水等携带泥沙停积而分化、消亡，但江汉平原上大湖连片，河湖不分，到处湖水茫茫一片，后来由于长江、汉水及其大小支流携入泥沙的进一步堆积，使湖泊分离，缩小成众多的湖泊水荡，有的则被淤积而消亡。

2.3.3　人类活动

（1）围垦。从十年至百年时间尺度看，围垦是影响河湖连通性最为重要的因素之一。洞庭湖很早就开始了围垦活动，在20世纪50—80年代围湖造田活动达到高潮，湖泊面积大幅缩小，现在洞庭湖主体为大堤所围限，另外还有大量大大小小的民垸也被大堤所围限。江汉平原在16世纪以前已经进行了一定程度的土地开发，16世纪（明中后期）以来，湖区的大规模围湖造田迅速展开（Lu，2005）。近50年来，由于人类对江汉平原湖区的开垦活动，20世纪50—70年代，湖泊面积急剧减小，到70年代湖泊面积仅为50年代的34.5%。在湖泊数量、面积均下降的背景下，小湖数量却在增多，这些小湖大部分由大湖萎缩或分解而来，是围垦的直接结果（Lu和Higgitt，1999）。比如梁子湖在围垦前与鸭儿湖、保安湖、三山湖等是一个湖泊，但由于围垦，被分成了独立的4个湖泊，这4个湖泊已不再连通。古丹阳湖也因围垦而被分解为4个独立的湖泊，后来古丹阳湖进一步解体，只剩下固城湖、石臼湖和南漪湖。受围垦的影响，湖泊即使没有分解成多个湖泊，面积也会大幅度减小，与外来水体的连通性减弱。

（2）筑堤、建闸。原先分布于长江两岸的湖泊基本上都是通江的，而现在仅剩洞庭湖与鄱阳湖尚与长江保持自由连通。20世纪50年代以来，在长江中下游两岸修建了大量的堤防工程和闸口，人为干扰了长江与湖泊的自然连通，切断了长江及其支流和湖泊间的水力联系，从而使得原来的通江湖泊变为阻隔湖泊。造成原先的通江湖泊阻隔的主要原因是建堤与建闸（Shama和Dickerson，1980）。筑堤建闸后，湖泊与长江隔开，原先的通江湖泊水位不受长江水位涨落的影响，减小了受长江洪水淹没的风险，加速了围垦，使湖泊面积大幅度减小。

（3）开凿运河。开凿运河主要有利于增强水系的连通。岷江与沱江之间的引水渠道和运河使两江相互连通，长江下游清弋江流域与太湖流域的连通也主要因为人工运河所致。这些水系连通工程为水资源的开发利用创造了很好的条件。引江济汉工程也是连通长江与汉江的人工运河，完工后，只要调度得当，不仅能加强长江与汉江之间的连通，解决长江与汉江的洪水及汉江下游生态用水问题，还可为江汉平原湖泊补充一定的水源，缓解这些地区湖泊的污染，修复湖泊生态功能。

第3章 国内外河湖水系连通实践分析与总结

3.1 河湖水系连通工程的功能与作用

3.1.1 提高抵御洪涝灾害能力

洪涝通常是指由于江河洪水泛滥淹没农田和城乡或因长期降雨等产生积水或径流淹没低洼土地，造成农业或其他财产损失和人员伤亡的一种灾害。我国幅员辽阔、地形复杂、河流众多，季风气候十分显著。由于降水在季节上的分布极不均匀，全年降水大多集中在下半年，降水年际变化又十分明显，因而洪涝灾害甚为频繁，严重影响我国国计民生。我国是世界上洪水最频繁和洪水灾害最严重的国家之一，中华民族在五千年历史中不断与洪水作斗争，从鲧的堵水到大禹的疏水，从西门豹治邺到李冰父子修建都江堰，从郑国渠到京杭大运河，再到历朝历代修筑大堤等，无不凝聚着中华民族伟大的治水智慧和结晶。

中华人民共和国成立以来，党和政府始终把江河治理放在发展国民经济的重要地位，经过 60 多年的不懈努力，截至 2012 年年底，全国已建成各类水库 8.6 万多座，堤防长度 28.69 万 km，累计开挖、疏通河道数万千米，目前由水库、河道和蓄滞洪区组成的各流域防洪工程体系均已基本形成，特别是长江三峡、黄河小浪底、嫩江尼尔基、淮河临淮岗等骨干防洪工程建设，黄河下游堤防 4 次加高加固，海河下游多条分流入海减河的开辟，治淮 19 项骨干工程和治太骨干工程的完成，大大提高了各流域防洪调度和防洪减灾能力，终结了黄河、淮河数百年来洪患频发的历史，取得了抗御 1998 年长江、嫩江、松花江特大洪水等各流域历次抗洪斗争的伟大胜利，为确保国家的稳定和人民生命财产的安全，保障经济社会发展做出了重大贡献。

开展河湖水系连通工作是提高抵御洪涝灾害能力的迫切需要（徐宗学和庞博，2011）。中华人民共和国成立以来大规模进行水利建设，已初步建成我国主要江河的防洪体系。但在多年来的自然演化以及人类活动的双重影响下，主要江河下游河床淤高，河道淤积，与河流连通的众多湖泊淤淀由于垦殖等原因，调蓄能力大幅降低，甚至有的蓄滞洪区被经济社会用地所挤占，减少了水系空间，造成洪涝灾害不断加剧。为了确保各流域防洪安全，保障国民经济安全运行，需要在进一步加强防洪工程体系建设和洪水预报调度、植树造林、退田还湖等非工程措施的同时，开展河湖水系连通，打通洪涝水通道，维护洪水蓄滞

31

空间，合理安排洪涝水出路，降低洪水风险，提高河湖的洪水蓄泄能力。给洪水以出路、给洪水以空间已成为当前国际上治水的基本思路。只有实现河湖水系连通，增加河湖调蓄能力，为洪水创造更多的空间，才能从根本上减轻洪涝灾害对人类的威胁。

3.1.2　提高水资源统筹调配能力

国务院于 2010 年底印发了《全国主体功能区规划》。实施主体功能区规划，推进主体功能区建设，是我国国土空间开发思路和开发模式的重大转变，是国家区域调控理念和调控方式的重大创新。该规划确立了未来我国国土空间开发的主要目标和战略格局：一是构建"两横三纵"为主体的城市化战略格局；二是构建"七区二十三带"为主体的农业战略格局；三是构建"两屏三带"为主体的生态安全战略格局。按照国家主体功能区划，国家 21 个优化开发区和重点开发区中有京津冀、中原经济区、关中—天水地区等 11 个位于水资源严重短缺地区，共有 19 个区水资源安全问题十分突出。国家"五片一带"为主体的能源开发总体布局中，东北地区、新疆、山西、鄂尔多斯盆地等能源基地均位于资源性缺水地区，需要在大力节水的前提下，通过河湖水系连通，优化水资源配置格局，提高缺水地区的水资源承载能力，保障经济社会发展的合理用水需求。从经济社会发展对水资源支撑保障能力的要求，从提高供水保障程度、保障供水安全、提高应对气候干旱等突发事件能力的角度，开展河湖水系连通是保障国家优化开发区和重点开发经济社会发展的需要，是保障我国重点工业发展的需要，是保障国家能源安全的需要。

城市是居民生活用水、工业生产用水和河道外生态环境用水最集中的地区，水作为一种不可替代的资源，是城市生存和发展的基本条件。城市发展离不开水，水兴城旺，水竭城衰，有了水才能有城市的繁荣昌盛和人民的安居乐业。随着工业化、城市化进程加快，我国人口将更进一步向城市聚集，2030 年城镇化率将超过 62%，城镇人口将达到 9.4 亿人，比现状增加 2.7 亿人，保障城镇供水安全面临巨大压力。全国 37 个主要城市化地区中，有 21 个分布在缺水地区，有 26 个城市存在水资源安全问题；123 个 100 万人口以上的特大城市中有 58 个存在比较严重的缺水问题。保障城市群的用水安全，需要在现有供水工程的基础上，通过加强河湖水系连通，建立多类型、多水源组成、互连互通的城市供水网络，提高城市供水安全保障能力。城市河湖水系连通，涉及城市的饮用水安全供给、水环境保护、水生态建设和城市排水与雨洪利用，以及河流与城市建设协调规划和提升城市品质与活力等方方面面。在尊重河流的自然规律、维持河流的形态和水文特征、保证河流水质、协调城市建设与河流关系的基础上，连通城市河湖水系，是实现城市人水和谐的必由之路。

我国农业战略格局中有五区十四带位于北方缺水地区，水资源矛盾十分突出，支撑保障能力不足。根据国家粮食生产发展规划要求，到 2020 年全国需新增 5000 万 t 粮食产能，新增产能的 74.2% 分布于东北区、黄淮海区和长江流域，保障粮食产能要求而需要提高水资源调配能力的任务十分艰巨，尤其是黄淮海地区。目前，农业抗旱能力普遍偏低，全国 2863 个市县中超过一半为易旱县，其中严重旱灾易发县 473 个、中度旱灾易发县 1135 个，应对干旱的能力较低。为保障国家粮食生产安全，需要在加强水源工程和高效节水工程建设的同时，通过适宜的河湖水系连通，合理配置水资源，提高承载能力和保障能力，改善农业基本用水条件，退还被挤占的农业用水，提高农业灌溉的供水保证率和农业抗旱能力。

因此，开展河湖水系连通是提高水资源统筹调配能力的迫切需要（李原园等，2011）。我国经济社会发展格局和水资源格局不匹配的矛盾不断增加，用水竞争性加剧，工业用水挤占农业用水、生产用水挤占生态用水、城市用水挤占农村用水的现象还普遍存在。从全国水资源整体配置情况来看，部分地区仍存在水资源承载能力不足的问题，经济社会供水风险逐步加大。为改善水资源短缺的现状，适应新的发展格局，以水资源的可持续利用支撑经济社会全面、协调、可持续发展，亟须深入研究河湖水系连通问题，为我国经济社会的可持续发展提供水资源保障。

3.1.3 修复生态环境功能、保障河湖健康

根据国家主体功能区规划，我国中度以上生态脆弱区域占全国陆地面积的55%，其中极度和重度脆弱区域占29.5%。不少地区由于水资源过度开发，水环境污染负荷超载，河湖水系连通通道阻隔，水生态环境恶化问题突出，目前以地下水超采和挤占河道内生态用水形式挤占的生态环境用水量达347亿 m^3。

为逐步恢复和保护生态环境功能，需要增强河湖水系的连通性，改善水体循环状况，保障基本生态环境用水要求，维护河湖健康，因而开展河湖水系连通工作也是修复生态环境功能、保障河湖健康的迫切需要。我国许多地区在经济社会快速发展的同时，废污水排放量增大而治污力度不足，许多江河湖泊的污染物负荷大大超过了其纳污能力，水污染加剧，水生态环境状况日益恶化，资源环境对经济社会发展的支撑保障能力呈现明显下降趋势，已成为制约经济社会发展的重要因素。因此，亟须开展河湖水系连通工作，进一步明确河湖水系连通的技术要求，以河湖水系连通维系流域健全的水循环，改善生态环境，维护河湖生态环境功能，保障生态安全。

为了应对气候变化可能带来的巨大挑战，为经济社会的健康发展营造更安全可靠的外部环境，面对不断增大的防洪风险、水资源短缺和生态环境恶化的严峻局面，亟须通过河湖水系连通以提高径流调控与洪水蓄泄能力，合理安排洪水出路，降低洪水风险，保障防洪安全，增强抵御洪涝灾害的综合防治能力；加强水源地建设，构建抗旱应急水源通道，以增强水资源调配的主动性；通过提高河湖之间的连通性，以增加其生态自我修复能力，改善生态环境，维系河湖健康，营建保障经济社会协调发展和生产生活安全的条件和环境。

3.2 国内河湖水系连通工程典型案例

3.2.1 南水北调工程

中国水资源短缺，人均水资源量为2163 m^3，只有世界人均水平的1/4，且时空分布不均，南方水多，北方水少。由于资源性缺水，即便是充分发挥节水、治污、挖潜的可能性，黄淮海流域仅靠当地水资源已不能支撑其经济社会的可持续发展。为缓解当地日益严

重的水资源短缺，改善生态环境，保持经济发展和社会进步，促进黄淮海流域的经济发展和社会进步，中央决定在加大节水、治污力度和污水资源化的同时，从水量相对充沛的长江流域向这一地区调水，实施南水北调工程。

南水北调是缓解中国北方水资源严重短缺局面的重大战略性工程。我国南涝北旱，南水北调工程的目的在于通过跨流域的水资源合理配置，缓解我国北方水资源严重短缺局面，促进南北方经济、社会与人口、资源、环境的协调发展。南水北调工程建设是多目标的，不仅是水资源配置工程，更是一项造福人民的综合性生态工程。工程实施后，向沿线100 多个城市供水，极大地提高了受水区水资源与水环境的承载能力，同时把城市侵占的一部分农业用水和生态用水偿还给农业和生态。在某种意义上是工业反哺农业，城市反哺农村，是科学发展观在水资源安全方面的生动体现。

经过近 50 年的勘测、规划和研究，在对比分析 50 多种规划方案的基础上，分别在长江下游、中游、上游规划了三个调水区，形成了南水北调工程东线、中线、西线三条调水线路。通过三条调水线路，与长江、淮河、黄河、海河相互连接，构成我国中部地区水资源"四横三纵、南北调配、东西互济"的总体格局。三条调水线路互为补充，不可替代。本着"三先三后"、适度从紧、需要与可能相结合的原则，南水北调工程规划最终调水规模 448 亿 m^3，其中东线 148 亿 m^3，中线 130 亿 m^3，西线 170 亿 m^3，建设时间 40～50年，整个工程根据实际情况分期实施。

南水北调工程实施后带来一系列效益：整体提升了北方地区水资源承载能力，提高了水资源的配置效率，使我国北方地区逐步成为水资源配置合理、水环境良好的节水防污型社会，有利于缓解水资源短缺对北方地区城市化发展的制约，促进当地城市化进程；为北方经济发展提供了保障，解决了北方一些地区地下水由自然原因造成的水质、水源问题，促进了经济结构的战略性调整；通过改善水资源条件来促进潜在生产力，形成经济增长，实现结构升级和经济社会环境的可持续发展；较大地改善了黄淮海地区的生态环境状况，特别是水资源条件，有利于创建适合人居的环境友好型社会、回补地下水、保护湿地和生物多样性，改善因缺水而不断恶化的生态环境。

3.2.2　浙江省河湖水系连通工程

浙江省位于我国东南沿海，陆域面积 10.18 万 km^2，地形自西南向东北呈阶梯状倾斜，西南以山地为主，中部以丘陵为主，东北部是低平的冲积平原，"七山一水两分田"是浙江地形的概貌，境内有西湖、东钱湖等容积 100 万 m^3 以上湖泊 30 余个，海岸线长6400 余 km。自北向南有苕溪、京杭大运河（浙江段）、钱塘江、甬江、椒江、飞云和鳌江等 8 条主要河流，以及杭嘉湖、萧绍宁、温黄、温瑞等平原。

杭嘉湖地区位于浙江省北部，太湖流域南部，西靠天目山，东接黄浦江。北滨太湖，南濒钱塘江杭州湾，总面积 $12272km^2$。以东苕溪西险大塘和导流右岸大堤为界，可划分为西部山区和东部平原两部分。

浙江省东部的萧绍甬舟地区，位于杭州湾的南翼，是杭州湾产业带的重要组成部分，在浙江省经济社会发展的总体格局中地位举足轻重，但该地区水资源量相对匮乏，且时空分布不均，已对浙东地区经济社会的可持续发展形成制约。

浙江省地处亚热带季风气候区,降水充沛,年平均降水量为 1600mm 左右,是我国降水较丰富的地区之一。浙江省历来是洪涝和旱灾的多发地区主要原因有以下三点:一是由于独特的地理位置和气候条件,洪涝和旱灾交替发生;二是由于江河源短流急,洪水暴涨暴落,平原地区地势低洼,河口受潮水顶托,排水不畅,洪涝灾害造成的损失巨大;三是由于人口密度大,水资源时空分布不均,加上随着经济社会的快速发展和水污染的加剧,水资源供需矛盾日益突出。

例如,绍兴市区因部分河道水系沟通不畅、河道淤积较严重,以及萧甬铁路阻断了市区南北向骨干河道,导致排涝、泄洪不畅,抬升了市区铁路以南的河道水位;同时也降低了河网、湖泊等水体的有序流动,造成河网水质较差,水污染状况不容乐观,直接影响了绍兴市区城市水景观的整体质量。

将浙江省河湖水系连通工程典型案例介绍如下。

(1)杭嘉湖地区。五大工程涉及杭州、湖州、嘉兴三市,工程总体布局分为西片的苕溪清水入湖项目及东部平原的引排通道及泵站(包括上游的太嘉河工程、杭嘉湖地区环湖河道整治工程以及下游的平湖塘延伸拓浚工程、扩大杭嘉湖南排工程)。工程主要建设内容包括河道整治、泵站、闸、桥梁改造(重建)、生态修复等,整治河道总长 433km,泵站设计流量 700m³/s。

(2)萧绍甬舟地区。浙东引水工程主要由萧山枢纽工程、曹娥江大闸工程、曹娥江—慈溪引水工程、曹娥江—宁波引水工程、钦寸水库工程和舟山大陆引水二期工程等组成。萧山枢纽工程是浙东引水工程的龙头老大,是浙东水资源优化配置格局中的关键性工程,设计引水流量为 50m³/s;曹娥江大闸工程是实现浙东引水工程水资源优化配置的重要枢纽,闸上河道型水库正常库容 1.46 亿 m³;曹娥江—慈溪引水工程是曹娥江向东引水的北线通道,工程涉及慈溪、余姚、上虞三市,工程总配水量 4.2 亿 m³;曹娥江—宁波引水工程是曹娥江向东引水的南线通道,是缓解宁波市区水资源短缺矛盾的重要工程措施,也是舟山大陆引水的前提性水源工程,工程引水流量 40m³/s,引水量 3.19 亿 m³;钦寸水库是一座以供水、防洪为主,结合灌溉和发电等综合利用的大型水库,工程建成后可向宁波多年平均供水 1.26 亿 m³;舟山大陆引水二期工程是供应舟山市本岛及其周边部分岛屿的生活、生产用水及驻舟部队用水。

(3)绍兴市区三湖连通工程。三湖连通工程西起青甸湖,东与迪荡湖桥相连,工程由东中西三段组成。工程建设内容主要包括河道工程、铁路桥涵工程和环境绿化工程。河道工程包括河道土方开挖、河道清淤和两岸河坎护砌;铁路桥涵工程主要为新建铁路桥涵一座,桥涵净跨度 6m;环境绿化工程主要包括沿河两岸 4.0 万 m² 的绿化、配套景点和园林小品等布置,沿线 3 座桥梁和 5500m² 建筑物的建筑立面装饰,以及新建一座 12m 跨度人行桥。

3.2.3 海河流域河湖水系连通工程

海河流域由滦河、海河、徒骇马颊河三大水系组成,总面积 32 万 km²。其中,滦河水系包括滦河、冀东沿海诸河等河流,海河水系包括北三河(蓟运河、潮白河、北运河)、永定河、大清河、子牙河、漳卫河和黑龙港运东地区等河系,徒骇马颊河水系包括徒骇河、马颊河、德惠新河等河流。

海河流域河流众多，流域面积大于 200km² 的河流就有 436 条。海河平原除天然河流外，还有贯穿南北的南运河以及多条人工减河和引水渠道（包括引黄渠道），河渠纵横交错，河水流向复杂。海河流域河渠湖库连通规划的总体目标是，在现有水利工程和南水北调等新建工程基础上，构建以"二纵六横"为骨干、局部河系连通为补充的河渠湖库连通总体工程布局，大幅度提高水资源配置能力、重要生态目标供水保障能力和中小洪水资源利用能力。

"二纵六横"中的"二纵"是指南水北调中线、东线两条总干渠，以及鲁北、豫北、河北、天津的引黄工程。"六横"是指滦河、北三河、永定河、大清河、子牙河、漳卫河 6 个具有较强水资源配置能力的天然河系，以及进入永定河上游的引黄入晋北干线，南水北调支渠和配套工程、现有引水工程等。

1. 骨干工程

南水北调中线、东线总干渠已按《南水北调工程总体规划》建设完成，这里重点介绍其配套工程。

（1）南水北调中线配套工程。中线一期配套工程包括北京市团城湖至第九水厂、南干渠等，天津干渠及天津市子牙河北分流井至西河泵站、引江入塘等，河北省赞善、石津、沙河、廊坊输水分干渠和 27 座中小型调蓄工程，河南省 16 条输水分干渠及泵站，倒虹吸等。

（2）南水北调东线配套工程。东线一、二期配套工程包括山东省输水渠道工程 18 条及供水管道、调蓄水库、泵站等工程，河北省向沧州、衡水供水工程等。

（3）山西省引黄入晋北干线工程的任务是解决山西省大同、朔州等地区水资源短缺和水质恶化问题，于 2009 年开工建设，输水线路西起引黄入晋总干线下土寨分水闸，向东经平鲁、朔州、山阴、怀仁至大同，线路全长 161km，采用管涵自流输水，年供水量 5.6 亿 m³。

2. 一般工程

（1）中线总干渠与各河系连通工程。在南水北调中线总干渠与主河道交叉位置兴建退水闸，实现总干渠与卫河支流、漳河、滏阳河及其支流、滹沱河、大清河支流、永定河等多条河流的连通。在汉江丰水年，利用中线总干渠相机向海河流域河流、湿地和地下水超采区实施生态补水。

（2）大型水库与河系连通工程。进一步完善引岳（岳城水库）济淀（白洋淀）、引岳济衡（衡水湖）、引黄（黄壁庄水库）济衡（衡水湖）等大型水库与平原河系的连通工程标准，提高供水可靠性，改善生态环境。

3.2.4 太湖流域河湖水系连通工程

太湖流域水系以太湖为中心，分为上游水系和下游水系。上游水系主要为西部山丘区独立水系，包括苕溪水系、南河水系及漏溪，其多年平均入湖水量分别占太湖上游来水总量的 50%、25% 和 20%；下游水系主要为平原河网水系，包括北部沿长江水系、东南部沿长江口、杭州湾水系和东部黄浦江水系。京杭大运河贯穿流域腹地及下游诸水系，起着水量调节和承转作用。

总体而言，太湖流域河网水系具有特殊的地理地貌特点：一是平，太湖流域面积3.69万km²，其中近80%是平原，而且流域河道水面比降非常小，平均坡降只有约十万分之一；二是低，流域内大部分平原都在海拔5m以下，极易受到海潮顶托，排水难度大；三是密，太湖流域河网密布，河道总长约12万km，河道密度达3.3km/km²，是我国最密集的平原河网区。流域水面面积达5551km²，水面率为15%，在全国各大江河流域中非常罕见。

太湖是流域内最大的湖泊，也是流域洪水和水资源调蓄中心。西部山丘区来水汇入太湖后，经太湖调蓄，从东部流出。长江是太湖流域的重要补给水源，也是流域排水的主要出路之一。沿长江水系主要由流域北部沿长江河道组成，大多呈南北向。

太湖流域平原地势低洼平坦，河道坡降小，且受潮汐顶托影响，排水难度大，洪涝灾害频繁。中华人民共和国成立后，太湖流域有关省（直辖市）开展了开挖疏浚河道、修建闸泵等诸多江河湖水系连通治理，但是由于缺乏全流域统一规划，工程建设主要集中在兴建塘坝、排灌站，加高培厚江堤海塘和圩堤等，太湖排涝出路未能打通，沿江河道利用难以满足当地排涝、农业灌溉为主的需求。

太湖流域水体流动性差，但河道浅窄多曲、水系紊乱、干支流层次不清、纲网不张，受地势平坦、下游潮汐顶托等影响，河道水体流动缓慢，水流不畅，水体环境容量较小，自净能力低。随着流域经济社会的持续快速发展，人类活动对河网扰动频繁，河网水系萎缩、堵塞、淤积现象严重。河网有机联系遭到破坏，功能不断退化，使得河湖水体流速缓慢、流动无序、引排能力不足等诸多问题更加凸显，也加剧了河网水体污染。

因此，进一步加强太湖和长江的连通，扩大望虞河引长江水入太湖能力，新辟新孟河引江入湖，开通走马塘，延伸拓浚新沟河排水入长江；规划合理控制环太湖口门，提高统筹调配太湖水资源能力；规划扩大太浦河排泄太湖洪水能力，提高太浦河向下游地区供水能力，恢复东太湖及吴淞江通道，新增太湖洪水出路，扩大流域洪水东出黄浦江能力，改善下游地区排水条件；规划扩大杭嘉湖南排工程，新辟出杭州湾口门，延伸拓浚平湖塘，延伸扩大长山河等骨干河道，增建南排杭州湾泵站，提高涝水南排杭州湾能力，拓浚杭嘉湖地区环太湖河道，沟通太湖与杭嘉湖区腹部地区，增强太湖向杭嘉湖地区供水能力，改善杭嘉湖区水环境。

自2002年起，太湖流域启动了"引江济太"水资源调度，通过望虞河等沿长江河道引长江水入太湖，增加流域水资源总量，经太浦闸等环湖口门向江苏、浙江、上海等下游地区增加供水。

与此同时，流域各地均因地制宜开展了引清调水工作。通过杭嘉南排工程、东苕溪导流港东大堤沿线各闸的联合调度，达到置换杭嘉湖平原河网水体、改善河网水质的目的。

流域内省（直辖市）相继组织开展了地市级河湖水系整治规划，江苏省落实"河长制"要求，对主要环太湖河道进行了全面清淤，同时加快上游县乡河道及村庄河塘的清淤工作，完成了191条河网河道的疏浚整治，完成疏浚土方603万m³。对影响太湖较大的15条重点河流，专门编制了综合治理规划。浙江省开展了杭嘉湖东部平原河道清淤和万里清水河道建设，完成河道清淤4617km，并按照"建设一段、保洁一段"的要求，开展河道保洁长效管理，有效提高了河道调蓄与输水能力。

3.3　国外河湖水系连通工程典型案例

3.3.1　莱茵河跨界治理工程

莱茵河发源于瑞士阿尔卑斯山的沃德和亨特莱茵，全长 1320km，流域面积 18.5 万 km²，年平均流量 2200m³/s，是继伏尔加河和多瑙河之后的欧洲第三大河。莱茵河有 9 条重要支流，分别是瑞士的阿勒河，法国的伊尔河，流经法国、卢森堡、德国的摩泽尔河，德国的内卡河、迈茵河、纳郝河、郎河、鲁尔河与利伯河。莱茵河流域涉及 9 个国家，干流流经瑞士、德国、法国、卢森堡、荷兰，其中以德国境内面积最大，达 10 万 km²；其次是瑞士、法国和荷兰，面积为 2 万～3 万 km²；奥地利和卢森堡分别约 2500km²；而意大利、列支敦士登和比利时三国仅占很小的面积。

莱茵河是具有历史意义和文化传统的欧洲大河之一，也是世界上航运最繁忙的河流之一。其通航里程近 900km，其中大约 700km 可以行驶万吨海轮，此外还通过一系列运河与其他大河连接，构成一个四通八达的水运网络。莱茵河运费低廉从而有助于将原料价格降低，这是莱茵河成为工业生产区域主轴线的主因，世界上 1/5 的化工产品是莱茵河沿岸生产的。莱茵河长期以来一直是欧洲政治纠纷的源泉，但是自 20 世纪中期以来，随着工业的高速发展，莱茵河一度成为"欧洲最大的下水道"，河流遭受严重的污染。大量的酸、漂液、染料、铜、镉、汞、去污剂、杀虫剂等上千种污染物倾入河中。此外，河中轮船排出的废油、两岸居民倒入的污水、废渣以及农场的化肥、农药等，也使水体遭到严重污染。长期以来，由于莱茵河沿河的天然洪泛区及蓄洪区被农田侵占，河道被束直而变得狭窄，有效调洪蓄水功能锐减，加剧了洪灾威胁。1882 年、1988 年莱茵河都曾暴发全流域性的大洪水。1993 年和 1995 年又相继发生了严重洪水，沿岸许多城市受到威胁。1995 年，荷兰因大堤面临决堤的危险，数千人被迫转移，100 余人丧生，经济损失惨重。随着水质污染、水利工程建造、洪泛区消失和地下水位下降，莱茵河生态系统遭到了严重破坏，生物多样性急剧下降，鲑鱼因水质污染和洄游路线被隔断，20 世纪五六十年代曾在莱茵河绝迹。

1. 污染管理实践

在莱茵河的污染防治中，法律约束是最重要的保证。莱茵河污染防治的主要措施是对污染源进行监管，同时加强水质监测与排污监督。依靠法律约束的莱茵河污染防治措施起着至关重要的作用。如德国有一系列保护水质的法律，荷兰于 1970 年开始实施地表水法，这些法令使流域各国在水质保护方面逐步形成了一个系统的管理体系。

污染源控制分三个方面：

（1）城市污水处理。到 20 世纪末，协议规定莱茵河 90% 的污水都要经过生物处理。1992 年污水处理厂由于采用了新的改进技术，将氮、磷的排放量降至 1985 年的一半。

（2）农业污染。采取的措施是控制农药的使用和改用比较符合环保要求的农药。

（3）航运污染。采用双层船壁的特殊船只运输危险品，同时船上的废水、残油和垃圾均应经过处理和回收。

2. 防洪管理措施

莱茵河传统的防洪措施一般是加高堤坝，建造大功率的抽排水泵站。但是，1995 年莱茵河洪水泛滥，使该流域的水利政策发生了根本性转折。莱茵河流域各国达成共识，分蓄洪区的占用必须得到控制，这使得莱茵河的水文状况得到了恢复和改善。1988 年，莱茵河保护国际委员会（ICPR）制定了"洪水行动计划"，其中包括三个区别于传统措施的策略：

（1）增加城市和农业区的蓄水能力。

（2）防止城市化进一步侵占莱茵河的空间。荷兰制定了一个具有法律约束意义的政策，即著名的"还河流以空间"。要求制止在蓄洪区、洪泛平原内进行房地产开发等活动。

（3）增加莱茵河和支流河床的空间。通过建设滞留低田、溢洪道或者拆除河床上的建筑物来实现。

3. 莱茵河治理实施后的效应

（1）社会经济效益。为了控制农业污染源，莱茵兰-普法尔茨州各乡镇都配有三级污水处理设施，不仅清除了有机物，也清除了磷酸盐和硫化物。该州生活污水纳入管网进行集中处理的比例已达 97%。1984 年，莱茵河水环境治理已初见成效，水质污染最严重的莱茵兰-普法尔茨州美茵兹河段的水质已恢复到标准要求。

德国对工厂按照实际排放量征收税费，费率依据污染物的组成进行调整，如果证实其遵守了标准，费率可减少 75%，收费和许可证政策同时实施，其效果显著。由于使用了环保和新的循环利用技术，拜耳集团从 1992 年到 2006 年，垃圾生产量减少了 1/2，有害废料减少了 2/3，能源消耗节省了 20%，废水从 1992 年到 2002 年减少了将近 80%。

（2）生态环境效益。近年来，在德国以及莱茵河流域其他国家的共同努力下，莱茵河终于逐渐恢复了原先的自然风貌，鲑鱼的出现被认为是莱茵河水环境改善的标志。20 世纪初，莱茵河中的鲑鱼数量众多，仅德国与荷兰两国每年捕获的鲑鱼就有数十万尾。但到了 20 世纪 50 年代，河中的鲑鱼已经十分罕见。1985 年以后，莱茵河中鲑鱼数量又逐渐增多，人们可以在不经意间发现它们的踪影。2002 年底调查表明，莱茵河已经恢复到第二次世界大战前的生物多样性水平。

4. 莱茵河 2020 综合计划

根据以往 50 年莱茵河综合治理经验，2001 年在法国斯特拉斯堡召开的莱茵河流域部长级会议上，莱茵河流域各国同意在莱茵河 2000 年行动计划完成后，正式实施以莱茵河流域生存质量可持续发展为目标的"2020 年莱茵河可持续发展综合计划"。这项计划不是某一单项计划，而是由改善莱茵河生态系统、改善洪水防护系统、改善地表水质和保护地下水四个相互关联的计划组成。这项新的行动计划将实现以下目标：

（1）到 2020 年时，莱茵河流域通过沉积物管理计划将河道淤泥污染物基本去除；

（2）采用各种先进的技术，从根本上解决各种点源污染问题；

（3）真正实现"人水共生存"的目标。该计划的实施使莱茵河流域可持续管理成为欧洲共同体河流流域管理政策的典范，其他国家及流域纷纷对其所采取的措施及政策进行分析、借鉴。

3.3.2 多瑙河-莱茵河水系连通工程

多瑙河流域水资源丰富，年平均降水量 863mm，流域面积 81.7 万 km²，流域人口

8300 万人，多年平均径流量 2030 亿 m³。多瑙河干流流经 10 个国家，此外流域内还有其他 9 个国家，因此是世界上涉及国家最多、国际化程度最高的河流。1992 年完工的莱茵河、美因河、多瑙河运河实现了从黑海通过多瑙河一直到北海的国际航运，成为贯穿欧洲的水上交通大动脉。多瑙河水能资源丰富，1950—1980 年，在多瑙河上就兴建了 69 座大坝及水电站，总库容超过 73 亿 m³。目前，多瑙河干流水能资源开发利用率达到 65%，从德国境内源头到匈牙利加布奇科沃近 1000km 的河段上，建有 59 座大坝，平均 16km 有 1座大坝，其中大部分集中在上游的德国和奥地利。巴伐利亚地区莱茵河流域的年平均降水量不足 700mm。位于山脉背风处的雷格尼兹和缅茵河河谷尤其干旱，在干旱季节，这些河谷的相对高温所造成的大量蒸发水量竟高达枯水年降水量的 80%。除了没多少可用水之外，由于得不到地下水的补充，其流量还有在其最高值和最低值之间极度变化的特点。

北边的莱茵河（美因河支流）和南边的多瑙河之间的大陆分水岭横向穿过德国的巴伐利亚州。美因河流域的水资源条件远不如多瑙河流域，由于降水量较少、气候较热、地下水蕴藏量不大，以及该地区人口稠密，对可用水量密集开采等原因，允许利用水量经常处于枯水的限度。电力、机械制造业等行业需水量大且污染严重，对小流量的河流将造成严重影响。

利用美因河-多瑙河通航运河输水，每年输水量将达 3 亿 m³。这些水要被提到上游运河段的 5 个梯级，再进入美因河航运船闸和克莱恩-罗斯缓冲水库。通常多瑙河水只有在流量超过下游水量需要的相应水位时才进行抽水，在枯水期，则为布鲁姆巴奇水库系统供水提供通道。布鲁姆巴奇水库在莱茵河流域内靠多瑙河的阿尔特姆赫支流上的一座缓冲水库分洪来水。引洪和布鲁姆巴奇水库系统是各自独立的，但必须相互配合进行。

从多瑙河流域大规模调水进入莱茵河流域有以下三条途径：

（1）纽伦堡市周围地区通过 100km 长的管道从有丰富的地下水资源的巴伐利亚中部多瑙河地区引来饮用水，流量为 2m³/s，下一阶段调水流量将要增加到 3m³/s。

（2）通过莱（茵河）-美（因河）-多（瑙河）通航运河的流量达到 21m³/s，将利用夜间便宜的电流从多瑙河中抽水引入莱茵河流域。这些水除了满足船闸运行的必要水量外，还将按 15m³/s 的稳定流量抽入克莱恩罗斯水库。

（3）多瑙河支流阿尔特姆赫的剩余水量（主要是洪峰流量）通过穿越分水岭延长线上的一条明流隧洞引入较大的布鲁姆巴奇水库。这个办法对于平原中部的阿尔特姆赫河谷的防洪能起到一定的辅助作用。

输水系统由渠道输水和布鲁姆巴奇水库两个系统组成。输水渠是利用通航运河作为输水建筑物。通航运河跨越莱茵河和多瑙河之间的欧洲大陆分水岭。从多瑙河分流后，经过5 个梯级，扬高 68m 到达山顶河段，然后过 11 个梯级，下降 175m 入美因河，只有少量天然来水能进入山顶河段。

布鲁姆巴奇水库要拦蓄阿尔特姆赫河的水，因此，阿尔特姆赫河床下游分水点处有必要进行治理。长 33km 的河床按如下要求进行建设：①夏季不发生洪水泛滥；②通过调整堰体使减少的水量保持足够的水深。在分水处阿尔特姆赫河河谷里建设阿尔特姆赫水库以拦蓄和调节洪峰流量。增加的库容将同样可以用来增加阿尔特姆赫河的枯水流量。

3.3.3 澳大利亚雪山调水工程

澳大利亚东部为山区，有很多河流的分水岭，东部沿海的大分水岭是太平洋水系与印度洋水系的分水岭，山地东坡较陡，沿海平原狭窄；西坡缓斜，向西逐渐展开为大平原。在新南威尔士州与维多利亚州之间的大分水岭称为澳大利亚山脉，是澳洲最高的山脉，主峰科西阿斯科山海拔 2228m，是澳大利亚最高点。澳大利亚山脉北端、主峰科西阿斯科山周围山区称为雪山，冬季长期有雪，雪水注入各河流，形成较稳定的径流；雪山东坡降水量十分丰富，多年平均降水量约为 1600mm，是全国降水量充沛、地表径流丰富的地区。

雪山东坡的径流汇集于斯诺伊河，向南流经维多利亚州东南部人烟稀少而降水量较高的地区，但东坡工农业用水量不大，致使大量宝贵的淡水资源白白注入大海。雪山西坡为墨累河及其支流马兰比吉河的主要发源地，其降水量约占雪山地区的 20%。

澳大利亚全国平均降水量约为 460mm，水资源总量为 3430 亿 m^3，其水资源的基本特点为：一是总量少，人均占有量多；二是地区分布不均，降水主要集中在东部山脉和谷地相接的狭长地带，占国土面积 1/3 的中部和西部沙漠地区年平均降水量不足 250mm。

墨累-达令河流域面积为 106 万 km^2，而多年平均年径流量仅为 110 亿 m^3，单位面积径流量约为我国黄河流域的 1/7，水资源贫乏。新南威尔士州南部、维多利亚州北部、南澳大利亚州东南部位于墨累—达令河流域，是澳大利亚小麦、稻谷、羊毛的主要产地，下游有南澳大利亚州的钢铁工业中心，新南威尔士和维多利亚两州拥有全国 70% 的工厂。流域上中游的农牧区是用水大户，而下游的城市、工业用水要求有很高的保证率，工农业用水矛盾尖锐。此外，国民经济的发展，也需要大量的电力生产及水电调峰电能。

澳大利亚雪山调水工程在雪山山脉的东坡建库蓄水，用两组隧洞将东坡斯诺伊河的水引向西坡的墨累河和马兰比吉河的需水地区。雪山调水工程由南方工程和北方工程两部分组成。南方工程位于雪山调水工程南部，主要用于向墨累河调水；北方工程位于工程北部，主要用于向马兰比吉河调水。两工程均为双向引水工程，它们利用斯诺伊河的水资源向维多利亚州和新南威尔士州供水，并充分利用斯诺伊河的潜在发电能力。雪山调水工程沿途利用落差（总落差 760m）发电供应首都堪培拉及墨尔本、悉尼等城市，是澳大利亚跨州界、跨流域的水力发电和农业灌溉工程。建设澳大利亚雪山调水工程的目的在于解决墨累河及其支流马兰比吉河流域的干旱缺水问题，开发利用雪山河水资源。

南方工程从斯诺伊河上的艾兰本德水库向西通过穿山隧洞向吉黑河（墨累河主要支流）上的吉黑大坝供水。水流经过墨累 1 号（位于墨累 2 号水库）和墨累 2 号发电站（位于坎科本水库）的落差大概有 750m，发电尾水通过沼泽平原河（墨累河支流）上的坎科本水库汇入沼泽平原河，再汇入墨累河，最终汇入休姆水库，发电尾水用于灌溉和必需的河道管理。汇入坎科本水库的水除了来自雪山调水工程调水外，还有休姆水库集水区的水（例如上游的图马和吉黑大坝）。南方工程同样拦蓄斯诺伊河上游盖西吉水库盖西吉水电站的发电尾水，然后重新汇入斯诺伊河拦蓄在艾兰本德水库。斯诺伊河上的金德拜恩水库拦蓄尤坎本河下游的尤坎本水库和斯诺伊河下游艾兰本德水库下泄的水量。利用泵抽取金德拜恩水库的水通过穿山隧洞由艾兰本德水库注入吉黑水库，超过吉黑水库和艾兰本德水库库容以上的水量可以重新调入金德拜恩水库储存起来。

北方工程通过坦坦卡尔水库和尤坎本水库拦蓄上游马兰比吉河（墨累河主要支流）和尤坎本河（斯诺伊河主要支流）的水，这些水从尤坎本水库经过尤坎本—蒂默特隧洞注入蒂默特旁德水库（马兰比吉河主要支流）上的蒂默特旁德水库。蒂默特旁德水库同样拦蓄图马河（墨累河主要支流）上游图马水库的下泄尾水。拦蓄在蒂默特旁德水库的水经过一系列的水电站和水库，近 800m 的落差，注入蒂默特河上的布劳尔水库，最终流入马兰比吉河。尤坎本水库是连接两个工程的中枢。雪山调水工程通过尤坎本—蒂默特隧洞、尤坎本—斯诺伊隧洞可以进行双向调水，这使得雪山调水工程的调水富有弹性。

南方工程平均每年从斯诺伊河向墨累河调水 8.8 亿 m^3，而北方工程平均每年经图马—蒂默特隧洞从墨累河调水 3 亿 m^3，因此每年平均向墨累河净调水 5.8 亿 m^3。包括集水区年均截留的 6.2 亿 m^3，南方工程年平均向沼泽平原河放水 12 亿 m^3，这些水经过休姆水库调控再流往墨累河上的奥尔伯里，平均从斯诺伊河调水 5.6 亿 m^3（包括经图马—蒂默特隧洞调水 3 亿 m^3），加上 6.5 亿 m^3 的年平均径流量，北方工程向蒂默特河年均调水 12.1 亿 m^3，占马兰比吉河平均径流量的 40%，之后流入马兰比吉河，最终汇入墨累河。然而最终汇入墨累河的水量较少，因为其中大部分水用于灌溉和其他用途。南方工程和北方工程平均每年从斯诺伊河向西部墨累河和马兰比吉河共调水 11.4 亿 m^3（5.8 亿 m^3 调往墨累河，5.6 亿 m^3 调往马兰比吉河）。雪山调水工程每年平均总计向墨累达令流域调水 24.1 亿 m^3（北方工程 12.1 亿 m^3，南方工程 12 亿 m^3），占雪山调水工程总有效库容的 45%。

澳大利亚雪山调水工程实施后为其调水发电、旅游、生态环境带来了良好的效益。由于雪山调水工程规划设计留有较大余地，工程建成后的实际效益比预期效益高出许多。按规划调水量，马兰比吉河流域灌溉和城镇供水增加一倍，墨累河供水增加 60% 以上，同时保证了南澳大利亚州首府阿德莱德的供水。雪山调水工程水电装机 376 万 kW，对澳大利亚东南部电网调峰至关重要，其电能主要输送堪培拉、悉尼和墨尔本等重要城市。供水供电的增加促进了经济和社会的发展。16 座大大小小的水库，似水银撒播点缀于绿树雪山之间，为国家公园平添无限风光，加以引种外来植物，美化环境，每年吸引大量游客，从事水上娱乐、钓鱼、滑雪等活动，同时带动了附近一些城镇的繁荣和发展。雪山河的优质洁净水调入墨累河和马兰比吉河后，中下游河水矿化度降低，水质大为改善，卫生条件好转，土壤盐碱化程度逐渐降低，生态环境效益十分明显。此外，由于雪山调水工程年平均发电量达 55.26 亿 kW·h，相当于燃烧 410 万 t 煤，避免了 550 万 t 二氧化碳进入大气层。雪山调水工程从开始发电到 1995 年避免了燃煤造成的 1.2 亿 t 二氧化碳进入大气层，在环境保护方面起到了重要的作用。

雪山调水工程运行后，斯诺伊河流域许多河流出现了生态功能退化现象。造成生态环境恶化的原因主要有两点：一是雪山调水工程的建设减小了河流径流量；二是长期的河流自然资源管理不当。在调水工程引水口的下游，河水的天然流动几乎停止。尽管河流的沿岸不断有支流汇入，但总体而言，河流的径流量比调水工程建设之前显著减少，并且径流的季节性变化发生了重大的改变。这两个变化导致了一系列重要的环境问题：水生栖息条件的退化引起大型无脊椎动物种类的改变；鱼类和水生植物种类大量减少，外来种类占据主导地位，特别是鱼类；外来入侵植物的侵占，如柳树、白杨树、黑莓、金雀花等。此外，原住民祖祖辈辈生活在雪山地区，他们的传统和文化遗产也受到了影响。

3.3.4 美国芝加哥调水工程

芝加哥市坐落于美国五大湖流域和密西西比河流域两大流域的分界线上，承接着芝加哥市和东北部各州繁荣的工业和资本市场流通工作。该市地处北美洲大陆中部，区位优势明显，吸引了多方投资，是全美的铁路中心和西部开发的枢纽城市，并且作为美国两个最大流域之间多种运输方式的转运点，成为全国最大和最兴旺的农产品交易中心。

芝加哥市便利的区位条件，使得其水资源基础设施得到了全面发展，城市供水主要取水口位于密歇根湖。然而，随着五大湖区城市群的快速发展，当地的水环境状况日益恶化，并引发了一定的生态环境灾难。1885年因为水质污染，芝加哥市爆发了伤寒，并导致9万人死亡，此后该市采取措施，通过阻止雨后向密歇根湖排放污水来保护城市供水。为了使取水口远离城市水污染，芝加哥市在密歇根湖中进行了一项新的取水工程建设，修建了约2km长的水下通道。同时，当地还成立了一个专门的政府部门——芝加哥市卫生局，其职责包括建设和维护下水道、运营污水处理厂、疏浚城市水道、建设排污渠等。

1900年，芝加哥市卫生局完成了对全市大部分水道的改造后，从城市污水处理厂排出的废水进入芝加哥河的北支流和南支流，通过德斯普兰斯河和伊利诺伊河，从五大湖流域进入密西西比河流域。美国工程署（负责维护全国航运水道系统的联邦机构）根据航运和污水稀释的要求，批准转移到运河和排污渠的水量为280m³/s。这些水利工程的建设开创了芝加哥调水工程的整体布局，即供水取自密歇根湖流域，废水排放到密西西比河流域作为一个循环过程的结束。

芝加哥调水工程建设的目的：一是为了改善该市的供水条件，保障城市用水；二是通过适当的河道改造加强水体的循环流动，进而提高水体自净能力，改善城市水环境。工程的实施主要是从密歇根湖流域取水进入芝加哥河，流经城市纳污后再排放到密西西比河流域。密西西比河流域面积广泛，水量丰富，能有效稀释芝加哥河排入的污水，同时从密歇根湖调水能显著提高芝加哥河水体的自净能力，改善城市水环境状况。

1948年，伊利诺伊—密歇根运河正式通航，需要每天从芝加哥境内的密歇根湖向密西西比河调水24万m³。然而，芝加哥调水工程影响其他地区的水环境质量，为此被其他地区控诉到联邦政府，美国最高法院在经过1933—1967年长达30多年的审判后，最终限定芝加哥市从密歇根湖输出的水量是90m³/s。1967年，美国最高法院确认毗邻五大湖的各州之间达成的协议有效，芝加哥市从五大湖输送到密西西比河流域的水量原则上只用于航运和稀释排放废水，但是由于水资源供应紧张，芝加哥市调用的水包括三部分：①62%的调水提供给伊利诺伊州东北部的570万居民；②从密歇根湖直接引到伊利诺伊河和运河的调水，目的是保障航运安全，以及提高流速、改善芝加哥河的水质状况；③那些本应流入芝加哥河进而流入密歇根湖的雨水径流，目前有20%向相反方向流入到密西西比河。

美国芝加哥调水工程河湖水系连通实施后带来很大效应。芝加哥调水工程是19世纪末最大、最复杂和最富想象力的公共建设工程之一。该工程通过大规模的水利工程设施建设，成功解决了芝加哥市公共健康和水环境改善问题，它为芝加哥市后来的发展提供了城市公共用水保障。但是，后来该工程卷入了长达一个世纪之久的政治和法律纠纷之中，特别是关于该如何共同管理五大湖有限的水资源以及如何解决滨水各州和用户利益的冲突矛盾。这些问题绝不是简单的问题，而是包含一系列复杂的协商、妥协和法律裁判，以及通过联邦、州和地方政府等不同层面的法律诉讼程序。

1910 年，在芝加哥市刚完成水道改造工程后，其他毗邻五大湖的各州就对伊利诺伊州提出了指控，声称从密歇根湖调水会导致五大湖水位下降，损害了五大湖流域内的航运。毗邻的密苏里州也控告芝加哥市，声称芝加哥市在上游排放的污水污染了该州圣路易斯市的供水水源密西西比河，提高了城市居民的患病几率。尽管密苏里州的诉讼没有获胜（因为该州无法证明芝加哥市的污染是导致疾病传播的唯一因素），但是五大湖流域 8 个州的诉讼成功地限制了芝加哥市在五大湖流域的调水量。

为了使芝加哥市西部郊区能喝上密歇根湖的水，1980 年伊利诺伊州请求从密歇根湖调水，理由是区域内的储水层深度下降，为保证水质需要比以前挖更深的水井和进行附加处理，而结果又造成深层地下水开采量的不断增加。美国最高法院最终同意伊利诺伊州从密歇根湖外调的水量不超过 $90\text{m}^3/\text{s}$。1996 年，美国工程署的报告指出，在过去的 16 年间伊利诺伊州有 14 年的年调水量达到 $100\text{m}^3/\text{s}$，超过了美国最高法院判决给出的调水限额。芝加哥市政府后来决定将调水量减少到 $73\text{m}^3/\text{s}$ 以抵消之前调水的透支，然后达到 40 年平均值再逐渐提高到 $90\text{m}^3/\text{s}$ 的允许限量。

在芝加哥调水中，这些预期以外的冲突扩大到芝加哥市的边界之外，涉及其他城市（如圣路易斯）、五大湖其他各州、联邦政府，甚至是五大湖流域加拿大一些省份的国际机构。各个机构之间的水资源竞争复杂交错，需要更为灵活的分配机制来进行调解分配。

3.4　河湖水系连通工程的经验与教训

3.4.1　经验

河湖水系连通作为解决我国水问题的战略，其基本理念早已形成。我国古代的河湖水系连通工程，如连通长江和珠江流域的邗沟、连通湘江和漓江的灵渠，沟通海河、黄河、淮河、长江、钱塘江五大水系的京杭大运河等，在防御洪水灾害，引水灌溉，保证农业发展、粮食供应及军事航运方面发挥了很大的作用，并促进了地区间文化和经济的交流，有助于民族融合。与之相反，该段时期也存在某些围湖造田工程，阻碍了水系连通格局，改变了江河防洪形势，降低了区域水资源的调蓄能力，同时破坏了生态环境。这些历史经验和教训为河湖水系连通的研究提供了很好的参考素材。

中华人民共和国成立以后，生产力分布格局与水资源分配格局的不匹配，为了优化水资源配置，抵御洪旱灾害，大批水系连通工程应运而生。这些工程中，有以社会经济为驱动力的河湖水系连通工程，如引滦济津水系连通工程等，工程实施后不仅改善了缺水的现状，增加了区域抵御洪旱灾害的能力，提高了水资源的配置效率，同时缓解了水资源短缺对地区发展的制约，为通航保证了水源，促进了区域经济发展；也有以生态环境和河湖健康为驱动力的河湖水系连通工程，如引江济太工程、武汉大东湖水系连通工程等，工程实施后，不仅补充了地区地表水和地下水，增加了河湖的溶解氧饱和度，消减了区域污染物的浓度，逐步恢复了区域生态功能，同时改善了城市水生态环境，对提升城市形象发挥了重要作用；还有社会经济、生态环境、河湖健康共同驱动的综合型河湖水系连通工程，如桂林市河湖水系连通工程、潍坊市河湖水系连通工程等，工程实施后，改善了工农业用水条件，增强了区域抵御洪涝风险的能力，同时改善了地表水和地下水水质，进而恢复了生态功能，提高了城市的知名度，改善了城市的投资环境，为该区域带来了巨大的生态效益和旅游效益。

综合河湖水系连通的工程实践，本书总结出以下几点经验：

（1）要重视河湖水系演变对河湖水系连通的影响。当前，由于水资源时空分布不均匀和水土资源分布不匹配限制了社会经济发展，使人工构建社会-经济-生态环境相协调的河湖水系格局的需求和趋势越来越强。河湖水系的演变进程因人类活动规模和强度的增加而复杂，面临着自然与人类经济社会如何协调发展的问题。因此，要科学构建河湖水系格局，认知是基础，协调是关键。

（2）河湖水系连通是实现水资源统一调配管理的重要途径。水系连通工程涉及供水安全、生态环境，多部门、多地区、多层次的水量调配以及多目标、多准则调度问题，国外成功的水系连通工程大多在健全的政策法规制度基础上，以统一的管理机构采用统一管理的模式对调水工程进行调度，提高工程的管理效率。同时，水系连通促进水资源统一管理，一定程度上解决多头引水、无序引水带来的水资源管理问题，确保有序引水和供水。

（3）要认识到河湖水系连通功能具有多样性。河湖水系连通工程，通过年调节或多年调节来有效利用汛期弃水，化害为利，实现洪水资源化，通过分洪道、滞洪区等设施来提高水系的疏通能力，有效降低流域、区域洪涝灾害损失。此外，河湖水系连通可以促进水循环，提高水体更新能力和自净能力，对改善水质和生态修复有一定作用。

（4）要统筹规划、科学调度，发挥河湖水系连通功能。河湖水系连通对国家、流域、区域、城市实现水资源统一调配具有重要意义。水利事业具有基础性、公益性、复杂性等特点，尽管各国家、流域、区域、城市情况不同，但水系连通成功案例都是通过立法、管理机构对具体的水系工程系统实行集中统一的调度与管理。

（5）要重视河湖水系连通的负面影响和风险管理。水系连通是针对水资源在时、空分布上的不均衡问题而采取科学、经济和合理的工程措施，从社会经济的协调发展需要来看，是人类一项改造自然的宏伟工程，其含义、规模及内容也远远超出单纯水利工程的范畴。但是，大型河湖水系连通工程对经济、社会、生态的潜在影响也是十分巨大和复杂的，而且连通的距离越长、规模越大，其影响越大，影响因素越发复杂化、综合化、生态化。如果不能妥善处理这些负面影响，将会影响社会和谐及人与自然的和谐，阻碍社会的可持续发展。

3.4.2 教训

我们在看到河湖水系连通工程带来巨大效益的同时，也必须清醒地认识到河湖水系连通所存在的问题。河湖水系连通需要具备连通的水资源等条件，而且连通会局部改变水系格局，对连通区域的资源、环境和生态系统可能产生一定的负面影响，存在洪水灾害、水污染、有害物种等风险转移或者效益搬家等问题。

（1）可能引起生态环境用水不足问题。对于调出区，该区域的水资源量和有效可利用水量减少，可能引起海水倒灌和土地盐碱化，降低已有的水质条件。此外，还对调出区的生态系统产生不利影响，如对通航水深、湿地蓄水量、鱼类的洄游产卵造成影响。

（2）对调水河道的不利影响。某些受水区水位升高，改变了原有的自然径流模式，会对河道造成侵蚀和冲刷，改变现有的生态环境。另外，利用原河流调水，势必增加流量和流速，从而引起河床不稳定。如巴基斯坦调水工程在河道中设置拦河坝，使泥沙沉淀、河床淤高，减弱了河道排水能力，阻断了地面排水出路，使调水河道过流条件恶化。

（3）对水库和湖泊调蓄的不利影响。新建的河湖水系连通工程中，为了增加水资源的调控能力，采用了水库或者湖泊进行调节，虽然增加了水资源的调蓄能力，提高了发电和航运效益，但水库或者湖泊内的水资源调蓄能力降低，水质条件恶化。

（4）疾病传入。在调水过程中某些有害物质和元素在不同地域因冲而减，或因滞而增，特别是病毒病菌传播，使伤寒、痢疾、霍乱等得以蔓延。美国芝加哥密歇根湖引水工程是近代最早和最具争议的调水工程之一。1948 年芝加哥受到流行性伤寒的侵袭，后查明是密歇根湖的供水管道进口遭污染的缘故。美国、非洲等一些调水工程实施后，曾在调水地区传播了大量疟蚊，使脑炎猖獗。南非奥兰治河调水工程实施后扩大和加重了血吸虫病的发病率。

（5）污染输入。明渠输水易受污水侵害，以致污染输入。长江是南水北调中线后期工程——引江济汉的水源。近年来长江流域工农业发展迅猛，排污量也日益增大，水质日趋恶化。据有关资料统计，从上游攀枝花至下游上海，沿江 21 个大中城市的沿江段 792km 评价河长中，污染带叠加的总长度平水期为 458km，枯水期为 503km；污染带宽度一般为 50~100m。由于水质污染恶化，沿江城市甚至出现污染性缺水。汉江是长江最大的支流，地表水量为 590 亿 m³，原本有"我国最干净的一条江"的美誉。近年来由于上游陕西旬阳境内沿岸的铅锌选矿厂等任意向汉江排放废污水，污染物严重超标，使得南水北调中线工程源头水质受到污染威胁。另外，湖北十堰城区 70％的城市废污水由神定河排入汉江，进入丹江口水库，成为丹江口库区最大的污染源。

（6）对输水渠系两岸环境的不利影响。巴基斯坦西水东调工程中有 3 条灌溉渠，总长 663km，引水 1493m³/s，系自流引水。其水位平均高出两岸 1m，由于排灌系统规划不完善，每年渗漏量高达数十亿 m³，引起两岸各数百米宽地带沼泽化。同时由于排水不足，导致土地渍涝、土壤盐碱化、肥力遭破坏和粮食减产，每年影响 2.4 万 km² 的耕地。巴基斯坦随后通过采取防渗衬砌、平整土地及管井排水等措施进行了补救。

此外，河湖水系连通工程的前期建设和后期实施管理造价较高，若不分析实施河湖水系连通工程在该区域的合理性而大量投入前期建设，会导致投入产出较低；抑或前期建设投入较大而后期管理不配套，导致河湖水系连通工程发挥不了应有功能。

不同类型的河湖水系连通具有不同的连通条件要求和影响，连通的功能作用也各异，需区别不同类型河湖水系连通的性质和问题，明确连通的相关技术要求。

要坚持"人水和谐"的理念，科学开展水系连通工作，正确评估河湖水系连通对生态系统造成的影响，加强生态保护与补偿工作，将河湖水系连通的负面影响降到最低。工程实施后应加强水资源管理和调控，在确保水资源平衡、能量平衡以及生态环境平衡的基础上，协调人、水、生态环境的关系，强化河湖水系连通的功能及作用，统筹区域、城乡经济发展，将河湖水系连通工作做好。

河湖水系连通是一项十分复杂的系统工程，要在人与河湖和谐发展的前提下，适度合理进行河湖水系连通，维护河湖健康。因此，河湖水系连通要因地因时制宜，重视河湖水系演变对河湖水系连通的影响，充分按照水文循环、水沙运动、河湖演变的自然规律，从整体和系统的角度出发，统筹考虑连通区域间的资源环境条件和经济社会发展需求，协调河湖水系连通的各种利弊关系，认识到河湖水系连通在防御洪水、城市除涝、改善水质和生态修复等功能的多样性，科学确定连通方式，统筹规划，发挥河湖水系连通功能，提高水资源统筹调配能力和供水保障程度，改善水生态环境状况，抵御水旱灾害能力等，促进区域经济社会可持续发展。

水系连通在经济、社会、生态方面的正面效益虽然非常显著，但是不能忽视其同时带来的负面影响。特别是在社会文化、生态方面的负面影响，有些很难挽回，甚至无法弥补。在规划、设计、决策时，应重视工程可能带来的负面影响，针对产生的负面效果，探索有效可行的解决方案，积极采取应对措施，消减负面影响。水系连通虽然可能设计完善，但不确定性因素影响是不可能消除的，其存在工程风险、灾害风险、环境风险、经济风险和社会风险。面对河湖水系连通工程的各种风险，必须树立和增强风险意识、忧患意识，要建立一套完备适用的风险管理系统，加强对风险的控制与管理，努力提高防范和应对能力，才能有效地应对各种风险的挑战，保障工程的正常运行及效益发挥。

3.5 我国河湖水系连通工程面临的挑战

随着经济、社会的发展和环境的变化，河湖水系连通成为国家"十二五"期间的战略性研究问题和前沿领域，未来的研究中面临一系列挑战（李原园等，2011）。人口增长和社会经济的发展，导致北方水资源短缺问题日益突出，河湖水系格局如何与经济社会发展格局相互协调、相互适应，成为解决缺水地区水资源问题、保障经济长期稳定发展的重大问题，也成为河湖水系连通研究的重点和难点。

（1）气候变化对河湖水系的影响存在多方面的不确定性，使得未来气候变化情景下的河湖水系连通问题成为一个影响因素众多的复杂系统问题。积极应对气候变化，必须考虑气候变化对河湖水系连通影响的不确定性，特别要深入研究极端水文事件对河湖水系连通的深刻影响和抵御特大水旱灾害的适应性能力问题，提出构建河湖水系连通水网体系应对气候变化的对策措施，为国家制定应对气候变化的适应性战略提供理论依据和支持。

（2）随着经济社会的发展以及人类对水问题认知水平的提高，我国治水思路和水资源管理理念也在不断发展。进入21世纪后，全国河湖水系连通战略的提出，对全国水利工程建设和水资源管理方式提出了更高的要求，如何确保地方水系连通工程建设能满足国家总体要求，是今后需要面对的现实问题。从我国经济社会发展需求出发，加强从国家层面到地方层面的各级水资源调配、满足各类用水需求，是未来水资源管理工作的迫切要求。

经济社会的发展为水系连通工程提供了资金支持，科技的进步为水系连通工程提供了技术保障，管理制度的完善为水系连通工程提供了政策支持。同时，生态环境意识的加强对水系连通工程提出了相关技术思想要求。通过分析典型案例可以发现，新时期资源调配型的水系连通应该朝着更加自然化、复杂化、统一化、效益综合化方向发展，其工程实践的指导思想为"综合利用、统筹兼顾、效益最优、格局匹配"。

（3）城市是居民生活用水、工业生产用水和河道外生态环境用水最集中的地区，水作为一种不可替代的资源，是城市生存和发展的基本条件。随着工业化、城市化进程加快，我国人口将更进一步向城市聚集，保障城镇供水安全面临巨大压力。城市河湖水系连通，涉及城市的饮用水安全供给、水环境保护、水生态建设和城市排水与雨洪利用，以及河流与城市建设协调规划和提升城市品质与活力等方方面面。

（4）根据国家粮食生产发展规划要求，到 2020 年全国需新增 500 亿 kg 粮食产能，新增产能的 74.2% 分布于东北地区、黄淮海地区和长江流域，保障粮食产能要求而需要提高水资源调配能力的任务十分艰巨，尤其是黄淮海地区。为保障国家粮食安全，需要在加强水源工程和高效节水工程建设的同时，通过适宜的河湖水系连通，合理配置水资源，提高承载能力和保障能力，改善农业基本用水条件，退还被挤占的农业用水，提高农业灌溉的供水保证率和农业抗旱能力。

（5）为了确保各流域防洪安全，保障国民经济安全运行，需要在进一步加强防洪工程体系建设和洪水预报调度、植树造林、退田还湖等非工程措施的同时，开展河湖水系连通，打通洪涝水通道，维护洪水蓄滞空间，合理安排洪涝水出路，降低洪水风险，提高河湖的洪水蓄泄能力。总体来看，目前水旱灾害防御型的水系连通整体朝着兼容化、全局化、稳固化方向发展，相应工程实践的指导思想为"强化连通、除害兴利、全局防御、规避风险"。

（6）随着人类排放的污染物数量日趋增多、水环境逐步恶化，逐步加强的水环境治理措施需引起重视。不少地区由于水资源过度开发，水环境污染负荷超载，河湖水系连通通道阻隔，水生态环境恶化问题突出。尽管七大水系水质状况总体达到《国家环境保护"十一五"规划》目标要求，但部分河段水质问题仍比较突出，黄河部分支流为重度污染。部分重点湖泊水质状况也不容乐观，太湖湖体水质基本为劣 V 类，以轻度富营养为主。此外，我国农村水环境问题日益显现，农业非点源污染物排放总量较大，局部地区形势有所好转，但总体形势仍十分严峻。为逐步恢复和保护生态环境功能，需要增强河湖水系的连通性，改善水体循环状况，保障基本生态环境用水要求，维护河湖健康。因此，河湖水系连通是提高水生态修复能力的需要。目前，关于水生态与环境改善型的连通案例不多，就现有资料分析来看，其朝着常态化、景观化、生态绿化的方向转变，其工程实践的指导思想为"预防优先、常态控污、改善水质、和谐共处"。

第4章 河湖水系连通的理论基础

4.1 河湖水系连通的概念和内涵

4.1.1 河湖水系连通的概念及基本特征

1. 河湖水系连通的概念

河湖水系是由自然演进过程中所形成的江河、湖泊、湿地等水体以及人工修建而成的水库、闸坝、堤防、渠系与蓄滞洪区等水工程共同组成的一个复杂"自然-人工"复合水系，也是河湖水系连通的基本要素。一般意义上的河湖水系连通是以江河、湖泊、水库等为基础，通过适当的疏导、沟通、引排、调度等措施，建立或改善江河湖库水体之间的水力联系。从科学范畴上可将河湖水系连通定义为，在自然水系基础上通过自然和人为驱动作用，维持、重塑或构建满足一定功能目标的水流连接通道，以维系不同水体之间的水力联系和物质循环。

随着人类活动对河湖水系影响的加剧，我国河湖水系连通格局不断发生变化。天然河湖与人工河道共同形成了新的水网体系，河湖水系纵向、横向连通状况发生改变，水文要素、水力联系、水沙条件、生态环境以及水资源状况等都发生了相应的变化。随着人类生产力格局的变化和社会经济格局的调整，需要对河湖水系内水体间的水力联系进行合理改变与调控，保障水系的健康与服务功能，这是河湖水系连通的核心。从流域水循环角度，对水循环过程和其影响下的物质、能量、生物等时空分布的合理适度调配，是河湖水系连通的实质。

河湖水系连通的目的是解决我国水资源条件与生产力不匹配问题，实现人水和谐。其功能主要有提高水资源统筹调配能力和供水保障程度、改善水生态环境状况、抵御水旱灾害能力三个方面（李原园等，2011；王中根等，2011）；目标是针对中国水问题的迫切需要，基于"人水和谐"的治水理念，通过提高蓄滞洪水能力、水资源承载能力和水体自净能力，解决"水多、水少、水脏"等问题，在尊重自然水循环和河湖自然演变规律的基础上，全面考虑水的资源功能、环境功能、生态功能，通过建设水库、闸坝、泵站、渠道等必要的水工程，在国家、区域、城市层面构建布局合理、功能完备、蓄泄兼筹、调控自如，丰枯调剂、多源互补，水流通畅、环境优美的江河湖库水网体系，最终构建跨越全国的多功能、多途径、多形式、多目标的综合性水系连通网络。

2. 河湖水系连通工程基本特征

（1）多功能性。传统水网往往功能单一，局限于供水或航运等单个目标，现代河湖水系连通在功能上应具有多目标特性，需统筹考虑供水、防洪、排涝、发电、航运、生态环境保护、观光旅游等多种功能。

（2）互通性。通过建设一批控制性枢纽工程和河湖水系连通工程，实现人工水系与天然水系互通互连、多水源与多用水部门之间互通互连，从而实现水资源的调丰补枯、优化配置。

（3）系统性。河湖水系连通是水系网络的集合，河渠湖库是河湖水系连通系统不同的组成部分，相互依存，共同发挥其功能，因此，在工程规划、建设时需从水网系统层面上统筹考虑。

（4）安全性。河湖水系连通的安全保障能力是其最重要的功能，在应对极端天气带来的自然灾害时能够提供坚实的工程保障体系、足够的水资源战略储备、完善的应对预案，确保防洪安全、供水安全及生态安全。

（5）开放性。河湖水系连通是一个开放性系统，服务于全社会各部门，水网体系将河渠湖库与用水部门互通互连，用水部门的取水、退水均通过水网系统。水网传输介质（水量、水质）不仅受天然影响，丰枯变化悬殊，而且易受人类活动影响，因此，水网调度运行及安全管理对水务一体化管理提出了更高的要求。

（6）智能性。智能化、自动化是河湖水系连通工程最鲜明的特征。充分利用现代科学技术，把河湖水系连通工程建成现代水利科技之集大成。例如在地下水观测、洪水预报、天气预报、水库汛限动态调度、河道水闸调度等方面全面实现可视化、自动化管理。

4.1.2　河湖水系连通的内涵

河湖水系连通的内涵可以从以下三方面理解：江河、湖泊、湿地以及水库等构成的自然水系和人工水系是河湖水系连通的实施基础；疏导、沟通、引排、调度等措施是河湖水系连通的必要手段；遵从自然规律，构建良性的流域和区域水循环关系是河湖水系连通的最终目的。

1."自然-人工"复合水系

（1）自然水系。自然演进形成的江河、湖泊、湿地等各种水体构成自然水系，是水的载体，也是实施河湖水系连通的基础。自然水系的形成和发育过程受地质作用和自然环境的影响，如地壳运动、地形、岩性、气候、植被等，而自然水系的形成和演变也将反作用于自然和生态环境，如土壤侵蚀、流域植被等。自然水系是水系连通实施的基础条件，区域的河网水系越发达，则水系连通条件越好。

（2）人工水系。人类社会发展过程中修建的水库、闸坝、堤防、渠系与蓄滞洪区等水工程，不但形成了人工水系，同时也为实现河湖水系连通提供了有效手段和途径。目前，水工程是人类改造自然、适应自然的重要手段，它对自然水系的影响和作用是双向的：一方面，水工程可以恢复河湖之间的水力联系，实现水资源优化调配，丰枯调剂，改善生态环境；另一方面，如果连通不当，运行失调，也有可能造成水系紊乱、生态廊道受阻、生物多样性受损等问题。因此，如何在兴利除害的过程中，实现自然环境目标和生态环境目标的共同发展，实现人水和谐的目标，是水工程建设需要重点考虑的问题。

在人类活动的影响下，河湖水系呈现出"自然-人工"的复合特征。江河、湖泊、湿地等自然水系和水库、闸坝、堤防、渠系与蓄滞洪区等水利工程已经成为一个有机整体，这也是河湖水系连通的实施基础。自然水系形成于漫长的地质过程，依托于水系的生物与非生物因子在此过程中相互联系、相互作用，形成了具有整体性的自然水系系统。人类社会发展过程中修建的水库、闸坝、堤防、渠系与蓄滞洪区等水工程逐步将纯粹的自然水系改造成"自然-人工"复合水系。这种改变既强化了河湖水系的服务功能，但也有可能由于连通不当、运行失调，破坏了自然水系系统的内在平衡，导致水系紊乱、生态廊道受阻、生物多样性受损等。因此，如何在尊重自然水系演变规律的前提下，发挥水工程的调节和补偿作用，实现经济社会目标和自然环境目标的共同发展，是河湖水系连通过程中需要重点考虑的问题。

2. 调度与水量分配方案

河湖水系连通是水资源以及与之相关的旱涝风险、生态资源的再分配过程。因此，调度和水量分配将是河湖水系连通的重要组成部分。河湖是水资源的主要载体，而水体也是河湖生命的核心。因此，对河湖水力联系的调整，将不仅涉及生态环境用水与经济社会用水的博弈，而且涉及上下游、左右岸防洪、发电、灌溉等效益的博弈。河湖水系连通将构建一个多目标、多功能、多层次、多要素的新的水网系统，需从更高的层次、更大的范围对不同区域的生态保护目标、社会经济需求进行统筹，形成新的水量分配方案；需从新的水资源系统出发，形成更为宏观、及时有效的调度准则，以实现引排顺畅、蓄泄得当、丰枯调剂。调度和水量分配是维系、重塑或新建水流连通通道的重要手段。水工程的运行需靠一定的运行调度规则来实现，如防洪、调水、灌溉等。如何在统筹上下游、左右岸以及不同流域生态、防洪、发电、灌溉等效益的同时，实现各区域的利益共享、风险分担和生态环境的可持续发展，将是调度的重要任务。

3. 保障健康的水循环

水循环是水资源形成的基础。水资源的可再生性，是水资源区别于其他资源最为重要的自然属性，源于周而复始的自然界水循环运动，因而水资源具有取之不竭的特点。目前，人类活动已深刻影响到水循环过程。人类对水资源的开发利用强度和对水环境的干扰程度均显著增加，对区域乃至全国的水系连通格局已经产生了巨大影响，随之出现了人水关系的失衡与错位（左其亭等，2012）。因此，河湖水系连通的根本目的就是遵从自然规律，针对流域循环演进过程中存在的问题，合理进行人工干预，构建良性的流域和区域水循环。合理性体现在两个方面：一是在综合考虑人类活动和气候变化等因素对流域水循环变化影响的基础上，分析流域水循环的构成要素和相互影响作用关系，明确现有河湖体系存在的问题；二是厘清河湖水系连通工程建设对河湖水系连通水循环的作用机理，分析河湖水系连通建设运行对水循环的影响，包括水系连通后水资源的形成和转化过程、物质能量传递过程、生态过程的改变，合理规划河湖水系连通工程和水量调控方案。

4.1.3 河湖水系连通分类

4.1.3.1 河湖水系连通的分类依据与类型划分

1. 河湖水系连通分类的指导思想

在认真贯彻落实人水和谐治水理念、尊重自然演变规律和社会发展规律基础上，深入探讨河湖水系连通的自然地理分异、连通对象尺度、连通功能目的等，并综合运用现代水文学、水资源科学、经济学、社会学、生态学、环境科学、地理科学、系统工程等学科原理，构建适合我国国情的河湖水系连通分类体系，以指导河湖水系连通的自然保护与人工控制、修复，水资源合理配置和经济社会合理布局，推动流域经济社会与生态系统协调、健康发展。

2. 河湖水系连通分类的基本原则

依托以上指导思想，在进行河湖水系连通类型划分的过程中，进一步坚持以下几项原则（夏军等，2012；李宗礼等，2011）。

（1）相关性原则：在分类过程中，综合考虑我国的自然地理和气候条件、水资源条件、湖泊分布连通特点、水生态系统特点、用水需求等关键要素，既要考虑它们在空间上的差异，以突出不同分类的特点，又要考虑其具有一定相似性，以保证分类具有可操作性。

（2）主导性原则：当河湖水系连通跨越多个自然地理区域时，以涵盖面积最大的自然地理区域优先；在跨多个区域的江河水系连通分类时，以大区域连通优先；在河湖水系连通具有多个连通目的时，以主导连通目的优先，等等。

（3）表征性原则：通过河湖水系分类，可描绘出河湖水系连通基本特征，以方便工程项目的快速决策。

（4）易操作原则：河湖水系连通分类要简单明了，满足国家新时期河湖水系连通战略的规划、审查等需求。因此，进行河湖水系连通要具有简单、易操作性。

3. 河湖水系连通类型划分

本书在文献查阅（夏军等，2012；李原园等，2011；李宗礼等，2011）、专家学者咨询和国内外河湖水系连通案例总结的基础上，依据以上提出的分类原则，提出了我国河湖水系连通分类因素表（表4.1），主要从自然地理分异、连通区域尺度、连通目的三个层面来划分河湖水系连通类型。第一层面以自然地理分异为依据，可分为湿润半湿润区水系连通型和干旱半干旱区水系连通型两大类；第二层面以连通区域尺度为依据，可分为国家层面水系连通型、流域层面水系连通型、区域层面水系连通型和城市层面水系连通型四大类；第三层面以连通目的为依据，可分为资源调配型、水生态与环境改善型、水旱灾害防御型和综合治理型四大类。

表 4.1　　　　　　　　　　　　　　河湖水系连通分类因素

分类考虑因素	自然地理分异	连通区域尺度	连通目的
类型	湿润半湿润区 干旱半干旱区	国家层面 流域层面 区域层面 城市层面	资源调配型 水生态与环境改善型 水旱灾害防御型 综合治理型

在应用时，以上三个层面的河湖水系连通分类可以自由组合，进一步生成 32 种具体的连通类型。例如，湿润半湿润区-国家层面-资源调配型（如南水北调工程），干旱半干旱区-流域层面-水生态与环境改善型（如塔里木河流域下游应急输水工程），湿润半湿润区-城市层面-水旱灾害防御型（如德州水网工程）等。

4.1.3.2 分类特性描述

不同的连通类型代表了不同河湖水系的系统结构与特征,反映了河湖水系连通的相似性和差异性。在按照自然地理分异、连通区域尺度、连通目的三个层面进行河湖水系连通分类的基础上,针对不同连通类型描述各类河湖水系连通方式的特性,进而提出河湖水系连通类型的指标评判体系,为解决河湖水系连通问题提供技术支持。

1. 河湖水系连通的自然地理分异分类

自然地理分异主要体现连通对象所在的区域地理现象与特征的区域分布规律。按照河湖水系连通区域所处的自然地理情况,分为两大类型:干旱半干旱区水系连通型和湿润半湿润区水系连通型。

(1) 干旱半干旱区水系连通型。由于气候-水文过程的分异,地球上各地区的蒸发与降水不平衡。简单地讲,当蒸发超过降水,形成"缺水的干旱地区";反之,形成"富水的湿润地区"。通常,将年降水量在 200mm 以下的地区称为干旱区,年降水量在 200~400mm 的地区称为半干旱区。我国干旱半干旱区面积为 256.6 万 km^2,占国土面积的 26.73%。区域内拥有广阔的土地、稀缺的植被和地下水资源,同时旅游资源也十分丰富,然而水资源短缺一直是当地发展的瓶颈。该区域属于东亚季风气候,气候变化显著,降水量由西向东逐步递减。区域内气候干旱,降水量少且集中,易出现暴雨,蒸发量大,气温年较差、日较差大,生态环境较为严酷。干旱、土地盐碱化和沙漠化是干旱半干旱区主要的自然灾害。近年研究表明,气候变化对干旱半干旱区水资源影响也较大,致使水资源分配更加不均,出现极端水资源短缺。水资源的有效保护和合理开发利用也是干旱半干旱地区生态环境问题的核心。为应对干旱半干旱区水资源短缺问题,除了尽可能利用地表、地下径流外,还可通过河湖水系连通工程进行调水,补给该区域内水资源。特别是像黑河、石羊河这样极端缺水的地区,调水可能是确保当地居民和生态系统能够维持下去的唯一出路。因此,将位于干旱区和半干旱区的河湖水系连通工程划为干旱半干旱区水系连通型。

(2) 湿润半湿润区水系连通型。我国湿润半湿润地区的水资源相对于干旱半干旱地区丰富许多,特别是位于南方地区的长江、珠江水系地处东南季风的前沿地带,降水十分充沛。此类地区年平均降水量大于 400mm,在湿润地区大于 800mm。但是,该区域内水资源年内和年际变化幅度较大;受工农业布局和人口地域分布的影响,当地的水资源与经济发展不相匹配;同时,随着国民经济的迅速发展和人口的剧增,水资源供需矛盾突出、供不应求。部分南方湿润地区,虽然水资源总量丰富,但同样存在水资源短缺问题。例如,长江、珠江等南方水系降雨年内分布不均,大部分南方地区存在不同程度上的季节性干旱缺水问题。同时,南方地区平原少,山区和丘陵面积所占比例较大,即使当地的降雨量较大,径流也会快速流到下游,直接入海。由于缺乏蓄水区域,如天然湖泊、湿地和调节水库等,普遍存在工程性缺水问题。此外,近年来南方地区水质性缺水和季节性缺水问题也日益突出,大部分地区(包括水资源丰富的两湖地区)常常发生干旱缺水问题。并且随着经济的发展,有些地区还出现了因水环境恶化或水污染事故而影响经济发展和社会稳定的案例,在一定程度上加剧了南方地区的水资源短缺问题。就湿润半湿润地区而言,也需要通过实施河湖水系连通来调水补给水资源短缺区域,或进行生态环境修复。因此,将位于湿润区和半湿润区的河湖水系连通工程划分为湿润半湿润区水系连通型。

根据赵俊芳等（2010）的研究成果，目前我国干湿平均分布状况如图 4.1 所示（见文后彩插），由此可看出我国河湖水系连通的自然地理分异分类。

2. 河湖水系连通的区域尺度分类

（1）国家层面水系连通型。我国是一个水资源分布不均衡的国家，位于南方的长江、珠江、东南沿海、西南诸流域的年径流量占全国径流量的 81%，而这些地区的耕地面积仅占全国耕地面积的 38%。干旱少雨的北方地区，年径流量不到全国年径流量的 19%，但是耕地面积却占全国耕地面积的 59%，人口占全国总人口的 46%，国内生产总值占全国的 45%。整体来看，我国北方"水少，地多"，南方"水多、地少"，水资源分布格局与经济社会发展格局、人口分布格局、耕地分布格局等不相匹配。从全国各省（自治区、直辖市）来看，当地水资源条件与经济发展水平相匹配的只有 15 个省（自治区、直辖市），基本匹配的有 5 个，不匹配的 1 个，极不匹配的有 9 个。除了青海和新疆外，匹配类型全部集中在南方；而北方则集中了不匹配和极不匹配的全部类型。因此，为了满足各省市经济社会持续发展的用水需求，需要从国家层面进行省与省之间、流域之间的河湖水系连通，相互调剂水资源，实现国家各地区间的和谐健康发展。

国家层面的河湖水系连通，是从国家水战略全局（南北区域间、干旱-湿润区域间等）考虑，架构起跨流域、跨省的长距离调水的骨干水网体系。全国各省市、各流域的经济发展都依赖水资源，因此，对于国家层面的河湖水系连通，需要一个有力的统一管理机构，协调各利益相关者，保证各省市、各流域的可持续发展，实现资源的高效利用。

（2）流域层面水系连通型。我国有松花江、辽河、海河、黄河、西北诸河、淮河、长江、东南诸河、珠江、西南诸河十个水资源一级区，各一级区内部由于跨度较大、涉及面广，因此其上中下游之间、干支流之间的水资源条件、社会经济发展水平等差异较大。例如，水资源比较丰富的长江、珠江流域，由于流域内降水时空分配不均，其下游地区存在不同程度的季节性干旱缺水问题；此外，有些地区还因水环境恶化引起了水质性缺水，也需要进一步补充水源，如 2005 年的沱江水污染事故和 2007 年太湖水华暴发等。因此，即使在水文地理条件相对一致的流域内部，经常也需要实施流域层面的河湖水系连通。

流域层面的河湖水系连通，是从维护流域水循环和水系统完整性角度，架构起上中下游之间、干支流之间、湖库群与河流之间的流域水网体系。流域层面的连通，可使流域内各省市区域水系连通，相互调剂水资源，保证各流域地区社会可持续发展、生态系统稳定。

（3）区域层面水系连通型。我国部分省（自治区、直辖市）内水资源分配也存在时空分布不均、与区域社会经济发展不协调的现实和困境。同省（自治区、直辖市）内部分区域水资源相对丰富，可通过河湖水系连通将水资源合理化分配，尽量满足缺水区域的水资源需求，实现区域的共同、和谐发展。例如，辽宁省中部城市群因区域内水资源严重紧缺，通过大伙房水库输水工程从浑江流域调水缓解了区域内的水资源危机，支撑了辽宁省经济社会的发展。

区域层面的河湖水系连通，是将省（自治区、直辖市）内水资源丰富、充足水源地区的水资源，调配到本省（自治区、直辖市）缺水、需水地区，促进省（自治区、直辖市）内各地区协调发展、资源高效利用和生态环境保护，它从水权转让和资源调配补给的角度，架构起区域之间、城际之间水源互补、水系互济的城际水网体系。

（4）城市层面水系连通型。随着经济社会的快速发展，城市内部的水资源问题日益突出。当前，广州、太原、临汾、洛阳、淄博、石家庄、武汉、重庆、郑州等地已经或正在进行城市生态水系建设，通过实施水污染治理、水景观建设来改善城市整体的人居环境和供水格局。

城市层面的河湖水系连通，是通过将城市内各类水体连通，加强水资源循环更新，从美化水景观、完善水功能的角度，构建城市河流、湖泊、管道、人工水域为一体的城市水网体系，满足当前经济社会发展的生态城市需求。

3. 河湖水系连通的目的分类

按照河湖水系连通的目的，可将其分为资源调配型、水生态与环境改善型、水旱灾害防御型和综合治理型四类。

（1）资源调配型。我国水资源的时空分布特点决定了其与大部分地区的人口、生产力布局以及土地等其他资源的分布不相匹配。经济社会格局的不断演变使水系格局与经济社会的匹配关系处于不断变化之中。部分地区水资源供给跟不上区域经济社会快速发展的步伐，由河湖水系格局支撑的水资源配置格局与土地资源分布、经济社会布局不匹配问题更加凸显。

资源调配型的河湖水系连通，是通过流域或区域间的水网建设，构建水资源配置网络，加强水资源的流通、输送和补给，提高水资源调度配置能力，解决缺水地区的用水问题。在当前经济社会快速发展阶段，其作用毋庸置疑，连通效果显著。

（2）水生态与环境改善型。通常，水体的水量水质条件随着河湖水系格局的变化而改变，特别是部分地区河湖水体严重萎缩，河湖水网的水力联系被闸、坝等水力设施阻隔，导致天然河湖、湿地的调蓄能力降低，并造成水体流动性总体减弱、自净能力降低、水环境容量下降，再加上经济社会发展造成的污染物入河量持续增多，使得水环境质量日趋恶化，水质安全风险逐步加大。此外，受河湖水环境恶化、水生态动力因子变化、生物通道阻断等影响，河湖水生态循环规律发生变化，部分河湖、湿地生态功能退化，生物多样性受损，生态稳定性下降，严重时会造成部分河湖的生态自我修复能力完全丧失，水生态安全风险逐步加大。为此，需要开展以水环境改善和水生态修复为目标的河湖水系连通。

水生态与环境改善型的河湖水系连通，是通过水系连通工程的建设，加强水资源的循环更新能力，改善水质，同时保障生态环境需水，提高水体自净能力，有效补偿地下水，改善水生生境和生存空间，修复保护连通水域周边的生态环境，提供宜人的区域环境。

（3）水旱灾害防御型。为满足人口增长和经济社会发展对水资源、土地资源的需求，人类正不断地向水土资源较好的河湖周边和洪泛区聚集。围湖垦殖大大压缩了河湖水系空间，工业化和城市化的快速发展侵占了越来越多的土地资源。这造成了人水格局的变化，同时，洪水宣泄通道和蓄滞空间也发生了变化（被挤占），并导致流域和区域洪涝水蓄泄关系发生改变，部分地区行洪不畅，防洪压力大。随着今后人口的继续增长和财富的积累与集中，洪水成灾率将有所提高，洪灾损失和防洪风险也会进一步加大。同时，由于地形条件、水资源状况及大气环流等共同影响，部分地区出现旱灾，不仅农业受到影响，工业生产、城市供水和生态环境也会受到影响。

水旱灾害防御型的河湖水系连通，是通过改变河湖水系连通情况，加强水系疏通、排引功效，保证河湖水系连通的蓄泄能力，最终提高河湖水系连通体的灾害防御与防抗旱能力。

　　(4) 综合治理型。水资源问题往往不是单一存在的，部分区域存在着多种水资源问题。大型的河湖水系连通工程往往也不是单一目标，其着力同时解决面临的水资源紧缺、生态环境破坏、水旱灾害防御能力低等问题。并且河湖水系连通工程投资巨大，需要全面规划，充分发挥其各项作用，使其在经济、社会、生态方面的效益最大化。

　　因此，河湖水系连通可同时发挥提高水资源配置能力、保护修复生态环境、抵御洪涝旱自然灾害等功效，大大提升经济社会发展空间，提高生态环境恢复自净能力和灾害防御能力。此类具有多连通目的的河湖水系连通，即综合治理型的河湖水系连通。

4.2　河湖水系连通的基本原理

　　河湖水系连通构建的是一个多要素、多层次、多功能的自然-社会复杂巨系统。因此，河湖水系连通理论的基本原理应包括自然、生态等多个方面。在对这些方面的基本规律进行研究的基础上，本书总结了河湖水系连通的基本原理。

4.2.1　水量平衡原理

　　质量守恒是自然界的基本定律之一，质量守恒在河湖水系连通中则体现为水量平衡，即某一时段内研究区的输入与输出水量之差等于该区域内的蓄水变量。

$$I - O = \Delta W \tag{4.1}$$

式中：I 为给定时间段输入区域的各种水量之和；O 为给定时间段输出区域的各种水量之和；ΔW 为区域蓄水变量。

　　研究区可以是全球、区域或单元水体，如河流、湖泊、沼泽等。针对具体区域，式（4.1）又可以细化为

$$P + R_1 + G_1 = E + R_0 + G_0 + A + \Delta W \tag{4.2}$$

式中：P 为给定时间段区域的降水总量；R_1 为给定时间段区域的地表水入境水量；G_1 为给定时间段区域的地下水入境水量；E 为给定时间段区域的天然蒸发量；R_0 为给定时间段区域的地表水出境水量；G_0 为给定时间段区域的地下水出境水量；A 为社会经济耗水量；ΔW 是区域蓄水变量。

　　湖泊水量平衡是指湖中水量变化的总过程。某时段出、入湖泊水量之差与湖泊增（减）水的关系，可用水量平衡方程式表示：

$$P + Rdi + Rgi + Ec = Es + Rdo + Rgo + qa + \Delta S \tag{4.3}$$

式中：P 为时段内湖面上的降水量，mm；Rdi 为时段内进入湖泊的地面径流深，mm；Rgi 为时段内进入湖泊的地下径流深，mm；Ec 为时段内的湖面水汽凝结量，mm；Es 为时段内湖面蒸发量，mm；Rdo 为时段内流出湖泊的地面径流深，mm；Rgo 为时段内流出湖泊的地下径流深，mm；qa 为时段内工农业的用水量，mm；ΔS 为时段始末湖水量的变量，mm，当时段末水量多于时段初时，ΔS 为正值，反之为负值。

　　式中各项数值均以水层深度表示，但水量随湖面面积变化引起水层深度的大小不

同。收入项为湖面降水量、地表径流和地下径流入湖水量;支出项为湖面蒸发量、地表径流和地下径流出湖水量;湖泊蓄水变量是研究时段始末湖水位的变幅与相应湖水面平均面积的乘积。湖泊水量平衡特点随所在地区气候条件和湖泊类型不同而异。中国外流湖主要分布在中国的东部、东北和西南地区,这里气候湿润、降水丰沛。这类湖泊水量平衡的特点是:收入部分主要是入湖径流量,支出部分主要是出湖径流量,而湖底渗漏所占的比例较小。中国内陆湖主要分布在内蒙古、新疆、甘肃、青海和西藏内流地区,这里远离海洋,气候干燥,水量平衡的特点是:收入部分主要是入湖径流,支出部分主要是湖面蒸发,有许多闭口湖甚至没有出湖径流;湖水除渗漏外,几乎全部消耗于蒸发。

在河湖水系连通理论中,水量平衡原理体现为两个方面。一方面,河湖水系连通实施前后,区域(流域)的水资源总量没有发生改变,仅改变了水资源的时空分布。通过科学合理地制定连通规划,水资源时空分布与国土资源、经济社会发展格局更为匹配。另一方面,河湖水系连通必然改变原有水系的结构形式和特性,打破原有水量平衡关系。在自然水循环方面,需要合理评估水量变化对生态环境的影响;在社会水循环方面,需要重新研究水资源供需平衡关系,及时调整基于历史观测数据所制定的水资源配置方案。基于水量平衡原理科学合理地改变水的时空间分布格局才能化"水害"为"水利"。反之,会破坏自然生态与环境,引发湖泊干枯、河道断流、地下水位不合理升降等导致水资源枯竭等问题。

4.2.2 能量守恒定律

自然界现有的河湖水系,都是在漫长的历史时期内演变而成的,在复杂的自然条件作用下,形成了规律性的河湖流域系统,如我国的黄河流域和长江流域。这些自然形成的流域系统,由流域内的各级支流、天然湖泊以及人工河湖组成,系统内部通过一定的规律相互联系,不仅有物理及外观分布上的连接,还有内在的水力联系、能量驱动及物质输送,形成河湖水系连通体系。如同人体血液流通离不开心脏提供动力一样,在连通体系内部,能量驱动的作用对河湖系统的正常运行、功能发挥及维持河道健康生命起着至关重要的作用。而人为作用下,为调水等建立输水通道,连接自然水域构建连通水道,能量驱动来源也是工程顺利运行需要解决的首要问题。

能量守恒定律是水循环运动遵循的基本规律之一,水的三态转换和运移时刻伴随着能量的转换和输送。对水循环系统而言,它是一个开放的能量系统,与外界有着能量的输入和输出。太阳辐射是水循环的原动力,也是整个地球大气系统的外部能源。地表能量平衡的收支平衡关系可以表示为

$$R_n + A_e = LE + H + G + P_0 + A_d \tag{4.4}$$

式中:R_n 为净辐射,其值为到达地面的总辐射减去返回大气的辐射;LE 为潜热通量,其中 L 代表汽化热,E 代表蒸发水量;H 为显热通量,代表与大气的显热交换;G 为地中热传导,代表通过地表物质的热量传输;P_0 为植物生化过程的热量转换;A_e 为人工热辐射量;A_d 为移流项,代表因空气和水水平流动引起的能量损失。

对河流水系而言,势能与动能的合理转换也是调节河流水体运动和维系河流功能的关

键。河湖水系连通过程中，同样遵循能量守恒定律。水力学中的伯努利方程（理想元流）为

$$z_1 + \frac{p_1}{\gamma} + \frac{u_1^2}{2g} = z_2 + \frac{p_2}{\gamma} + \frac{u_2^2}{2g} \tag{4.5}$$

式中：u、p、g 分别为一点的流速、动水压强和相对于基准面的高度；γ 为水的容重；g 为重力加速度；z_1、$\frac{p_1}{\gamma}$、$\frac{u_1^2}{2g}$ 分别为单位重量水的重力势能、压强势能和动能。

综上，一方面，在河湖水系连通战略的实施过程中，需要根据河湖水体的空间分布和区域地形地貌，合理利用河湖水体的高差势能来制定连通方案。通过遵循势能和动能的转换规律，能够减少连通工程的成本，使连通调度过程更为经济可行。另一方面，河湖水系也需要足够的动能来保障足够的自净能力和挟沙能力。尤其是在水资源调出区，水体动能的减少会使水体的自净能力减弱，出现水华等现象。对于多泥沙河流，水体动能的减少则会带来挟沙能力的减弱，会出现河道萎缩、泥沙淤积、河槽束窄等状况，从而威胁河流健康。

因此，掌握能量守恒定律，在河湖水系连通过程中正确处理势能和动能之间的关系，对河湖水系连通工程的成败至关重要。

4.2.3　生态平衡原理

生态平衡是指在一定时间内生态系统中的生物和环境之间、生物各个种群之间，通过能量流动、物质循环和信息传递，使它们相互之间达到高度适应、协调和统一的状态。河湖水系连通的实施，不仅会影响河道内的生态系统平衡，而且通过改变水资源分配方式，影响区域（流域）的生态供水，对流域的生态平衡产生影响。因此，生态平衡原理也是河湖水系连通理论的重要基础。

河湖生态系统平衡的调节主要是通过系统的反馈机制和稳定性机制实现的。天然的河湖生态系统存在自身的反馈机制，当环境条件适宜的时候，生态系统会通过正反馈不断地增长发展；当种群数量超过环境容量的时候，生态系统会通过负反馈控制各种群的数量。

人类对河湖的开发利用，不可避免会对其生态系统的平衡产生影响。河湖生态系统面对人类的影响和扰动的时候，依靠稳定性机制来维系自身的平衡，其中稳定性包括抵抗力和恢复力。抵抗力是生态系统抵抗并维持系统结构和功能原状的能力。恢复力是生态系统遭到外干扰破坏后，系统恢复到原状的能力。两者间的关系如图 4.2 所示。图中两条虚线之间所示的是系统功能正常作用范围，偏离程度可作为衡量系统抵抗力大小的指标，恢复到正常范围所需时间则是系统恢复力的定量指标。

河湖生态系统的抵抗力和恢复力是由种群组成和特征决定的。生物生活世代短、结构比较简单的生态系统恢复力比较强，但是对人类活动或者气候变化等扰动的抵抗力弱。种群生活世代长、结构复杂的河湖生态系统，能够较强地抵抗外界环境的变化，但是一旦遭到破坏则长期难以恢复。

河湖生态系统对外界干扰具有调节能力才使之保持了相对的稳定，但是这种调节能力不是无限的。生态平衡失调就是外干扰大于生态系统自身调节能力的结果和标志。不使生态系

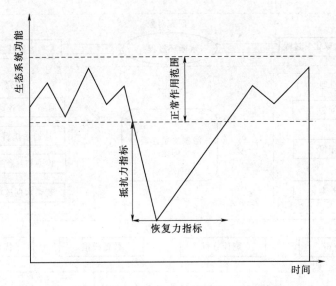

图 4.2 河湖生态系统抵抗力与恢复力的关系

统丧失调节能力或未超过其恢复力的外干扰及破坏作用的强度称为生态平衡阈值。阈值的大小与生态系统的类型有关，另外还与外干扰因素的性质、方式及作用持续时间等因素密切相关。生态平衡阈值的确定是河湖水系连通战略实施过程中的重要参考和理论依据。

河湖生态系统的一个重要功能就是改善水生态环境。首先，在气候变化和人类活动影响严重的地区，河湖生态平衡的调节能力受到破坏。通过河湖水系连通增加受损河湖的水量，增强水体的自净能力，保障对河湖生态系统的干扰在生态平衡阈值范围内，如引江济太、引黄济淀工程的实施；其次，对于健康的河湖系统，通过河湖水系连通，能够增强河湖生态系统的种群多样性，提高生态系统的稳定性，增强生态平衡应对外界扰动的能力；最后，在实施河湖水系连通的时候，应根据连通各区域的生态平衡阈值的分布，合理制定连通方案，避免片面侧重河湖的社会功能，而对河湖的生态平衡造成不可逆转的破坏。

综上所述，在河湖水系连通中维护生态平衡，并不是保持连通区域内生态系统的原始稳定状态，而是通过水量的合理分配，维系生态系统的健康发展，以达到更合理的结构、更高效的功能和更好的生态效益。

4.3 河湖水系连通理论的研究框架

在总结国内外河湖水系连通实践的基础上，基于对河湖水系连通理论的认识，本书总结出了河湖水系连通的理论框架，如图 4.3 所示。本节基于此研究框架，系统论述河湖水系连通理论的研究对象、研究目的、研究内容和研究方法，为深入研究与开展河湖水系连通战略提供参考。

4.3.1 河湖水系连通理论的研究对象

河湖水系连通战略的实施，通过工程措施（如调水工程，修建闸坝、水库等）调节自

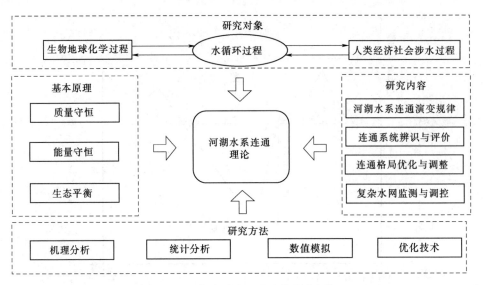

图 4.3　河湖水系连通理论的研究框架

然水系的连通性，在改变水系结构形式的同时，也改变了区域（流域）水循环的现状。河湖水系连通不仅通过改变地表径流过程影响了自然水循环的各个环节，而且通过改变水资源时空分布现状，对社会水循环的取水排水过程造成了深刻影响。因此，包含自然水循环和社会水循环在内的区域（流域）水循环系统是河湖水系连通的作用主体。在河湖水系连通战略实施的过程中，不仅要研究连通对河湖水系及其水体本身的变化情况，而且需要理清河湖水系连通工程建设对区域（流域）水循环的作用机理，分析河湖水系连通建设和运行对区域（流域）水循环的影响，包括水系连通后水资源的形成和转化过程、物质能量传递过程、生态过程的改变，从而合理地制定河湖水系连通规划，建立调度运行方案，保障区域水循环的健康发展（王中根等，2011；左其亭等，2011）。

　　包含自然水循环和社会水循环在内的区域（流域）水循环系统是河湖水系连通理论的主要研究对象。一方面，自然水循环和社会水循环在时空分布格局的不匹配是河湖水系连通的主要驱动力，在对水循环的整体性认识的基础上，理顺自然水循环和社会水循环之间的关系，发现两者之间的矛盾与不足，从而建立超前的、全局性的判断，是实施河湖水系连通的前提；另一方面，区域（流域）水循环系统是河湖水系连通的作用主体。河湖水系连通不仅改变了河湖水系的连通状况和水资源的时空分布，而且影响自然水循环和社会水循环的各个环节。只有从水循环的全局性角度，才能全面判断连通的合理性，指导河湖水系连通战略的实施。

　　通过改变水体间的水力联系，河湖水系连通将不仅改变河流系统本身的结构和功能，而且会对流域内的水循环过程及相关联的河流水沙过程、流域生态过程和经济社会用水过程等产生深刻的影响。因此，河湖水系连通理论的研究对象应该是以河湖水系为核心，流域水循环过程为主体，包含与生物地球化学过程和人类维持社会经济发展的涉水过程等相互联系、相互影响的复杂巨系统（文伏波等，2007）。

　　由河流源头、湿地、湖泊以及众多不同级别的支流和干流组成的流动的河湖水系是河湖水系连通研究的核心。水流、悬浮物和边界是构成河流系统的三大要素，三者是一个有机的统一体，其间相互联系、相互作用，通过水流对河流边界的作用及泥沙与边界组成的相互交换，河流系统不断演变，如河床冲淤和河势变化等。河湖水系连通在改变水系内部或水系之间水力联系的同时，也改变了各要素之间的相互关系与平衡状态。河流系统处于不断运动过程中，一般处于近平衡态和远离平衡态（徐国宾等，2012）。因此，河湖水系连通对河流系统的干扰是否会破坏原有各系统间的平衡状态，抑或破坏后将形成怎样的再平衡，是河湖水系连通理论研究的重点之一。此外，河流是以流动为主要运动特征的开放动态系统，在运动过程中维系碳、氢、氧、氮、磷和硫等常量营养元素的反复循环，并具有栖息地功能、过滤作用、通道作用、源汇功能，维系了水生态系统、河流廊道、相关湿地及沼泽生态系统等的复合发展。因此，河湖水系连通是否会改变营养元素的循环过程，影响生物的栖息地条件，最终破坏各系统间的生态平衡，是针对河流系统研究的另一个重点。

河湖水系是地表径流的主要通道和载体，也是地下水补给的重要来源。河湖水系连通重塑了水循环的路径，不仅改变了坡面汇流和河道汇流的形式和过程，而且对地下水和地表水的交换过程、水体和大气的交互过程都将产生深远的影响。尤其是一些大型的水系连通工程，通过改变水面面积，甚至改变了局地小气候，对水循环的影响尤为显著。在流域水循环发生改变的同时，相关联的生物地球化学过程和人类维持社会经济发展的涉水过程也会发生相应变化。河流的冲刷、挟带和沉积作用是塑造流域地形地貌的一个重要因素。尤其在河口地区，地形地貌的改变不容忽视。在改变水体内和河流廊道的生态系统的同时，河湖水系连通通过改变水循环的各个环节，对流域内的生态系统的生存环境也有较大影响。在经济社会发展方面，河湖水系连通通过改变水资源时空分布现状，对社会水循环的取水、用水和排水过程造成了深刻影响。这些影响之间相互反馈、相互作用，如地形地貌的变化同样会影响生物的栖息地；取用水同样会作用于流域的水循环过程。因此，河湖水系连通理论的研究不仅要分析连通对河湖水系及其水体本身的影响，而且需要厘清连通对流域水循环的作用机理，包括连通后水资源的形成和转化过程、物质能量传递过程、生态过程的改变，从系统的角度分析其对生物地球化学过程和人类维持社会经济发展的涉水过程的影响，合理制定连通规划，建立调度运行方案，保障区域水循环的健康发展。

4.3.2 河湖水系连通理论的研究目的

河湖水系连通是保障国家水安全的治水新方略，通过维系、修复和构建河湖之间的水力联系，调整、优化河湖水系格局，改善水资源时空分布不均状况，提高水资源分布格局与经济社会格局的协调性。河湖水系连通是满足人类社会在特定地区和时间对一定水量和水质需求的有效途径，是改善河湖水系生态环境的有效手段，也是增强抵御水旱灾害能力的有力举措。因此，河湖水系连通理论的研究目的主要包括资源匹配、风险抵御、环境改善和生态健康四个方面。

1. 资源匹配

我国水资源时空分布特点决定了其与大部分地区的人口、生产力布局以及土地等其他资源不相匹配。经济社会格局的不断调整使水系格局与经济社会的匹配关系处于不断变化之中。部分地区水资源供给跟不上区域经济社会快速发展的步伐，由河湖水系格局决定的水资源配置格局与土地资源分布、经济社会布局不匹配问题更加凸显。由于河湖间缺乏必要的连通，水资源调配能力不足，经济社会发展程度与水资源分布格局不匹配。例如，北方地区河网密度仅为南方地区的 1/5～1/3，水资源仅占全国的 19%，而人口和 GDP 约占全国的 45%。

因此，河湖水系连通有利于提高本流域水资源开发利用程度，可以为缺水地区提供外调水源，促进区域间水资源优化配置，合理调整区域间、区域内资源，调节水资源丰枯分布差异。同时，合理调整水文过程和丰枯变化周期空间分布与发展需求的匹配关系，缓解供需矛盾与发展需求的适应性，进行丰枯调剂，是河湖水系连通理论研究的主要目的。

2. 风险抵御

随着社会经济的发展，片面注重经济服务功能、过度开发河湖、损害防洪功能的现象较为普遍。例如，河道被占用、修堤筑闸等削弱了河道与两岸低洼地、湖泊湿地的连通，洪涝蓄泄通道受阻，宣泄不畅，洪水归槽明显，河流洪水位抬升。七大江河防御目标洪水的规划蓄泄比例为 28∶72，现有总行洪能力比规划约低 14%，特别是松花江、海河和淮河的河道泄洪能力严重不足，现泄洪能力比规划要求分别低 19%、25% 和 30%～35%。因此，理顺现有河湖关系，提高河湖防洪能力是江河治理工作的当务之急。

与此同时，特殊的自然地理和气候条件决定了我国是一个干旱灾害频发的国家，在全球气候变化的背景下，干旱灾害发生的频次和严重程度呈现增加趋势。合理地构建河湖水系连通工程，构建抗旱应急水源通道，增强水源调配的机动性，将极大地增强区域的旱灾风险抵御能力。如 2010 年引黄济津、引黄入冀应急调水极大地缓解了天津、河北的缺水情况。

通过河湖水系连通，能够提高对洪水与径流的调控能力，打通洪涝水通道、维护洪水滞蓄空间；通过构建抗旱应急水源通道，增强水源调配的机动性，从而全面提高抵御水旱灾害综合能力，这也是河湖水系连通理论研究的重要目的之一。

3. 环境改善

资源环境承载力降低是我国河湖水系面临的重要问题。目前，全国 1/3 水功能区现状污染物入河量已超过其纳污能力的 3～4 倍。与此同时，圩区建设、堤防闸坝和泥沙淤积阻断了内河与外江、河流与湖泊湿地的天然联系，水体循环速度减慢，自净能力降低，加上入河污染物增加，水质恶化，湖库富营养化加剧，部分水体功能丧失。其中，海河、太湖劣 V 类河流长度超过 50%，松花江、辽河、黄河 IV 类以上河道长度也都超过 50%。

在严格控制污染物排放的前提下，通过河湖水系连通加强河湖之间的水力联系，加速水体流动，增强水体的自净能力，发挥水生态系统自我修复能力，有效改善河湖水系水环境状况，提高区域水环境承载能力。合理规划和利用连通工程，改善水生态环境，也是河湖水系连通理论研究的重要目的之一。

4. 生态健康

河流、湖泊和湿地系统组成的河湖系统的天然连通是生态健康的保障。河湖水系连通对于保持生物量和生物多样性具有重要影响，连通水体的生境异质性会明显提高，从而维持较高的物种多样性。长江中游不同连通特性的浅水湖泊生物完整性时空变化的比较结果也表明，湖泊与河流的连通性越好，鱼类完整性保持越好。河湖水系连通也是维持湖泊湿地生境的重要条件，周期性涨落的水文条件是促使湖泊洲滩湿地演化的决定因素。对于河道外生态系统，河湖水系连通也是流域生态需水的重要保障。为了维系、恢复重要保护区的生态系统，跨区域和流域的河湖水系连通也是重要的手段。如塔河、黄河三角洲的生态调水等河湖水系连通工程，对当地的生态系统健康也起到了重要作用。

在对区域生态系统认识的基础上，理顺河湖关系，合理利用河湖水系连通工程，保障生态平衡，寻求更高的生态效益，也是河湖水系连通理论研究的重要目的之一。

4.3.3 河湖水系连通理论的研究内容

1. 河湖水系连通演变规律

河湖水系是水资源的载体，是生态环境的有机组成部分，也是经济发展的重要基础。人类文明的出现、人类社会的进步和经济的发展，都与河湖水系及其变化密不可分。河湖水系在自然因素和人类活动影响下总是处于不断演变过程之中。河湖水系演变可以分为自然因素和人为因素两大类，其中自然因素主要包括地质构造、地形地貌、气候气象、水文泥沙等，人为因素主要包括河湖的治理开发以及土地开发和城乡建设而导致的下垫面变化等。通过分析河湖水系连通的演变过程和特征，明确自然因素和人为因素的影响，将有助于判断我国河湖水系的连通现状，在遵循自然规律的前提下有针对性地进行河湖水系连通。因此，掌握河湖水系连通演变规律，是进行河湖水系连通的前提，也是河湖水系连通理论的重要研究内容。

2. 连通系统辨识与评价

对河湖水系连通现状进行分析评价，分析现有连通格局存在的主要问题及其成因，是连通系统辨识与评价的主要任务。主要包括以下三项内容：一是对区域（流域）河湖水系连通状况和水循环现状进行具体的综合分析与评价，包括从连通格局、连通形式、阻隔原因、水体流动性及水流交换方式、水质达标率、洪水蓄滞空间与出路、生态环境状况与经济社会格局的协调性等方面，提出河湖水系连通现状评价的主要结论；二是从河湖水系自然属性和社会属性的角度，提出河湖水系连通工程主要功能、作用和影响的分析方法，对区域（流域）河湖水系连通工程的防洪、除涝、供水和水生态等方面的功能和作用进行具体分析研究；三是在河湖水系连通状况和功能分析的基础上，结合典型区域（流域）水资源及其开发利用状况、水利工程布局、生态功能格局、生态环境整体情况等，从典型区域（流域）河湖水系连通变化的背景和成因、连通或隔断过程、工程和非工程措施效果和影响等方面，分析区域（流域）河湖水系连通现状存在的主要问题及其成因。

3. 连通格局优化与调整

针对连通系统辨识与评价的结果，在区域（流域）河湖水系连通现状存在的主要问题及其成因分析基础上，制定连通格局的优化和调整方案。从满足经济社会发展、水安全、生态安全需求等出发，分别从国家层面、区域层面和流域层面制定具体的河湖水系连通的规划目标、原则、战略布局和方向。针对现有河湖水系存在的问题和区域（流域）特点，建立不同的目标和约束条件下河湖水系连通可行性方案集；结合优化模型进一步对不同规划目标下的方案集进行优化分析，寻求满足多目标的最优调整方案；通过分析、计算和模拟，评估连通方案的成本效益、可持续发展能力、协调能力和河湖系统的稳定性等，分析连通方案的合理性。连通格局的优化与调整，关系到河湖水系连通战略的成败，是河湖水系连通理论的核心内容。

4. 复杂水网监测与调控

河湖水系连通将构建一个多目标、多功能、多层次、多要素的复杂水网巨系统，须从更高的层次、更大的范围、更长的时段统筹考虑连通区域（包括调出区域和调入区域）的经济社会、生态环境等各方面的水情、工况和需求。基于河湖水系连通工程的庞大性、连通格局的复杂性和气候变化影响的不确定性，势必要求对复杂水网巨系统进行全过程监测，构建更为全面、宏观、精确、及时的调度准则，从而使河湖水系连通工程真正实现引排顺畅、蓄泄得当、丰枯调剂等目的。因此，复杂水网监测与调控是发挥河湖水系连通工程功能的保障，也是河湖水系连通理论的重要研究内容。其中，建立包括生态保障与修复、水资源保障、水旱灾害风险控制等多目标的调度准则是复杂水网监测与调控研究的重点和难点。

4.3.4　河湖水系连通理论的研究方法

1. 机理分析

河湖水系连通工程的实施将改变原有水系格局，不仅会改变河川径流的方向，而且会改变地表、地下径流的时空分布，进一步影响陆地水循环过程；水循环过程的改变又将驱动水系格局的改变，从而对不同区域的水资源安全、经济社会格局、生态环境功能产生重大影响。因此，研究自然演变与人类活动共同作用下河湖水系连通的驱动机制、变化过程和影响机理是河湖水系连通理论研究的重点和基础。

2. 统计分析

对研究区域的水文和水资源监测数据进行统计分析，分析其变化规律，是确定河湖水系连通工程建设规模及制定管理运行策略的重要依据。受人类活动和气候变化的综合影响，近50年来，我国长江上游、黄河、海河、淮河、珠江等流域的实测径流量都呈下降趋势。与此同时，我国水文极值事件的发生频率明显增大。现有基于稳定环境背景下水文观测资料系列一致性假设以及下垫面变化情形下水文系列的"还原""还现"方法，无法准确描述变化环境下的流域水文情势演变规律，影响河湖水系连通工程设计的可靠性。因此，开展变化环境下流域水文情势演变及水文统计理论与方法研究是河湖水系连通理论的重要基础。

3. 数值模拟

研究不同地区不同类型河湖水系的演变过程、影响因素，揭示"自然-河湖水系-人类活动"相互作用关系，对恢复、构建河湖水系间的水力联系有着重要的意义。具有物理机制的分布式水文模型为水循环模拟提供了有力的工具，应该充分利用分布式水文模型在水文模拟中的优势，就河湖水系连通工程对水循环、生态环境产生的影响进行模拟、预测与评估，进行综合效益和风险分析，为尽可能减少水系连通带来的负面效应提供科技支撑。

4. 优化技术

考虑到河湖水系的多样性、连通工程的庞大性和复杂性以及工程规划的多目标性和多层次性等特征，河湖水系连通应该从满足经济社会发展、水安全、生态安全等需求出发，针对国家层面、区域层面和流域层面制定具体的规划目标、原则、战略布局和方向，产生不同目标和约束条件下的河湖水系连通可行性方案集，结合优化模型进一步对不同规划目标下的规划方案集进行优化分析，寻求满足多目标的最优规划方案。通过分析、计算和模拟，评估不同规划方案的成本效益关系、可持续发展能力、协调能力和复杂水网巨系统的稳定性等，为制定河湖水系连通方案提供支持。

4.4　河湖水系连通的驱动机制

河湖水系连通是以实现水资源可持续利用、人水和谐为最终目标，以改善水生态环境状况、提高水资源统筹调配能力和抵御自然灾害能力为重点，通过各种人工措施，基于自然水循环的更新规律等，合理构建蓄泄兼顾、丰枯调剂、引排自如、多源互补、生态健康的河湖水系连通网络体系。其目的是解决我国水资源分配与生产力水平不匹配的问题，进而促进人水和谐的实现；其功能主要包括提高水资源统筹调配能力、改善水环境状况、抵御水旱灾害；目标是构建适合经济社会可持续发展和生态文明建设需要的河湖水系连通网络体系，可通过水利工程实现直接连通，也可通过区域水资源配置网络实现间接连通。

然而，河湖水系连通具有两面性，需要客观确切地把握其正反两方面的影响，从而尽量减少河湖水系连通中出现的负面影响。河湖水系连通作为新时期解决水问题的重要方略，其工程实践将更加广泛。但各河湖水系连通工程也存在很多矛盾和冲突，如中央与地方部门、经济发展与生态环境保护、流域上游与下游、调出区与调入区、新建工程与已建工程等（毛翠翠和左其亭，2012）。

因此，不仅需要从本质上对河湖水系连通进行分析研究，更需要从河湖水系连通的驱动机制上进行深入研究。河湖连通的驱动因素可分为自然驱动因素和人为驱动因素两大类（窦明等，2011）。

1. 自然驱动因素

在洪水、地震、河床淤积、地貌变迁、气候变化等自然营力的作用下，河湖水系始终处于不断变化之中，进而形成新的水系连通形式。其中最典型的是历史上多次发生的"黄河夺淮"事件，使淮河失去了入海水道，加重了淮河流域下游的洪涝灾害。气候变化则是影响河湖水系连通的一个重要不确定性因素。气候变化导致极端天气、冰川消融、海平面上升、生态系统改变、干旱与洪涝频发等现象，并且对全球水资源进行了重新分配，从而可能会构建新的水系连通格局。

2. 人为驱动因素

人为驱动因素是近年河湖水系格局变化的主导因素。随着经济社会和科学技术发展，为满足人类生存、发展的用水需求，人类对江河、湖泊、沼泽、淀洼、滩地等水体按照社会意愿进行了改造，或通过修建水库、闸堤、渠系、运河与蓄滞洪区等水利工程改变了水资源的时空分布。在这些水利工程作用下，将原本不连通的河湖水系连通或者将连通的河湖水系阻断，最终形成了新的河湖水系连通形式。在人为驱动因素中，用水需求是实施河湖水系连通的驱动力，而不同的用水方式则决定了水资源的流向和分配形式，它们共同构建了河湖水系连通的目的和必要性。

纵观历史，无论是我国的邗沟、都江堰、京杭大运河，还是美国的加州调水工程、澳大利亚的雪山调水工程，大规模的河湖水系连通工程大多建设于区域经济社会高速发展的时期。比如邗沟和都江堰建设于春秋吴国和秦国的扩张时期；京杭大运河建设于南北朝结束、隋代统一中国的背景；加州调水工程对应于美国加州和西海岸地区的高速发展；澳大利亚雪山调水工程对应于澳大利亚第二次世界大战后的高速发展。这些河湖水系连通工程建设的一个重要原因就是河湖水系原有的服务功能已经无法满足经济社会发展的需要，无论是水资源供给，还是军事、航运等。随着生态环境问题的日益凸显，类似于莱茵河生态治理和扎龙湿地补水这样的水生态环境改善型的河湖水系连通工程日益增多。这些工程的修建多归因于河湖水系的生态服务功能难以满足河道内与河流廊道生态系统的需要。因此，当河流水系的原有功能无法满足经济社会与生态环境的需要时，河湖水系连通就成为人类的选择之一。

我国河湖水系连通工程的历史可以上溯到大禹治水时期，但大部分河湖水系连通工程修建于中华人民共和国成立后的六七十年间。尤其是改革开放后的几十年，是我国河湖水系连通工程修建的高峰。究其原因，我国处于历史上前所未有的高速发展时期，经济在加速向工业化、城市化迈进，我国的生产力格局、城市化格局、农业生产格局，乃至生态环境格局都发生了深刻而长远的变化。与之对应，我国河湖水系的服务对象和服务功能也必然发生巨大的变化。而大量河湖水系连通工程的修建正是力图对原有河湖水系服务功能进行拓展和提升。但是由于认识水平的局限性，部分地区也存在无序建设、过度开发等问题。因此，亟须辨识河湖水系的连通性、完整性和流通性要求，厘清河湖水系连通工程建设对流域和区域水循环的作用机理，科学指导河湖水系连通工程的建设；亟须从国家层面统筹流域和区域发展需求、安全需求、生态需求和文化需求，妥善协调各类涉水关系，科学布局连通工程，制定河湖水系连通的总体战略。

综上所述，河湖水系连通的主要驱动力就是变化环境下的经济社会格局和生态环境格局对河湖水系服务功能调整的需求。它不仅表现为河湖水系社会功能和生态环境功能等不同服务功能间的博弈，而且表现为不同流域、上下游、左右岸等服务主体之间的博弈。必须重视的是，与经济社会用水需求相比，生态环境用水处于弱势地位，若片面重视经济社会用水，各个用水主体追求自身利益最大化，最终必然导致生态环境用水受损，即"公地的悲剧"；此外，河湖本身也是参与博弈过程的主体。河流与地下水、水域与陆域的连通性，河源到河口的完整性，以及物质能量流的流动性需求必须在连通过程中得到尊重与重视。我国水资源分布的总体特点是：时空分布不均明显，年内分布集中，年际变化大；黄河、淮河、海河、辽河四流域水资源量较小，长江、珠江、松花江流域水资源量较大；西北内陆干旱区水量稀缺，西南地区水量丰沛，水资源总量多，人均占有量少。水资源的分布情况与社会经济的快速高效发展息息相关，而河湖水系的合理高效连通对于经济发展具有重要作用，同时也利于部分地区的生态修复。这些需求集中体现了以人类驱动作用为主导的人工水系连通。本节重点关注人为驱动影响下，社会经济、河湖水系、生态环境等河湖水系连通要素间的相互联系，进而从本质上揭示河湖水利连通的驱动机制。

4.4.1 社会经济、河湖水系、生态环境之间的关系

1. 社会经济与河湖水系之间的关系

目前我国的社会整体发展战略是以经济发展为中心,包括社会、经济发展的总目标和总任务。它既突出了经济领域,又将其他领域作为社会整体的一部分包括进来,对促进社会的全面发展具有重要的导向意义。经济发展按时间划分,可分为长期发展、中期发展和近期发展;按层次划分,可分为宏观发展、中观发展和微观发展;按覆盖面或规模范围划分,可分为总体和子体;按形式划分,可分为区域发展、部门发展、专门领域发展和基层组织发展。社会经济发展由发展思想、发展目标、发展重点、发展阶段、发展战略对策五项基本内容构成。社会经济、河湖水系、生态环境三者之间相互影响、相互作用。

社会经济发展对水资源的需求是推动河湖水系连通的主要因素。社会经济发展与河湖水系连通的关系可概述为经济社会的发展一定程度受到河湖水系连通情况的制约,而河湖水系连通可推动经济社会的发展,同时提高经济社会发展的成本,而社会经济的发展某种程度上也为河湖水系连通提供了物质基础保障。社会经济发展包括人口增长与城市化进程,产业结构变化与工业总产值增加,农业发展与灌溉面积增长以及人民生活水平提高等方面。显然在发展进程中,这些因素既受到不确定因素的影响,也有其发展的规律性可循。在各个因素之间,还同时存在着深刻的内在联系。从经济社会发展的时间上看,长期发展、中期发展或是近期发展对水资源的需求必不可少,而经济的发展存在区域性差异,同时各行业部门的发展也存在明显的不平衡性,这就决定了水资源在经济发展的不同地区、不同行业的需求量及对水质要求存在区别。由于水资源时空分布不均的特征,缺水地区经济发展过程中当地水资源不能满足其发展需求,相比传统水资源配置,基于河湖水系连通的水资源配置更多考虑跨流域(区域)水资源合理利用,涉及更广泛的区域范围和利益群体,并且具有一定特征:配置水源结构更加复杂;配置涉及区域范围扩大,利益群体增多;配置目标更加合理,强调均衡发展等。在经济发展的驱使下,河湖水系出现了全国范围内的河湖水系连通、区域间的河湖水系连通、区域内部的河湖水系连通等多层次、多类型的河湖水系连通形式。

2. 社会经济与生态环境之间的关系

生态环境是指地球上生命系统和环境系统在特定空间的组合,换言之,即生物(包括动植物和微生物)因素之间,以及生物因素与非生物因素(如气候、水、土、阳光等)之间存在的相互依赖和相互制约的关系。这些相互作用的因素,在自然界中构成各种有机联系的整体,即所谓"生态系统",如江、河、湖、海、草原、森林、农田等均为不同的生态系统。系统内各因素之间保持着一定的相对平衡关系,进行着正常的物质循环和能量交换,此种现象即"生态平衡"(陈克进等,2001)。地球上一切生物都生存在一定的自然环境中,人无法离开自然环境去生产生活。生态环境是民族生存的空间,这是具有决定性意义的前提。生态环境为社会经济发展提供了物质基础的保障,而经济社会的发展对生态环境的影响有利有弊,在当前我国的经济社会发展进程中,社会经济发展对生态环境的影响总体上呈现利大于弊的态势。

社会经济与生态环境之间的关系主要体现为:

（1）生态环境的有限性决定了社会经济的有限性。不同地域的生态环境承载力是具有一定限度的，因此社会经济发展对其开发利用只能在一定的范围与程度内进行，这决定了社会经济发展也是有一定限度的。

（2）生态环境和社会经济是相互依存和相互作用的。生态环境是社会经济发展的基础，人类如果能够很好地利用生态资源，就可以使生产力得到较快发展。同时，社会经济目标的实现和社会经济效益的提高，可以不断地为生态资源高效利用、实现生态效益和生态目标提供资金、技术和物质支持。相反，如果生态资源不合理利用，所导致的生态环境质量下降就会对社会经济发展产生巨大的制约作用。

（3）在不同时期、不同发展阶段，社会经济发展与生态环境改善对提高生活满意度的效用不同。在经济发展的较低阶段，人们对经济发展的要求较为强烈，社会经济发展对提高人们生活满意度的效用较大，而生态环境改善对提高生活满意度的效用较小。在经济发展水平不断提高，财富积累到一定程度时，经济发展对提高生活满意度的效用减小，而生态环境改善对提高人们生活质量的效用增大。

（4）在同一时期，不同社会经济发展阶段的国家在生态环境和社会经济可持续发展中的侧重点不同。在发展中国家，为满足全体人民的基本物质需求和日益增长的物质文化需要，必须保持较快的社会经济增长速度。发达国家由于社会经济发展水平较高，因此其重点是采用较先进的技术去避免经济发展对资源的过分依赖和消耗，实现社会经济与生态环境的全面协调发展。

（5）生态环境和社会经济的协调发展是动态的。不同时期的不同阶段，社会经济发展与生态环境保护之间的平衡点是不同的。在某一阶段，生态环境阈值是一定的，其承载经济发展的规模和能力是一定的，社会经济和生态环境的平衡是静态的。但由于社会经济发展水平的差异，科学技术水平和人类综合素质不同，生态环境所能承载的社会经济规模和发展能力也不相同，因此说社会经济和生态环境的平衡是动态的。

3. 河湖水系与生态环境之间的关系

原始的生命起源于水。水是一切生态系统中的重要因素之一，是一切生命新陈代谢活动的介质。在生态系统结构中，水资源是生态环境的基本要素，是生态环境系统结构与功能的组成部分。而河湖水系是地表水资源的主要载体，水以其存在形态与系统内部各要素之间发生着有机联系，构成生态系统的形态结构；水在生态系统中永不休止地运动，必然产生系统与外部环境之间的物质循环和能量转换，因而形成系统功能。水在生态系统结构与功能中的地位和作用，是其他任何要素都无法替代的。而对地表水资源的开发与利用归根到底就是对河湖水系连通状况的改变，这种改变伴随着水资源在时空上的变化，同时也改变环境状况。对地表水资源的开发合理得当，能使环境由荒野变为秀丽山川；若开发利用不当，则会造成环境恶化和污染。即对河湖水系进行科学合理的连通可促进生态环境改善，而盲目对河湖水系进行连通将导致生态环境的破坏，同时影响水资源的持续利用和水资源系统的动态平衡。例如，拦截河流、修筑水库闸坝、开采深层地下水、跨流域调水等水资源开发利用活动改善了人类生产生活条件，使水资源对人类产生了积极的作用。但一些不合理的开发利用也会破坏生态环境，并对水资源自身产生影响。

社会经济、河湖水系、生态环境间的关系由自然因素和人为因素共同作用，且随着社会的不断发展其关系更为密切。现存的河湖水系大部分均由自然因素作用下形成，而随着社会的发展，人为因素作用下的河湖水系连通日益增多。人类对经济社会及生态环境的认识程度、发展规划、开发与生态保护的均衡直接作用于河湖水系，故应科学合理地规划经济发展模式，客观公平地对待生态环境，及时有效地解决发展中产生的生态环境问题，并建立长期高效的环境保护机制。在兼顾经济发展及生态环境保护的前提下，全面客观地考量人为建立河湖水系连通的必要性，综合权衡人为因素为主的河湖水系连通利弊。综合自然因素及人为因素，科学理性应对河湖水系连通问题，促进经济社会健康发展，高效保护生态环境，科学权衡河湖水系连通。

4.4.2　社会经济、河湖水系、生态环境之间的正反馈机理

随着社会的发展、科技的进步，人类处理污水、改善环境的能力不断提高，与此同时，人类对于改善生态环境质量的愿望日益迫切。此外，人的素质不断提高，对水资源的认识不断更新，人们管理水资源的水平也在不断提高。社会经济、河湖水系、生态环境系统之间具有相互联系、相互制约、相互促进的复杂关系。正是由于三者的密切关系，要密切关注社会经济系统发展变化，既要考虑变化的自然因素，又要考虑变化的社会因素；要把三者联合起来进行研究，更需要对三者间的正面反馈作用进行深入分析研究。

1. 河湖水系连通成为经济发展的重要基石

随着社会经济的发展，河湖水系连通已逐步演变为重要的复合型区位要素、提高水资源经济效益的关键手段以及生态与经济协调发展的纽带（李浩，2012）。

（1）河湖水系连通成为生态与经济协调发展的纽带。传统的以工业文明为核心的经济发展模式通常是以牺牲生态环境为代价，当其发展到一定阶段，势必会使社会经济发展陷入困境；而可持续发展是对传统模式的否定，其强调社会应认真保护和积极建设良好的生态环境，努力改善和优化人与自然的关系，实现以人与自然和谐、人与人（社会）和谐为核心的生活生产方式的转变。河湖水系连通不仅可实现水资源满足经济发展需要的目标，更可实现保护水生态、改善水环境的目标，使其成为生态与经济协调发展的纽带。

（2）河湖水系连通战略是我国社会经济发展的现实需求。河湖水系连通战略不仅具有经济学理论上的价值和意义，更是契合了我国区域经济发展战略、城市化发展战略、粮食安全战略和生态文明建设战略等重大社会经济发展战略的现实需求。

（3）河湖水系连通有利于实现水资源的可持续利用，促进经济社会发展目标和生态保护目标与水资源条件之间的协调，促进近期和远期经济社会发展目标对水资源需求之间的协调，促进流域之间和流域内部不同地区之间水资源利用的协调，促进不同类型水源之间开发利用程度的协调，促进生活、生产与生态用水之间的协调，促进经济社会格局与河湖水系格局之间的协调。

2. 生态环境保护是社会经济发展的保障

协调生态环境保护和经济发展的关系，采取有效的政策，发展绿色经济和循环经济已是新时期我国发展的标志。通过环境保护来促进经济结构的调整成为经济发展的一个趋势。保护自然生态环境其实质就是保护生产力，改善生态环境就是在发展生产力，协调环境和经济之间的关系，建设人与自然和谐相处的现代文明。

生态环境对社会经济发展的推进作用，是通过以下四个方面实现的：

（1）提高生态环境要素的支撑能力。社会经济发展的加速需要生态环境要素的支撑。生态环境良好的区域，能保证城市用水、优质空气的供给，能为城市居民提供宜人的人居环境；环境支撑能力强，有利于城市经济发展和城市空间拓展。

（2）提高居住环境舒适度。良好的生态环境能够提高城市居住环境的舒适度，从而吸引人口，加速城市化的进程。

（3）提高投资环境竞争力。良好的生态环境可提高投资环境竞争力，吸引投资项目和资金，加速城市化进程。如良好的生态环境能够吸引高科技企业进入城市，从而推动高新技术产业发展，提高城市的科技竞争力，促进城市发展。

（4）促进城市有形资产增值。良好的生态环境是城市的一笔巨大无形资产，不仅能提高城市的身份和知名度、提高整个城市的运行效率和商务活动能力、提高对周边地区集聚和辐射能力，而且能促进城市有形固定资产的大幅增值。

3. 河湖水系连通对生态环境的正面影响

水系连通对保持河湖环境健康具有重要影响，其主要表现在水质、湿地生态环境、水生动物资源、防洪及水资源利用等方面。实施河网综合治理，恢复或增强江河湖泊之间的水力联系，在严格限制污水排放的基础上，增强水体流动性，改善河湖水体水动力条件，提高水体自净能力，促进区域（流域）生态环境的恢复（李宗礼等，2011）。

人类社会发展过程中修建的水库闸坝、堤防渠系、蓄滞洪区等江河治理工程，不但形成了人工水系，同时也为实现河湖水系连通提供了有效手段和途径。目前，经济社会发展越来越依靠水工程来兴利除害，但是不可忽视的是，水工程对河湖水系的影响和作用是双向的。水工程可以恢复河湖之间的水力联系，实现水资源优化调配，丰枯调剂，改善生态环境。如跨流域调水工程可以解决区域的水资源短缺问题，为生态环境恢复起着重要的作用。由于水资源短缺，城镇生活及工业用水常年挤占农业和生态用水，从而致使流域水污染严重，部分水功能区水质不达标。平原地下水过度开采、河湖干涸、湿地萎缩、河口生态环境恶化等水生态环境问题依然严峻。跨流域调水是流域供水的重要组成，可在很大程度上缓解农业和生态用水被挤占的情况，是落实江河流域水量分配和调度方案的辅助条件，是全面确立三条红线、严格实行四项制度、推进生态文明建设的重要基础（王勇等，2013）。

综上，以可持续发展为原则，全面客观地认清生态环境的本质、河湖水系的作用，以及明确社会经济可持续发展的方向，是实现社会经济、河湖水系及生态环境三者间效益最优的根本要求。生态环境健康是社会经济发展的前提，河湖水系是生态环境及社会经济发展的纽带。科学合理的河湖水系连通和经济发展模式，能够在保障生态环境健康的前提下，实现经济社会可持续发展。

4.4.3　社会经济、河湖水系、生态环境之间的负反馈机理

1. 社会经济发展对水资源系统的压力

由于社会经济的发展，对水资源的需求量不断增加，当超出水资源一定承载能力时，会对水资源产生很大压力。比如，人口增长对水资源产生的压力表现为：人口增加的社会

经济活动造成的水环境污染，以及由于水资源利用量增加所引起的污水排放量的增加。

工业发展对水资源产生的压力表现在，工业排污总量随着总产值的提高仍在增加。尽管由于科技进步带来的单位产量的污水排放量有所减少，但减少的速度低于产值增加的速度，所以污水总量仍在增加。在这种情况下，水污染不可避免地会增加，对水资源的压力也会更加严重。农业发展对水资源产生的压力，表现在化肥、农药对地表及地下水质的非点源污染，以及农田排水排盐对干旱区淡水资源的影响等。

总之，人类的社会经济行为必然会影响水资源系统：一方面，随着社会发展增加了需水量；另一方面，随着发展也增加了向水资源系统排放污水、废水的范围、数量。因此对水资源系统产生压力、带来威胁是不可避免的。

2. 河湖水系连通的负面影响

社会经济的发展离不开水资源，所以在水资源出现危机的情况下，社会经济发展必然会受到影响。比如，水环境污染和缺乏安全的水资源影响居民的健康状况，影响社会的稳定；水资源短缺直接影响工业、农业生产，从而影响经济增长。物质资料的生产离不开可更新的水资源，而水资源的更新速度和恢复能力遵循自然生态规律，受生态环境的结构和功能的制约。保护和改善生态环境，才能保证可更新资源的正常更新，满足经济持续稳定发展对可更新资源的需求。如果生态环境遭到污染和破坏，结构失衡、功能衰退，必然导致可更新资源的枯竭，从而影响社会经济的发展（李博，2000）。

河湖水系连通对生态环境的负面影响主要包括（夏军等，2012）：①可能会使原本水质好的河流由于和水质相对较差河流连通后降低原来河流的水质；②河湖水系连通会加剧连通河流中鱼类等生命体的竞争，虽然会促进优胜劣汰，但也会使原先河流中竞争性较弱的种类濒临灭绝；③通过河湖水系连通，水量充沛的河流支援水量不足的湖泊，会大大减少该河流的有效可利用水量，影响通航水深和湿地蓄水量；④连通前径流量充足的河湖连通后水量减少，导致该地区水面蒸发量减少，影响该地表及陆地的水循环，从长时间看将影响地区的气候，如降水量减少、极端气候事件增加等；⑤上游地区与下游地区河湖水系连通将导致下游地区河湖泥沙及淤积量急剧增加，从而引起下游地区河湖水环境生态健康质量降低。

3. 社会经济发展对生态环境间的负面影响

社会经济发展与生态环境间的交互作用主要表现为水、空气、土地、植被和动物等各种资源条件对社会经济活动的影响，以及生态环境的破坏对社会经济活动的影响。环境与经济的非良性循环，生态环境的破坏和污染，必然导致自然资源的浪费，甚至使有些资源枯竭，还会使可更新资源的增值受阻，最终将影响经济的发展。经济发展受到限制，必然减弱保护和改善生态环境的能力，导致生态环境质量进一步恶化。因此，人类在自身的发展过程中，在对待和处理环境与经济发展的关系时，应当选择生态环境与经济发展的良性循环，实现生态环境与社会经济的协调发展。

（1）生态环境破坏对社会经济的不利影响。森林是陆地生态系统的核心。目前，森林减少及气候变化导致水土流失严重，并致使物种多样性锐减。同时，由于生态环境破坏所造成的臭氧空洞、温室效应、酸雨、水污染、土地沙漠化、地面沉陷等不仅降低了工农业生产能力，还导致人民生活质量的下降，甚至影响子孙后代的健康，其对国民经济和社会发展的影响已经客观存在，而且其危害程度正日益加剧，在一定程度上正在制约着社会经济的可持续发展。

(2) 社会经济快速发展对生态环境的不利影响。远古时期，人类对生态环境的影响是有限的，但也会因过度采集和狩猎而消灭一个地区的许多物种。到了近代和现代，社会经济的快速发展，给生态环境造成了许多不利影响，如农业生产水平的提高，导致森林破坏、水土流失严重和气候恶化；工业化进程的加快，导致许多自然资源面临枯竭，大量有毒有害物质排放量增加，对生态环境造成了严重破坏。

综上，以往不科学的经济社会发展模式是造成生态环境问题凸显及恶化的推动力，生态环境问题的凸显，一方面从生产资料获取上直接制约社会经济的发展，另一方面通过河湖水系这一纽带间接影响人类的经济社会发展。对于社会经济、河湖水系、生态环境三者关系认识的欠缺是目前诸多环境问题的根源之一，而应对政策不完善、措施不及时，则是环境恶化、经济发展受限的主要推动因素。

4.4.4 河湖水系连通的调节作用

水资源是人类生存和社会经济发展的物质基础，环境是人类生存和社会经济发展的生态空间，而人类的社会经济活动正是水资源与生态环境之间作用关系的发生器。人类社会经济活动的规模、方式和水平，直接关系到水资源环境的质量和水平，关系到可持续发展目标的实现。2007年党的十七大报告提出："要建设生态文明，基本形成节约能源资源和保护生态环境的产业结构、增长方式、消费模式。"倡导生态文明建设，不仅对中国自身发展有深远影响，也是中华民族面对全球日益严峻的生态环境问题做出的庄严承诺。

河湖水系是自然界比较活跃的因子，它的变化如同海面上升，也是气候变化的表征。但是，影响河湖水系发生演变的因素十分复杂，除气候因素外，新构造运动、人类活动的影响也是重要因素，特别是人类活动的影响，随着社会的发展，其支配作用的地位越来越突出。然而，就河湖水系发生自然变迁的因素而言，新构造运动是影响河湖水系变迁的地质内力作用，气候变化则是影响河湖水系变迁的外力因素；确切地说，新构造运动为河湖水系的发育提供地质空间条件，气候变化是影响河湖水系变迁的主导因素（李克让，1992）。只有从本质上理解河湖水系连通的调节作用，才能够科学客观地评价河湖水系连通的必要性、河湖水系连通工程措施实行的必要性等。

基于上述分析，不难看出河湖水系连通对于人类社会可持续发展具有重要意义，其主要调节作用可分为以下几个方面：

(1) 调节水资源时空分布不均。合理调整水文过程和丰枯变化，合理调配流域及区域水资源空间分布与经济社会发展布局的关系，缓解水资源供需矛盾，合理调配生活、生产、生态用水，提高水资源供给保障能力，促进经济社会发展，推进工业化、城市化，保障供水安全和粮食安全，改善生态环境。

(2) 调节河湖演变的动力条件。合理调整河湖动力条件和水量、水沙过程以及河湖洪水蓄泄关系，构建有利于维系河湖健康生命的水流动力条件，提高洪水蓄泄能力，延长河流的生命周期，提高防洪安全保障能力。

(3) 调节资源环境承载力差异。合理调整河湖水资源承载负荷状况，合理调配水资源利用与水环境保护的关系，提高河湖水环境承载能力，改善河湖水动力条件，水复其动，河畅其流，保障水生态安全。

总之，科学合理的河湖水系连通要在全面统筹考虑水的资源功能、环境功能、生态功能的基础上，通过建设水库、闸坝、泵站、渠道等必要的措施和工程，构建布局合理、功能完备、蓄泄兼筹、调控自如，丰枯调剂、多源互补，水流通畅、环境优美的江河湖库水网体系，更好地发挥河流的功能与作用，为经济社会可持续发展提供更加有力的支撑和保障。

4.5 河湖水系连通的支撑理论

河湖水系连通理论的研究对象是由自然水循环和社会水循环构成的区域（流域）水循环系统。从解决自然水循环和社会水循环之间存在问题的角度，河湖水系连通的支撑理论包括水循环理论、水资源配置理论、水旱灾害风险理论和河湖健康理论。

河湖水系连通战略的实施，通过工程措施（如调水工程，修建闸坝、水库等）调节自然水系连通性，在改变水系结构形式的同时，也改变了区域（流域）水循环的现状，导致水资源时空分布的改变。因此，水循环理论是河湖水系连通的基础理论。

河湖水系连通的重要目的就是通过大网络结构水系的构建，平衡降水时空分布不均性，改善水资源和社会经济发展的布局匹配程度，实现区域经济社会的协调发展。因此，水资源配置理论是河湖水系连通的重要支撑理论。

河湖水系连通通过改变水流的连接通道，重塑了水旱灾害风险的分布形式，实现水旱灾害风险格局和社会经济发展格局的适应。因此，水旱灾害风险理论是河湖水系连通工作的重要支撑理论。寻求风险管理理论指导下整体、长远的可持续发展，而不是短期、局部的防灾效益，将是水旱灾害风险理论的主要任务。

河湖水系连通在连接不同水体的同时，也深刻地改变了水体内生态系统的平衡，影响了河流和湖泊的健康。因此，如何在河湖水系连通的过程中，维系河流湖泊的健康，是河湖水系连通需要重点考虑的问题。而河湖健康理论是为这一目标提供理论支持的重要基础。

以上四个理论为解决自然水循环和社会水循环之间存在的问题提供了技术支撑，而水循环理论则从整体上为这四个理论提供了理论基础和交叉融和的平台。因此，河湖水系连通的理论基础是以水循环理论为核心，水资源配置理论、水旱灾害风险理论、河湖健康理论综合构建的有机整体。

4.5.1 水循环理论

4.5.1.1 水循环理论概述

对自然生态系统而言，水循环最理想的状态是接近受干扰前的状态。这一状态下最大限度地维持天然水文情势，即理想化的"人水合一"。但实际上，随着人类社会的不断发展，理想的自然状态的区域水循环系统已趋于消失。天然水循环系统在长期发展过程中，已与社会经济发展形成了紧密联系，具有自然-社会二元特性，且随着人类活动强度和广度的增加，人类活动对自然水循环过程的影响逐渐增强，其二元特性更加明显。二元水循环理论已经成为当前研究的热点（王浩等，2006；王浩，杨贵羽，2010）。结合以上研究，水循环理论可概述如下：

人类活动一方面通过直接作用（如水库坑塘的修建、跨流域调水工程以及人工取用水等），使水循环系统的结构和循环路径发生改变；另一方面，通过间接方式（如森林砍伐、土地利用、温室气体及其他气体排放等）改变下垫面或局地气候，从而影响水循环的诸要素。有关水循环的二元特性集中表现在循环驱动力、循环结构和循环参数三方面。

在循环结构方面，由以降水"坡面—河道—地下"为基本循环的一元自然水循环结构，转向包括流域（区域）"取水—用水（耗水）—排水—再生利用"社会水循环以及水资源开发利用变化对自然水循环的影响等在内的"自然-社会"二元水循环结构。

图 4.4 给出了河湖水系在水循环中的作用示意图（王浩等，2010）。虽然在社会水循环的各个环节中同样存在蒸发（耗水为主）、地下水开采和渗漏回补等与自然水循环的交互，但是毋庸置疑，以河湖水系为承载主体的地表水资源是自然水循环和社会水循环的交互主体。一方面，地表水资源量远大于地下水资源量，根据《2010 年中国水资源公报》数据，地表水资源量约占水资源总量的 77%，地下水资源量约占水资源总量的 23%。地表水资源是水资源开发利用的主要对象；另一方面，社会水循环排水过程的出口也主要为河湖水系。人类开发利用后的废污水经过处理后排放到河湖水系，重新参与到自然水循环。而在此过程中，水质的变化也是水环境污染、水生态破坏等水问题的重要原因。

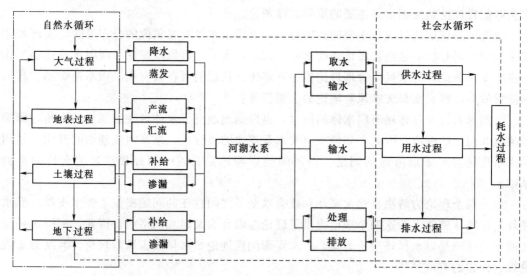

图 4.4　河湖水系在水循环中的作用示意图

在循环驱动力方面，已由过去一元自然驱动（包括太阳能和重力势能）演变为现在的"自然-社会"二元驱动（除自然驱动力外，还包括蓄引提水所附加的人工能量以及全球气候变化导致温度变化而引起的能量改变）。

在循环参数方面，由于下垫面变化和土地利用方式的改变以及城市化进程，土壤孔隙和持水结构发生改变，进而导致蒸发、径流、下渗等水文特性参数随之发生改变。

因此，人类活动深刻地影响了天然水循环系统，改变了水循环的循环驱动力、循环结构和循环参数。与此同时，水循环的任务也发生了变化，在维系自然界中一系列物理、化学和生物过程健康运转的同时，支撑人类生存和人类社会经济的发展也成为一项重要的任务。

不容忽视的是，人类活动的影响同时给水循环系统带来了负面效应。随着流域水资源的补给和消耗的改变，水污染和环境污染加剧。而对天然水循环系统的过度索取，也造成了天然生态系统的退化和荒漠化等一系列问题。而这些问题的根源就在于没有正确地处理水循环的自然系统和人工系统之间的供需矛盾。

因此，现有水循环系统的"自然-社会"二元特征改变了水循环的维护理念。即由原有天然水循环系统的"人水合一"转变为现有二元水循环系统的"人水和谐"。"人水和谐"理念的核心就是正确处理水循环的自然系统和人工系统之间的关系，实现自然生态和社会经济的和谐发展。包括河湖水系连通在内的治水手段最终都是为这个目标而努力。

4.5.1.2　水循环理论在河湖水系连通中的应用

在新时期新形势下，我国河湖开发治理面临一系列挑战。其一，从目前水资源整体配置情况来看，部分地区仍然存在水资源承载能力不足的情况，经济社会供水安全风险不断增大；其二，我国很多地区在经济社会快速发展的同时，废污水排放量增大而治污力度不足，进入河湖的污染物大大超过了纳污能力，水污染加剧；其三，水旱灾害频发的同时，由于河床淤高，河道淤积堵塞，径流调控和洪水蓄泄能力不足。这些问题出现的主要原因就在于天然水系统和社会经济系统分布格局不匹配。在水资源承载能力方面，水资源分配格局和社会经济发展格局不匹配；在生态环境安全方面，是资源环境支撑能力与社会经济发展的不匹配；在水旱灾害风险方面，是水旱灾害风险格局和社会经济发展格局的不匹配。而这些不匹配归结到水循环的角度，就是自然水循环和社会水循环在时空分布格局的不匹配，这也是河湖水系连通的主要驱动力。因此，在对区域（流域）水循环特征研究的基础上，科学合理地改变水的时空间分布格局，才能化"水害"为"水利"，实现自然水循环和社会水循环的和谐发展。

综上所述，水循环理论是河湖水系连通工作的基础理论。决策者应全面提高对水循环的整体性认识，科学建立水循环的整体性概念，理顺自然水循环和社会水循环之间的关系，发现两者之间的矛盾与不足，从而建立超前的、全局性的判断并采取有针对性的应对措施，以指导河湖水系连通工作顺利开展。

4.5.2　水资源配置理论

随着全球气候变化的影响和我国经济社会的快速发展，我国"北少南多"的水资源分布格局更为明显，经济社会发展格局和水资源格局匹配关系不断演变，用水竞争性加剧。为了区域经济社会的协调发展，提高水资源保障和支撑能力已成为当务之急。因此，以河湖水系连通合理调整河湖水系格局，进一步调整、改善水资源与经济社会发展布局的匹配程度，提高经济社会高速发展过程中水资源的配置与保障能力，是河湖水系连通的重要功能。水资源配置理论就是为河湖水系连通的这一功能提供支撑。王浩和汪林（2004）系统论述了水资源配置的基本理论和方法，李云玲等（2011）也对我国水资源配置工程建设进行了综述，以下将对水资源配置理论进行简要介绍。

4.5.2.1　水资源配置理论概述

1. 水资源配置的定义

水资源配置是指在流域或特定的区域范围内，遵循高效、公平和可持续的原则，通过各种工程与非工程措施，考虑市场经济的规律和资源配置准则，通过合理抑制需求、有效增加供水、积极保护生态环境等手段和措施，对多种可利用的水源在区域间和各用水部门间进行的调配。解决用水竞争性的配置方案多种多样，不同的解决方案又会导致不同的经济、环境与社会效益，因此，水资源配置策略存在优化的必要，最终推荐方案需要通过科学分析、民主协商和行政裁决三个过程确定。

2. 水资源配置与供需平衡的关系

水资源供需分析是水资源配置的基础和手段。供需分析的主要任务是对流域或区域内水资源的供水、用水、耗水、排水等进行长系列调算或典型年分析，得出不同水平年各流域（区域）的供水满足程度、余缺水量及时空分布、水环境状况等指标；明确缺水性质和缺水原因，确定解决缺水措施的顺序；为分析水资源供需结构、利用效率和工程布局的合理性，分析计算分区内挖潜增供、治污、节水信息。

水资源配置通过反复进行水资源供需分析获得不同需水、节水、供（调）水、水资源保护等组合条件下的水资源配置方案，方案生成遵循"立足于现状开发利用模式、充分考虑流域内节水和治污挖潜、考虑流域外调水"的三次平衡思想。在现状供需分析和对各种合理抑制需求、有效增加供水、积极保护生态环境的可能措施进行组合及分析的基础上，进行多次供需反馈并协调平衡，力求实现对水资源的合理配置。

3. 水资源配置的范畴

以"水资源调查评价""水资源开发利用情况调查评价"为基础，结合"需水预测""节约用水""供水预测""水资源保护"等有关部分进行，配置的主要内容包括基准年供需分析、方案生成、规划水平年供需分析、方案比选和评价等。通过对各种工程与非工程等措施所组成的供需分析方案集进行技术、经济、社会、环境等指标比较，在此基础上，对各项措施的投资规模及其组成进行分析，提出推荐方案，作为制定总体布局与实施方案的基础。

4. 水资源配置的基本原则

合理配置是人们对稀缺资源进行分配时的目标和愿望，力求使资源分配的总体效益或利益最大。随着水资源短缺和水环境恶化，人们已清醒地认识到对水资源的研究不仅要研究对水资源数量的合理分配，还应研究对水资源质量的保护；不仅要研究水资源对国民经济发展和人类生存需要的满足，还应研究水资源对人类生存环境或生态环境的支撑与保障；不仅要研究满足当今用水的权利，还应研究如何满足未来用水的权利。为实现水资源的社会、经济和生态综合效益最大化，水资源配置应遵循以下五个基本原则。

（1）可持续性原则。可持续性是保证水资源利用不仅应使当代人受益，而且应能保证后代人享受同等的权利。为实现水资源的可持续利用，区域发展模式要适应当地水资源条件，保持水资源循环转化过程的可再生能力。在制定水资源配置组合方案时，要综合考虑水土平衡、水盐平衡、水沙平衡、水生态平衡对水资源的基本要求。

（2）高效性原则。高效性是发挥稀缺性资源价值的要求。从三个方面体现：

1）提高有效水资源量。通过各种措施增加降水的直接利用，提高参与生活、生产和生态过程的水量及其有效程度，防治水污染，一水多用和综合利用，减少水资源转化过程和用水过程中的无效蒸发。

2）采用分质供水。特定水质等级的水首先用于满足相应用水质量标准的用户，按照从高到低的顺序依次对生活、工业、农业、生态环境按质供水。

3）遵循市场规律和经济法则，以边际成本最小为原则安排水源开发利用模式、节水与治污方案，力求使节流、开源与保护措施间的边际成本大体接近。

（3）公平性原则。公平性是人们对经济以外不可度量的分配形式所采取的理智行为，以驱动水量和水环境容量在流域与地区之间、近期和远期之间、用水目标之间、水量与水质目标之间、用水阶层之间的公平分配。在地区之间应统筹全局，合理分配过境水，科学规划跨流域调水，将深层地下水作为应急备用水源；在用水目标上，优先保证生活用水和最小生态用水量，兼顾经济用水和一般生态用水，在保障供水的前提下兼顾综合利用；在用水阶层中，注重提高农村饮水保障程度，保护城市低收入人群的基本用水。

（4）与自然和谐发展原则。水的生态属性决定了水资源利用在创造价值的同时，还必须为自然界提供持续发展的基本保障，即满足人类所依赖的生态环境对水资源的需求。当水资源可利用量无法同时满足经济社会发展、生态环境保护用水需求时，应合理界定国民经济用水和生态环境用水的比例，保证必要的经济社会需水和生态环境临界需水。

（5）系统性原则。以流域、区域的水量平衡和水环境容量为基础，将流域水循环和人工侧支循环的供、用、耗、排过程联系起来，进行国民经济用水的供需平衡，流域产水、入境水及外调水量与流域耗水量和出境水量的平衡，地下水补、采、径、排的平衡等。统筹考虑有效降水和径流性水资源的有效利用，当地水、过境水和外调水的联合利用，地表水和地下水的补偿利用，干支流、上下游、一次水和再生水的利用。

5. 水资源配置的决策机制

水资源同时具有自然、社会、经济和生态属性，流域是具有层次结构和整体功能的复合系统，因此，水资源合理配置是一个高度复杂的多阶段、多层次、多目标、多决策主体的风险决策问题。合理配置的本质就是按照自然规律和经济规律，对流域水循环及其影响水循环的自然、社会、经济和生态诸因素进行整体多维调控，并遵循水平衡机制、经济机制和生态机制进行水资源配置决策。

（1）水平衡决策机制。具有天然主循环和人工侧支循环二元结构的流域水资源演化不仅构成了经济社会发展的资源基础，是生态环境的控制因素，同时也是诸多水问题的共同症结所在。因此，水资源配置要遵循水平衡机制，从三个层次加以分析：第一层次对流域总来水量（包括降水量和从流域外流入本流域的水量）、蒸腾蒸发量（净耗水量）、排水量（排出流域之外的水量）之间的流域水分平衡关系进行分析；第二层次对流域或区域径流性产水量、耗水量和排水量之间的平衡关系进行分析，即分析在人工侧支循环条件下径流性水资源对国民经济耗水和人工生态耗水的贡献，界定允许径流性耗水量，国民经济用水和生态用水大致比例；第三层次对流域、区域、计算单元的供水量与需水量，用水量、耗水量和排水量之间的平衡关系进行分析，分析计算各种水源对国民经济各行业、各用水部门等不同用户之间、不同时段的供需平衡和供用耗排平衡。

（2）经济决策机制。水资源合理配置的经济决策是依据市场经济条件下的边际成本，以边际成本替代性作为抑制需水或增加供给的基本判据，根据社会净福利最大和边际成本替代两个准则确定合理的供需平衡水平。在宏观经济层次，抑制水资源需求需要付出代价，增加水资源供给也要付出代价，两者间的平衡应以更大范围内的全社会总代价最小（社会净福利最大）为准则；在微观经济层次，不同水平上抑制需求的边际成本在变化，不同水平上增加供给的边际成本也在变化，两者的平衡应以边际成本相等或大体相当为准则。依据边际成本替代准则，在需水侧进行生产力布局调整、产业结构调整、水价格调整，分行业节水等措施，抑制需求过度增长并提高水资源利用效率；在供水侧统筹安排降水和海水直接利用、地表水和地下水联合利用、洪水和污水资源化，增加水资源对区域发展的综合保障功能。

（3）生态决策机制。为保持水资源和生态环境的可再生维持功能，在经济社会发展与生态环境保护之间确定合理的平衡点十分重要。水资源配置生态合理性的判定标准有两条：一是整体生态状况应当不低于现状水平，在此基础上考虑人工生态效益的增加和天然生态系统可能带来的损害；二是必须满足生态保护准则中关于天然生态保护的最低要求，以维护生态系统圈层结构的稳定。

6. 水资源配置的决策方法

水资源配置属于半结构化的多层次、多决策者、多目标的一般决策问题，处理如此复杂的决策问题的理论方法尚不多见。合理配置的决策方法应该从简化决策入手，把复杂问题逐级化简，再将处理简单问题的方法复合起来形成处理复杂问题的有效方法。即将多层次决策问题分解为单层次问题，将多决策者问题通过合理综合归纳归结为单决策者问题，将多目标决策问题转化为单目标决策问题等，这样就把一个复杂决策问题逐步简化为简单决策问题，即可使用现有的理论与方法来解决。

（1）单目标决策分析技术。单目标分析是多目标决策的基础，包括优化与模拟两大内容，前者借助数学规划理论建立规划模型，用约束条件和目标函数来描述问题并求解；后者则是用系统的物理机制建立数学模型，来处理系统的不确定性问题。

（2）多目标转化为单目标问题。该算法的核心是引入某个总体方案的各个目标与理想点的各目标值之间在目标空间的某种量度——切比雪夫距离。切比雪夫距离是理想点各目标值与某个方案点各目标值之差中的最大距离，理想点是矢量，方案点也是矢量，因而两点之间的距离还是矢量。但距离矢量中的最大一维元素是标量。因此，在引入切比雪夫距离后，多目标问题的表达在形式上就成为单目标问题了。切比雪夫距离的另一个好处是，该范数为一线性的初等函数，可以自然地适应线性规划的模型格式，因而适于求解大规模问题。

（3）多决策者归结为单决策者问题。在多决策者意见相异的情况下，为了保证决策过程进行下去，可引入利益理想点（不满意度）的概念，协调各个决策者的利益冲突。每个决策者通过综合判定每个方案的指标，从备选方案中选出自己最偏爱的方案，作为该决策者的理想方案。对应于理想方案的目标值，就是该决策者局部的利益理想点。其余各个方案的目标值与该决策者利益理想点的距离，就是该决策者对其余各个方案的不满意度。对每个总体方案而言，再综合各个决策者的不满意度，得到每个总体方案的综合不满意度。显然，具有最小综合不满意度的方案应是各决策者能够共同接受的方案。由于经过协调达成了协议，因而多决策者问题转化成单决策者问题，就有可能用上述的多目标分析方法进一步对问题进行求解。

（4）多层次决策归结为单层次决策问题。不同层次的决策者之间不能用简单的利益关系，而要通过上层决策者的政策导向，使下层决策者达成一致。因此，需要引入政策偏离度的概念。所谓政策偏离度，即上层政策的决策点与各个方案在一系列对应指标上的某种广义距离。通过政策偏离度的计算，每个总体方案既有政策偏离度的值，又有不满意度的值。上层决策者计算各个方案的政策偏离度，来评价及选择方案；下层决策者通过各个方案的不满意度来共同选择方案；而两者的结合，则是通过设置上下层决策者的层权重，计算方案的综合优先度完成的。在方案综合优先度计算出来之后，事实上多层决策模式已经归结为单层决策模式。

4.5.2.2 水资源配置理论在河湖水系连通中的应用

经济社会发展格局和水资源格局不匹配已经成为我国面临的发展瓶颈。在北方地区，资源性缺水严重，黄河、淮河、海河、辽河 4 个水资源一级区总缺水量占全国总缺水量的 66%；南方部分地区也存在工程性和资源性缺水的情况。全国部分地区仍存在水资源承载能力不足的情况，尤其是我国北方地区，水资源严重短缺，经济社会用水挤占生态环境用水，供水安全风险逐步加大，水资源供需矛盾日益突出。因此，以河湖水系连通合理调整河湖水系格局，进一步调整、改善水资源与经济社会发展布局的匹配程度，成为水利工作的重点。而水资源配置理论对河湖水系连通的支撑贯穿连通工作的始终。

河湖水系连通的规划工作需要水资源配置理论的支撑。在连通前，需要在现状供需分析和对各种合理抑制需求、有效增加供水、积极保护生态环境的可能措施进行组合及分析的基础上，进行多次供需反馈并协调平衡，对连通的必要性和连通水量进行合理评估。在连通过程中，需要协调多个区域、多个部门的用水需要，采用多目标多层次决策方法，制定合理的连通方案和水量分配方案；在连通后，需要对连通后水资源配置格局和经济社会格局进行合理性分析。

河湖水系连通工程的运行管理同样需要水资源配置理论的支撑。在调度运行过程中，一方面需要建立多层次、多目标、多用户、多水源特征的水资源配置动态模拟模型，根据实时监测信息灵活调整调度运行方案；另一方面，需要根据社会经济发展过程和产业结构变化，调整国民经济发展预测结果，对水资源优化配置方案进行再分析和后评估。

综上所述，水资源配置理论是河湖水系连通的基础支撑理论，为合理有序开发利用水资源，实现水资源可持续利用、水旱灾害的有效管控、生态环境的良性循环提供支撑，最终实现经济社会全局、整体的可持续发展。

4.5.3 水旱灾害风险理论

4.5.3.1 水旱灾害风险理论概述

1. 水旱灾害风险理论的内涵

河湖水系连通改变了水流的连接通道，重塑了水旱灾害风险的分配形式。风险形式的转变，可能是有利的，也可能是不利的；可能在短时期是有利的，但在长时期则是不利的；可能对一个区域是有利的，而对另一个区域是不利的。因此，水旱灾害风险理论是河湖水系连通工作的重要支撑理论。寻求风险管理理论指导下整体、长远的可持续发展，而不是短期、局部的防洪效益，将是水旱灾害风险理论的主要任务。

"祸兮，福之所依；福兮，祸之所伏。"中国古代传下的这句名言，代表了中华民族长期以来形成的辩证的祸福观。对水旱灾害风险的探讨，首先应该强调的是寻求一种更加合理的治水理念，一种更为有效的治水模式。探讨的目的是协调处理好人与水之间、人与人之间基于水旱灾害的利害关系，即从我国的国情出发，在社会经济快速发展、防灾形势明显变化的情况下，设法解决沿袭传统治水理念与方法已经难以处理的治水新问题。

过去，防洪工程重点保护的是江河干流和中下游经济发达的地区，风险转移被认为是合理的防洪方略。但是，今天这一方略与缩小贫富差距、维持社会稳定、保障可持续发展的总体目标已经不相符合；而按现行方式提高支流或上游的防洪标准之后，水旱灾害风险又可能向经济更发达的中下游区域转移。

因此，今后的河湖水系连通实践中，为了减少区域间冲突，实现人与自然和谐发展，必然需要利用水旱灾害风险的可管理性，实施综合治水方略，在连通工程的实践中，形成风险分担、利益共享的运作模式。从这一目标来研究河湖水系连通，则必然需要多学科专家的协作与融合，而完全没有学科间相互排斥的必要。

所谓"风险分担"，是相对于"确保安全"而言的（程晓陶，2003）。河湖水系连通的建设将以政府投入为主体。每个局部地区，都希望尽可能多地争取国家投资来提高其供水保证率。而任何地区的"确保安全"，又往往意味着免除了自身保障供水的义务，将风险向其他地区转移。从我国国情出发，值得提倡"风险分担"。即使是重要的地区，也不能无偿获得"确保安全"的权利，而应该以"提供补偿资金"的方式来履行分担风险的义务，形成一个公平的社会。

所谓"利益共享"，是相对于"不顾他人或生态系统的治水需求"而言的。由于调水的利害两重性，人类与水资源之间所建立的，历来是既抗争又依存的关系。在除害兴利、趋利避害的治水活动中，水利工程体系往往兼有防洪、发电、灌溉、供水、航运、水产、娱乐等多种功能。区域之间、部门之间的治水要求，常常是相互冲突的。尤其在今天，水资源短缺、水环境恶化日趋严重，洪水资源化利用是缓解这一矛盾的必不可少的途径。任何局部区域或部门在治水中要确保自身的利益，或一味追求自身最大的利益，都可能危及他人或以牺牲生态环境为代价。目前我国的水问题，仍处于"局部好转，总体恶化"的阶段。急功近利，"只保一点，不顾其他，只求眼前，不顾长远"的现象依然存在。今后为了消除此类人为的灾难，还需付出更大的代价。

显然，风险分担、利益共享不是否认工程手段，而是强调更合理的工程布局与调度运用。"要从以建设水系连通工程体系为主的战略发展到在水系连通工程体系的基础上建成全面的河湖水系连通工程体系。"我国风险分担、利益共享所谋求的，不是以短期高投入确保局部地区保障供水的治水模式，而应该是投资稳定，分级负担，且与经济发展按比例增长的长期渐进的模式。只有这样，才可能在治水的问题上谋求真正的长治久安。

风险分担、利益共享，强调的是追求整体、长远的可持续发展，而不是保障短期局部的最大利益。这是一种理想的治水模式，并不是简单通过倡导就可能实施的，而需要综合运用法律、行政、经济、教育等手段，建立起一套有效的推进机制。

2. 水旱灾害风险理论的组成

水旱灾害风险理论可以划分为三个结构和功能相互补充的部分，包括风险分析、风险评价和风险应对机制。风险分析提供过去、现在以及未来的水旱灾害风险信息；风险评价对这些信息进行评估和判断；风险应对在两者的基础上选择适当的减灾措施。为达成风险管理的目的，三者缺一不可。综合相关文献（金菊良等，2002），提出水旱灾害风险管理的框架体系如图 4.5 所示。

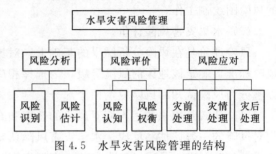

图 4.5　水旱灾害风险管理的结构

（1）水旱灾害风险分析。

水旱灾害风险分析就是研究某地区在特定时间内遭受何种不利事件，并分析该不利事件发生的可能性及其产生的损失。水旱灾害风险分析包括水旱灾害风险识别和风险估计两部分。

水旱灾害风险识别是指对尚未发生、潜在以及客观存在的影响风险的各种因素进行系统、连续的辨别、归纳、推断和预测，并分析产生不利事件原因的过程，主要鉴别风险的来源、范围、特性及与其行为或现象相关的不确定性，它是风险管理的起点，在很大程度上界定了风险的本质特征。主要的水旱灾害风险识别方法包括层次分析法、风险树法、头脑风暴法、Delphi 法等（孙晓红，2007）。随着计算机科学的发展，最大熵值法（孙晓红，2007）、小波分析法（唐川和师玉娥，2006）和人工神经网络法（E. Penning - Rowsell 和 J. B. Chatterton，1977）等新的计算方法也被应用到水旱灾害风险识别中。

水旱灾害风险估计是指在对风险定义理解的基础上，运用数学建模、概率统计等方法对洪水危险性和易损性进行评估，在此基础上对洪水和干旱事件发生的概率以及洪水和干旱事件发生所造成的损失做出定量估计的过程。它包括危险性估计、脆弱性估计和风险综合评估三个部分。

危险性估计就是在风险识别成果的基础上对各灾害强度指标的空间概率分布进行分析和估计。评价方法可分为地貌学方法、水文水力学模型和系统仿真模拟方法、基于历史灾情数据的方法、基于水灾史料和古洪水调查的方法和遥感与 GIS 方法等。

脆弱性估计就是采用历史调查、统计分析等方法，通过分析各类承载体对洪水的承受能力和损失情况，在此基础上建立各洪水要素的强度与各洪水灾害损失之间的函数关系。脆弱性估计需要衡量承载体的损害程度，是灾害损失和风险评估的重要环节，是致灾因子与灾情联系的桥梁。目前国际上通用的方式是通过实际调查、历史调查等方法建立灾害损失数据库，在此基础上绘制各类承载体的灾害损失曲线（肖义等，2005）。在国内，洪灾易损性概念模型、损失率计算方法、脆弱性评价指标体系等方面的研究较为深入。

风险综合评估（孙晓红，2007）是指在对危险性和脆弱性估计的基础上，构建水旱灾害风险综合评估模型，计算洪水灾情的空间分布，综合评估灾情，为洪水灾害管理提供风险决策依据。水旱灾害风险图是风险综合评估的常用工具，它是了解区域遭受洪水灾害风险大小的一种直观科学的专题地图，是水旱灾害风险管理和水旱灾害保险的重要工具。目前，美国、日本和德国等国家已经建立了较全面的水旱灾害风险图绘制方法和风险图数据库。20 世纪 80 年代以来，我国也开始了水旱灾害风险图的绘制工作，目前已在全国七大江河流域和部分省市的防洪重点区、段开展洪水淹没风险图编制试点，有力地推进了我国的风险图绘制工作。

（2）水旱灾害风险评价。

风险评价是在风险分析结果的基础上，对比社会、经济、生态等功能确定的可接受的风险标准，确定该地区的风险等级，为选择相应的风险处理方式奠定基础。风险评价又可以被分为风险认知和风险权衡两个部分。

风险认知是用来描述人们对风险的态度和直觉判断的一个概念，广义上，它也包括人们对风险的一般评估和反应。水旱灾害风险认知的主要任务是得到可接受的风险标准。可接受的风险标准，是通过对大量的灾害损失资料的分析，在承认风险损失是不可完全避免的前提下，从当前的科学水平、社会经济情况以及人们的心理等因素出发，确定一个整个社会都能接受的最低风险阈值，作为衡量地区风险严重程度的标准。目前，英国、荷兰及加拿大等一些国家已提出了可接受风险的国家和行业标准（王义成等，2009）。

风险权衡是指运用可接受的风险标准来衡量地区承受风险的严重程度，然后根据衡量的结果以确定是否需要采取风险应对方案，以及采取何种等级的风险应对方案。若综合指标值小于可接受的风险标准，说明该区域虽然存在一定风险，但人们能够接受，从这一意义上讲可以认为该区域是比较安全的，无须或暂时可不进行风险应对；若综合指标值大于可接受的风险标准，说明该区域较危险，应采取相应的风险应对措施，以减轻不利事件的危害程度；若综合指标值远远大于可接受的风险标准，说明该区域十分危险，必须启用紧急决策预案，动员全区域的力量甚至全国的力量来减轻不利事件的危害程度。风险权衡是一个不断更新的过程，当现实世界的风险环境发生重大变化或者区域承受风险的能力有了明显提高时，就需要重新进行风险权衡。

（3）水旱灾害风险应对。

水旱灾害风险应对就是根据风险管理的目标与宗旨，在风险分析和风险评价的基础上，当面临风险时从可以采取的监测、接受、回避、转移、抵抗、减轻和控制风险等各种行动方案中选择最优方案的过程。应对模式可以区分为灾前处理、灾情处理和灾后处理模式。这些处理模式又被统称为水旱灾害风险处理系统（吴浩云等，2009）。

灾前处理包括三个基本内容：首先是预防，在洪水和干旱易发区减少脆弱性较高的建筑物，如不允许在河漫滩和洪泛区建设住宅、学校和工厂等；其次是保护，采用工程措施对重要承载体进行保护，如建设水库、河岸堤防等；最后是对洪水和干旱可能造成的损失进行防范，如绘制水旱灾害风险图，为民众提供避险路线等（王艳艳等，2009）。灾前处理模式的特点是具备充分时间和资源来降低水旱灾害风险，但依赖于风险分析的精确度，需要进行详细的调查与计算。

灾情处理措施主要是指在洪水预报和预警的基础上，采取工程与非工程措施抵御洪水，减少人员伤亡和经济损失的行为。包括洪水预报与预警系统，如我国各大流域建设的防洪决策支持系统；防洪工程的调用，如水库蓄水、布设泵站等；还包括堤防溃决等高风险情况下的紧急救援与避险等活动。灾情处理模式的优点在于洪水事件或干旱事件正在发生,处理方式具有针对性;缺点在于响应时间短、资源有限,必须及时做出反应。

灾后处理措施包括救灾和灾后恢复重建。目前,保险措施在灾后恢复重建中的作用越来越重要。实行保险可以减缓受洪灾居民和企业的损失,使其损失不是一次承受而是分期偿付。这对安定广大人民生活、稳定社会生产秩序、减轻国家负担起到了很好的作用。这是一种改变损失承担的方式,是一项主要的防洪非工程措施。实行保险是我国救灾体制和社会防洪保障的重大改革。灾后处理模式致力于社会经济恢复和抑制洪灾造成的不利后果的进一步发展,同时总结经验,为下一次洪水事件的灾前处理提供经验。因此,在一些研究中,也把水旱灾害风险管理看作一个具有循环特征的过程,灾害事件结束后的灾后期,又是下一个灾害事件的灾前期。由于基础资料的增加和管理经验的累积,水旱灾害风险管理可以被看作一个螺旋前进的过程。

4.5.3.2 水旱灾害风险理论在河湖水系连通中的应用

水旱灾害风险理论对河湖水系连通功能与问题识别、需求分析、方案甄选和效果评估等技术流程具有重要的指导作用。

水旱灾害风险分析技术是河湖水系连通功能与问题识别技术和需求分析技术的重要组成部分。通过风险识别和风险估计,可以对河湖系统的水旱灾害风险现状进行分析,从水旱灾害风险角度解决能不能连、需不需要连的问题。

水旱灾害风险评价技术是河湖水系连通方案甄选的重要依据。通过风险认知,可对河湖系统的水旱灾害风险级别进行评估,从水旱灾害风险的角度解决怎么连的问题,为河湖水系连通方案甄选提供依据。风险权衡是一个不断更新的过程,河湖水系连通后,连通地区的风险环境发生重大改变或者区域承受风险的能力有了明显提高时,就需要重新进行风险权衡,确定河湖水系连通后该地区的综合指标值是否超过了该地区可接受的风险标准,为河湖水系连通方案的甄选提供重要依据。

水旱灾害风险应对技术为河湖水系连通效果评估提供重要参考。从灾前处理、灾情处理方法和灾情处理措施三个方面对河湖水系连通效果进行评估,评估河湖水系连通方案对水旱灾害风险的减轻和控制效果。

4.5.4 河湖健康理论

水系是河湖水系连通的主要载体。河湖水系连通改变了水流的连接通道,重塑了水系的连接形式。在实现水资源优化配置的同时,也改变了水系内生态系统的平衡,影响了河流和湖泊的生命与健康。因此,如何在河湖水系连通的过程中,实现自然环境目标和生态环境目标的共同发展,维系河流湖泊的健康生命,是河湖水系连通需要重点考虑的问题。而河湖健康理论就是为这一目标提供理论支持的重要基础。杨文慧等(2005)综述了河流健康评价的研究进展;多位学者分别对河湖健康理论的内涵、指导思想和研究方法进行了论述(杨文慧等,2005;吴阿娜等,2005)。

4.5.4.1 河湖健康理论的内涵或指导思想

河湖健康是伴随生态系统健康概念出现的一个新概念。它是在河流湖泊生命存在的前提下，人类对其生命存在状态的描述，是一个极具社会属性的概念。河流健康概念明确提出仅有十多年的历史，由于它易被决策者与公众理解和接受，迅速成为河流管理的目标与方向。但其理论和方法还很不成熟，各专家学者对河流健康的理解也不完全一致。

我国学者在河湖健康的认识上，更注重河流自身生命和功能的健康，强调人与自然和谐。河流处于生态健康状态是指，河流生态系统不仅能保持化学、生物及物理上的完整性，而且能维持其对人类社会提供的各种服务功能，健康的河流是其社会功能与自然功能能够取得平衡的河流。

4.5.4.2 河湖健康理论的内容

1. 河湖健康的评价指标

河湖水系连通健康概念主要从生物物理的生态观点来考虑，强调水系连通系统自然属性健康，核心是评价水网系统健康程度、维持生态系统健康机理和管理措施。河湖水系连通概念相对于河流生态系统健康概念，突破了生态学领域的限制，考虑了人类价值观、人类对河流的利用等对河流环境的影响；而河流健康概念更具实践性和实用性，它产生于人们对河流管理工具的新要求，也将服务于河流管理。河湖水系连通健康概念认为健康的河流生态系统是健康流域的基础，将流域看作是一个社会-经济-自然复合生态系统，将人类健康和社会经济因素考虑在内。

郝登把河流与人体比较，指出一条河流及其支流生态系统犹如一个人的身体，它们彼此密切相关并互相依赖。因此，水系连通就相当于人体的血液循环。如果没有了水系连通，河流生命将消亡；如果河流某一部位水系连通消失，河流的那一组成部分也不再健康。

在健康水系的评价指标中，河道生态需水满足程度、通航水深保证率、湿地保留率主要决定于河流的水量及年内分配，通过河流各组成部分之间的水流连通来体现；防洪措施的分蓄洪水需要水系连通才能实现；水资源开发利用需要水系连通才能实现；水能资源的开发利用对水系连通具有重要影响。水系连通可以维持湿地生态系统的完整性，同时也影响流域水资源的开发利用和区域分配。没有连续的水流，河道生态需水量和通航水深就无法满足。如果水系不连通，湿地将会消失，河流的蓄泄能力就没有保障，水资源开发也无法深入进行。水系连通性还影响水功能区水质状况，水系连通性越好，水流的自净能力和纳污能力都会增强。河流生态系统在自身的演替发展过程中，每时每刻都发生着与周围系统之间的物质交换，它们之间的交换方式与血液的物质交换方式相似。河流生态系统与陆地生态系统之间的物质与能量及信息的交换是以河岸带为媒介进行的，通过生物的捕食、消化、分解以吸收、扩散和渗滤的形式进行着物质交换。水体中很多生物的物质和能量源都来自陆地生态系统，这些物质必须经过水流挟带，水生生物多样性需要通过水系连通来实现，没有水系连通，水生生物多样性就会受到很大影响。

因此，水系连通性是影响河流健康的重要因子，是河流健康其他评价指标的联系纽带。但水系连通性好并不一定意味着河流健康，水系连通性好与河流健康是一个局部与全局最优的问题。

2. 河湖健康的评价范围

河湖水系连通的一个主要目的就是保持河流健康，通过调水等水利工程的修建，将河湖水系连通，使得水系流速加快，缩短其换水周期，提高水环境质量，改善流域生态系统，对于保持河流、流域生态系统健康有着重要意义。

监测和评价河湖水系连通健康须从流域生态系统的结构和功能研究入手，从单一子系统、小集水区、整个流域复合系统、流域与流域之间以及这些不同层次对干扰和环境变化的响应等尺度上考虑，结合干扰周期和生物特征，建立长期时间尺度上的健康监测指标，研究流域生态系统动态和演替过程。具体而言，可以从两个层次上开展流域生态系统健康的研究，第一层次：将整个流域视为一个水陆相互结合、相互作用的大系统，关心流域内不同组成子系统之间的物质能量流动规律及其健康状况；第二层次：研究流域各主要组成系统的结构与功能，如河网、湖泊、自然植被、农田、城市等，关心这些系统本身的物质能量流动规律、健康状况及其对整个流域健康的影响。

河湖水系连通健康评价除了需要对流域内不同类型生态系统的生态过程进行研究监测外，从景观和流域尺度进行环境质量监测也是必不可少的步骤。将遥感（RS）、地理信息系统（GIS）和景观生态学原理及宏观技术手段与地面调查研究紧密配合，通过景观结构变化了解其功能过程。流域生态系统健康评价的最佳途径是微观与宏观相结合的综合性研究。

3. 河湖健康的评价阈值

由于研究者角度的差异以及研究目的的不同，目前对于河湖健康评价的参照状态也存在不同的认识和理解（表4.2）。如欧盟水框架协议（WFD）将参照状态定义为：无或最小人类活动干扰；反映完全或几乎不受干扰的水文、形态、生物、理化等条件；特殊污染指标为零或低于某个限值。此外，研究区域为受人类活动高度干扰的情况下，区域内现存最佳状态常被定义为参照状态（Stoddard等，2006）。

表4.2 河流湖泊参照状态

参照状态	说 明	特 征
最小干扰状态（MDC）	无显著人类活动干扰条件下	考虑自然变动、随时间变化小
历史状态（HC）	某一历史状态	有多种可能，可以根据需要选择某个时间节点
最低干扰状态（LDC）	区域范围内现有最佳状态，也即区域内最佳的样板河段	具有区域差异，随着河道退化或生态恢复可能随时间变化
可达到的最佳状态（BAC）	通过合理有效的管理调控等可达到的最佳状况，即期望状态	主要取决于人类活动对区域的干扰水平。可以明确的是BAC不应超越MDC，但也不应劣于LDC

需要指出的是，由于不同区域自然状态、人类活动干扰程度的差异等，在开展河流健康状况评估以及生态修复过程中，参照状态的定义和设置应根据区域条件、河道定位等有不同的选择。对于MDC，是河流未受人类活动干扰或得到生态修复的理想状态，但由于这种状态在高度城市化区域已基本不存在，因此较不现实，基本较少采用（董哲仁，2003）；HC作为对历史状态的定义和识别，其有效性取决于基础数据库的完善性，由于国内水质、水文数据较为缺乏，尤其是生物资料的积累仅限于近年，因此较难以适用；而LDC

则是在区域范围内选择样板河段，即轻微干扰或干扰水平最低的河段，常被用作河流系统健康的生态基准；BAC 是在管理目标、最佳技术、景观最佳利用以及良好公众参与下的理想状态，即人类考虑到自身对河流生态系统影响条件下，采取有效的治理技术、调控手段、管理措施后，期望、预期河流生态系统应能达到的一种最佳状态。对于受到高度城市化影响的东部平原河网地区，应用 LDC、BAC 的概念确定参照状态应是较为合适的途径。

4.5.4.3　河湖健康理论在河湖水系连通中的应用

河湖健康是河湖水系连通中需要考虑的重要问题，通过河湖水系连通，可以对河湖的健康状态起到很好的改善作用。

（1）河流与河流连通。支流入汇干流通过水体的流动和扰动，增强了水体的复氧能力，自净能力增强，同时也使污染水体稀释的速度加快。干支流水体还可以通过人工渠道进行交换，起到稀释和净化污染物的作用。2000 年汛期，太湖流域干旱少雨，太湖流域管理局引长江水 2.22 亿 m^3 入太湖，太湖贡湖湾水体水质从引水前的劣 V 类水改善为引水后的 Ⅲ 类。调水虽然不能从根本上彻底治理污染，但对湖泊水质改善有很大的效益，2007 年太湖蓝藻暴发，形成生态灾害，从长江调水 3.67 亿 m^3，调水后水质明显好转，基本解决了当地居民的饮水危机。

（2）河流纵向连通。河流修建水库后，大坝阻断了水流的连续性，水流流速减小，相同断面的流量减小，降低了污染物扩散能力和水体的自净能力。在库区的支流入口河段及河湾段，由于水流顶托，流速减小，污染物不易扩散，复氧能力差，水环境容量相应降低。以长江干流葛洲坝和三峡大坝为例，水库建成后，库区流速降低，纳污能力和自净能力降低。研究结果表明，三峡水库蓄水前后和不同蓄水期，污染物的综合衰减系数存在较大的差异，在库区的同一部位，蓄水后污染物的综合衰减系数都大幅度减小。计算结果表明，三峡库区蓄水后水环境容量相应降低。

（3）河湖水系连通。实现河湖水系连通，不仅可以增加湖泊水量、稀释污水，而且有多方面的净化作用。河湖水系连通在丰水期对故道湿地的水质有一定的改善作用。而在枯水期实施河湖联系，如果江河水体进入故道，会对故道水质造成负面影响，但故道水体进入江河，对江河水质的负面影响小。建立故道和江河之间的江湖联系，总体而言，对交流水体无明显的负面影响，而且促进了江河和故道水体之间的物质循环，有利于故道湿地生态系统的维持，维持了江湖生态平衡。

第5章 河湖水系连通的基本原则与关键技术

5.1 河湖水系连通的哲学思考

任何工作的展开，都是以一定的世界观和方法论为基础的。哲学是最高层次的理论，其深刻内涵对河湖水系连通工程有着不可替代的指导作用。就水利工程而言，它涉及的哲学层次的内容是极其丰富和重要的，诸如工程的最优化与风险控制问题，环境与可持续发展问题，生态与伦理问题，等等。本节将从哲学角度对河湖水系连通工作开展研究。

5.1.1 河湖水系连通中的哲学问题

工程本质上就是处理人与自然的关系，而处理这一问题的前提是摆正人类在自然面前的态度。长期以来，由于受"改天换地""人定胜天"等强人类中心主义思想的支配，很多时候人类把自己放在与自然对立的位置上，缺乏对自然基本的敬畏与尊重，如肆意整治河道、建坝筑堤为我所用，其结果也让人类吃尽了苦头。人类要向好的方向发展，必须要处理好人与自然的关系，即人与自然和谐相处，放弃人与自然相分离、人是主体、自然是客体的人类中心主义的错误观念。

1. 人类中心主义及其危机

所谓"人类中心主义"，指的是在人类与自然界的关系中，以人类为中心，一切以人类的利益为出发点和归宿。主要表现为：首先，在人与自然的价值关系中，人是主体，自然是客体。价值评价的尺度掌握在人的手中，任何时候说到"价值"都是指"对于人的意义"。其次，在人与自然的伦理关系中，人是目的，自然是手段。因此，在整个生态系统中，人是自然的主宰和统治者，依照人的利益去对待周围的一切。人是自然界唯一具有内在价值的存在物，必然构成一切价值的尺度，自然及其存在物不具有内在价值而只有工具价值。

在哲学史上，普罗塔戈拉"人是万物的尺度"的观点可以说是古代人类中心主义最典型的代表。我国古代同样有人类中心主义的论断，如春秋战国时期的荀子提出的"制天命而用之""人定胜天"等论断。近代西方，由于思维方式上的主客二分，使人们在观念上树立起了人是自然的主人的信念，强调人与自然的分离和对立，认为只有人才是主体，人以外的世界都是客体。自然作为客体，是非生命的，是满足人的需要的工具；人作为主体，有权主宰和统治自然。德国哲学家康德进一步发挥了主客二分的观念，他认为只有理性的人才能受到道德的关怀。人具有理性，因而自身就是一种目的，一种内在价值，这种内在价值构成了所有价值的源泉。其他一切缺乏理性的存在物只有在它们能满足人的兴趣或利益的意义上才具有工具价值。

虽然"人类中心主义"从古至今一直贯穿于人类的思想和实践，但是在古代，由于人类的实践能力、认识能力十分有限，人们只能顺天而生，靠天吃饭，遵从自然的秩序，依仗自然而生存。因此，人类中心主义思想在古代并没有在实践中得到充分体现。到了近代，伴随着科学技术的进步和生产力的发展，人类的主体能力和改造自然的能力空前提高。自然规律不断被人类掌握，自然界各种资源被源源不断地发现和利用，自然界不断发生着合乎人的目的的改变，地球的各个角落都被打上了人的活动和人的意志的烙印。近代以后，随着工业化过程的演进，人类中心主义便成为占统治地位的核心价值观，成为人们解决人与自然关系的基本方式。在人类中心论的指导下，人类高扬着主体性和创造性，不断战天斗地，不断改变着自然界的面貌。

在治水工程中，人类中心主义的表现就是不尊重水资源的内在价值，只重视它的工具价值。在行为上主要表现在不尊重河流湖泊的自然形态，肆意改变自然河道（如截弯取直、清理河底淤泥、堆砌河道、开挖人工河道改变流向等），随意建坝拦截河水，将天然湿地、沼泽、浅滩、河床等改作他用，人为连通各种独立的水体，无节制地开采地下水，肆意排放污水进入河流湖泊等。

在人类中心主义指导下，人类虽然取得了同自然斗争的一个又一个伟大胜利，从根本上改变了人从属和依附于自然的地位，但人类获得的并不只是福祉，还有一系列的祸患。世界范围所面临的环境问题都已表明，人类中心主义有其严重的缺陷。因为过度（强）人类中心主义的泛滥必然导致人与自然的尖锐对立。这种以人为中心，以人为尺度，推崇"人定胜天""人是自然的主宰"的观念，必定会助长人对自然的贪欲和漠视。自然界只能是被利用、被改造、被征服的对象，只能是实现人目的的工具和手段。这样，人与自然的关系也就完全成了对立斗争的关系，而人与自然应有的相互依赖、相互制约、和谐统一的关系被人为破坏了。

当人类为了自身利益，不考虑自然的承受力，缺乏对自然的基本尊重时，必然会遭到大自然的报复。今日的各种自然灾害，包括水的问题，本身就是过去没有处理好人类与大自然的关系所导致的。

2. 非人类中心主义及其缺陷

非人类中心主义是基于人类中心主义而提出的。非人类中心主义主张把道德关怀范围从人类道德规范扩展到生命和生物圈乃至整个自然界，通过确立非人存在物的伦理地位，用道德良心来约束人对自然的权力滥用和破坏欲望，它以崭新的视角来审视人与自然的关系，是一种新的世界观和价值观。非人类中心主义包括动物权利论、生物中心主义、生态中心主义等形式。在他们看来，只承认人类具有内在价值、仅对人类进行伦理关怀的传统伦理学是狭隘的和有害的，它势必导致对非人类存在物的冷漠和残忍。"只承认人类的价值，不承认自然本身的价值，在自然和人类之间划定事实与价值的界限，就必然导致在实践中不尊重非人类的自然物和一切生命存在的权利，对他们不行使道德义务，就必然带来自然价值的毁灭。"（余正荣，1996）为了让非人类生物拥有与人类同等的内在价值和权利，非人类中心主义将非人类存在物道德主体化、人格化，认为只要自然具有不依赖于人的内在价值，那么人类就没有理由不对自然加以尊重和保护。同时为了提升非人类生物的主体地位，他们又下放人的主体地位，将人类自然化，视人类为大自然中平凡的一员。如纳什（1999）所说："与其说人类是自然的主人，不如说他是自然共同体中的一个成员。"

非人类中心主义自从提出一直饱受质疑，主要争议在于：其一，强行给"物"以道德主体的地位，但这些物可能不需要并且无力承担道德责任；其二，把人类主体地位下放到与众非人类生物同等的地位，但又要求人类承担保护其他自然物的众多责任，结果还是突出了人类中心；其三，没有看到人的实践性和社会性，因此必然导致与实践的脱节，因而是一种脱离现实的"乌托邦式的理想理论"。

从系统辩证的观点来看，人类中心主义和非人类中心主义各自都有其合理性和缺陷。首先要承认各自合理的一面，同时要能认真对待各自局限性的一面。人类中心主义的合理性主要体现在，它立足于人的社会属性，看到了实践在自然和社会发展过程中的支撑作用以及利益在实践中的驱动作用。它的不足是，单单强调人的利益的实现，漠视了自然的发展规律，认为人可以借助自身能力征服一切，人改造自然的力量与范围不受任何限制。非人类中心主义的合理性在于它提出的生态恶化问题为人类敲响了警钟，为协调人与自然的关系提供了一些可借鉴的观点。但它的不足也很明显，比如过分强调自然的内在价值，忽视人类在自然中的支撑作用，使其理论无法在社会实践中得到推行。其次，人类系统、动物系统、非生物系统等都处在特定的系统等级系列之中，系统之下还有系统，系统之上会有更大的系统。因此，强调以任何系统为中心都将是片面的、不科学的。人类中心主义和各种非人类中心主义从本质上来说都是个体论而非整体论。此外，还要认识到，与科学史上地球中心与太阳中心的争论相类似，从人类中心到非人类中心观念的变革，无论如何都可以看作是一种进步，是人类在认识人与自然的过程中必经的一个阶段，这充分说明人类的认识能力和活动区域已经有了很大的提升和扩展。但是正如同上面所述，非人类中心主义同样具有历史的局限性。因此，要放弃非此即彼、承认一方、打倒另一方的思维逻辑，走向超越非人类中心主义的道路。

3．"积极主动，顺应自然"的哲学理念

超越人类中心主义与非人类中心主义，首先要承认非人类中心主义在价值认识上的合理性，即要打破人类中心主义的只对人的内在价值的关照，将道德关怀的范围从生命物扩展到无机物，从生命个体扩展到整个自然界（生态系统）。非人类存在物同人类是平等的，在整个生态系统中均占有一个固有位置。其次是要承认人类中心主义对人的实践性和社会性的认识，充分认识人在实践中的积极性和主动性，走向积极主动地适应、顺应自然规律的道路，最终实现人与自然和谐的发展。

"顺应自然"从本质上来说就是承认自然的内在价值，承认自然本身具有趋向于保全、维持自身存在的目的。人以外的存在物同人一样也具有自身的"内在价值"。霍尔姆斯-罗尔斯顿（2000）认为："自然的内在价值是指某些自然情景中所固有的价值，不需要以人类作为参照。"他十分肯定地说："在我们发现价值之前，价值就存在于大自然之中很久了，它们的存在先于我们对它们的认识。"他把自然的创造性属性作为价值产生的源泉，认为这种创造性使得大自然本身的复杂性得到增加，使得生命朝着多样化和精致化的方向进化。

系统哲学家拉兹洛（1997，1998）的理论则为超越非人类中心主义的泥淖，以积极、主动，顺应自然规律的观念去对待自然、处理人与自然的关系提供了依据。他认为："我们今天需要一种新道德——一种新观念，即不只要围绕个人的好处和个人的价值，还要考虑作为一个全球系统的人类对新环境的适应情况。如果我们要设法采取大规模行动以保证我们的集体（也包括我们个人）的生存，那么这一观点就必须引起我们的高度重视。"拉兹洛把价值定义为："由包含在系统内的程序明确规定并通过同环境的规范相互作用而实现的系统的状态。"因此，他把价值视为人类与其生物环境和文化环境保持适应状态的相互关系。"适应"和"约束"两个概念在他的理论中具有重要地位。在他看来，人和其他系统一样也是一种层次性整体，作为上层系统，他在生理和心理上适应其各种下层系统，同时他又作为下层系统，作为社会中的一部分适应他的环境中的社会系统。作为部分，好的适应意味着适应社会，即适应与社会价值规范相一致的文化模式和伦理道德。如果一个人既适应他的生物环境，又适应他的社会文化环境，那么他就实现了自己的价值。而如果一群个体都能做到这样，那么整个社会系统就处于好的适应状态。与此同时，约束行为的存在是自然系统中适应的先决条件，它限制了个体的自由度，并且使得它的行为同包含它的上一系统相一致。如果生态圈所有系统严格地服从约束行为，将使自己的存在和行为同整个环境中形成能量和信息链保持一致，也就达到了生态系统的绝对平衡。

有人认为放弃人类中心主义而去追求"适应"和"约束"自身的行为，人类将会失去对自然界的能动性，最终会导致更严重的生态危机。但是按照拉兹洛的观点："适应不是一个使自己的能力尽可能地适应生存环境的被动过程。适应是一种动态的活动，通过这种活动，系统在使自己适应环境的同时也是环境满足自己的需要和希望。"在这种活动中，系统按照自己设计的能够保证获得最大现实利益的方式使它本身同环境相适应。因而对于有机系统而言，要想保证整体的协调活动，有时就有必要对一些器官或组织进行再构造。不过按照拉兹洛的观点，由于适应是一个动态的且有目的指向的过程，最佳的适应状态实际上是不可能达到的，因此现实的系统都只能处于各种次于最佳的适应状态。而任何一个系统的适应水平都是以等级序列中的所有系统适应水平为条件的。所以，为了对每个系统都有利，就得保证其他所有与之有相互作用的系统都处于最佳适应状态。

按照以上的观点，水资源系统和人类系统一样，是整个自然生态系统下的子系统，并且每个系统都具有其内在价值。人、水系统的适应与约束行为是在自然生态大系统的规范下实现的。在"人-水-自然"系统中，水资源是在水循环过程中形成的一种动态资源，是在不断补给（自然、人类）和不断被开采与消耗过程中的动态循环过程，这种动态平衡一旦被打破（比如在一时期内对水资源过度消耗，而又未及时给予足够的补偿），会导致自然生态即环境背景的问题；同样，人类系统的有效循环也是一个动态循环的过程，人类系统的有效运转需要与水资源系统相互作用，如果没有足够的水资源，人类系统则无法运转。而要实现人水系统的和谐运转——两者相互适应，需要"按照自己设计的能够保证获得最大现实利益的方式"，这种和谐的出现是以对自身系统的约束行为为基础的，水资源系统的约束行为当然包括短时期暴发的干旱和洪水，而人类系统的约束行为也当然包括生产与消费。只有适应与约束的有机配合，才能使其和自然生态相适应，从而也就达到了"人-水-自然"系统的和谐发展。

目前，尊重自然、顺应自然的观念已基本成为世界范围内各国在环境治理工作中的基本共识。美国密西西比河洪水后，美国政府痛定思痛，在"减少自然灾害"的一项国家规划中提出："必须建立一个可持续的、顺应自然灾害的社会。"在防洪实践中，逐渐出现有意不修复某些被洪水破坏的堤防，"给洪水以回旋空间"的新动向。第12届莱茵河部长会议一致通过了《防洪行动计划》，要求沿莱茵河各国采取措施，让莱茵河重新"自然化"。2012年，党的十八大提出了"尊重自然、顺应自然、保护自然"的生态文明理念和"坚持节约优先、保护优先、自然恢复为主"的方针，同时也对这一理念和工作方针做出了配套的制度化建设要求，这充分反映了党在认真反思和深刻总结过去经验教训的基础上，对人类中心主义种种弊端的坚决扬弃，对未来中国发展路径的明确校正。

综上所述，在河湖水系连通工程的实践中，超越人类中心主义和非人类中心主义的藩篱，在尊重自然前提下，积极主动地适应和顺应自然，应当是当前以及今后治水工程中践行的基本观念。

5.1.2 治水实践中的系统思想与方法

河湖水系是一个复杂的自然巨系统，其衍生和发展有其内在规律。而河湖水系连通工程，则是以改变流域水资源的时间和空间分布来满足人类社会发展的需求，其当下、局域的直接经济效益有时很明显，但对自然、生态乃至文化的影响相对比较滞后，有些影响甚至需要几十年之后才能显现。因此，河湖水系连通是一个非常复杂的系统工程。从系统科学哲学的角度对我国的河湖水系连通工程进行考察，将为我国当代水利工程尤其是河湖水系连通工程的发展提供启示。

5.1.2.1 中国古代治水实践中的系统思想与方法

水是生命之源，与人们的生活、生产息息相关，而水患与治水问题从古至今一直都是人类社会中最重要的事情，像我国古代大禹治水的传说，以及历代治黄工程前仆后继的努力等，都反映了治水这一问题的迫切性、长期性和重要性。

我国的治水实践，很早就与系统的思想和方法结下了不解之缘。原因有以下几个方面：

（1）本体论原因。水的自然流域本身就会呈现出一种网状，这在大尺度空间范围内的表现更加明显。由于我国疆域广袤，河流水系众多，我们的先民很早就认识到了"水网"，即"水系网络"这一属性。所谓"水网"，就是由流域内大大小小的河流、湖泊、沼泽、湿地等构成的脉络相通的水流系统，它主要受地形和地质构造的控制。随着历朝历代各种水利工程的建设，使得组成水网系统的主体不仅包括天然的河流、湖泊、沼泽、湿地，还包括人工开挖的运河、渠道、水库等。这在客观上使河湖水系的自然分布和连通格局发生了根本性的改变，水资源分布的自然状态也因此发生了巨大的改变，其结果既影响区域水资源配置与保障能力，也影响生态环境系统的稳定和社会经济系统的发展。我国古代著名的治水工程如邗沟、灵渠、都江堰、京杭大运河等，都是通过人工力量，客观上形成流域内水系的网络化。

（2）认识论原因。我国古代的哲学思想强调事物的普遍联系，如五行学说。这种哲学思想非常有助于系统观的形成。五行学说把世界的结构划分为五种具体的相互作用的元素：木、火、土、金、水。与古希腊思想家恩培多克勒提出的"四元素"说（即水、气、火、土）不同的是，五行中每一种元素不仅都具有一定的特性，如木有生发的特性，火有炎热、向上的特性，土有化育的特性，金有清净的特性，水有寒冷、向下的特性，而且五行学说还把五种元素的属性加以推演，形成了严格的相生相克的辩证关系。按"木—火—土—金—水"这一顺序，相邻的两个元素相互生发，相互促进：木生火，火生土，土生金，金生水，水又生木；相隔的两个元素相互抑制：木克土，土克水，水克火，火克金，金又克木。从系统理论的观点来看，五行学说的实质是认为宇宙系统可以按同构原理分成五个不同的分系统。五个分系统可看成由诸因素构成的相对独立的系统，各分系统时刻都处在相互作用之中，并且在整体上维持着稳定的相生相克的关系。总之，五行学说中蕴含着十分丰富的整体与部分、生成与演化等思想，它是我国古代朴素系统思想的体现，在我国古代哲学体系中占据着重要地位，乃至在世界哲学思想中独树一帜，迄今仍为世人所瞩目。中国古代系统思想自然渗透于我国古代社会生活的方方面面，水利工程建设也不例外。

（3）实践原因。无论是哪个时代，水利工程都是浩大的，都需要社会的强大支持和人力物力的投入，这种特点实际上也促成了中国建设宏大工程的历史文化传统，一直延续至今，成为人们惯性思维的一部分。巧妙利用河湖水系、合理调控河流湖泊，在中国古代有许多成功的典范。突出的如战国时期（公元前256年）由秦国蜀郡太守李冰率众修建的都江堰水利工程，这一工程把灾害频发的川西改造为"天府之国"，是全世界迄今为止年代最久、唯一留存且依旧发挥效益、造福民众的伟大水利工程。国际灌溉排水委员会秘书长戈派拉克瑞斯南曾评价都江堰是"世界上其他地方都见不到的典范"（戈派拉克瑞斯南，2004）。秦始皇为统一六国修造的灵渠，连通了湘江（长江水系）与漓江（珠江水系），于公元前214年凿成通航，是世界上最古老的运河之一，迄今仍然对航运、农田灌溉起着重要作用，有着"世界古代水利建筑明珠"的美誉。京杭大运河肇始于春秋时期（公元前486年，吴国兴建邗沟，开凿了连接长江和淮河的运河），形成于隋代，发展于唐宋，取直于元代，疏通于明清，前后共持续了1779年，成为沟通海河、黄河、淮河、长江、钱塘江五大水系、贯通南北的交通大动脉，全长约1794km，比苏伊士运河长10倍，比巴拿马运河长20倍（俞孔坚和李迪华，2012），是世界上里程最长的人工河之一，也是我国古代水系连通工程的典型代表。

显而易见，用系统思想和方法指导水利工程建设，是我国的优良文化传统，而且在实践中大放异彩。尤其是举世瞩目的都江堰工程，作为一项古代的复杂系统工程，处处都闪现着古人朴素的系统思想，这也是都江堰能很好地完成既定目标，并能一直发挥作用的主要原因之一。20世纪90年代，范文涛等（1990）通过现代系统论的一般方法，定量地研究了都江堰工程后认为："古老的都江堰工程系统的规划与设计是完全符合现代系统科学的基本原理的。它不仅按其基本目标，科学地为成都平原耕地需水量与需水质这两个状态变量确定了适当优化的整定值，而且依照三级控制的方案，在它巧妙的具体控制结构装置中，为相应的控制参数确定了同样'优化'的给定值，并在第一级控制利用地形地物使它具有了一定程度的自适应性。这一系列明显的事实，就是都江堰工程历经两千余年经久不衰的原因之所在。不衰的真正含义是它的基本布局结构与组建的原则始终未变，也不能变。"

总之，中国古代的系统思想与水利工程实践活动有着密切联系，两者相得益彰，共同发展，谱写了人类文明的光辉篇章。我国古代的河湖水系连通工程蕴含着丰富的哲学和科学理念，受传统文化影响，除了典型的系统整体思想外，与其相关的还有尊重自然、顺应自然规律、强调人与自然和谐相处等鲜明的特色，它们在我国古代的水利工程规划、设计、管理中的生动体现，至今仍有积极的示范和启发意义。因此，总结河湖水系连通的历史经验，对现阶段的河湖水系连通工作具有重要的参考价值和理论意义。

5.1.2.2 当代我国河湖水系连通实践与问题分析

1. 人水矛盾问题及河湖连通的探索性实践

进入现代社会之后，特别是中华人民共和国成立之后，随着经济社会的快速发展，尤其是改革开放之后，我国人水矛盾日益尖锐，突出表现在以下几个方面：

(1) 我国水资源自然分布不均衡，即水量在时空上分布不均衡。受地形及大气环流等因素的影响，我国水资源的演化过程明显显示出气候地域的特征，如西部、北方冬春缺水等；加之我国人口众多，人均淡水资源相对不足，以占6%的世界淡水资源养育着世界22%的人口，人均淡水资源量仅有 2300m³，仅为世界水平的 1/4（王腊春和史运良，2007）。重负之下，全国 600 多个城市中，有 400 个常年供水不足，110 个严重缺水。特别是 2010 年春季，西南 5 省面临世纪大旱，受灾面积近 500 万 hm²，其中 40 万 hm² 农田颗粒无收，2000 万同胞面临无水可饮的绝境。

(2) 水质问题。目前我国水污染的恶化使水资源短缺雪上加霜：2012 年，对全国 198 个地市级行政区开展了地下水水质监测（监测点总数为 4929 个），其中水质呈较差级的监测点 1999 个，占 40.6%；水质呈极差级的监测点 826 个，占 16.8%；呈变差趋势的监测点 910 个，占 18.5%。对全国 798 个村庄的农村环境质量试点监测结果表明，农村饮用水源和地表水受到不同程度的污染，上亿农村人口存在饮水安全问题。另外，由于社会经济发展状态的不同，各地区对水资源的消耗与使用后的废弃水排放量不同，于是存在水资源质量的差异性。经济发达地区，工业废弃水排放量较多，水质自然下降；欠发达地区由于废弃水排放量较少，水质相对较好。

(3) 水资源利用效率偏低甚至是无序开发。社会经济发展中的水资源问题突出地表现在河湖水系上，而多年来对河湖水系的不合理规划和不合理利用进一步加剧了这个问题。不仅如此，对水资源的无序开发还导致了严重的水土流失和生态破坏。数据显示，全国每年由于经济社会活动造成的土石移动为 392 亿 t，这使得江河湖水含沙量越来越高。对水资源的无序开发曾导致塔里木河、石羊河断流以及西北地区的河流生态被严重破坏等一系列问题。

因此，如何解决水资源空间和时间分布上的不平衡，治理水环境污染，统筹调配、提高水资源利用效率，成为实现经济、社会、自然之间全面可持续发展的当务之急。于是，河湖水系连通作为新时期解决我国水问题的重大战略举措得以提出。2009 年 10 月，前水利部部长陈雷在全国水利发展"十二五"规划编制工作会议上正式提出河湖水系连通命题，此后在一系列会议上做了多次论述。2011 年，中央一号文件首次以水利为主题发布，指出"必须下决心加快水利发展，切实增强水利支撑保障能力，实现水资源可持续利用"，这为今后我国水利发展指明了方向。其中，关于水利基础设施建设，文件明确将河湖水系连通作为加强水资源配置工程建设的一项措施予以阐明，强调"完善优化水资源战略配置格局，在保护生态前提下，尽快建设一批骨干水源工程和河湖水系连通工程，提高水资源调控水平和供水保障能力"。河湖水系连通是中国水战略的重要组成部分，也是实现"人水和谐"和经济社会可持续发展的迫切需要。

实际上，数十年来，河湖水系连通的探索性实践早已在各地陆续展开，其中不乏成功的案例。如 2002 年以来，太湖流域管理局根据"以动治静、以清释污、以丰补枯、改善水质"的引江济太方针，组织江苏、浙江、上海三省（直辖市）水利部门实施了引江济太调水试验，累计通过望虞河引调长江水入太湖流域 100 多亿 m³，增强了水体循环能力，改善了太湖的水体水质和流域河网地区的水环境，保障了流域供水安全，提高了水资源和水环境的承载能力。山东聊城市属北方干旱缺水城市，因毗邻黄河，引黄条件优越，但黄河年际、年内来水丰枯不均，现有河湖蓄水库容有限，如遇枯水年，河湖水量水位极难保持稳定。为改善聊城人民的生活居住环境、促进经济社会发展，聊城市在城市规划中强化水系建设，开发城区内东昌湖、古运河、徒骇河三大水系，在初步实现与古运河和东昌湖一湖一河相连的基础上，与徒骇河相连，形成两河一湖相连的水系格局。通过将东昌湖和京杭大运河城区段、徒骇河城区段连通，实现城区水系全部贯通，充分体现"城在水中，水在城中，城中有湖，湖中有城，城河湖一体"的水系景观特色。塔里木河下游调水首次实现了 20 多年来全流程过水，生态环境明显改善。黑河的成功调水及扎龙湿地的应急补水，同样使相关区域生态环境明显改善，得到了社会各界的广泛好评。北京城市水系通过截污、治污、引水、河道整治等手段，解决了"水质型缺水"问题，通过引水换水工程，促进水体流动，加速城市河流水体转换，提高了水体自净能力，取得了显著的生态和社会效益。其他典型案例还包括引江入巢、引黄济津济淀、珠江压咸补淡、牛栏江调水等水资源配置工程，桂林两江四湖、杭州西湖、南昌三河四湖、绍兴三湖、银川艾依河七十二连湖、天津市中心城区河湖水系等河湖水系连通工程，淮河、汉江下游、东江流域等生态调度，以及山东省省、县、市三级水网建设实践等。这些河湖水系连通的案例无疑为今后深入研究相关问题提供了宝贵的经验。

这些河湖水系连通的案例表明，合理科学的河湖水系连通工程，可以调整和改变自然水系的连通状况，形成引排顺畅、蓄泄得当、丰枯调剂、多源互补、可调可控的江河湖库水网体系。如果水系不连通，没有连续的水流，河道生态需水量和通航水深就无法满足，河流的蓄泄能力就无法保障，湿地将会消失。水系连通可以维持湿地生态系统的完整性，同时也影响流域水资源的开发利用和区域分配；水系连通性还会影响水功能区的水质状况，水系连通性越好，水流的自净能力和纳污能力就越强；水生生物多样性也需要通过水系连通来实现，没有水系连通，水生生物多样性就会受到很大影响（张欧阳和卜惠峰，2010）。

总之，河湖水系连通是实现我国环境资源特别是水资源合理布局、有效利用的重要途径和手段，是实现我国国民经济持续有效发展的重要战略。河湖水系连通的新格局，使原本隔绝的河流和湖泊实现了连通，不同防洪工程、水资源的统一调配使原来只在突发洪水时连为一体的河流、湖泊和湿地成为常态的、可人为调控的、互为连通的水系网络，这些集自然演变和人类开发共同利用于一体的河湖水系连通工程，作为我国淡水资源的重要组成部分，既为各地的经济增长和社会发展提供了重要的自然资源支撑，又为人类生存、发展的自然环境的改善做出了巨大贡献，它也充分显示了人类自身在这一过程中的主动性、积极性和创造性。

2. 缺乏系统思维的开发使我国水资源面临严重问题

由于认识水平的局限性以及对水资源不合理的开发和利用，我国水资源面临严重问题。如盲目修建大量蓄、引、提工程，过度开发水资源，从而引发河道断流、湖泊干涸、湿地萎缩、地下水位下降等问题；另外，各种缺乏系统论证、严格管控的连通工程，使由点到面的污染频发，致使水系网络大面积污染、生物多样性遭到破坏等。目前我国水资源所面临的最主要的问题可归纳为以下几个方面：

（1）水质污染严重。我国许多地区在经济社会快速发展的同时，废污水排放量增大而治污力度不足，尤其是在经济发达地区，进入河湖的污染物负荷大大超过了纳污能力，水污染加剧，这直接导致处在同一水系网络中的河流、湖泊、水库等受到连带的污染，从而造成整个流域水生态环境状况严重恶化。显然，这一问题已经成为当前我国水资源可持续利用的最大威胁。

（2）用水竞争性加剧。从目前全国水资源整体配置情况来看，部分地区仍存在水资源承载能力不足的问题，如一些河流由于上中游过度用水，造成下游河湖干涸，不仅影响下游地区社会经济的发展，也使这些地区的地下水严重超采，造成地面沉降、海水入侵等问题。另外，干旱地区的内陆河以及下游部分河湖的逐渐干涸，不但使当地人民失去生存条件，而且由于下游生态系统的衰亡，造成沙漠扩大，危及全区的生态安全。所以，经济社会发展格局和水资源格局匹配关系的不断演变，使工农业争水、城乡争水和国民经济挤占生态用水现象越来越严重，这在某种程度上加大了社会供水的安全风险。

（3）水旱灾害的综合防治能力不足。河湖水系连通工程的实施，虽然在很大程度上增强了人们应对气候变化和突发事件的能力，但洪灾威胁依然严重。多年来人们虽然不断加固、加高和增建堤防，并兴建巨大的调节水库，但是有些河流的洪灾威胁甚至比过去更为严重。对河流洪水的调节力度过大，使河流减少了汛期的造床流量，造成河床萎缩；大量侵占行洪滩地和蓄洪湖泊，压缩了洪水的蓄泄空间。以上两种因素都使河流的洪水位不断抬高，在有的地方，防洪工程建设和洪水水位抬高甚至形成恶性循环。人们至今对1998年洪水记忆犹新，而2005年珠江、2007年淮河又发生过流域性大洪水，特别是2011年的旱涝急转，还波及湖南、湖北、浙江、江西等多个南部省份。2012年的北京"7·21"城市暴雨洪水更是举国震惊，世界瞩目。另外，近些年大范围干旱灾害出现频次增高、持续时间延长和灾害损失加重，使加强水源建设、构建抗旱应急水源通道、增强水源调配的机动性变得日益迫切。

（4）近海海域的生态系统退化。由于河流入海的淡水减少，近海海域的盐度相应增加，加上大量污染物的排入，我国近海海域的生态系统都有不同程度的退化，其中以渤海湾最为严重，主要表现在：浮游植物密度增加，浮游动物种类组成发生改变，海洋鱼类的重要饵料生物哲水蚤在浮游动物中的比例下降，浮游动物的优势种类已形不成优势种类，产卵场退化，鱼卵、仔鱼种类少、密度低等。

可见，这种对水资源缺乏全局、系统思维的开发、利用以及各种盲目、无序的水系连通导致水循环过程的连续性受到严重影响。因此，要实现对水资源的合理配置，就需要从水资源的特性入手，针对特定水域、水系以及社会经济发展情况，利用科学的理论和方法，进行系统和综合的治理，尽可能实现趋利避害，实现"人-水-自然"这一有机系统的和谐发展。这其中，正确的深层次的哲学世界观和方法论，对于建设科学合理的水系连通工程，对改善我国水资源现状将发挥重要作用。

3. 系统思维下水系连通面临的问题

我国的水系连通工程建设，从根本上来讲也是"形势所迫"的倒逼行为。中华人民共和国成立以来，我国大力推进各种调水工程，使原来只在突发洪水时连为一体的一些河流、湖泊和湿地成为互为连通的水系，在一定程度上解决了一时之需。而随着当代科学技术和社会的发展，人们在工程的设计、建设和管理运行过程中，大量应用现代各门科学（包括材料科学、系统科学等）和现代化技术（包括信息技术、自动化控制技术等），同时注重对我国治水优良传统的继承和发扬，从而使各种连通工程的科学化、现代化程度越来越高，并真正实现了水系的网络化。如今，"修复与修建的灌渠规模之大，网络之密是历史上无法比拟的，中部几乎所有的平原与盆地都布满了密度不等的灌渠网络"（马蔼乃，2003）。客观地看，半个世纪以来的水利工程建设，确实取得了很多重大的成就，并且积累了很多成功的经验，但从系统思维的观点看，要使我国的水资源和自然生态环境进入可持续的发展状态，仍然需要克服以下缺点和不足。

（1）水系连通工程的理论和技术储备不足。

如前所述，我国古代许多水利工程，都蕴含着丰富和深厚的系统科学思想与方法。虽然作为特定对象的经验知识，它们并没有抽象上升到一般理论的层面，但作为实践经验的总结，这一传统的影响却是深远的，应当且必然对当前的河湖水系连通工程产生积极意义。更何况现代系统科学以及系统工程学早已成为当代科学的显学，并为世人所熟悉，人们总会自觉或不自觉地运用系统的思想和方法来处理自己面对的问题。因此，河湖水系连通工程作为一项复杂的系统工程，其论证、设计、施工、管理与维护，可以渗透成熟的系统科学的基础理论，工程的各个环节也可以应用一些系统的方法作为指导。从当代科学与哲学的主流思潮来看，以耗散结构理论、协同学等自组织理论为代表的复杂系统理论，可以为看待和处理我国水资源的问题提供宝贵和丰富的思想资源。这是因为我国的水系分布就是一个相互联系的具有复杂层次和结构的网络，河湖水系连通的思路和主张是符合"系统工程"基本原则的。运用已经相对成熟的耗散结构理论、协同学等自组织理论及其方法，对水网系统的层次结构和动态动力特征等进行分析，其有效性是值得期待的。

有学者曾指出："我国河湖水系连通理论基础研究要落后于工程实践"（王中根和李宗礼，2011），这一看法在很多地方得到了印证。从了解到的情况看，许多水利工程的实施实际上缺乏深层的理论思考和指导。仅从系统科学的角度来看，广大科技人员其实对当代系统科学和系统工程理论的把握程度很低，只有个别人员出于兴趣阅读过一些相关书籍，了解过一些相关概念和思想，因此在工程设计中无法将系统科学的思想和方法自觉渗入。究其原因，一是当代系统科学与系统工程的教育在我国的专业教育体系中还不够普及，而系统科学本身又有相当的难度，从而影响了系统思想与方法在实际工作中的运用。二是大多数水利科技人员由于自身所处的地域、行业及职能范围的局限性，考虑问题时只需和习惯于从某个部分出发，从而造成全局和整体观念与方法的缺失。三是我国现行教育体制和观念培养出来的人才知识构成大多具有"专业过窄"的不足，使他们不适应复杂的水利工程建设，这种理论储备的不足，引发了工程实施当中的许多问题。

（2）对水系连通的复杂性认识不足。

河湖水系连通是一个复杂的系统工程。首先，由于河流、湖泊、沼泽、湿地等各种水体的边界并非完全封闭，与外界存在各种物质和能量的交换，并且这种物质与能量交换的通道和影响因素极为复杂，因此，水资源循环系统属于开放的复杂系统。其次，由于我国是一个多民族聚居、行政区域划分密集、多元文化共存的国家，各地区在经济、历史、文化等方面都或多或少存在差异，河湖水系连通工程（尤其是跨流域的连通工程）不是单纯的水资源调度与分配的问题，其中还涉及复杂的经济、文化等问题，最突出的如历史遗产的保护、移民的安置、行政区区域利益的分配等。因此，对河湖水系连通工程的系统性、复杂性要有足够的重视和认识。

1）工程目标的多层次关系及其最优化问题。由于河湖水系连通具有资源调配、水质改善和水旱灾害防御三级主要功能，并且每一个主要功能又有多项子功能。比如资源调配可以实现城市供水、农业灌溉、水运交通和水力发电等多项功能；水质改善也包括水质改善、生态修复和景观维护等功能；水旱灾害防御也有洪水防御、旱灾抵御和应急供水等多项功能。因此，在水系连通过程中，要尽可能全面、科学地分析河湖水系水资源供给的总量和质量、空间和季节分布、使用效率等状况，要多层次地考虑其尽可能发挥多项功能。比如，美国中央河谷工程既发挥了发电、供水、防洪、防盐渍化的作用，也逐渐成为人们休闲、旅游的好去处。以色列国家输水工程不但完成了初期的灌溉和供水目标，又逐渐衍生和发展出了渔业、污水处理产业和灌溉技术产业等，实现了效益的最大化。

从复杂系统科学的基本原理来讲，效益的最大化就是系统的最优化问题。所谓的系统最优，通常指系统演化的进步方面，即一定条件下对系统的组织、结构和功能的改进，从而实现耗散最小而效率最高、效益最大的过程。系统最优化有着非常丰富的内涵，它包括结构形态的最优、运动过程的最优和性质功能的最优等（魏宏森和曾国屏，1995）。

当然，如何实现水系连通的最优化是一个极其复杂而具体的问题。首先是水系系统范围的确定。不同地域范围的系统都有自身的特点和需求，不能一概而论。其次，在确定了系统之后，要根据实际情况明确最优化的具体目标，要对系统的要素及其复杂关系做出分析，直至建立起必要的数量化模型。再者，运用模型进行数学推演甚至情景模拟，可以借用理论工具，比如运用熵的概念及其原理，求解最小熵或最优化状态等，以期为实践活动提供理论指导。

必须注意的问题是，最优化是非常复杂的，从结果来看，优与劣都是相对的，它们都取决于系统所处的环境或目标，如达尔文在考察北大西洋东部的马德拉群岛时发现众多残翅的昆虫就是"适者生存"最突出的例子。这里强调的是，优劣将以条件为转移，并不仅仅由系统本身单独确定。所以，水系连通系统的最优化也是动态的，首先是因为河湖水系是由河湖水系、生态、环境和社会等众多子系统组成的复合系统，其内部各个子系统在相互联系、相互作用下不断运动、发展和变化；其次是一些条件（如气候或人的需求）都是变化的，这使问题变得更加复杂和不可预测。总之，解决最优化问题，需要精深的理论视野，如采用系统分析方法研究河湖水系的结构、功能；也需要密切联系实际，把握连通系统的客观情况和运行规律，这两方面对工程技术人员来说都是不小的挑战。

2）工程规模大与小的关系。保持流域内的水土平衡是可持续发展的重要条件。水利工程建设的规模越大，其负面影响就会越显著。国际上将大型水利工程带来的危害归结为四点：河流节点化、水循环短路化、水循环绝缘化以及生态系统孤立化。工程越大，投入越大，而且能耗和风险也越大。美国基于中央河谷工程的研究报告表明，"超负荷的调水使萨克拉门托-圣华金三角洲地区的生态变得极为脆弱……过去几十年盐水入侵，农药排水和工业污染严重恶化使这一地区水质下降，非本地天敌和入侵植物物种以及大量提水水泵都促使三角洲鱼类濒临灭绝"，并且质疑"调水工程缺乏全局性（全国性的考量）"。苏联也因为工程巨大可能导致巨大风险而放弃了宏大的"北水南调"工程。流域内的河湖水系连通工程能够解决的问题，就借助于流域内的小工程解决，如墨西哥的诺加斯工程，美国的中央亚利桑那工程，我国的海河流域河湖连通体系、武汉大东湖水系连通工程等。

水系网络的大小问题，本质上是复杂与简单的关系问题。河流、湖泊、沼泽、湿地、地下水、地表水、环境是水系网络的节点，这些节点之间关系（节点与节点的连接）的形成（连通）是一个长期、自然的过程。人为地增加节点与节点之间的连接（连通），本身就会改变这个网络的结构，而结构的改变会产生各节点及其网络整体行为的变化，如湿地消失、地下水干枯、地表沙化和塌陷、河道盐渍化、外侵物种、流行病传播等。这些变化所引起的负面影响往往具有长期性、潜在性和突发性。因此，简单的网络能实现的功能不必追求复杂的网络，这样不但节约成本、便于管理，还将减少诱发危机的可能性。因此，在河湖水系连通工程中，要重视对自然通道比如沼泽、湿地、浅滩、深潭的利用，尽可能地利用天然的通道、材料，减小人为的网络复杂化。我国历史上著名的都江堰工程和灵渠工程，由于充分利用甚至强化湿地等天然通道的连通作用，并且尽可能因地制宜、就地取材，从而既节约了修建成本，也在一定程度上维护了局域生态的平衡。

水系网络的大小问题，本质上也是整体与部分的关系问题。从科学发展的世界观、方法论的角度看，河湖水系连通是一个全局性、历史性的发展战略，必须从大系统、全方位、多学科的角度，全面分析河湖水系连通在我国经济、社会和环境协调发展中的地位和作用，准确把握河湖水系连通问题的重点、难点，提出解决河湖水系连通问题的出发点、着重点和战略手段、战略目标。

3）中央与地方、地方与地方的关系问题。中央与地方主要的关系首先是考虑问题的理论与实践的视野问题。如上所述，整体与部分的掌控，主动权在中央，但地方根据实际，又要有适当的灵活性。用系统科学的原理来分析，中央的顶层设计和控制，需要充分理解和运用"序参量方法和役使原理"，在复杂系统的诸多变量中，找准起关键性作用的序参量，才能有效实施调度和掌控。当然从实践的层面讲，解决上述问题的核心是放权与收权的问题。国际上先进的水利工程基本上采用"谁投资、谁受益"和"谁建设、谁管理"的原则进行工程的建设与管理，如美国的中央河谷工程由美国联邦政府投资兴建和运行管理，而加州水利工程则由加州地方政府兴建和运行管理等。中央政府注重对法律法规的建设，对重大工程的安全性、可持续性进行把关，地方政府通过引入竞争机制，使相关企业参与建设和管理。

地方与地方的关系主要是协调和分配问题。河湖和水系连通（尤其是跨流域的连通）必然涉及地方各行政区域之间的利益关系。河湖工程连通后，水源区出现的干旱受水区怎么去补偿？水源区本来供水就无压力，但是连通后，由于管道建设、管理等一系列的费用出现，所以会导致水源区水价上升，怎么去协调？连通工程所引发的移民如何安置？连通区域的历史遗迹如何保护？所有这些复杂而具体的问题，除了中央的统一协调之外，作为部分的地方与地方之间，实际上可以根据具体的实际情况，自主进行协调，及时形成优化的机制、结构，用系统科学的术语来描述，这种行为是符合系统的自组织性的。

4）确定性与随机性的关系及未来的风险问题。河湖水系本身就是一个复杂的系统，系统与系统之间、整体与部分之间总是存在非线性关系和随机作用过程，因此随机性是复杂系统所表现的重要特性之一。复杂系统普遍存在初值敏感性、混沌性等特性，对其最为典型和流行的描述就是蝴蝶效应。因此，在考虑水系连通确定性的功能作用的同时，既要考虑来源于大气降水和冰川融雪对水循环转换所具有的因果关系，也要考虑各种由非确定因素所造成的随机事件，如特大洪水、突发泥石流灾害等情况发生时，水系网络会出现什么样的状况？面对战争、特大地质灾害所引起的部分系统的失灵，会导致什么样的后果？这一系列随机、不确定的因素都需要纳入整体规划之中，以便在危机突发时能很好地应对。以色列国家输水工程对于输水安全工程的应对策略应该是其他国家发展河湖水系连通工程的典范（Nathan Cohen，2008）。

总之，从复杂系统随机性的角度，要有完善的风险应对措施。人类对水的治理就是用其利而避其害，但水的利害具有双重性：过量的水可能造成洪、涝、渍、盐碱灾害，过少的水量容易导致植被退化和土地荒漠化；特别是当今过量的工农业废弃水，会导致环境破坏和水生生物的死亡，严重时会损坏人类健康。因此，在工程的设计、建造与管理过程中，一定要做到防微杜渐和未雨绸缪。

另外，水利工程的确定性与随机性的关系，也引发了长远与当下的关系问题。辩证唯物主义认为，万事万物总是在发展变化之中，矛盾也是在对立统一中转化、消亡的。当下所面临的主要矛盾，随着时间的演化，可能变成次要矛盾，甚至可能消失；相反，当下所面临的次要矛盾在将来可能会发展成为主要矛盾。比如地区干旱是地球处在特殊阶段造成的雨量偏少所造成的，因此，这些地区短时间的干旱可能只是暂时问题。像我国南水北调东线工程的山东省，工程预算之初，适逢大部地区降水量不足，因此用水需求较为迫切，当时预计调水量为 5.12 亿 m³，但是在 2002 年东线工程开工之后的 10 年间，山东省大部地区处于平水年和丰水年，用水不像工程建设之前那样迫切，因此在 2014 年上报水利部的调水量远远小于这一指标。美国南方的渔民在 20 世纪 70 年代自中国进口了亚洲鲤鱼，目的是控制鱼塘里过多的浮游植物和微生物，改善养殖池的水质。但是随着时间的演变，加上鲤鱼强大的繁殖能力，亚洲鲤鱼逐渐向五大湖入侵，使得鲤鱼已经严重影响美国的河湖生态系统和居民供水安全。美国陆军工程兵曾应奥巴马的要求向美国国会提交了一份关于防止鲤鱼进入美国五大湖区的计划，整个计划预计耗资 180 亿美元，用 25 年建堤拦住亚洲鲤鱼。因此，水利工程建设必须充分考虑矛盾随时间变化、转化的客观规律。此外，随着时间的推移，连通工程各项设施不可避免地会出现老化、输水系统被泥沙淤塞等问题，因此，工程在设计和建造过程中，必须重点考虑未来维修的方便性、简单性、经济性，如都江堰枢纽工程能因地制宜而且以最简单、经济、环保的方式进行岁修；以色列国家输水工程为方便将来对设备进行维修和替换，工程普遍使用大口径的管道以及建设替代、备用泵站等。

总之，在进行河湖水系连通的过程中，必须直面难题，未雨绸缪。对一些可能出现的问题，先期进行适当的反思，进而提出警示，将有助于解决有关水战略的方向性选择问题。

5.2　河湖水系连通的基本原则

河湖水系是水资源的载体，是生态环境的重要组成部分，是经济社会发展的重要支撑，人类发展和文明与河湖水系密不可分。河湖水系及其连通格局会影响水土资源配置格局与能力，同时对生态环境质量和演变，以及抵御水旱灾害的能力和风险状况产生重要的影响。长期的治水实践，特别是中华人民共和国成立以来的水利基础设施建设，对天然河湖已具备了一定的调控能力。随着人类活动影响的加剧，河湖水系连通格局与状况发生了重大变化，部分地区产生了水系连通性减弱、水资源与水环境承载能力不足、洪水宣泄不畅、水安全风险加大等问题，已成为人水关系不和谐的重要表现，成为影响经济社会可持续发展、水生态系统健康的关键制约因素。

我国正处于转变经济发展方式的关键时期，实现可持续发展对水资源开发利用与保护提出了新的、更高的要求。因此，河湖水系连通作为新时期的治水方略得以提出，希望能够通过重点流域和重点区域河湖水系连通体系的构建，逐步实现国家、区域和城市各个层面布局合理、功能完备、调控有序的河湖水系连通，提高国家的水资源统筹调配能力、供水安全保障能力、防洪除涝减灾能力、水生态环境修复保护能力和应急保障能力。但是，历史经验表明，盲目地连通往往会造成生态环境破坏等不可逆的后果。因此，厘清河湖水系连通的基本思路，稳步推进连通工程，对河湖水系连通战略的开展至关重要。

5.2.1　尊重自然规律是河湖水系连通的前提

尊重自然规律，首先要重视机理研究。河湖水系连通的对象是以河湖水系为核心，流域水循环过程为主体，包含与生物地球化学过程和人类维持社会经济发展的涉水过程等相互联系、相互影响的复杂巨系统。因此，河湖水系连通必须在厘清连通对这些过程的作用机理基础上，合理制定连通规划，保障区域水循环的健康发展。其次，尊重自然规律要实现可持续发展。对于河流水系本身，要保证河流湖泊能够保持自身的稳定状态，实现正常的、有活力的输水行洪和输沙功能，并具有较强的通过自我调整而趋于平衡的能力；对于其他相关系统，要在利用河流资源的同时，维持水循环的可再生性、水生生态的可持续性、水环境的可持续性，还要考虑对河流资源利用的公平性，包括地域间的公平和代际间的公平性。我国江河众多，自然地理差异很大，水文气象条件各异，不同地区的河流湖泊有其基本的特征和天然的演变规律。应在充分掌握河湖水系演变规律的基础上，深入分析其现状变化特征和未来演变趋势，根据区域水系格局和水资源条件、生态环境特点，经科学规划论证和研究评估，在技术可行、经济合理、风险可控的前提下，因地制宜、合理有序地开展河湖水系连通，为经济社会发展及生态文明建设提供支撑。

遵从自然规律是河湖水系连通战略开展的前提。河湖水系连通需要从历史的视角，深入分析河湖水系的演变规律，厘清河湖水系现存问题的根源，从科学的角度，充分按照水文循环、水沙运动、河湖演变的自然规律实施河湖水系连通战略。

河湖水系功能的影响因素众多，从总体来看可划分为自然营力和人工营力两大类影响。在洪水、地震、河床淤积、地形地貌变迁、气候变化等自然营力的作用下，河湖水系始终处于不断变化之中，同时其水系功能及水系连通功能都受到不同影响。河流作用是塑造地貌最普遍和最活跃的外营力之一，是河湖自身演变的最主要作用途径。河流湖泊的边界是各种类型的岩石，岩石结构和透水性限定了水流横向和垂向边界，抗蚀性影响了水流侵蚀程度、侵蚀物（泥沙）数量多少和粒径大小。水沙条件是河流作用的主要作用因素，来水情势受降水、植被、地形坡度、河网格局等的影响，来沙情势受岩性、降水、气温、植被等的影响。不同的地质和气候条件构成了不同的河湖边界条件和水沙条件，演变出了不同的河湖格局。因此，在人类技术手段尚不发达的较长历史时期内，自然营力一直是改变河湖水系功能和连通状态的主体。

人工营力是近年来河湖水系变化的主导因素。生存与发展的需要驱动着人类改造河流湖泊的活动，贯穿了各个历史时期。各朝各代为防洪而修筑堤坝、开挖减河，为耕地而围湖造田、开挖灌渠。这些出于基本生存需要以及政治军事目的、经济发展战略的人类活动以水利工程建设为主，快速而直接地改变了河湖水系的自然格局，如河道束窄、河床改道、裁弯取直、岸堤筑高、筑坝成湖、河湖水系连通或阻断连通、不同水系连通等。就个体而言，这些工程的影响范围是局部的，建设与运行时间也多是有限的，但随着人类改造自然能力的不断增强，工程数量越来越多，工程规模越来越大，影响范围越来越广，人类活动成为改变河湖水系格局的重要作用因素之一。

因此，河湖水系的连通状态受自然营力和人工营力的二元影响。自然力营造的河流、湖泊，从根本上决定了陆地水资源的分布格局，影响着区域水资源承载力，也构成了流域的生态环境。生存与发展的需求决定了人类改造河湖水系是必然的选择。随着人类改造自然能力的加强，人工营力已经成为主导因素。

改造自然和认识自然的能力的不一致已经成为很多河湖连通状况破坏、河湖功能失调的根源。尤其是改革开放的近 30 年，发展过程中大型基础设置的建设，既促进了经济的发展，也给河湖水系带来径流改变、河岸带植被丧失、河岸失稳、泥沙输入增多、河流与河岸边缘陆地相互作用受限制、污染加剧、生境异质化程度和生物多样性下降等一系列问题（陈兴茹，2006；黄宝强等，2012）。例如，长江流域的湖泊和沿江洲滩及洪泛区的高度农业开发和围垦，使长江原有的行洪、滞洪、蓄洪功能受到了很大的破坏，对洪水的调节能力变弱，加上两岸防洪大堤对传统的洪泛区的保护作用，很多区域完全凭干流河道来完成行洪、滞洪、蓄洪的功能，使得洪水期的水位大大抬高，河湖水系连通的防洪与除涝功能减弱。

综上所述，从自然营力和人工营力交互作用的角度分析现状连通问题的根源，是科学构建河湖水系格局的基础。在河湖水系演变进程中，自然营力是长时段因子，人类活动相对而言是短时段因子，相对而言，自然营力是难以改变的限制性因素。因此，二元驱动的河湖演变格局的合理性将很大程度上取决于人类活动是否适应自然营力发展趋势。在建设连通工程时，首先考虑自然状态下的水系连通性能，修复完善水系原有的自然净化和更新能力。在必要的供水不足情况下，考虑新建河湖水系连通工程，人工控制水资源调配更新，合理配置水资源。

5.2.2　审慎科学的论证是河湖水系连通的基础

河湖水系连通不仅是河湖水系结构的调整，而且对区域水循环、生态环境和经济社会都存在较大影响，涉及面广，影响因素多，相关利益复杂。因此，审慎科学的论证是河湖水系连通的基础。首先，实施河湖水系连通工程，要认真做好前期工作。充分研究水文循环、水沙运动、河湖演变等自然规律，在机理分析的基础上科学连通，避免盲目建设。其次，实施河湖水系连通工程，要加强方案协调论证。坚持"三先三后"原则，重视替代方案的比选，确保连通的必要性。在方案比选方面，统筹考虑上下游、左右岸、连通区域之间的利益关系，充分听取有关部门、地方以及专家和民众意见和建议，保证决策方案的科学性。最后，重视连通方案的后期调整与评估。连通方案要能够根据效果反馈灵活调整，实现"可调控"，为风险应对留出空间。同时在连通系统综合评价的基础上，加强调整方案和补偿机制的研究。河湖水系连通工程必须经过审慎科学的论证，这是由其利害两重性和能力局限性决定的。

1. 利害两重性

河湖水系连通工程是人类为了改善自身的生存环境，发展经济而实施的一项大规模的人工工程。它使水资源在一定程度上按照人类的意志在时间和空间上重新分配，从而促进人类的生存和发展，使人们获得巨大的社会、经济和生态环境效益。可以肯定，在人口膨胀、水资源严重短缺的将来，河湖水系连通工程在改善地区水资源状况、促进自然资源的合理开发利用、提高人类生存环境的质量、促进社会进步和经济发展等方面将有着不可替代的重要作用。但不容忽视的是，河湖水系连通工程人为地改变了地区水情，势必会改变原来的生态环境，打破原有的生态平衡，如果规划决策不当，将造成严重的、不可逆转的生态环境破坏，进而威胁人类的生存和发展。因此，在规划设计河湖水系连通工程时，应当全面考虑工程对社会、经济和生态环境等各方面可能产生的影响。

2. 能力局限性

河湖水系连通是我国新时期的治水方略。一方面，由于认识水平的局限性与水资源不合理的开发和利用，原本连通的河湖水系出现了连通不畅乃至隔绝的状况，造成一些地区水资源调配能力不足、干旱频发，洪水宣泄不畅、风险增大，河流自净能力减弱、污染加重等问题，需要重新审视和分析现有河湖水系的连通状况；另一方面，我国水资源时空分布和人口、经济发展不匹配的现实，要求一些本来不连通的河流要实现新的连通。因此，需要加强河湖水系连通工作，以适应新时期国家经济社会发展和生态文明建设。

但河湖水系连通并非解决我国水问题的根本途径，实际工作中应避免过分拔高河湖水系连通工程的作用。水资源天然分布受地形、地貌和气候条件等影响；河湖水系的形态受自然营力和人工营力的双重作用，因此，仅仅依靠河湖水系连通不可能根本解决水资源时空分布和人口、经济发展不匹配的现实问题。必须将河湖水系连通与产业布局调整和节水型社会建设结合起来，寻求解决我国水问题现状的可行途径。

5.2.3 科学调度和风险管理是河湖水系连通的保障

"引排顺畅、蓄泄得当、丰枯调剂"是河湖水系连通的重要目的，而这必须通过科学调度来实现。河湖水系连通将构建一个多目标、多功能、多层次、多要素的复杂水网巨系统，须从更高的层次、更大的范围、更长的时段统筹考虑连通区域的经济社会、生态环境等各方面的水情、工况和需求，建立全面、宏观、精确、及时的调度准则与方案。与此同时，复杂的构成要素和耦合关系必然带来更多的不确定性，包括观测的不确定性、模拟的不确定性等，这些不确定性反映在实际运行过程中，就体现为各种风险事件。而外在和人为因素也会导致风险事件的发生，如工程风险、灾害风险、环境风险、经济风险和社会风险等。面对河湖水系连通工程的各种风险，必须有充足的风险防范意识，树立和增强风险意识、忧患意识，要建立一套完备适用的风险管理系统，加强对风险的控制与管理，努力提高防范和应对能力，才能有效地应对各种风险的挑战，保障工程的正常运行及效益发挥。

"可调控"是发挥河湖水系连通功能，减小连通风险的重要保障。充分发挥连通工程中调节水库的作用，通过制定供水计划和需水计划，适时调整调水方案，建立高效的水量调度体系，宜连则连，宜断则断，保证水系连通工程的效率最优。通过水量储蓄实现丰枯调剂，合理控制河水的下泄流量，保证水源区与受水区地表水与地下水的平衡，防止枯水季节和枯水年地下水的过分开采，真正做到地表水、地下水综合利用。

河湖水系连通在经济、社会、生态方面的正面效益虽然非常显著，但是不能忽视其带来的负面影响。特别是在社会文化、生态方面的破坏，有些是很难挽回，甚至是无法弥补的。在规划、设计、决策时，应重视工程可能带来的负面影响，针对产生的负面效果，探索有效可行的解决方案，积极采取应对措施，消减负面影响。

5.2.4 生态文明建设是河湖水系连通的重要任务

水在生态系统结构与功能中的地位和作用，是其他任何要素都无法替代的。河湖水系连通状况改变了水资源的时空分布，同时也改变了生态系统的环境状况。对河湖水系进行科学合理的连通可促进生态环境改善，而盲目对河湖水系进行连通将导致生态环境的破坏，同时影响水资源的持续利用及水资源系统的动态平衡。因此，河湖水系连通要重视维持生态平衡，维护河湖健康，传承水文化，促进人水和谐。城市河湖水系的连通和整治要特别重视与城市发展和人文环境的结合，强调连通的洪水空间、休闲场所、人文特色和水景观等功能，实现"水清、水畅、水美"的优美环境，提升城市品位，丰富城市生态文化底蕴。要全面评估连通可能造成的对生态环境的影响，并针对可能产生的负面影响和风险实施减免的对策与措施，促进连通区域经济社会与资源环境相协调的可持续发展。

面对资源约束趋紧、环境污染严重、生态系统退化的严峻形势，河湖水系连通必须将生态文明放在重要地位。水资源匮乏、水体污染严重等已经使我国很多河流和河流廊道的生态系统处于脆弱状态，部分地区存在湿地退化、湖泊萎缩的现象。因此，河湖生态系统脆弱的现状决定了河湖水系连通必须将生态系统的保护放在突出地位。在实施河湖水系连通战略的时候，应对连通区域进行生态影响评价，注意生态脆弱区的保护，防止生物入侵，合理制定连通方案，避免片面侧重河湖的社会功能，而对河湖的生态平衡造成不可逆转的破坏。与此同时，在部分条件许可地区，可以修建水生态环境改善型河湖水系连通工程，拯救与修复生态价值较大的区域生态系统。

5.3 河湖水系连通的实施准则

随着我国社会经济的快速发展和人口的不断增长，对水资源的需求也不断增加。但是水资源时空分布不均、与区域发展格局不相匹配的现状，加上由于气候变化造成的极端水文事件频发以及由社会经济发展带来的水环境恶化等问题，水资源问题已经成为制约我国社会经济发展的瓶颈。河湖水系连通作为水资源调配、水质改善、水旱灾害防御的重要手段，不仅对区域经济发展起到巨大的推动作用，创造了巨大的经济效益、社会效益，同时能改善区域的生态状况和人居环境，带来一定的生态效益。但是，由于流域上下游、左右岸、不同流域和行政区、不同行业、城市和农村等各类利益团体之间存在着比较复杂的水事关系，河湖水系连通对区域的社会经济和生态环境也可能产生不利影响。

为了最大限度发挥河湖水系连通的效益，并尽量减少其对社会经济和生态环境的不利影响，在充分考虑水系连通涉及区域的水资源条件及水系连通对原有江河湖库水系格局的影响，综合权衡河湖水系连通的投资与效益、正面与负面效应、短期效应与长期效应，广泛听取和认真分析研究有关部门、地方和专家的意见和建议，深入分析河湖水系连通工程经济技术的合理性及生态环境的可承受性的基础上，明确提出河湖水系连通实施过程中应该提倡、规避和禁止的一般准则及其评判指标体系，并分别考虑东部季风区、西北干旱半干旱区、青藏高寒区等不同分区河湖水系基本特征，根据各分区水文气象特征提出区域水系连通的特有准则。

5.3.1 河湖水系连通的一般性准则及其评判指标体系

5.3.1.1 社会准则

保障社会的公平合理、和谐稳定是河湖水系连通实施的社会准则。开展河湖水系连通工程，要做到以下三点：统筹城乡水资源开发利用，促进城市与农村协调发展；统筹考虑上下游、左右岸、水资源调出区与调入区之间的用水需求，促进不同区域协调发展，有较高的社会认可度；统筹国内国际两个大局，坚持在平等互利、合作共赢的基础上推动国际河流的合作治理开发。

社会准则的评判指标包含水资源与耕地匹配基尼系数、水资源与GDP匹配基尼系数、水资源与人口匹配基尼系数、移民情况、工程占地情况、补偿措施到位程度等。其中，水资源与耕地匹配基尼系数、水资源与GDP匹配基尼系数、水资源与人口匹配基尼系数三项指标是仿造基尼系数构建，用于判断水资源分配公平程度的指标。

1. 基于基尼系数的相关指标

水资源与耕地匹配基尼系数、水资源与 GDP 匹配基尼系数、水资源与人口匹配基尼系数这三项指标的理论基础是洛伦兹曲线和基尼系数。

基尼系数一般在 0～1 之间。基尼系数越小，收入越平均；基尼系数越大，收入分配越不平均。联合国有关组织认为：基尼系数在 0.2 以下，表示社会收入分配"高度平均"或"绝对平均"；0.2～0.3 表示"相对平均"；0.3～0.4 表示"比较合理"；0.4～0.5 表示"差距过大"；0.5 以上表示"高度不平均"或"差距悬殊"（表 5.1）。国际公认的警戒线是 0.4，其警示意义不容忽视。

表 5.1   基尼系数的区段划分

基尼系数大小	收入分配差异状况	基尼系数大小	收入分配差异状况
低于 0.2	收入绝对平均	0.4～0.5	收入差距过大
0.2～0.3	收入相对平均	0.5 以上	收入差距悬殊
0.3～0.4	收入比较合理		

在自然界，水资源在地域空间上的分布具有非均衡性，直接关系到区域社会经济发展和生态安全，其内涵的数学规律十分类似于收入分配的均衡性问题。因此，水资源在地域空间上分配的非均衡程度，用洛伦兹曲线和基尼系数描述，具有很好的一致性，这为分析河湖水系连通提供了一种新的量化指标。

首先，可以计算水系连通前水资源调出区与水资源调入区的水资源与耕地匹配基尼系数、水资源与 GDP 匹配基尼系数和水资源与人口匹配基尼系数等指标，根据表 5.8 中基尼系数的区段划分可初步判断水资源分配的公平程度。若上述基尼系数较小，则说明水资源在地域空间上的分配比较均衡；反之，则说明水资源在地域空间上的分配比较不均衡。

其次，还可以计算某一调水量前提下水资源调出区与水资源调入区的相关基尼系数指标，据此可初步判断水系连通对水资源分配公平程度的影响。

2. 移民情况

工程移民问题是一个非常重要的社会问题，涉及移民补偿、移民就业保障、移民教育等诸多方面。因此，将移民情况作为社会指标进行评判。

对于以调配水资源为主要功能的水系连通工程，移民情况可以用单位效益或单方水的移民人数来表示。对于以生态修复和水灾害防御为主要功能的水系连通工程，移民情况可以用单位效益的移民人数来表示。若工程效益无法定量衡量，可以直接用移民人数表示移民情况。对该指标，总的评判标准是应尽量减少移民人数。由于每个工程所在区域的人口密度、经济社会发展水平等要素存在较大差异，因此建议评判该指标时，多进行相近地区、相似工程或不同方案之间的比较。

3. 工程占地情况

土地资源是非常宝贵的社会资源，应将工程占地情况作为社会指标进行评判。对于以调配水资源为主要功能的水系连通工程，工程占地情况可以用单方水的工程占地面积来表示。对于以生态修复和水灾害防御为主要功能的水系连通工程，工程占地情况可以用单位效益的工程占地面积来表示。若工程效益无法定量衡量，可以直接用工程占地面积表示工程占地情况。对该指标，总的评判标准是应尽量减少工程占地面积。由于每个工程地理位置及特点不同，因此建议评判该指标时，多进行相近地区、相似工程或不同方案之间的比较。

4. 补偿措施到位程度

河湖水系连通可能会引起流域及区域水系格局和水资源格局的改变，进而引起经济效益、生态效益和环境效益在不同流域、区域或者城市与农村之间转移。因此，首先要科学分析河湖水系连通受损地区的范围及其社会经济和生态环境的受影响程度；然后要研究河湖水系连通导致水经济价值和生态价值转移的相关补偿制度，综合考虑工程补偿、资金补偿、政策补偿、技术补偿等手段，确立河湖水系连通受水区对水源区、受益地区对受损地区、受益人群对受损人群的利益补偿办法，包括补偿对象、被补偿对象、补偿方式和补偿进度等；最后评判补偿措施的到位程度。补偿措施的到位程度可以用一个 $0\sim1$ 的数值来衡量。假设补偿措施完全到位，则该数值为 1；若没有采取任何补偿措施，则该数值为 0。补偿措施到位程度的评判应充分考虑被补偿地区公众及政府相关部门的意见。

5.3.1.2　经济准则

河湖水系连通实施的经济准则是要能够促进连通两地的经济发展，主要包括：通过河湖水系连通促进水资源高效利用；河湖水系连通工程不仅经济合理，且发挥一定的社会效益和生态环境效益；依据区域经济社会发展的需求及其经济承受能力，科学合理地确定河湖水系连通工程的建设规模。

经济准则的评判指标包括经济内部收益率、经济净现值、经济效益费用比、水资源开发利用的边际成本、单方水投资、单方水效益 6 项。

1. 经济内部收益率

经济内部收益率 $EIRR$ 应以项目计算期内各年净效益现值累计等于零时的折现率表示，其表达式为

$$\sum_{t=1}^{n}(B-C)_t(1+EIRR)^{-t}=0 \tag{5.1}$$

式中：$EIRR$ 为经济内部收益率；B 为年效益，万元；C 为年费用，万元；n 为计算期，年；t 为计算期各年的序号，基准点的序号为 0；$(B-C)_t$ 为第 t 年的净效益，万元。

项目的经济合理性应按经济内部收益率 $EIRR$ 与社会折现率 i_t 的对比分析确定。当经济内部收益率大于或等于社会折现率时，该项目在经济上是合理的。

2. 经济净现值

经济净现值 $ENPV$ 应以用社会折现率 i_t 将项目计算期内各年的净效益折算到计算期初的现值之和表示，其表达式为

$$ENPV=\sum_{t=1}^{n}(B-C)_t(1+i_t)^{-t}=0 \tag{5.2}$$

式中：$ENPV$ 为经济净现值，万元；i_t 为社会折现率。

项目的经济合理性应根据经济净现值 $ENPV$ 的大小确定。当经济净现值大于或等于零时，该项目在经济上是合理的。

3. 经济效益费用比

经济效益费用比 $EBCR$ 应以项目效益现值与费用现值之比表示，其表达式为

$$EBCR = \sum_{t=1}^{n} B_t(1+i_t)^{-t} / \sum_{t=1}^{n} C_t(1+i_t)^{-t} \tag{5.3}$$

式中：$EBCR$ 为经济效益费用比；B_t 为第 t 年的效益，万元；C_t 为第 t 年的费用，万元。

项目的经济合理性应根据经济效益费用比 $EBCR$ 的大小确定。当经济效益费用比大于或等于 1.0 时，该项目在经济上是合理的。

4. 水资源开发利用的边际成本

边际成本是指增加单元水量所引起的总供水成本的增加量。区域的水资源开发利用包括节水、治污、本地开源、外地调水等多种方式。对用水效率考核不达标地区，要加强节水型社会建设，在提高水资源利用效率、减少损失浪费的基础上进行以提高水资源统筹调配能力为主要功能的水系连通。从经济角度出发，水系连通后水资源开发利用的边际成本应低于连通前，即连通后水资源开发利用的边际成本要比节水、治污、开源等其他水资源开发利用方式获得水资源的边际成本小。

5. 单方水投资

对于以调配水资源为主要功能的水系连通工程，还可以将单方水投资作为一个经济指标。单方水投资越小，说明水系连通工程越经济。

6. 单方水效益

对于以调配水资源为主要功能的水系连通工程，还可以将单方水效益作为一个经济指标。单方水效益越大，说明水系连通工程越经济。

5.3.1.3 生态准则

河湖水系连通实施的生态准则是要能够充分发挥河湖水系的生态服务功能，确保连通两地的生态安全，主要包括：连通后连通两地的河湖水系生态服务功能实现净增加；以满足水资源调出区河流的基本生态流量和湖泊的基本生态水位为前提，生态脆弱地区要特别重视对水系连通伴生的生态效应研究，避免水系连通导致生态破坏。

生态准则的评判指标包含水资源开发利用率、水生生态影响程度、陆生生态影响程度、湿地和自然保护区影响程度、河湖水系冲淤影响程度、水土流失影响程度 6 项。

1. 水资源开发利用率

水资源开发利用率是指流域或区域用水量占水资源总量的比率，体现的是水资源开发利用的程度。国际上一般认为，对一条河流的开发利用不能超过其水资源量的 40%。否则，可能会破坏人类与自然的和谐关系，导致一些生态环境问题。

因此，应该将水源区所在流域或区域的水资源开发利用率作为水系连通的生态评判指标。若该指标较小，则往外调水的可能性就较大；反之，若该指标已经接近或超过 40%，则应谨慎考虑水系连通的合理性。

2. 水生生态影响程度

水生生态包括水生植物、水生动物、水生微生物等。河湖水系连通对水生生态的影响最为显著。河湖水系连通是否有利于水生生态的维持和保护，是河湖水系连通生态效应评价的一个重要标准。应深入研究河湖水系连通对浮游植物、浮游动物、底栖生物、高等水生植物、重要经济鱼类及其他水生动物，珍稀濒危、特有水生生物种类及分布与栖息地的影响。

水生生态影响程度的评判应涵盖水资源调出区和调入区两个区域，并分为非常有利、较有利、无显著影响、较不利、非常不利五个等级。鉴于水生生态研究的复杂性，仅从实用的角度出发，选用如下指标综合衡量河湖水系连通对水生生态的影响程度。

（1）河流生境多样性指标。生物生境多样性与生物群落多样性是统一的，有什么样的生境就造就什么样的生物群落。选用水深、流速、覆盖物、河床基质等表征河流生境多样性的主要参数，构造河流生境多样性指标，即

$$D_r = \sum_{i=1}^{n} \beta_i \left[N_{ih} N_{iv} (N_{ic} + N_{ib}) \right] \tag{5.4}$$

式中：i 为测量的典型河段单元；N_{ih} 为第 i 单元水深多样性值；N_{iv} 为第 i 单元流速多样性值；N_{ic} 为第 i 单元覆盖物（水中大块石头、死树枯枝、水草以及河边植被等）多样性值；N_{ib} 为第 i 单元河床基质（砾石、卵石以及沙等）多样性值；β_i 为第 i 单元类型河道面积的权重，其和为 1。

（2）河流生态流量。河流生态流量主要包括河道生态基流量、平滩流量和河流生态需水量。河道生态基流量是维持河道基本生态功能不被破坏的流量；平滩流量是维持河道主河槽的最有效流量，一般情况下，重现期大约是 1.5 年；河流生态需水量是指维持河道生态功能所需水量。每个指标可分别以实际流量占理论值之比表示，即

$$D_\varepsilon = Q_1 / Q_2 \tag{5.5}$$

式中：Q_1 为河流实际的生态流量；Q_2 为河流理论上的生态流量。

（3）河流脉动指标。该指标反映了河流径流量的年际年内变化的剧烈程度，在一定程度上反映了洪水频率、洪峰流量等洪水特性，它是河流生态功能表征的一个重要参数。根据水文资料计算流量脉动指标，即

$$D_m = Q_r / \overline{Q} = \sqrt{\frac{1}{N} \sum_{i=1}^{N} \frac{(Q_i - \overline{Q})}{\overline{Q}}} \tag{5.6}$$

式中：Q_r 为流量均方差；N 为总天数；Q_i 为 i 天实测流量；$\overline{Q}$ 为多年平均流量。

特大洪水使该指标变大，水库调节一般使该指标变小。此外，河口是河流与受水体的结合地段，受水体可能是海洋、湖泊，甚至更大的河流。河口生态系统是指河口水体中各类生物之间及其与河口环境之间的相互关系。河湖水系连通对调出区下游河口水生生态的影响程度也应重点分析。

3. 陆生生态影响程度

河湖水系连通改变流域及区域的水资源格局，对流域及区域的陆生植物和陆生动物也可能造成一定的影响。应科学分析河湖水系连通对森林、草原等植被类型、分布及演替趋势，珍稀濒危和特有植物、古树名木种类及分布，陆生动物、珍稀濒危和特有动物种类及分布与栖息地等的影响，并将河湖水系连通是否有利于陆生生态的维持和保护，作为河湖水系连通的一个重要评判标准。

陆生生态影响程度的评判应涵盖水资源调出区和调入区两个区域，并分为非常有利、较有利、无显著影响、较不利、非常不利五个等级。陆生生态评价的一个重要指标是生物多样性。流域生物多样性是流域健康的重要外在体现，直观地反映了流域物种的丰富程度，是人们评价流域健康的一个重要指标，可用香农-维纳指数表示，即

$$D_l = -\sum_{i=1}^{N} \omega_i \ln \omega_i \qquad (5.7)$$

式中：N 为采集的样本中的生物物种数；ω_i 为样本中第 i 种物种在全部生物个体数中的比例。

香农-维纳指数一般位于 1.5～3.5，很少超过 4，该指标包括两层含义：一是物种的多样性；二是物种的均匀程度。物种的数目越多，均匀度越高，物种的多样性越高。

4. 湿地和自然保护区影响程度

湿地和自然保护区影响程度的评判应涵盖水资源调出区和调入区两个区域，并分为非常有利、较有利、无显著影响、较不利、非常不利五个等级。应科学分析河湖水系连通对河滩、湖滨、沼泽、海涂等生态环境以及物种多样性的影响，科学分析河湖水系连通对自然保护区保护对象、保护范围及保护区的结构与功能的影响，并将河湖水系连通是否有利于湿地和自然保护区生态环境的维持和保护，作为河湖水系连通的一个重要评判标准。

生物多样性和景观多样性是湿地和自然保护区生态环境维持和保护的两个重要要求。生物多样性前面已经述及，景观多样性指标反映了流域范围内景观不同组分状况，是流域健康的外在表现形式，可用 Romme 的景观丰富度指数计算，其公式为

$$D_z = \frac{T}{T_{\max}} \times 100\% \qquad (5.8)$$

式中：T 为景观中不同生态系统类型总数；$T_{\max}$ 为景观最大可能丰富度。

5. 河湖水系冲淤影响程度

水资源调出区和调入区的水资源形势改变后，会对调出河流和调入河流的泥沙及河床冲淤产生影响。

河湖水系冲淤影响程度的评判可考虑单位体积水体含沙量变化程度和断面输沙量变化程度两个指标。河湖水系冲淤影响程度的评判应涵盖水资源调出区和调入区两个区域。根据上述指标的大小，可将河湖水系冲淤影响程度分为非常有利、较有利、无显著影响、较不利、非常不利五个等级。

6. 水土流失影响程度

河湖水系连通也可能对水土流失带来影响。例如，水库库区移民安置中开垦荒地、建房等生产生活活动可能使森林面积减少，并产生新的水土流失。对木材的需求可能引起森林资源减少，导致生态环境恶化。大坝加高施工期间土方开挖和填筑、土料场的取土及弃渣等，将产生水土流失，对施工区环境会造成一定影响。工程施工工期长、工程量大、动用土石方量多，从而会破坏施工区的地表植被，改变原有的地面坡度，使原有稳定的地表受到扰动，在短期内会加剧施工区的水土流失。

水土流失影响程度的评判应考虑单位效益的土石方挖填总量、单位效益的弃土（石、渣）总量、单位效益的损坏地貌植被面积、单位效益的可能新增水土流失量等指标。对于以调配水资源为主要功能的水系连通工程，水土流失影响程度的评判应涵盖水资源调出区和调入区两个区域。根据上述指标的大小，可将水土流失影响程度分为非常有利、较有利、无显著影响、较不利、非常不利五个等级。

5.3.1.4 环境准则

河湖水系连通的环境准则是要能够改善水环境，提升连通区域的水景观，主要包括：

在严格控制入河湖污染物总量、有效保护水资源的基础上，充分发挥水系连通的环境修复功能；通过连通有效改善江河湖库的水质，增强重要水功能区的水环境容量和纳污能力；保障水资源调出区基本的水质要求，避免有害微生物传染、污染物转移；有效改善城乡水景观。

环境准则的评判指标包含水功能区水质达标率变化程度、水温变化程度、富营养化变化程度、DO 与耗氧有机污染变化程度、重金属污染变化程度、生活环境影响程度等 6 项。

1. 水功能区水质达标率变化程度

水质是影响人类健康和水资源可持续利用的一个重要参数。水质指标包括物理指标、化学指标、生物指标、放射性指标等。水功能区水质达标率是综合反映水功能区水质状况的一个指标。应对水资源调出区和调入区两个区域水功能区水质达标率的变化情况进行评价。可用水系连通前后水功能区水质达标率之比来反映水功能区水质达标率变化情况。令

$$EI = W_1 / W_2 \tag{5.9}$$

式中：W_1 和 W_2 分别是水系连通前后水功能区的水质达标率；EI 为水功能区水质达标率的变化情况。

若 $EI > 1$，说明水功能区水质变差；反之，则说明水功能区水质变好。一般而言，水功能区水质达标率应不低于 50%。

2. 水温变化程度

水温变化程度表示水系连通前后多年平均水温的变化程度，应对水资源调出区和调入区两个区域水温的变化情况进行评价。可用水系连通前后多年平均月水温变化的最大值来反映水温变化程度。令

$$TI = \max_{i=1}^{12}(|T_{i1} - T_{i2}|) \tag{5.10}$$

式中：i 为月份；T_{i1} 和 T_{i2} 分别是水系连通前后的多年平均月水温；TI 为水温变化程度。

TI 越大，说明水温变化程度越大。一般而言，如果 $TI < 1$，则说明水温变化不大。

水温对于鱼类生活的影响极为重要，而鱼类对于水温变化的适应也是多方面的。不同的鱼类适应于不同的水温范围，据此可将鱼类划分为热带和亚热带性鱼类、温水性鱼类、冷水性鱼类三类。热带和亚热带性鱼类适应热带和亚热带的水温条件，要求较高的水温环境，能够在较高水温的水域中生活。这类鱼的特点是对高水温的耐受力较强，而对低水温的适应性很差。例如罗非鱼在 17～14℃ 以下时不能正常生活，鲮和胡子鲶在 10℃ 以下的水温中生活不正常。大多数热带和亚热带性鱼类能够耐受的水温为 35～38℃。温水性鱼类适应温带的水温条件，在 0～33℃ 的水温均能生存，鲤、鲫及草、青、鲢、鳙等均属此类。冷水性鱼类适应寒带和亚寒带的水温条件，它们在较低的水温下能够正常生活，超过 20～22℃ 就不易生存。鲑鳟类、狗鱼、江鳕和一些裂腹鱼类属这一类型。三种类型中，以温水性鱼类的适温幅度最广，称为广温性鱼类，它们对于温度变化的适应能力较强，分布地区较广。热带和亚热带性鱼类以及冷水性鱼类适温幅度较窄，称为狭温性鱼类，它们的分布明显地受到各地水温的制约。对于狭温性鱼类的增养殖，当地水温的变幅以及这些鱼类适宜水温的持续时间具有决定性意义。

在适当的水温范围内，鱼类的生理活动能正常进行。超出这个范围，鱼类将受到不同程度的影响。当到达最高（上限）或最低（下限）极限时，鱼类就死亡。据此，大致可以

划分为五个温区：致死低温区、亚致死低温区、适宜温度区、亚致死高温区、致死高温区。在适宜温度区范围内，鱼类的生命活动可以正常进行。在这一温区内还可以划出一个最适温度区，在最适温度区内，鱼类的生命活动处于最佳状态。例如温水性鱼类通常的适宜温度区为 15～30℃，最适温度区为 24～28℃。大多数鱼类的最适温度区较接近于亚致死高温区，而与亚致死低温相距较远。亚致死低温区或亚致死高温区是指适宜温度区与致死温度区之间的水温范围。所谓致死温度，是指在一组实验鱼类中，有 50% 的个体死亡、50% 的个体存活的水温，即 TL50，其实际含义为半致死的温度。

对大多数鱼类，水温的高低直接决定鱼的体温。因此在适宜温度区范围内，当水温上升时，鱼的体温随之升高，体内的生理过程加快。这通常符合范霍夫定律，即温度每升高 10℃，生理过程的速度加快 2～3 倍。因而水温影响鱼类各项生理活动的强度。例如鱼类的摄食强度、对食物的消化吸收率、生长率、胚胎发育以及到达性成熟的时间等都受水温的直接影响。水温对鱼类产卵期的到来具有决定性意义，例如草、青、鲢、鳙在春季水温 18℃ 以上才开始产卵，鲑鱼的产卵水温则在 12℃ 以下。这表明一定的水温对于鱼类产卵是一种刺激，春季产卵的鱼类要求升温，而秋冬产卵的鱼类则要求降温。

3. 富营养化变化程度

富营养化是一种营养物质在湖泊水库水体中积累过多，导致生物（特别是浮游生物，即藻类）的生产能力异常增加的过程。富营养化的最显著特征就是水面藻类异常增殖，成片成团地覆盖在水面上。营养状态评价项目包括总磷、总氮、叶绿素 a、高锰酸盐指数和透明度。可根据《地表水资源质量评价技术规程》（SL 395—2007）中的湖泊（水库）营养状态评价标准（表 5.2）和方法计算营养状态指数。

表 5.2　　　　　　　　　　　　　湖泊（水库）营养状态评价标准

营养状态分级	指数	总磷 /(mg/L)	总氮 /(mg/L)	叶绿素 a /(mg/L)	高锰酸盐指数 /(mg/L)	透明度 /m
贫营养	10	0.001	0.020	0.0005	0.15	10
	20	0.004	0.050	0.0010	0.4	5.0
中营养	30	0.010	0.10	0.0020	1.0	3.0
	40	0.025	0.30	0.0040	2.0	1.5
	50	0.050	0.50	0.010	4.0	1.0
富营养	60	0.10	1.0	0.026	8.0	0.5
	70	0.20	2.0	0.064	10	0.4
	80	0.60	6.0	0.16	25	0.3
	90	0.90	9.0	0.40	40	0.2
	100	1.3	16.0	1.0	60	0.12

应对水资源调出区和调入区富营养化敏感区域营养状态指数的变化情况进行评价。可用水系连通前后营养状态指数之比来反映富营养化变化情况。令

$$FI = F_1/F_2 \tag{5.11}$$

式中：F_1 和 F_2 分别是水系连通前后富营养化敏感区域的营养状态指数；FI 为富营养化

的变化情况。

若 $FI>1$，则说明富营养化程度变低；反之，则说明富营养化程度变高。

4. DO 与耗氧有机污染变化程度

DO 为水体中的溶解氧浓度，单位为 mg/L。溶解氧对水生动植物十分重要，过高和过低的 DO 对水生生物均会造成危害，适宜值为 $4\sim12mg/L$。耗氧有机物指导致水体中溶解氧大幅度下降的有机污染物，可取高锰酸盐指数、化学需氧量、五日生化需氧量、氨氮等对耗氧污染状况进行评估。

根据上述指标，评判水系连通前后水资源调出区和调入区的 DO 与耗氧有机污染的变化程度。根据《地表水环境质量标准》（GB 3838—2002），上述 5 项指标的级别及分级标准见表 5.3。

5. 重金属污染变化程度

重金属污染是指含有汞、镉、铬、铅及砷等生物毒性显著的重金属元素及其化合物对水的污染。根据地表水资源质量标准评价重金属污染的等级，再评判水系连通前后水资源调出区和调入区重金属污染的变化程度。

表 5.3　　　　　　　　　　　**DO 与耗氧有机污染分级标准表**　　　　　　　　单位：mg/L

参数项	一级	二级	三级	四级	五级
DO，$\geqslant$	饱和率90%（或7.5）	6	5	3	2
高锰酸盐指数，$\leqslant$	2	4	6	10	15
化学需氧量，$\leqslant$	15	17.5	20	30	40
五日生化需氧量，$\leqslant$	3	3.5	4	6	10
氨氮，$\leqslant$	0.15	0.5	1.0	1.5	2.0

根据《地表水环境质量标准》（GB 3838—2002），上述 5 项指标的级别及分级标准见表 5.4。

表 5.4　　　　　　　　　　　**重金属污染分级标准表**　　　　　　　　　　单位：mg/L

参数项	一级	二级	三级	四级	五级
砷，$\leqslant$	0.05	0.05	0.05	0.1	0.1
汞，$\leqslant$	0.00005	0.00005	0.0001	0.001	0.001
镉，$\leqslant$	0.001	0.005	0.005	0.005	0.01
铬（六价），$\leqslant$	0.01	0.05	0.05	0.05	0.1
铅，$\leqslant$	0.01	0.01	0.05	0.05	0.1

6. 生活环境影响程度

水的动感、平滑能令人兴奋和平和，水是人与自然之间情结的纽带，是富于生机的体现。滨水空间是重要的景观要素，是人类向往的居住胜境。应科学分析河湖水系连通对生活环境的影响，并将河湖水系连通是否有利于改善生活环境，作为河湖水系连通的一个重要评判标准。

城市景观水系建设是目前河湖水系连通的一项主要内容。河湖水系连通可能会改变水系原有的水面面积。水面面积的变化是景观效应重要的表征指标之一。因此，可将重点区域水系连通前后的水面面积之比作为景观效应的衡量指标之一，即

$$D_j = A_1/A_2 \qquad (5.12)$$

式中：A_1 为连通前的水面面积；A_2 为连通后的水面面积。

《城市水系规划导则》（SL 431—2008）规定了我国城市分区及其适宜水面面积率。城市适宜水面面积率的分类见表 5.5。城市景观用水水面面积应符合《城市水系规划导则》的相关规定和要求。对于干旱半干旱地区，不适宜过度追求城市景观水面面积。可以通过水系连通和洪水资源化等手段，在原渠道化的河道上人为造滩、营造湿地、培育水生物种以求增加城市广义湿地面积，改善城市居住环境。此外，对于城市用地面积总量有限的山区城市，也不能过分追求水面面积。

表 5.5 城市适宜水面面积率

城市分区	适宜水面面积率 S	备 注
I	$S \geqslant 10\%$	现状水面面积比例很大的城市应保持现有水面，不应按此比例进行侵占和缩小
II	$5\% \leqslant S < 10\%$	—
III	$1\% \leqslant S < 5\%$	—
IV	$0.1\% \leqslant S < 1\%$	可设计一些景观水域
V	—	非汛期可不人为设计水面比例

5.3.1.5 风险准则

河湖水系连通的风险准则是要能有效规避或者控制连通可能带来的各类风险，主要包括：有效降低连通两地的水旱灾害风险；有效控制连通两地水循环各要素改变所伴生的生态风险和环境风险；有效规避工程安全风险和经济风险。

风险准则的评判指标包含干旱灾害风险、洪涝灾害风险、生态风险、环境风险、工程安全风险、经济风险 6 项。

1. 干旱灾害风险

应对水资源调出区和调入区干旱灾害风险的变化情况进行评价。可用特大干旱年水系连通前后干旱损失的变化情况来反映干旱灾害风险的变化情况。令

$$DI = D_1/D_2 \qquad (5.13)$$

式中：D_1 和 D_2 分别是水系连通前后特大干旱年的干旱损失。

若 $DI > 1$，说明干旱灾害风险变低；反之，则说明干旱灾害风险变高。

2. 洪涝灾害风险

应对水资源调出区和调入区洪涝灾害风险的变化情况进行评价。可用特大洪水年水系连通前后洪涝损失的变化情况来反映洪涝灾害风险的变化情况。令

$$FI = F_1/F_2 \qquad (5.14)$$

式中：F_1 和 F_2 分别是水系连通前后特大洪水年的洪涝损失。

若 $FI > 1$，说明洪涝灾害风险变低；反之，则说明洪涝灾害风险变高。

3. 生态风险

生态风险是指生态系统及其组分所承受的风险，指在一定区域内，具有不确定性的事

故或灾害对生态系统及其组分可能产生的作用，这些作用的结果可能导致生态系统结构和功能的损伤，从而危及生态系统的安全和健康。

首先应确定水资源调出区和调入区范围内受水系连通影响比较敏感的生态要素，然后评估水系连通前后敏感生态要素发生生态风险的变化情况。应主要考虑以下两类生态风险：一是重要湿地与湖泊因缺水引发生态危机的风险；二是因水系连通导致调出区下游河道缺水引发生态危机的风险。令

$$EI = E_1/E_2 \qquad\qquad (5.15)$$

式中：E_1 和 E_2 分别是水系连通前后敏感生态要素的生态风险。

若 $EI > 1$，说明生态风险变低；反之，则说明生态风险变高。

4. 环境风险

环境风险是由人类活动引起或由人类活动与自然界的运动过程共同作用造成的，通过环境介质传播的，能对人类社会及其生存、发展的基础环境产生破坏、损失乃至毁灭性作用等不利后果的事件的发生概率。应主要考虑以下三类环境风险：一是水源区的环境风险；二是水系连通通道的水环境风险；三是极端枯水情况下水资源调出区下游的水环境风险。

前两类环境风险主要考虑水源区和水系连通通道周围及上游的情况，评估水资源受污染的风险高低；第三类风险则应对水系连通前后环境风险的高低进行比较。令

$$E'I = E'_1/E'_2 \qquad\qquad (5.16)$$

式中：E'_1 和 E'_2 分别是水系连通前后的环境风险。

若 $E'I > 1$，说明环境风险变低；反之，则说明环境风险变高。

5. 工程安全风险

洪水、地震、工程故障等因素都会给水系连通工程的安全带来风险。应该综合考虑上述要素，对工程运行期的工程安全风险进行评估。

6. 经济风险

根据水系连通工程特点，分析测算固定资产投资、供水量、达到设计效益时间等指标浮动对主要经济评价指标的影响，说明工程抗经济风险的能力。

5.3.2　河湖水系连通各分区的特殊性准则

1. 东部季风区

（1）北方干旱半干旱区。北方干旱区的降水量普遍偏少，水资源匮乏，属于严重缺水地区。水资源分布时空不均，年际年内变化大。因此，在进行河湖水系连通时，应在优先考虑社会准则的同时，把水资源承载力指标的变化也作为判断连通是否可行的标准之一。水资源承载力准则即连通后的区域总的水资源承载力不低于连通前的水资源承载力。

（2）南方多雨区。南方多雨区降水量大，水量丰富，河网密布，多为湿润半湿润地区。目前区域的主要用水矛盾在于经济发展引起的河流湖泊水质污染十分严重。在进行河湖水系连通时，应侧重于环境准则和生态准则。在将纳污能力和生态服务功能作为主要评判指标的同时，应将生物多样性指标也作为生态准则的一项重要指标加以考虑。

维系生物多样性是实现可持续发展的一项必要条件。河湖水系连通将不同的水系连接

在一起的同时，也将不同水体内的生态系统连接在一起。好的水系连通可以通过引入健康水体内的生物，修复受损水体的生态系统。而连通也可能会带来物种入侵、调出水体生态系统破坏等问题。因此，对连通前后生态多样性指标的评判可以有效判别河湖水系连通对生态的影响。

2. 西北干旱半干旱区

水资源的匮乏已成为制约西北干旱半干旱区社会经济发展的主要因素。与此同时，生态用水量匮乏导致的荒漠化和生态退化已成为制约当地可持续发展的重要因素。因此，社会准则和生态准则将成为西北干旱半干旱区进行河湖水系连通工作的侧重点。在使用水资源承载力对社会指标进行补充的同时，生态需水量作为生态准则的一项重要补充应在实际工程中加以关注。

在西北干旱半干旱区，生态用水量匮乏是制约生态系统正常发展的最主要制约因素。因此，连通后的区域生态供水量是否大于连通前的生态供水量是西北干旱半干旱区进行水系连通工作的重要准则。

3. 青藏高寒区

青藏高寒区的生态脆弱性较高，水利开发容易造成不可逆转的生态破坏。因此，生态准则是青藏高寒区进行河湖水系连通工作的重中之重。其中，生态脆弱度作为生态准则的一项重要指标，应在青藏高寒区的河湖水系连通工作中加以关注。生态脆弱度准则即河湖水系连通后的区域生态脆弱度不高于连通前区域的生态脆弱度，通过对生态脆弱度准则的考虑，可以有效地保障青藏高寒区的生态安全，维系区域的生态系统健康。

5.4 河湖水系连通的关键技术

根据河湖水系连通战略实施过程的实际需要，分别从规划设计和运行管理两个层面综合构建了河湖水系连通的关键技术体系，如图 5.1 所示。河湖水系连通关键技术可分为规划设计中的关键技术和运行管理中的关键技术两个部分。

1. 规划设计中的关键技术

规划设计中的关键技术可以分为河湖水系功能与问题识别技术、河湖水系连通需求分析技术、河湖水系连通方案甄选技术和河湖水系连通效果评估技术四个部分。

（1）河湖水系功能与问题识别技术。其主要内容包括对河湖水系的功能进行识别，如兴利功能、生态功能和环境功能等，通过指标筛选和问题识别，指出河湖水系现状存在的问题，为河湖水系连通提供依据。

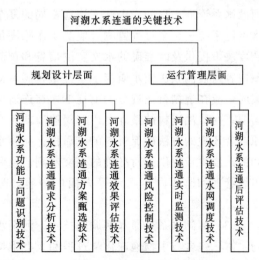

图 5.1 河湖水系连通的关键技术体系

（2）河湖水系连通需求分析技术。其主要功能包括从水资源短缺状况、水旱灾害风险状况和流域生态健康状况等方面研究河湖水系的连通格局及状况，分析存在的主要问题和未来需求，并在此基础上初步确定连通的数量、质量和时间等基本要求。

（3）河湖水系连通方案甄选技术。该技术是在天然水系分布的基础上，选择连通水体，经过对水体之间交换水量的数量和质量分析，特别是特定供水保证率要求下的数量和质量，确定连通程度、连通方案和连通途径。

（4）河湖水系连通效果评估技术。其主要功能是对河湖水系连通后形成的新的水资源系统进行评估，评价河湖水系连通对防洪、供水、生态系统和河流健康的影响。这些技术从连通的必要性、可行性和合理性等方面系统构建河湖水系连通的技术体系，可以为河湖水系连通工作的进一步开展提供支撑。

2. 运行管理中的关键技术

运行管理中的关键技术可以分为河湖水系连通风险控制技术、河湖水系连通实时监测技术、河湖水系连通水网调度技术和河湖水系连通后评估技术四个部分。

（1）河湖水系连通风险控制技术。该技术主要针对影响河湖水系连通在供水效益转移、污染转移、传染病转移以及水资源、水生态与水环境等方面的不确定性因素进行深入分析，制定相应的应对措施和科学可行的风险管理制度，结合规划方案和预警信息进行有效控制，对工程风险、灾害风险、环境风险、经济风险和社会风险等进行控制和管理，从而保障连通工程的安全，提高运行的可靠性和供水的保证率。河湖水系连通风险控制技术分为风险识别、风险分析和风险处理三个部分。首先，全面识别河湖水系连通过程中各种不利事件的类型，分析其发生的可能性，准确评估其产生的损失；其次，根据连通区域特征和风险类型进行风险权衡，评定风险等级，选择风险预案；最后，合理制定监测、预防、接受、回避、转移、抵抗、减轻和控制风险等各种行动方案，在风险事件发生前、发生过程和发生后进行控制与管理，提高防范和应对能力。

（2）河湖水系连通实时监测技术。该技术是河湖水系连通工程的重要组成部分。由于河湖水系连通工程的庞大性、连通格局的复杂性和气候变化影响的不确定性，需要对复杂水网巨系统进行全过程监测。监测工作除满足河湖水情资料的积累外，还要为连通期间的调度决策提供及时准确的水文实测信息和预测信息服务。因此，连通实时监测的设站、监测内容与监测频次应水质与水量并重，满足复杂水网实时调度的实际需要；在制定监测方案时，应在遵循行业规范的前提下，在连通关键区域有一定灵活性，满足风险管理的实际需要；在监测资料的整理上，应对连通前后资料的一致性进行审查，必要的情况下采用还原或者还现的方法确保资料的可靠性。河湖水系连通监测预警技术的主要功能是为连通期间的调度决策提供及时准确的水文实测信息和预警信息服务，包括监测站布设原则、监测组织管理和监测内容规定等方面的内容，为实现连通工程的科学调度和长效管理提供支撑。

（3）河湖水系连通水网调度技术。河湖水系连通以河湖水系为核心，流域水循环过程为主体，包含与生物地球化学过程和人类维持社会经济发展的涉水过程等相互联系、相互影响的复杂巨系统，其构成要素复杂。与此同时，河湖水系连通不仅涉及社会功能和生态环境功能等不同服务功能间的博弈，而且表现为不同流域、上下游、左右岸等服务主体之间的博弈。因此，河湖水系连通的调度决策过程是一个复杂的大系统多目标问题，既需要对实际工程系统进行合理概化和寻求有效、灵活的优化调度模型和降维技术，又需要借助专家知识，建立智能决策支持系统等对实时调度信息进行处理。其中，兼顾生态环境、水资源保障和风险控制等目标，上下游、左右岸等群体利益的调度准则是河湖水系连通水网调度技术研究的重点与难点。河湖水系连通水网调度技术是保障河湖水系间的水体交换和物质循环，实现水资源的合理调配，提高水体自净能力的关键因素。通过对河湖水系连通的时机选择、连通流量的大小控制、水质水量结合的调度模式和调度效益与风险评价等研究，构建水网调度的关键技术体系。

（4）河湖水系连通后评估技术。该技术是指对已建成的连通工程的运行情况进行系统客观的评价，并以此确定连通目标是否达到，检验连通是否合理和有效。可分别从水资源时空分布调整效果评价、经济效益评价、社会影响效果评价、生态环境影响评价、目标和持续性评价、结论和经验策略六个方面对后评估的关键技术进行探讨。强化连通对区域水循环及其伴生的社会经济效益和生态环境效应的影响评价，从水资源时空分布调整效果评价、经济效益评价、生态环境影响评价、目标和持续性评价、结论和经验策略等方面综合开展后评估工作。在对整体效果进行评价的基础上，对利益搬家和风险转移进行评估，并建立相关补偿机制对连通区域的利益关系进行调整。这些技术从风险控制、监测、调度、后评估等不同方面构建河湖水系连通的运行管理技术体系，为河湖水系连通战略的进一步开展提供技术保障。

5.4.1 河湖水系功能与问题识别技术

河湖水系功能与问题识别是河湖水系连通工作的准备和实施前提，只有对现有河湖水系的问题有清晰的认识，才能达到连通工作有的放矢，确保连通工作行之有效。河湖水系功能与问题识别技术的主要内容包括：首先，系统梳理河湖水系的服务对象与服务功能，通过指标筛选和问题识别，指出河湖水系现状存在的问题；其次，通过分析河湖连通的演变历史与过程，明确自然因素和人为因素的影响过程与机理，确定连通变化的历史与机理；最后，通过分析河湖水系内部各要素之间以及河湖水系和水循环系统、生态系统和社会经济系统之间的影响与反馈关系，判断连通变化对河湖各服务功能的影响。

实践过程中，河湖水系连通需要对河湖水系的功能进行识别，不仅包括水资源开发等兴利功能，而且包括生态功能和环境功能。石瑞花（2008）对河流功能区划与河道治理模式进行了研究，许士国等（2009）进一步深入研究了河流的功能区划方法。

世界各地人民都把当地的主要河流称为他们的母亲河，这是因为人类不仅傍河而生，而且利用和开发河流，谋求社会经济的发展。湖泊在水资源开发中也具有特殊的重要意义。湖泊蓄水量占地球表面液态淡水资源的90％以上。它还支持着商业、运输、娱乐、旅游业的发展，为人们提供食品和能源，也是各种动植物的重要栖息地。河湖的功能是多方面的，传统的功能可以用"兴利"和"除害"两大内容概括：兴利以水资源的开发和利用为主要内容，如水力发电、城市用水、农业灌溉、航运等；除害以防洪除涝为主要内容，如修堤筑坝、疏通河道、挖河导流等。随着社会的发展和进步，水域污染日益加重，生态环境急剧恶化，因此人们对于改善水域环境的要求日益提高，河湖的环境功能和生态功能得到了越来越多的重视。河湖的环境功能表现在水体自净、输沙、景观需水、休闲娱乐及场所形象等方面；河湖的生态功能指河湖为动植物繁衍提供栖息地、通道、屏障及食物的来源。由于人类活动的干扰以及对河湖分割条块式的治理模式，我国大部分的河湖生态系统都遭到了破坏，河湖的生态功能降低甚至消失殆尽，因此河湖生态修复建设成为当前的热点。概括而言，河湖的功能主要包括水利功能、资源功能、环境功能和生态功能等，各项功能及其载体见表 5.6。

表 5.6　　　　　　　　　　　　　　　河湖的功能及功能载体

一级功能	二级功能	功能载体
水利功能	防洪除涝	堤防、护岸、湿地、湖泊、沼泽、闸坝等
资源功能	发电、航运、养殖、工农业及居民生活用水等	水库、拦水闸、坝及其他水利设施
生态功能	栖息地、气候调节、吸收噪声、空气及水的净化	水体、水面、岸边植被等
环境功能	自净、输沙、景观、娱乐场所及形象功能	河流、水体、滨水公园等

1. 河湖功能评估概述

河湖功能评估是对各功能要素优劣程度的定量描述。通过评估，可以明确功能状况、功能演变的规律以及发展趋势，为河湖规划与管理提供依据。目前国内外关于河湖自然状况方面的研究较多，指标体系相对完善，通常包括五个方面的内容，即水文、河湖形态结构、河岸带状况、水质理化参数和水生物评估。相对而言，河湖社会功能的评估比较少，对河湖功能进行评估首先要阐述河湖功能的评估原理，然后根据评估原理建立指标体系，将这些指标进行分级并制定分级标准，给出每个指标的测量尺度，经过尺度转换，最终建立河湖功能的综合评估方法。

2. 河湖自然功能评估体系

河湖自然功能由水文、河湖形态结构、滨岸带状况、水质和水生物等组成，各功能包含的指标见表 5.7。水文指数反映了河湖水文受自然及人为因素影响的变化情况，自然因素指流量大小及其季节性变化，人为因素指水库调度运行、水力发电、土地利用变化及都市化效应等引起的流量变化；河湖形态结构和滨岸带状况反映了河湖的地形特征及植被覆盖等对生物群落的适宜程度；水质评估侧重于分析物理参数对河湖生物的潜在影响；水生物评估是分析环境变化对水生态系统的影响程度，一般通过选取指示物种的方法来进行。鱼类位于河湖食物链的顶层，可以反映出低阶层消费者或生产者的族群状况，而且鱼类生命周期较长，再加上鱼类分类已相当完整，生物专家能够在野外当场辨别出所采集的鱼种，因此通常以鱼类作为水生物的指示物种。

3. 河湖社会功能评估体系

河湖社会功能评估体系由防洪安全、供水能力、调节能力、文化美学功能及水环境容量等指数组成，各指数的指标组成见表 5.8。其中，防洪安全代表河湖的水利功能；供水能力代表河湖的资源功能；调节能力代表河湖对人类活动干扰的适应能力；文化美学功能代表河湖的人文景观、休闲娱乐场所及形象等功能；水环境容量代表河湖满足不同社会需水要求的服务功能。

表 5.7 河湖自然功能评估指标体系

评估内容	指标	评估依据
水文	水文变异值	实际月流量和自然月流量进行比较
河湖形态结构	河岸稳定性	河岸是否有冲蚀、坍塌现象
	河床稳定性	河床是否有冲蚀和淤积现象
	护岸类型	护岸的材料和结构对岸边生物是否有不利的影响
	人工构筑物影响	河道中的人工构造物是否对鱼类等水生物的移动产生影响
滨岸带状况	滨岸带宽度	河岸带宽度与河道宽度的比值，比值越大越好
	植被结构完整性	植被覆盖是否为乔木、灌木及草本的多层次覆盖
	植被覆盖率	植被的盖度
水质	总磷	生物活动及含磷有机物分解的产物，可指示污染状况
	浊度	阻止光的渗透进而影响水生植物的光合作用和鱼类的生长
	电导率	可以反映水中盐类的多寡，表示水质矿化的程度
	pH 值	影响生物的生长、物质的沉淀与溶解、水及废水的处理等
	溶解氧	反映水中氧的存在数量
水生物	鱼类个体数	位于河流食物链顶层，反映低阶层消费者或生产者的族群状况

表 5.8 河湖社会功能评估指标体系

指数	指标	评估依据
防洪安全	防洪工程措施达标率	达标防洪工程数量/防洪工程总数量
	防洪非工程措施达标率	达标防洪非工程数量/防洪非工程总数量
	防洪体系完善度	现有的防洪工程体系是否完善和健全
供水能力	工业用水满足率	工业供水量/工业用水量
	农业用水满足率	农业供水量/农业用水量
	居民生活用水满足率	居民生活供水量/居民生活用水量
	城镇公共事业用水满足率	城镇公共事业供水量/城镇公共事业用水量
	林牧渔业用水满足率	林牧渔业供水量/林牧渔业用水量
	生态环境用水满足率	生态环境供水量/生态环境用水量
调节能力	输沙能力调解率	输入和输出河道泥沙量的比较，反映河道的冲淤平衡
	河网结构变化率	河道长度和面积是否同步演变，反映城市化对河网发育的影响
文化美学功能	人类活动需求满足度 公众满意度	岸边是否有休闲娱乐设施，亲水是否容易并且安全，河流景观是否与周围环境协调，是否能获得公众认可
水环境容量	水功能区达标率	水功能区内达标河段的长度/评价河段总长度

　　河湖功能的评估指标体系比较复杂，各个指标值的测量需要考虑测量时间、测量位置和测量范围。指标的评估尺度应按时间尺度和空间尺度来划分测量。与时间尺度有关的主要是水质指数，水质指标一般需要取枯水期、平水期和丰水期的水样求平均值进行评估。与空间尺度有关的主要是河流的有关指数。按照指标的测量范围和测量位置，河流的空间尺度可划分为河段、测量点和横断面等尺度。通过测量可以得到各指标在其相应尺度上的

评估分数，横断面尺度上的指标可通过算术平均法转化成测量点尺度上的指标得分，然后将测量点和河段尺度上的指标得分经过统一处理转化为河段尺度上的指数得分。最终可采用模糊数学、集对分析等方法对河段尺度上的各指数得分求和，计算河流的指数总分，根据指数总分评估河流功能的发挥状况。湖泊的功能评估方法与河流功能评估方法类似，可以通过对湖泊各功能区的指标评分，综合得出湖泊的功能现状。

2002 年，水利部发布试行《中国水功能区划》的通知，这是中国第一次实施涉及全国七大流域的全面水功能区划，它标志着中国的水资源保护和合理开发利用工作进入新的发展阶段。这部区划报告选择了中国 1407 条河流、248 个湖泊水库，按照全国水功能区划技术体系的统一要求进行区划，共划分保护区、缓冲区、开发利用区、保留区等水功能一级区 3122 个，区划总计河长近 21 万 km。各省、自治区、直辖市也分别按照水功能区划的技术要求制定了本地区的水功能区划方案，这些前期工作为河湖水系功能和问题识别奠定了基础。河湖水系功能和问题识别应该在这些前期工作的基础上，因地制宜，根据本地区的河湖水系特点，识别本地区河湖水系存在的问题，为河湖水系连通工作的实施奠定基础。

5.4.2　河湖水系连通需求分析技术

河湖水系连通的需求分析技术主要解决的是连通必要性的问题。由于河湖水系连通的目的是多样的，有资源需求型、防洪减灾型、生态环境型和城市景观型等，需要对每种连通需求进行具体分析。同时这些目的又是相互影响的，如资源需求型的河湖水系连通也会重新分配不同水系的水旱灾害风险，给生态环境带来影响等。因此，河湖水系连通需求分析技术的主要目的包括两个方面。一方面是判断河湖水系现存问题是否主要由连通不善造成。从河湖水系连通变化的背景和成因、连通或隔断过程、工程和非工程措施效果和影响等方面，对区域河湖水系连通状况进行具体的综合分析评价。另一方面是判断新建连通是否有助于改善河湖水系现存问题。首先，基于对基本情况的识别，需要确定现存问题是否可以由替代方案解决，如节水、非传统水资源利用和水污染治理等；其次，如果亟须通过新建连通解决，则需要对连通区域的河湖水系、水循环系统、生态系统和社会经济系统进行全面的分析，对连通的效果及负面效应进行初步评价，明确新建连通的可能性，最终回答连通是否必要这一技术问题。

5.4.2.1　水资源承载力分析

水资源承载力最简单的定义为，在满足流域生态健康的条件下可从河流系统中提取的最大水资源量。但是这个定义没有充分考虑可接受的环境水平，也没有考虑水资源管理特别是水资源配置的影响。社会经济发展对水环境的影响不仅仅是由于用水增加而导致的生态流量减少，同时也包括用水增加和污水增加而导致的河流水质的变化。对水环境影响的可接受程度，受控于经济发展目标、人们的价值取向。因此，水资源承载力的大小决定于人们可接受的环境水平（曹建廷等，2006）。

国家"九五"科技攻关"西北地区水资源合理配置与承载能力研究"中，将水资源承载力定义为"在某一具体历史发展阶段，以可预见的技术、经济和社会发展水平为依据，以可持续发展为原则，以维护生态与环境良性循环发展为条件，经过合理的优化配置，水资源对该区经济社会发展的支撑能力"。这一定义从水资源承载的客体出发，充分考虑了经济社会和生态与环境，同时考虑了水资源优化配置，是目前普遍比较接受的一个定义。但这一定义同样不够严密。一是水是主要的环境因子，是支撑生态系统的主要因素，生态与环境是水资源承载力承载的对象，而不是水资源承载力的条件，该定义只是将生态与环境作为水资源承载力的限制因子，降低了水资源对生态系统支撑的重要性。二是对于区域水资源承载力，应该强调本区域的水资源对经济社会和生态的支撑，排除虚拟水流的条件，否则区域水资源承载力是不确定的。

因此，水资源承载力是在现有的或可预见的经济技术条件下，在没有大量虚拟水流的情况下，一个区域内的水资源通过优化配置所能支撑的该区域包括可接受的生态与环境质量、最大人口规模、最大经济规模等目标的能力。水资源承载力的对象为生态与环境、人口、经济。

基于以上对水资源承载力和相关概念的分析，以及我国水资源承载力计算涉及的水资源系统-社会经济系统-生态与环境系统-水管理系统的资料问题，结合以往研究和河湖水系连通的具体需要，在实用性和可操作性原则指导下，曹建廷等（2006）提出了利用3个简单模型来计算流域（区域）水资源承载力的计算方法。

1. 水资源利用与经济发展水平的关系

水资源在不同的部门利用产生的社会经济效益不同。W-E模块主要是利用过去近几十年的资料建立水资源利用量（W）与经济发展（GDP）的函数关系。

$$EC = f(W) \tag{5.17}$$

式中：EC 为流域不同的用水量 W 对应的经济发展水平，可用 GDP 表示。

该模块假定水资源的供给与需求平衡，根据不同部门的用水量和产值，可以建立不同部门的生产函数；然后在农业用水约束条件下，优化配置其他不同部门用水；在农业部门内部，调整产业结构，优化配置水资源。该模块的输入为水资源利用量，输出为优化配置后的经济产值。

2. 水资源利用与生态、环境的关系

（1）建立生态用水量（地表水资源总量−地表水资源利用量）与河流的生态质量的函数关系。对地表水，建立函数关系如下：

$$EI = f(ef) \tag{5.18}$$

式中：EI 为不同生态用水状况 ef 下的生态与环境指数，是反映重点栖息地、生物多样性指数、群落结构、分块群落的通达性、生物量等因素的综合指标。ef 可用下式表示：

$$ef = TW - W \tag{5.19}$$

式中：TW 为地表水资源总量；W 为地表水利用量。

（2）建立地表水资源利用量 W 与地表水水质指数 QI 的关系。参考过去几年的用水资料和水质资料，或不同三级区的用水与水质资料，根据现状水质和现状水资源开发利用情况，确定地表水不同用水量对应的水环境指数。

（3）根据不同的地下水开采量引起的环境地质灾害，建立地下水开采量与地质环境综合指数的关系。地质环境综合指数为反映地面沉降、海水入侵、地面塌陷、地下水水质等的综合指标。

根据这三部分的分析计算结果，建立水资源利用量（包括地表水和地下水量）与环境质量综合指数（包括生态、水质、地质环境）的函数关系，环境质量综合指数的计算可参考层次分析法。

　　3. 流域经济与环境的关系

　　流域经济与环境的关系是综合考虑水资源开发利用与经济社会发展、经济社会发展与水环境的关系，目的是计算流域水资源承载力。考虑到水资源承载力的主要支撑对象为满足一定生活水平的人口、满足一定标准的生态与环境、满足最适宜的经济发展水平，流域水资源承载力计算可分为以下几步：

　　（1）确定自然状态下流域地表水和地下水的总量。

　　（2）流域水资源应优先满足生活用水的需求，根据生活用水定额和人口规模计算生活用水量。

　　（3）根据水资源与生态及环境的关系，现有的生态、环境标准，确定最小的生态与环境用水量，进而根据水资源总量（地表水和地下水）和最小的生态与环境用水量，确定用于生产、生活的用水总量。

　　（4）确定用于生产的用水量，利用水资源开发利用与经济发展的关系，计算优化配置后的最大经济产值。依据上述分析可以定量确定流域水资源承载力，支撑的人口数量，满足生态与环境标准及最大的经济规模。

5.4.2.2　水旱灾害风险分析

　　水灾损失包括洪水损失和干旱损失，这两类损失的特性有较显著的不同，分别计算更有利于开展评价。当资料和计算手段尚不具备时，可用历史洪水灾害损失的多年平均值近似。主要指标包括水灾宏观损失率和规划洪水保护率等（向立云，2004）。

　　水灾宏观损失率（water disaster macro-loss percentage，WMP）是反映水灾风险对国民经济的影响程度或国民经济对水旱灾害风险承受能力的指标。定义为水旱灾害风险区的水灾年期望损失（expected annual damage，EAD）与国内生产总值（GDP）之比。

$$WMP = \frac{EAD}{GDP} \tag{5.20}$$

　　对国家而言，指全国水灾年期望（或近似地采用多年平均）损失与洪涝灾害风险区的GDP之比，我国水灾风险区（占国土面积约10%）的GDP约占全国GDP的70%。

　　由于洪水和干旱灾害特性有所不同，减轻洪水灾害和干旱灾害风险的措施也有很大的差异，区分洪灾损失率和干旱损失率，对于把握不同致灾因素的风险是必要的。

　　洪灾损失率（flood macro-loss percentage，FMP）定义为洪灾风险区的洪水年期望损失（flood annual damage，FAD）与国内生产总值（GDP）之比。

$$FMP = \frac{FAD}{GDP} \tag{5.21}$$

　　干旱损失率（drought macro-loss percentage，DMP）定义为旱灾风险区干旱的年期望损失（drought annual damage，DAD）与国内生产总值（GDP）之比。

$$DMP = \frac{DAD}{GDP} \tag{5.22}$$

　　水系连通工程建设的一个重要目的是保护水旱灾害风险区的生命财产安全，保障社会经济稳定持续的发展。设一流域或区域的水旱灾害风险区面积为 TRA，当防洪工程体系的建设可使某一量级以下的洪水（称为下限洪水 F_L）完全控制在河道之内时，工程保护率达 100%；当洪水超过某一量级（称为上限洪水 F_U），工程全面失事时，工程保护率为 0；当发生的洪水界于 F_L 和 F_U 之间，工程保护率则介于 0～1。在某些极端情况下，如洪水造成水库大坝失事，工程的存在反而有可能使淹没范围大于天然情况，此时工程保护率为负值。

从我国水系连通工程体系的现状和总体规划的特点看，其保护程度可从两个方面衡量：一是针对规划对象进行评价；二是按平均情况进行评价。与此同时，由于洪水的特性，规划洪水保护率也是其中的一个重要指标。

规划洪水保护率（Planed Flood Protection Rate，PFPR）指在规划的典型洪水发生时，以此为防御对象所规划建设的防洪工程体系减少的淹没面积或保护面积 PPA 与无此工程体系时的淹没面积 PFA 之比。

$$PFPR = \frac{PPA}{PFA} = \frac{PFA - NFA}{PFA} = 1 - \frac{NFA}{PFA} \tag{5.23}$$

我国许多流域的规划防御对象洪水为 20 世纪曾发生的最大洪水，如长江流域中下游为 1954 年洪水，海河流域北系和南系分别为 1939 年洪水和 1963 年洪水等。

5.4.2.3 生态需水量分析

生态系统是由生物群落及其生存环境共同组成的、不断进行能量交换和物质循环、不断进行生态控制和生态调节的动态平衡系统。为生态系统提供所需的一定质量和数量的水以维持物种的多样性和生态完整性，这部分所需的水称为生态需水量。

环境泛指围绕某一中心人类群体的生存环境的空间及其介质，一般包括自然环境和社会环境。环境需水实质就是为满足自然、社会的各种功能健康所需要的水量。只有在明确目标的前提下环境用水才会被赋予具体的含义。

严格地讲，生态与环境是分属两个不同学科但是在含义上有重叠的概念，在不具备分别探讨生态需水与环境需水的条件时，如果将生态需水和环境需水综合考虑就会自然地提出"生态环境需水量"这一概念，可以定义为：生物所在环境中的各种生态因子（环境中对生物有直接作用的因子）所构成的综合体称为生态环境，其维持生态系统水分平衡所需要的水量称为生态环境需水量（赵博等，2007）。

1. 河流生态环境需水量计算

流域的生态环境需水量包括河道内生态环境需水量和河道外生态环境需水量两个方面。

（1）河道内生态环境需水量。

河道内生态环境需水量是生态环境需水的组成部分，是指维系河道生态系统健康所必需的水量，其对河流生态系统的结构、功能、形态的维护具有重要的意义。从结构功能上看，河道生态需水是由多元变量组成的一个有机整体，包含河道基流量、河道输沙需水、下渗与蒸发需水、净化需水、河滨带湿地需水、生态景观需水等各个结构功能需水量。

水文指标法是最简单、需要数据最少的方法，是依据历史水文数据确定生态环境需水量的一种方法。最常用的有 Tennant 法、水生物基流法、可变范围法、7Q10 法、年最小流量法和流量持续时间曲线分析法等。

其中，7Q10 法是采用近 10 年中每年连续 7 天最枯的平均水量作为河流最小流量的设计值。在我国，7Q10 法演变为近 10 年最小月平均流量或 90％保证率最小月平均流量。此方法现在我国应用较为广泛，主要是为了防止河流污染而设定的。

水力学法是把流量变化与河道的各种水力几何参数联系起来的求解生态需水的方法。目前应用最多的是湿周法。该方法利用湿周作为栖息地的质量指标来估算期望的河道内流量值，假设保护好重点区域的栖息地的湿周也将对非重点区域的栖息地提供足够保护。通过在重点区域（通常大部分是浅滩）现场收集渠道的几何尺寸和流量数据，以重点区域栖息地类型作为河流其余栖息地部分的代表。该法需要确定湿周与流量之间的关系，这种关系可从多个渠道断面的几何尺寸与流量关系实测数据经验推求或从单一渠道的一组几何尺寸与流量数据中测算得出。湿周随流量加大而递增，速率由快变缓时的分界点流量被认为是维持河流生态系统最经济、最有效的流量。当流量降至常流量的 20％时，为维持生态功能底限，一般定为生态基础流量。R2CROSS 法是对湿周法的扩展，它不以湿周作为环境条件的唯一标准，而是确定了平均深度、平均流速及湿周长百分数作为栖息地指标。平均深度与湿周长百分数分别是河流顶宽和河床总长与湿周长之比的函数，所有河流的平均流速均采用 1 英尺每秒的常数。

其他方法还包括整体法和栖息地法等，由于资料要求较高，在我国应用较为困难，可以根据实际情况选用。

（2）河道外生态环境需水量。

对河网系统而言，河道外生态环境需水量主要是考虑干旱年份需要河网补充的水量，主要指维持河道外植被群落稳定所需要的水量，可参照植被生态需水量计算方法进行计算。另外，河道外生态环境需水量还应该包括水土保持生态用水、回补因超采地下水而出现的生态环境需水等。植被生态需水计算方法有直接计算法和间接计算法两种。

直接计算方法是以某一区域某一类型植被的面积乘以其生态用水定额，计算得到的水量即为生态用水，计算公式为

$$W = \sum W_i = \sum A_i \cdot r_i \tag{5.24}$$

式中：A_i 为植被类型的面积；r_i 为植被类型的生态用水定额。

该方法适用于基础工作较好的地区与植被类型。计算的关键是要确定不同生态需水类型植被的生态用水定额。考虑到有些干旱半干旱地区降水的作用，并兼顾计算的通用性，把生态用水定额定义为降水量接近 0 时的生态需水量减去实际降水量，即

$$r_i = r_{i0} - h \tag{5.25}$$

式中：r_i 为某地区植被类型的生态需水定额；r_{i0} 为降水量接近 0 时植被类型 i 的生态需水量（常值）；h 为某地区平均降水量。

对于某些地区天然植被生态需水计算，如果以前工作积累较少，模型参数获取困难，可以考虑采用间接计算方法。间接计算方法是根据潜水蒸发量的计算，来间接计算生态需水。即用某一植被类型在某一潜水位的面积乘以该潜水位下的潜水蒸发量与植被系数，得到的乘积即为生态需水。计算公式有

$$W = \sum W_i = \sum A_i \cdot w_{gi} \cdot K \tag{5.26}$$

式中：w_{gi} 为植被类型在地下水位某一埋深时的潜水蒸发量；K 为植被系数，即在其他条件相同的情况下有植被地段的潜水蒸发量除以无植被地段的潜水蒸发量所得的系数。这种计算方法主要适合于干旱区植被生存主要依赖于地下水的情况。式中，K 和 w_{gi} 是两个很重要的变量，常由实验确定。

2. 湖泊生态环境需水量计算

确定和保证湖泊生态系统必需的最小需水量是解决问题的关键和前提，计算湖泊最小生态环境需水量的方法有水量平衡法、换水周期法、最小水位法和功能法。对于受损失严重的湖泊，功能法无论从理论基础、计算原则和计算步骤，还是从需水量的分类和组成，都比较准确地反映了湖泊生态系统的健康现状和湖泊生态系统需水量之间的相互关系。

湖泊水资源以地表水形式存在，同时与大气水、土壤水和地下水有着密切的关系，在计算生态需水量时，应重点考虑以下几个方面：

（1）湖泊蒸散需水量 W_1，此项主要为湖泊水面蒸发量，若湖泊中含有大量的挺水植物和浮水植物，则还需要考虑这些高等植物的蒸散量。

（2）湖泊渗漏水量 W_2。

（3）湖泊自身存在的需水量 W_3，指为保证湖泊中水生生物的正常生长、发育和繁殖，需要湖泊常年存蓄一定的水量，同时，为保证湖泊、水库的正常存在及功能的发挥，应保持湖泊存在一定的蓄水量，此水量属于生态需水的重要组成部分。W_3 的计算可依据湖泊多年的水文资料，在一定保证率的情况下，求出湖泊的平均水深，再根据湖面面积，算出湖泊平均蓄水量，此水量可作为 W_3 的估计值。

（4）换水需水量 W_4 和环境稀释需水量 W_5，这两种需水量互相存在包容关系，所以在计算湖泊生态需水量时，不能把这两项需水量简单相加，而应取其中的最大值作为计算依据。换水需水量 W_4 可根据城市规划部门确定的换水周期、换水方案和换水次数，模拟湖泊自身换水周期以达到清淤、疏浚和污染物净化的最佳效果来进行计算，环境稀释需水量 W_5 可根据湖泊水质模型来确定，湖泊水质与湖泊蓄水量、出湖流量和污染物排入量有关，湖泊水体环境容量是湖泊水体的稀释容量、自净容量和迁移容量之和。

综上所述，综合应用功能法和水量平衡法得到城市湖泊生态需水量为

$$WS = W_1 + W_2 + W_3 + \max(W_4, W_5) \tag{5.27}$$

5.4.2.4 水资源利用潜力分析

通过河湖水系连通，可以将水资源从水资源相对丰沛的地区调到水资源相对缺乏的地区，缓解了水资源时空分布的不均衡性。但是为了避免连通工程的盲目上马，对区域水资源的利用潜力进行规划和评估是一个必须加以注重的问题。

（1）节水规划。管理措施指通过加强计划节约用水的管理，包括完善用水计量、实施定额管理、定期进行水平衡测试、调整水价和对用水户实行经济责任制目标管理、改进操作、查漏堵漏、节奖超罚等措施，获得节水的直接效果。同时需要注意的是技改和工艺技术进步节水。技改节水主要包括冷却水的循环利用、工艺水的处理回用、串联用水、逆流用水、一水多用等节水措施；工艺技术进步节水主要包括改革用水工艺、改造耗水型工艺的用水方式（如将直接冷却用水改造为间接循环冷却用水）等途径节水。

（2）治污处理与回用规划。污水处理回用是解决缺水的重要途径之一，也是生态环境

建设的需要。对污水处理及其回用问题的讨论不仅涉及如何解决缺水问题，还涉及生态环境建设、人与自然和谐的辩证关系、水务管理等诸多方面。在分析污水处理回用时，应将已建和待建的污水处理厂分期考虑，主要内容有污水处理厂的处理能力、水质、经费保障程度、回用水量、回用水户等。若不能做到回用水户的落实，就难以保证通过污水处理回用解决缺水评估的合理可靠性问题。

（3）地下水开采控制规划。对划定的地下水超采区实行重点保护，不允许再凿新井和扩大开采量，制定配套法规。加强水资源权属管理，实行水资源有偿使用，建立健全在宏观调控下利用市场优化水资源配置的机制，保护水量和水质，全面实施取水许可制度。

经济杠杆是水资源管理中的又一手段。对地下水超采区的开采可采用加价收费的办法，限制和控制地下水的开采量。

地下水动态监测是地下水资源管理和保护及实施取水许可制度的一项重要的基础工作。通过对地下水位、开采量、水质以及周边环境如降水量、河川径流等项目监测，掌握超采区水环境状况，适时调整防治措施和开发方案。

5.4.3　河湖水系连通方案甄选技术

近年来，随着科学发展观的贯彻落实，"以人为本""人与自然和谐相处"等科学理念不断深入人心。因此，河湖水系连通方案设计的理念也应由原有提高水资源保证率的单一目标向包括节水、治污和生态环境保护等多目标进行演变。如在南水北调工程规划设计中，率先提出了跨流域调水工程应遵循的"三先三后"原则，即"先节水后调水、先治污后通水、先环保后用水"的原则，这三项原则也将成为河湖水系连通工作的基本原则。"三先三后"就是要求节水、治污和生态环境保护与调水工程建设相协调，以水资源合理配置为主线，把节水、治污、生态环境保护与水系连通作为一个完整的系统，开展工程的规划设计。落实"三先三后"原则，一方面可以避免受水区由于忽视节水、水污染防治和环境保护而造成的恶性循环，另一方面也是保障水系连通工程顺利实施的必要条件，在防止对调出区生态环境和水资源造成不利影响方面也越来越受到重视。受水区的经济社会发展不能以调出区的环境恶化为代价，也不能因水系连通工程带来水事纠纷等社会问题。在水资源合理配置的基础上，要充分考虑调出区的利益。为充分发挥水资源的作用，对当地水与外调水进行联合调度、统一管理将是水系连通工程设计的基本原则之一。在输水方式选择方面，更加关注工程对沿线环境的适应性和影响，工程征地与移民、节能和工程造价对经济社会的影响等。人与水、自然、经济社会的和谐发展将是江河水系连通工程方案甄选的主要原则。最后，还应注重生态与环境影响评价，有效规避风险转移、污染转移、生态退化等连通风险。在以上措施的基础上，合理选择多方案比选技术，加强方案协调论证，保证论证和决策的科学性。

1. 水系连通工程的前期技术论证

前期技术论证是河湖水系连通工作的基础。为了合理确定水系连通工程的规模和布局，需要结合国家的相关规划和政策，对水系连通工程进行前期技术论证。

河湖水系连通工程的前期技术论证工作要考虑和研究的问题包括：工程建设的必要性和迫切性、工程任务的定位、水资源的供需分析与配置、供水量的界定与预测以及工程规模论证与布局。工程的立项要以国务院批复的区域经济发展规划或流域水资源综合规划、专项规划等为设计依据。

2. 水资源的供需分析与配置

河湖水系连通的一个重要特点是"可调控"，这就需要对水系之间的可调水量进行分析，确保连通地区经济、社会、生态和环境的协调发展。因此，要对工程目标地区社会经济、资源利用和环境保护情况进行调查，合理确定可调水量。

对调入区在节水、治污、合理利用当地水资源等方面进行深入调查研究，分析需调入水量。计算调入区不同行业及部门用水指标及数量，其需水量预测应遵循从紧的原则，并对预测进行合理性分析；经济社会发展指标的预测依据应在地区经济和社会发展指标及远景规划的基础上进行。而对调出区应在考虑生态与环境用水的基础上分析可调水量、地区供水量、区域生态用水情况，其需水量预测应充分考虑调出区经济社会长远发展和维护生态环境的水资源需求，调出水量一般不超出多年平均水资源总量的40%。

3. 水系连通工程的规模论证

水系连通工程的规模论证决定了连通工作的细节，是连通工作成败的关键。从综合开发利用的角度，根据水系连通的需求，按连通水量的最大规模确定且一次建成较为合理。水系连通工程开挖引水隧洞和埋管输水，总干渠及各级渠系的规模可根据连通水量结合调蓄工程规模和受水区的需水过程等分析论证后加以确定。对隧洞预留加大供水量净空，对渠道预留加大供水量超高。输水线路上的倒虹吸、渡槽等交叉建筑物规模，应根据所在区段渠系工程规模结合输水系统水头和局部水头优化等合理选择，并与交叉工程设施的规模相适应。

4. 水系连通工程的总体布局

水系连通工程的布局应结合水资源配置方案安排，考虑技术、经济、环境等多方面因素。连通的线路布局应根据各区段的地质条件、建筑物形式及水源分布情况进行安排，有条件时应优先利用输水线路附近的调蓄水库。

当工程规模较大、技术较为复杂，社会发展对水系连通的紧迫程度不同且时间跨越较大时，应结合资金筹措和工程配置的衔接关系，按照分期建设方案确定分期供水目标与范围，并按可持续发展要求加大节约用水的力度。工程的分期建设可以缓解一次性投资压力，同时也可取得供水卖水还贷经验，为进一步合理开发创造条件。

5. 水系连通工程的生态环境影响

河湖水系连通工程建设本身也会给生态环境造成负面影响，主要影响方面包括：在水系连通工程建设过程中，无论地下隧洞、地下埋管还是开挖明渠，都会大量破坏地貌，造成水土流失；受工程条件影响，输水渠道渗水，导致地下水位上升，土壤盐碱化；施工过程中，会造成大气、噪声和粉尘污染，危害施工区居民和施工人员的健康；对连通工程沿线的注淀和湖库蓄水造成不利影响，破坏其原有的水文条件和生态环境等。

因此，应在工程比选方案中对这些生态环境影响因素加以注意。选择对生态环境影响较小的建设方案，并采取合理的补偿措施。

6. 水系连通工程的社会经济影响

除了对水系连通工程的造价进行比选以外，移民安置等社会经济影响也不可忽视。随着我国经济社会的不断发展，以人为本理念的提升，移民安置处于越来越重要的位置。尤其是在国家和区域层面的水系连通工程中，工程规模大，线路长，移民数量多，涉及领域广，移民能否得到妥善安置将成为河湖水系连通工程成败的主要决定性因素。移民安置的目标是使移民搬得出、稳得住、能发展、可致富，而移民安置规划的关键是如何结合工程建设征地地区的实际制定科学合理的移民安置方案。

　　综上所述，河湖水系连通方案的选择原则是人与水、自然、经济社会的和谐发展。尤其需要注意的是，任何人工干涉自然生态环境的行为都会导致自然生态环境的改变。河湖水系连通必然导致自然环境变化，有些环境变化甚至是不可逆转的，这就表现为生态环境后效性。因此，在连通方案的选择中，生态环境的影响评估应放在突出的地位。

5.4.4　河湖水系连通效果评估技术

　　河湖水系连通效果评估主要对已建成的河湖水系连通工程的效果与影响进行系统客观的评价，根据河湖水系连通的综合效益与影响评价连通效应，确定连通目标是否达到，检验连通是否合理和有效；强化连通对区域水循环及其伴生的社会经济效益和生态环境效应的影响评价，从水资源时空分布调整效果评价、经济评价、生态环境影响评价、目标和持续性评价、结论和经验策略等方面综合开展后评估工作；在对整体效果进行评价的基础上，对利益搬家和风险转移进行评估，并建立相关补偿机制对连通区域的利益关系进行调整。河湖水系连通在取得包括生态环境保护在内的巨大效益的同时，也可能会产生一些负面影响。依据河湖水系连通特点，其效果评价基于河湖水系连通对水系形态、社会经济、生态环境的影响，构建河湖水系连通评判指标体系，对水系连通进行综合评判。

5.4.4.1　水系形态变化

　　水流与河床长期相互作用形成湖泊、浅滩等河流地貌。但人类对河流湖泊的干扰，使河流湖泊地貌特征发生了很大的变化，河流深潭、浅滩和洪泛区消失，河道趋于直线化和不连续化，河床趋于不透水化，导致河流水文条件发生较大变化，从而破坏了自然河流的水循环程度以及河流湖泊的稳定状况，引起了河流湖泊功能的相应改变。水系形态的改变是影响河流健康生命的重要因素。因此，应将水系形态变化作为河湖水系连通评估的一个重要方面。根据自然河流地貌特征和人类活动对水系形态干扰的主要方式，可以选取以下四个方面进行评判。

　　（1）河流横向连通性。河流横向连通性用于表征河流的自然横向连通情况及人类对河流横向连通的干扰情况，包括两种情况：河流主河槽同洪泛区或周围湖泊湿地的连通情况，以及河流之间的连通状况。

　　（2）河流纵向连续性。河流纵向连续性是指河流地理空间、水文过程以及生物学过程等的纵向连续。人类活动可能改变河流的这种纵向连续性，其中大坝影响最为显著，它在拦截河流水流时，也改变了河流水文和泥沙输送过程，从而引起河流生态过程等的改变。综合考虑防洪、灌溉、供水、发电、航运、生态等各项功能，改进传统的水库调度方式，制定科学的水库调度规程，对于提高河流的纵向连续性具有极其重要的意义。

　　河流纵向连续性可考虑采用的衡量指标有：水库库容指数、河口径流量比例、河流断流范围及断流时间、河流含沙量。

（3）河流垂向透水性。堤防的修建和河道的衬砌破坏了河流垂向水流过程和生物过程的连续性，引起地下水位下降以及河床生物破坏等不良后果。河流垂向透水性反映了地表水同地下水的连通程度，可用河道过水断面的透水面积和河道过水断面面积表示。

（4）水面面积。河湖水系连通可能会改变水系原有的水面面积。因此，可将河湖水系连通后的水面面积与连通前水面面积之比作为水系特性变化的衡量指标之一。

5.4.4.2 社会经济效应

河湖水系是水资源的载体，是经济社会发展的重要支撑。河湖水系连通改变了原有水系格局，对涉及流域和区域的水资源利用可能会带来一定的影响。根据社会经济效应的不同类别，可以选取以下几个方面进行评估。

1. 水资源承载力

河湖水系连通是通过调剂水量余缺所进行的水资源合理开发利用，它是解决水资源分布不均，改善水土资源组合的原有格局，实现水资源合理配置，保证国家社会、经济和环境持续协调发展的一项重要战略措施。从某种意义上讲，河湖水系连通就是水资源承载力在连通区域间的转移和再分配。因此，以水资源承载力为切入点分析探讨水系连通的合理性问题是一条可行的途径。

合理的河湖水系连通工程满足以下原则：

（1）效率原则。效率原则要求调水后受水区水资源的利用效率不低于调出区水资源的利用效率，体现为同等消费水平或需求定额标准情况下，调水引起的受水区水资源承载力的增加值不小于一定倍比的调出区水资源承载力的减少值。可表示为

$$WC_a(=WC_a-WC_{a0})\geqslant b\Delta WC_t(=WC_{t0}-WC_t) \tag{5.28}$$

式中：WC_{t0}和WC_{a0}分别为调水前调出区和调入区的水资源承载力；b为一大于1.0的实系数。

（2）系统稳定性原则。系统稳定性原则要求系统从整体上能够保持和谐、稳定。跨流域调水将调出区与各调入区在一定程度上耦合成一个复合系统，按此原则，跨流域调水系统中各区域（流域）的水资源承载力状况应均衡，表现为各区域（流域）水资源承载力当量应尽可能相等，即

$$WD_i\approx WD_j \quad (\forall i,j\in\Omega) \tag{5.29}$$

又

$$WD_i=WS_i/WC_i \quad (\forall i\in\Omega) \tag{5.30}$$

式中：i和j分别代表该系统的第i和第j区域；Ω为该系统各区域（流域）的集合；WC_i为该系统第i区域的水资源承载力；WS_i为该系统第i区域的实际（规划）承载量；WD_i和WD_j分别代表该系统第i和第j区域的水资源承载力当量，若$WD>1.0$，则表示该地区水资源已超载，WD越大，则表示超载越严重。

（3）地域优先严原则。与其他资源一样，水资源的开发利用也应遵从地域优先原则。具体体现为：与其他地区相比，水源地区具有使用水资源的优先权；距离水源比较近的地区比距离水源较远的地区具有优先权；本流域范围的地区较外流域的地区具有用水的优先权。这一原则表现为调出区的水资源承载力不小于其合理用水水平下的实际水资源承载量。即

$$WC_t\geqslant WS_t \tag{5.31}$$

式中：WC_t 和 WS_t 分别为调出区的水资源承载力和其实际承载量。

（4）地域优先宽原则。由于受社会、政治等因素的影响，有时即使调出区的用水并未得到完全满足，还需调水，但这时调出区的水资源承载力当量也应不大于一定倍比的调入区水资源承载力当量，称为地域优先宽原则，可表示为

$$WD_t \leqslant \alpha WD_a \tag{5.32}$$

式中：WD_t 和 WD_a 分别为调出区和调入区的水资源承载力当量；α 为一大于 1.0 的实系数。

2. 防洪抗旱减灾

河湖水系连通在改变水资源分配形式的同时，也改变了水旱灾害风险的分配形式。合理的河湖水系连通方案应该能够有效降低连通区域的洪水灾害风险，其主要的衡量指标包括：

（1）减灾率和风险减少率。洪水灾害风险通常用年期望损失代表，因此，减轻水旱灾害风险的程度可用洪水损失的减少率表示。减灾率（或风险减少率）$FRRR$ 指某种防洪体系建成后减少的年期望损失 $READ$ 与该体系建成前的期望损失 $OEAD$ 之比，即

$$FRRR = \frac{READ}{OEAD} = \frac{OEAD - PEAD}{OEAD} = 1 - \frac{PEAD}{OEAD} \tag{5.33}$$

式中：$PEAD$ 为新防洪体系建成后的年期望损失。

若工程设置不当，将经济相对不发达地区的水旱灾害风险转移到经济发达地区，而使总体灾害风险或期望损失增加，与未建该工程或未提高该局部防洪标准相比，减灾率有可能是负数。

（2）防洪效益。河湖水系连通的防洪效益定义为防洪工程体系所产生的减灾值与该体系投入之比。设年减灾值为 TLR，投入的年成本与工程的年运行费用之和为 ARC，则河湖水系连通工程的防洪效益 BLR 计算如下：

$$BLR = \frac{TLR}{ARC} \tag{5.34}$$

式中：TLR 为无相应防洪工程体系时的年期望损失与该防洪工程建成后的年期望损失之差。该指标不仅可用于评价现有防洪工程体系的防洪效益，还可用于评价规划工程的总体效益。

（3）水旱灾害风险转移率。对已有防洪体系的改变，如提高某一区域的防洪标准、调整防洪调度方式等通常伴随着水旱灾害风险的转移。防洪水库的建设减轻了其下游的水旱灾害风险，同时将造成上游更多的淹没，使部分风险转移到上游；兴建堤防保护某一区域，可能使洪水更多地输送到其下游或影响到对岸；设置蓄滞洪区本身就是主动转移风险。风险的转移从防洪全局上考虑有时是合理的——使整体风险降低，有时可能是不合理的——使整体风险扩大。

水旱灾害风险转移率 FRT 指建设新的防洪工程或改变防洪工程调度方式后被保护区减少的水旱灾害风险与其他地区因此而增加的水旱灾害风险之比。设被保护区原有水旱灾害风险（以洪水的年期望损失表示）为 $EADPO$，新的水旱灾害风险为 $EADPN$，受影响地区原有水旱灾害风险为 $EADAO$，新的风险为 $EADAN$，则水旱灾害风险转移率为

$$FRT = \frac{EADAN - EADAO}{EADPO - EADPN} \tag{5.35}$$

当 $FRT > 1$ 时，防洪体系或格局的改变是不合理的；当 $FRT < 1$ 时，是否合理还需考虑改变所需的投入，若投入的年成本与可能增加的风险之和大于可能减少的风险，在改变的当时从经济上衡量是不合理的。

3. 其他社会因素

河湖水系连通可能会引起流域及区域水系格局和水资源格局的改变，进而引起经济效益、生态效益和环境效益在不同流域、区域或者城市与农村之间转移。为促进不同区域的协调发展，促进城市与农村的协调发展，促进水资源的可持续利用，应深入研究河湖水系连通受损地区的范围及其社会经济和生态环境的受影响程度，明确补偿对象、被补偿对象、补偿方式和补偿进度，并将河湖水系连通的利益补偿制度是否合理和是否到位，河湖水系连通是否有利于社会稳定，作为河湖水系连通的一个重要评判标准。

5.4.4.3 生态环境效应

河湖水系连通对生态环境的影响错综复杂，综合评价的对象是一个包括自然、社会、经济在内的复合生态环境系统。根据水系连通工程与生态环境的特点，把整个水系连通工程作为一个子系统，称为连通沿线生态环境系统，除连通工程以外的其他自然生态环境作为另一个子系统，称为连通周边生态环境系统。常玉苗和赵敏（2007）将河湖水系连通对生态环境影响的复杂巨系统划分为连通沿线生态环境系统、连通周边生态环境系统和社会经济生态环境系统三个子系统。连通沿线生态环境系统、连通周边生态环境系统和社会经济生态环境系统构成了河湖水系连通对生态环境影响的复杂的复合生态环境大系统。每个子系统下又分别选择了有代表性的评价对象，它以数据信息为基础，从定性角度分析研究影响河口、河流、湖泊、水、土壤、气候、生物、社会与文化、农业、城市与工业等因素，根据评价指标选择原则，建立河湖水系连通对生态环境影响的综合评价指标，利用模糊聚类分析、综合评价等方法建立综合评价模型，从定量角度对获得的信息进行定量化分析，分析河湖水系连通对生态环境影响的性质、程度和发展趋势，为生态环境管理提供依据。

（1）河湖水系连通沿线生态环境影响评价指标。河口受调水工程影响的因素有咸潮入侵、水文泥沙、河势、水质、水量、水生生物物种、赤潮等；河流受调水影响的因素有水质、流量、洪枯比、极端水情、鱼种变化、鱼类资源、水生生物、珍稀生物情况等；湖泊受影响的因素有湖面积、水深、水位、蓄水量、湖岸形态、水库渗漏、水文情况、水质、鱼类资源、水生生物种类、珍稀生物情况等。以这些因素为基础建立相应的评价指标，具体的指标见表5.9。

表5.9　　　　　河湖水系连通对调水沿线生态环境影响的评价指标

子目标层	准则层	指　标　层
调水沿线生态环境影响评价	河口	咸潮入侵、水文泥沙、河势、水质、水量、水生生物物种、赤潮
	河流	水质、流量、洪枯比、极端水情、鱼种变化、鱼类资源、水生生物、珍稀生物情况
	湖泊	湖面积、水深、水位、蓄水量、湖岸形态、水库渗漏、水文情况、水质、鱼类资源、水生生物种类、珍稀生物情况

（2）河湖水系连通周边生态环境影响评价指标。水环境受影响的因素有水质、水资源量、水域面积、水温、地下水位等；气候环境受影响的因素有气温、风速、降水、蒸发、湿度、雾、旱、涝、洪等；土壤及地质环境受影响的因素有土壤"三化"、水土流失、土壤水分、诱发地震等；生物环境受影响的因素有绿化覆盖率、生物量变化、物种多样性指数、珍稀生物等。以这些因素为基础建立相应的评价指标见表 5.10。

表 5.10　　　　　　河湖水系连通对调水周边生态环境影响的评价指标

子目标层	准则层	指　标　层
调水周边生态环境影响评价	水	水质、水资源量、水域面积、水温、地下水位
	气候	气温、风速、降水、蒸发、湿度、雾、旱、涝、洪
	土壤及地质	土壤"三化"、水土流失、土壤水分、诱发地震
	生物	绿化覆盖率、生物量变化、物种多样性指数、珍稀生物

（3）社会经济生态环境影响评价指标。城市及工业受影响的因素有地下水位、环境质量、绿化指标、工业总产值、工业用水量等；社会与文化受影响的因素有移民人数、动拆迁建筑面积、土地淹没面积、人类健康、污染情况、文化景观、名胜古迹等；农业受影响的因素有灌溉面积及保证率、土壤肥力、污染物、农业总产值等因素。以这些因素为基础建立相应的评价指标见表 5.11。

表 5.11　　　　　　河湖水系连通对社会经济生态环境影响的评价指标

子目标层	准则层	指　标　层
社会经济生态环境影响评价	城市及工业	地下水位、环境质量、绿化指标、工业总产值、工业用水量
	社会与文化	移民人数、动拆迁建筑面积、土地淹没面积、人类健康、污染情况、文化景观、名胜古迹
	农业	灌溉面积及保证率、土壤肥力、污染物、农业总产值

5.4.5　河湖水系连通风险控制技术

风险被广泛应用于经济学、工程科学、环境科学和灾害学当中，并被赋予了不同的含义。风险的内涵被表述为三个特征：不利事件的类型、其发生的可能性和其造成的损失与后果。基于风险的内涵和河湖水系连通工程的特点，河湖水系连通风险控制技术分为风险分析、风险评价和风险处理三个部分。首先全面识别河湖水系连通过程中各种不利事件的类型，分析其发生的可能性，准确评估其产生的损失；其次，根据连通区域特征和风险类型进行风险权衡，评定风险等级，选择风险预案；最后，合理制定监测、预防、接受、回避、转移、抵抗、减轻和控制风险等各种行动方案，在风险事件发生前、发生过程和发生后进行控制与管理，提高防范和应对能力。

1. 风险分析

河湖水系连通是一个复杂、庞大的系统体系，涉及资源、环境、社会、经济等各方面的要素，具有高度的综合性。因此，河湖水系连通战略实施过程中面临诸多风险。全面识别河湖水系连通过程中各种不利事件的类型，分析其发生的可能性，准确评估其产生的损失，对河湖水系连通战略的实施具有指导意义。从风险分析的内容区分，河湖水系连通的风险分析包括风险识别和风险估计两部分。

河湖水系连通的风险识别是指对连通工程建设和运行过程中尚未发生的、潜在的以及客观存在的影响风险的各种因素进行系统、连续的辨别、归纳、推断和预测，并分析产生不利事件的原因和过程，主要鉴别河湖水系连通战略实施过程中风险的来源、范围、特性及与其行为或现象相关的不确定性。河湖水系连通风险识别是风险控制的起点。目前应用较多的风险识别方法有分析方法（包括层次分解和风险树）、专家调查方法（包括头脑风暴法和德尔菲法）、幕景分析法及蒙特卡罗法等。应根据河湖水系连通工程的规模和范围，灵活选用。

河湖水系连通的风险估计是指在风险识别结果的基础上，运用数学建模、概率统计等方法对连通实施和运行过程中的各种不利事件的危险性和易损性进行评估，在此基础上对不利事件发生的概率以及不利事件发生所造成的损失做出定量估计的过程。根据风险的定义，河湖水系连通的风险估计又包括危险性估计、脆弱性估计和风险综合评估三个部分。

2. 风险评价

河湖水系连通风险评价是在风险分析结果的基础上，对比社会、经济、生态等功能确定的可接受的风险标准，确定该地区的风险等级，为选择相应的风险处理方式建立基础。河湖水系连通的风险评价又可以分为风险认知和风险权衡两个部分。

河湖水系连通风险认知的主要任务是根据河湖水系连通工程所在区域的重要性，得到可接受的风险标准。风险认知是用来描述人们对风险的态度和直觉判断的一个概念，广义上，它也包括人们对风险的一般评估和反应。可接受的风险标准，是通过对大量的灾害损失资料的分析，在承认风险损失是不可完全避免的前提下，从当前的科学水平、社会经济情况以及人们的心理等因素出发，确定一个整个社会都能接受的最低风险界限，作为衡量地区风险严重程度的标准。目前，英国、荷兰及加拿大等国家已提出了可接受风险的国家和行业标准。

河湖水系连通的风险权衡，是指在对各个连通方案存在的风险进行定量分析的基础上，根据区域（流域）重要性的可接受风险标准，判断连通方案风险的危险性程度。然后根据衡量的结果以确定是否要采取风险处理方案，以及采取何种等级的风险处理方案。若评价的风险小于可接受的风险标准，说明该方案虽然存在一定风险，但人们能够接受，从这一意义上讲可认为连通方案是比较安全的，无须或暂时可不进行风险处理；若评价的风险大于可接受的风险标准，说明连通方案风险较大，应采取相应的风险处理措施，以减轻不利事件的危害程度；若风险指标值远远大于可接受的风险标准，说明连通方案风险过大，不宜采纳。风险权衡是一个不断更新的过程，当现实世界的风险环境发生重大变化或者区域承受风险的能力有了明显提高时，就需要对连通系统重新进行风险权衡。

3. 风险处理

河湖水系连通的风险处理就是根据风险管理的目标与宗旨，在风险分析和风险评价的基础上，当河湖水系连通工程面临风险时从可以采取的监测、接受、回避、转移、抵抗、减轻和控制风险等各种行动方案中选择最优方案的过程。河湖水系连通的处理模式可以区分为前处理、应急处理和后处理模式。这些处理模式又被统称为河湖水系连通风险处理系统。

前处理包括三个基本内容：首先是预防，在连通工程周边对可能存在的风险源进行清理和隔绝，如重要水源地周围禁止修建大型化工厂等；其次是保护，采用工程措施对连通工程进行保护，如河渠交叉建筑物采用双渠或双洞方案，提高对工程风险的保证率；最后是对风险可能造成的损失进行防范，建立防灾和减灾预案。前处理模式的特点是具备充分时间和资源来降低连通过程中存在的风险，但依赖于风险分析的精确度，需要进行详细的调查与计算。

应急处理措施主要是指在对各种风险的预报和预警的基础上，采取工程与非工程措施抵御各种不利事件，减少人员伤亡和经济损失的行为。包括灾害事件的预报与预警系统，如中长期水文预报技术、旱灾预警系统和环境灾害预警系统等。应急处理模式的优点在于各种风险事件正在发生，处理方式具有针对性；但缺点在于响应时间短、资源有限，必须及时做出反应。

后处理措施包括救灾和灾后恢复重建。后处理模式致力于社会经济恢复和抑制不利事件造成的不利后果的进一步发展，同时总结经验，为下一次不利事件的灾前处理提供经验。因此，河湖水系连通的风险控制可以看做一个具有循环特征的过程，洪水事件结束后的灾后期，又是下一个洪水事件的灾前期。由于基础资料的增加和管理经验的累积，洪水风险管理可以被看做一个螺旋前进的过程。

5.4.6　河湖水系连通实时监测技术

由于调水决策对实测水文信息的特殊需求，连通工程中的水文监测有别于常规水文测报工作，在设站、监测内容、监测频次、报汛内容等方面有一些特殊要求。因此，在制定监测方案时，应在遵循行业规范前提下有一定灵活性，才能使监测成果全方位满足调水决策和常规水文监测的双重需要。在梁凤刚等（2003）对水系连通工程监测方案既往研究的基础上，提出了河湖水系连通的实时监测技术。

1. 监测站的布设原则

（1）达到全面监控连通工程沿线水量、泥沙、水质状况的目的，满足输水期调度决策对水文实时信息的需求。

（2）实行水量水质同步监测。

（3）充分利用已有的国家基本水文站网，杜绝重复设站，避免资源浪费。

（4）在全面满足连通需求的前提下，根据水文规律适当布设一些用于水文资料积累、沿线水文要素分析必需的站点。

（5）所有测站要有报汛通信条件，以便实测水文信息能迅速通过网络传到决策部门。

（6）所有测站的断面布设，应尽量满足监测规范的要求。若限于河势和水利工程现状达不到规范要求的，应对水位、流量等实测数据进行比测、修正。

（7）沿线测站应尽量采用中央单位（即流域机构）所属的水文测站，减少监测的协调工作量。

（8）承担组织、协调的流域机构水文部门，应对全程进行水量水质巡测或校测。

2. 监测的组织管理

承担河湖水系连通的组织、协调的流域机构水文部门，应对全程水量、泥沙、水质等测验工作的组织、协调、监督、质量监控、资料汇审整编等工作负责。在连通工程准备期间，应组织工程技术人员进行现场查勘和协调，进行设站、监测方案比较，优选出符合监测规范、计量需求并获得地方支持的监测方案。同时，督促沿程水文监测站的布置工作，按时做好充分的前期准备工作。连通后，为保证监测的准确、权威、公正性，组织力量加强水文监测、巡测或校测，并对技术问题及时协调。

河湖水系连通涉及的地方水文部门具体负责测站选址、布设，测验设备准备，水准引测，各项水文要素的测验和报汛以及资料在站整编和汇编等工作，并对水文测验质量负全责。各单位水情广域网应正常开通，保证信息及时传送。

3. 监测的内容要求

河湖水系连通工程中的实时监测工作，在技术上必须遵循所有相关行业规范。如《水文普通测量规范》《水位观测标准》《河流流量测验规范》《水文缆道测验规范》《河流悬移质泥沙测验规范》《河流冰情观测规范》《水文情报预报规范》《水文资料整编规范》等国标和部标规范或办法。

各测站的测验断面设置，要严格按有关规范、规定进行。流量测验，要严格按《河流流量测验规范》中的一类精度要求进行，并及时计算单次流量的总随机不确定度和系统误差。水量、悬移质泥沙等水文要素的测验、资料整理，要坚持"四随"工作制并按有关规范、规定执行。

基本测验内容应包括大断面、水准点、水尺零点高程、实时水位、流量、悬移质含沙量、悬移质输沙率、逐日累计过水量、水温、冰情、固定点冰厚、闸门启闭、工情等。

在强调遵循规范的同时，考虑到河湖水系连通工程中监测工作的特殊组织形式，要求各监测站原始记录必须经一算、二校并确定无误后由主测、协测、协调三单位代表现场签字并存档。

连通工程在提供了及时的水情服务的同时，也积累了大量宝贵的原始资料。因此，为了进一步揭示河湖水系连通工程的沿程水文特性，特别是满足对水量、水质、泥沙、输水损失率等水文要素的分析整理的需求，必须整编其水文成果。这就要求各测验断面的原始资料要妥善保存，由承担组织、协调的流域机构水文部门组织对资料的整编、汇审和刊印工作。

5.4.7 河湖水系连通水网调度技术

河湖水系连通以河湖水系为核心，流域水循环过程为主体，包含与生物地球化学过程和人类维持社会经济发展的涉水过程等相互联系、相互影响的复杂巨系统，构成要素复杂。与此同时，河湖水系连通不仅涉及社会功能和生态环境功能等不同服务功能间的博弈，上下游、左右岸等群体利益的调度准则更是河湖水系连通水网调度技术研究的重点与难点。因此，河湖水系连通的调度决策过程是一个复杂的大系统多目标问题。河湖水系连通水网调度工程中既需要对实际工程系统进行合理概化和寻求有效、灵活的优化调度模型和降维技术，又需要借助专家知识，建立智能决策支持系统等对实时调度信息进行处理。其中，兼顾生态环境、水资源保障和风险控制等目标，上下游、左右岸等群体利益的调度准则是河湖水系连通水网调度技术研究的重点与难点。河湖水系连通工程的调度运行既受水文气象的影响，又受水力控制等工程因素的影响，同时还涉及连通区域、连通沿线等多方利益协调的问题，因此无论从调度技术还是运行管理体制上讲，调度运行都是一个极其复杂的问题。因此，深入研究调度技术对河湖水系连通战略的进一步推进具有重要意义。

1. 河湖水系连通工程调度运行的特点

在连通工程实际调度运行过程中，如何协调好中央和地方、地方与地方的利益，关系着调度的成败。现行管理体制是历史形成的，有其特殊的政治和社会背景。河湖水系连通工程的调度运行必须与现行的管理体制相适应，需要和谐地处理这几方的利益。另外，河湖水系连通工程具有多目标特征、综合效益特征、准公共物品特征和利益主体复杂性的特征。因此，河湖水系连通工程是具有双重特征的资产，既有实现经济效益的经营性资产，又具有实现公共利益的非经营性资产，因此针对调度运行体制的研究是河湖水系连通工程的重点。

（1）调度过程的不确定性。由于水文气象的不确定性和随机性，现有的水文预报技术还达不到长时间准确预报的程度，因此在实时调度运行中，调度过程中连通供水区的全年可供水量水平是不确定的，很难给用水户一个明确的供水信号。同时，连通受水区需水量也是不确定的。影响受水区水文气象的因素极其复杂，受水区的需水量是一个不确定的随机量。同时由于政策、价格和调度体制等因素，也会影响受水区需外调水量。因此，以上不确定性也加大了调度运行的难度。

（2）调度运行的实时性。在河湖水系连通工程的实际运行过程中，是根据面临时段初的系统状态（如蓄水位等）和该时段来、用水预报信息，通过优化调度，做出面临时段调水决策。所以，需建立具有较高精度的来用水中长期预报模型和能实时更新、校正预报信息与系统状态，及时做出面临时段决策的优化调度模型。

2. 河湖水系连通工程调度模型研制

河湖水系连通工程涉及多区域的水资源分配，需要正确处理流域间、地区间或水源区与供水区之间因调水引起的利害冲突。工程的功能和目标众多，既要满足供水区内各用户的用水要求，又要兼顾社会、经济和环境的综合效益，是一个多目标群决策问题。因此，既需要对实际工程系统进行合理概化和寻求有效、灵活的优化调度模型和降维技术，同时要借助专家知识，建立智能决策支持系统等对实时调度信息进行处理。

因此，一个合格的河湖水系连通调度模型应具有以下特点：

（1）模型能根据不断采集到的最新信息（如工程面临时段状态和预报来、用水数据等）迅速做出校正与实时优化决策。

（2）模型应有较强的信息交互功能，既可将实时决策成果提供给管理者，又能随时吸取决策者管理经验，随时修正决策。

（3）模型能在中长期调度策略指导下，进行短历时（旬、日或小时）决策。

（4）实时调度中面临时段优化决策，需考虑余留期效益的影响。

5.4.8　河湖水系连通后评估技术

河湖水系连通是将某个或几个以上流域耦合成一个水资源大系统，必然涉及许多学科的课题。在自然科学方面，它包括地形、水文、水质、水资源、生态、环境和水利工程；

在社会科学方面，河湖水系连通涉及包括政治、行政、经济、规划和法律在内的多个领域。河湖水系连通效果评估技术主要对已建成的河湖水系连通工程的效果与影响进行系统客观的评价，根据河湖水系连通的综合效益与影响评价连通效应，并以此确定连通目标是否达到，检验连通是否合理和有效。强化连通对区域水循环及其伴生的社会经济效益和生态环境效应的影响评价，从水资源时空分布调整效果评价、经济评价、生态环境影响评价、目标和持续性评价、结论和经验策略等方面综合开展后评估工作。在对整体效果进行评价的基础上，对利益搬家和风险转移进行评估，并建立相关补偿机制对连通区域的利益关系进行调整。

1. 河湖水系连通后评估的特点

（1）局域性。后评估是评估河湖水系连通工程实施后所取得的成效，评价主体的地理范围已经确定，对连通区域范围内的水资源和生态环境状况进行的评价。对评价内容的选取和评价指标的设定规定了相应的内容和范畴。

（2）针对性。后评估重点针对河湖水系连通实施的效果和影响，这也确定了后评价的实际范畴：依据已发生的实际数据和实际结果对连通效果进行客观、公正、全面的评价。

（3）全面性。后评价既要分析水资源的实际水量时空分布变化情况，又要分析工程在流域内经济、社会、环境保护等各个方面产生的效益和影响。

（4）探索性。要根据连通工程的运行和管理状况，发现存在的问题，探索未来的连通工程发展方向，把握主要因素，提出切实可行的改进措施。

（5）反馈性。后评价的目的在于为相关主管部门反馈信息，为项目的进一步管理、投资、规划和政策的制定积累经验，并检测项目投资决策正确与否。

2. 河湖水系连通后评估的内容

参考水利工程后评价的主要理论和研究内容，结合河湖水系连通后评价的特点，河湖水系连通后评价可以从水资源时空分布调整效果评价、经济效益评价、社会影响效果评价、生态环境影响评价、目标和持续性评价、结论和经验策略六个方面进行综合分析研究。

（1）水资源时空分布调整效果评价。对水量调动实现的水资源在水系连通前后时空分布的改变情况的评价即为水资源时空分布效果评价。它主要包括连通前后水量变化情况评价、节水措施实现节水量、地下水位及水质改变状况评价等方面的内容。

（2）生态环境影响评价。生态环境影响评价应主要阐述对河湖水系连通工程项目建成后，已经产生的或今后可能给环境带来的各方面影响的评价。评价内容主要包括不同来水时空分布时流域内林草等植物覆盖状况评价，动植物种类改变情况，恶劣环境和气候（如干旱、洪涝、风沙、泥石流等）改善情况，环保设施和监测设施运行情况等方面。

（3）经济效益评价。经济效益评价主要是评价河湖水系连通工程对地区经济发展的促进作用。评价内容主要包括工程投资与效益费用比，地区财政收入增长状况评价，地区产业调整状况评价，地区社会总产值及人均 GDP 提高状况评价，吸引外资和多种经营效益评价，与项目相关产业的发展状况评价等。

（4）社会影响效果评价。社会影响效果评价应阐述河湖水系连通工程的实施对流域内社会环境和社会经济发展所产生的影响，包括工程的社会关注度、社会安定度评价，供水安全度评价，项目支持率与群众参与率情况，区域劳动力就业状况等方面内容。

（5）目标和持续性评价。目标和持续性评价主要是根据河湖水系连通工程的实现程度，对生态、河流状况、服务情况等评价项目目标的实际值和持续性，主要内容包括对管理体制、配套设施建设、政策法规实施、工程运行机制、管理服务人员素质等进行评价。

（6）结论和经验策略。从水资源时空分布调整效果评价、经济效益评价、社会影响效果评价、生态环境影响评价、目标和持续性评价几个方面进行综合分析，得出项目效果评价的主要结论；然后分析总结项目的主要成功经验，分析总结项目需要引起重视和值得汲取的教训；最后根据综合评价结论和项目存在的主要问题，提出评价单位的建议，以及认为需要采取的措施。结论和经验策略主要有综合评价和结论、主要经验教训、建议和措施等内容。

针对不同的河湖水系连通工程的类型、目的、特点和形式，在后评价过程中应结合实际情况，充分体现项目自身的特点和评价特征。具体的评价方法则应以上述评价内容和要求为依据，结合对具体的连通工程实施后各项相关数据、情况的调查、了解、分析和整理，利用数学方法构建的评价指标体系和评价模型来对所研究的连通工程的实施效果进行评价。

第6章 河湖水系连通的总体布局与国家战略

6.1 我国河湖水系连通的主要问题与需求分析

6.1.1 河湖水系及其连通存在的主要问题

我国河湖水系连通虽然取得了巨大成就，为保障人民生命财产安全、促进经济社会发展提供了有力保障，但从支撑和保障经济社会可持续发展、提高生态文明建设水平、实现水资源可持续利用的要求来看，我国水资源总体调配能力、水生态与环境保护能力、抵御水旱灾害的整体能力还不高。当前河湖水系及其连通存在的突出问题主要表现在以下几个方面。

1. 格局匹配问题

河湖水系及其水资源分布与经济社会发展格局不匹配，水资源承载能力和配置能力明显偏低。

（1）缺乏必要的连通工程，水资源调配能力不足，经济社会与水资源格局不匹配。根据 2010 年的统计数据，北方地区水资源仅占全国的 20%，而人口和 GDP 约占全国的一半，耕地占全国的 63%，其中黄淮海地区缺水尤为突出。全国水资源、耕地、人口、GDP 南北方分布情况如图 6.1 所示。

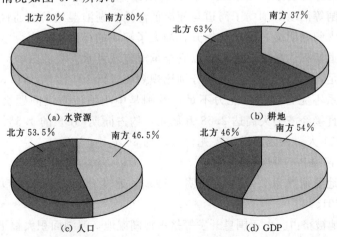

图 6.1 全国水资源、耕地、人口、GDP 南北方分布情况（2010 年）

（2）供水保障体系不完善，供水能力不足。多年平均情况下，全国现状合理用水需求缺口超过 500 亿 m^3，缺水率达 6%，其中黄淮海、辽河区缺水量占全国缺水量的 66%。缺水地区主要分布在黄淮海平原，辽河流域，关中平原，淮河中游北部，山东半岛，西北石羊河、黑河流域，新疆天山北坡、吐哈盆地，鄂尔多斯盆地等区域。全国现状缺水程度分布如图 6.2 所示（见文后彩插）。

根据 2010 年的统计数据，全国 654 个城市中有近 400 个城市缺水，其中约 200 个城市严重缺水。且城市供水水源地单一，全国有应急备用水源工程的城市仅约 150 个，各省（自治区、直辖市）有应急备用水源工程的城市均未达到其城市总数的一半。各省（自治区、直辖市）城市应急备用水源情况如图 6.3 所示。

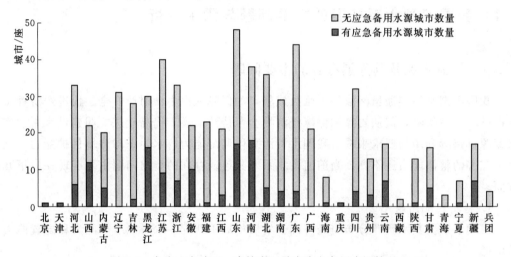

图 6.3　各省（自治区、直辖市）城市应急备用水源情况

2. 洪涝灾害问题

部分地区江河洪涝水宣泄不畅，抵御洪涝灾害的能力明显不足（王柳艳，2013）。

（1）河流横向连通受阻。由于城区扩张、围湖造田等土地利用与开发，人为占用河道，以及筑堤建闸等活动，削弱了河道与两岸低洼地、湖泊湿地的连通性，洪涝蓄泄空间与通道受阻，洪水归槽明显，洪水位抬升，加大了河流的行泄洪压力。

（2）北方河道淤积、萎缩严重，难以安全承泄流域洪水。松花江、海河和淮河的河道泄洪能力严重不足，河道现状泄洪能力分别比规划要求低 19%、25% 和 30%～35%。

（3）防洪体系不完善，防洪能力不足，特别是中小河流防洪问题突出。近 20 年来，洪涝灾害导致的直接经济损失高达 2.58 万亿元，约占同期 GDP 的 1.5%，2007 年以来因山洪灾害死亡 4831 人，占因洪涝灾害死亡人数的 86%。

3. 生态退化问题

部分河湖湿地萎缩严重，水体循环明显减弱，水生态环境承载能力降低（田坤等，2015；向莹等，2015）。

（1）河湖湿地被挤占。由于围垦开发等挤占河湖湿地，河湖面积大幅下降，造成生物廊道阻断，水生态系统的完整性遭到破坏，河湖生态功能退化。全国现状湖泊面积和湿地面积分别比 20 世纪 50 年代减少了 18% 和 28%，全国湖泊湿地面积变化情况如图 6.4 所示。

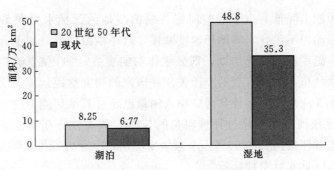

图 6.4　全国湖泊湿地面积变化情况

（2）生态环境用水被挤占。随着水资源开发利用程度提高，以及河流径流量明显减少，许多河流实测径流量仅为天然径流量的 20%～40%，部分河湖甚至断流干涸，河道内生态用水严重不足。北方主要江河多年平均河道内生态环境用水被挤占 132 亿 m^3，相当于其生态环境需水量的 10%～50%，全国地下水年均超采量为 215 亿 m^3。部分河流、区域生态用水被挤占情况如图 6.5 所示。

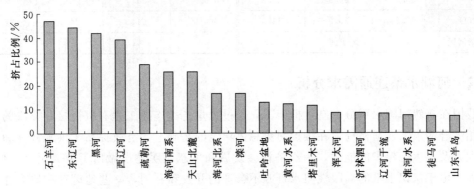

图 6.5　部分河流、区域生态用水被挤占情况

19 世纪中期以后，长江水流挟带大量泥沙入洞庭湖，湖泊迅速淤塞萎缩，加上不断围垦，湖面大为缩减，部分湖区向沼泽化演变。洞庭湖面积近 200 年来萎缩了 2/3，近 60 年来萎缩了 1/2。洞庭湖面积变化情况如图 6.6 所示。

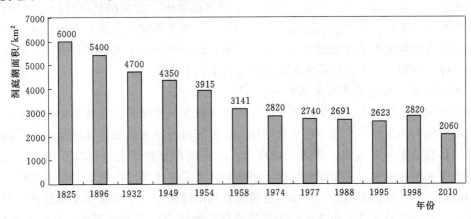

图 6.6　洞庭湖面积变化情况

（3）水体纳污能力降低。由于一些河流与湖泊湿地的天然水力联系被阻断、水量减少，河湖的水循环动力不足，水体循环速度减慢，自净能力降低，加上入河污染物排放量增加，水质恶化，湖库富营养化加剧，部分水体功能丧失。如 2007 年 5 月太湖蓝藻暴发引发无锡市的供水危机，引起社会的广泛关注和国家的高度重视。

目前，全国 1/3 的水功能区现状污染物入河量已超过其纳污能力的 3～4 倍，海河区、太湖流域劣 V 类水质河段长度超过评价河长的 50%，松花江、辽河、黄河区 IV 类水质以上河段长度也均超过评价河长的 50%。全国水质类别状况见表 6.1，全国水功能区达标率分布如图 6.7 所示（见文后彩插）。

表 6.1　　　　　　　　　　　　　全 国 水 质 类 别 状 况

区域	I～III类	IV、V类	劣V类	区域	I～III类	IV、V类	劣V类
松花江区	36.3	45.7	18	东南诸河区	68.5	14.7	16.8
辽河区	42.6	20.4	37	长江区（上游）	63.7	21.4	14.9
海河区	35.3	13.2	51.5	长江区（下游）	11.8	37.6	50.6
淮河区	38.9	36.3	24.8	西南诸河区	95.3	2.1	2.6
珠江区	67.8	20.9	11.3	黄河区	44	24.2	31.8
西北诸河区	94.7	1.8	3.5				

6.1.2　河湖水系连通需求分析

我国在自然河湖水系分布基本框架下，通过大量各类连通工程有机衔接，形成的河湖库渠相结合的水系连通格局，在维护河势总体稳定的基础上，有效提高了洪水调度和水资源调配以及水生态保护的能力，为经济社会发展和生态文明建设做出了巨大贡献。但是，一方面，由于认识水平的局限性与水资源不合理的开发和利用，一些地区存在原本连通的河湖水系出现连通不畅甚至隔绝的状况，造成一些地区水资源调配能力不足、干旱频发，洪水宣泄不畅、风险增大、河流自净能力减弱、水体污染加重等问题，需要重新审视和分析现有河湖水系的连通状况；另一方面，我国水资源时空分布和人口、经济发展不匹配的现实，要求一些本来不连通的河湖水系实现新的连通。因此，新时期国家经济社会发展和生态文明建设，对提高河湖水系连通性提出了更高的要求，需要根据可持续发展的要求，分析新形势下经济社会发展、水资源可持续利用、生态文明建设、应对气候变化、提高水安全保障程度对河湖水系连通面临的挑战与需求，为研究河湖水系连通问题和开展连通工作提供支撑。河湖水系连通的需求主要体现在以下几个方面。

1. 顺应自然，修复改善河湖水系的连通性

我国地域南北跨度大，地势西高东低，大多地处季风气候区，受地形地貌和季风气候的影响，我国大部分江河径流丰枯变化剧烈，许多河流泥沙含量高或输沙量级大，河湖水系本身的自然演变比较频繁；加之人口众多、水土资源开发历史悠久、开发强度相对较高、人水关系较为复杂，我国成为世界上河湖水系及其连通状况演变最为剧烈且影响最为深远的国家之一。近几十年来，在水土资源开发利用过程中，一些地区存在忽视河湖自身演变规律、减弱河湖水系连通性的行为，导致部分地区出现了河湖萎缩、洪涝灾害加剧、

水污染严重、水生态退化等诸多问题，一定程度上影响了河湖健康功能，需要重新审视和分析现有河湖水系的连通状况，顺应自然规律，维系河湖健康生命，改善河湖水系连通性。

2. 优化配置水资源，促进经济社会发展

（1）遵照全国主体功能区，优化水资源配置格局。

国务院于 2010 年底印发了《全国主体功能区规划》，实施主体功能区规划，推进主体功能区建设，是我国国土空间开发思路和开发模式的重大转变，是国家区域调控理念和调控方式的重大创新，对推动科学发展、加快转变经济发展方式具有重要意义。

根据《全国主体功能区规划》，我国国土空间分为以下主体功能区：按开发方式，分为优化开发区域、重点开发区域、限制开发区域和禁止开发区域；按开发内容，分为城市化地区、农产品主产区和重点生态功能区；按层级，分为国家和省级两个层面。各类主体功能区在全国经济社会发展中具有同等重要的地位，只是主体功能不同，开发方式不同，保护内容不同，发展首要任务不同，国家支持重点不同。该规划确立了未来我国国土空间开发的主要目标和战略格局。

1）构建"两横三纵"为主体的城市化战略格局，如图 6.8 所示（见文后彩插）。构建以陆桥通道、沿长江通道为两条横轴，以沿海、京哈京广、包昆通道为三条纵轴，以国家优化开发和重点开发的城市化地区为主要支撑，以轴线上其他城市化地区为重要组成的城市化战略格局。推进环渤海、长江三角洲、珠江三角洲地区的优化开发，形成三个特大城市群；推进哈长、江淮、海峡西岸、中原、长江中游、北部湾、成渝、关中-天水等地区的重点开发，形成若干新的大城市群和区域性的城市群。构建这一格局，是在优化提升东部沿海城市群的基础上，在中西部一些资源环境承载能力较好的区域，培育形成一批新的城市群，促进经济增长和市场空间由东向西、由南向北拓展。

2）构建"七区二十三带"为主体的农业战略格局，如图 6.9 所示（见文后彩插）。构建以东北平原、黄淮海平原、长江流域、汾渭平原、河套灌区、华南和甘肃新疆等农产品主产区为主体，以基本农田为基础，以其他农业地区为重要组成的农业战略格局。东北平原农产品主产区要建设优质水稻、专用玉米、大豆和畜产品产业带；黄淮海平原农产品主产区要建设优质专用小麦、优质棉花、专用玉米、大豆和畜产品产业带；长江流域农产品主产区要建设优质水稻、优质专用小麦、优质棉花、油菜、畜产品和水产品产业带；汾渭平原农产品主产区要建设优质专用小麦和专用玉米产业带；河套灌区农产品主产区要建设优质专用小麦产业带；华南农产品主产区要建设优质水稻、甘蔗和水产品产业带；甘肃新疆农产品主产区要建设优质专用小麦和优质棉花产业带。这是结合我国农业自然资源状况的特点和基础，按照集约化科学发展思路提出的主要农产品集中发展新战略，对于保障全国耕地数量质量和农产品供给安全至关重要。

3）构建"两屏三带"为主体的生态安全战略格局，如图 6.10 所示（见文后彩插）。构建以青藏高原生态屏障、黄土高原—川滇生态屏障、东北森林带、北方防沙带和南方丘陵山地带以及大江大河重要水系为骨架，以其他国家重点生态功能区为重要支撑，以点状分布的国家禁止开发区域为重要组成的生态安全战略格局。青藏高原生态屏障要重点保护好多样、独特的生态系统，发挥涵养大江大河水源和调节气候的作用；黄土高原—川滇生态屏障要重点加强水土流失防治和天然植被保护，发挥保障长江、黄河中下游地区生态安全的作用；东北森林带要重点保护好森林资源和生物多样性，发挥东北平原生态安全屏障的作用；北方防沙带要重点加强防护林建设、草原保护和防风固沙，对暂不具备治理条件的沙化土地实行封禁保护，发挥"三北"地区生态安全屏障的作用；南方丘陵山地带要重点加强植被修复和水土流失防治，发挥华南和西南地区生态安全屏障的作用。这一战略把国家生态安全作为国土空间开发的重要战略任务和发展内涵，充分体现了尊重自然、顺应自然的开发理念，对于在现代化建设中保持必要的"净土"，实现可持续发展具有十分重要的战略意义。

按照《全国主体功能区规划》，国家 21 个优化开发区和重点开发区中有 19 个区存在水资源安全问题，其中京津冀、中原经济区、关中—天水地区等 11 个位于水资源严重短缺地区。国家"五片一带"为主体的能源开发总体布局中，东北地区、新疆、山西、鄂尔多斯盆地等能源基地均位于资源性缺水地区，需要在大力节水的前提下，通过河湖水系连通，优化水资源配置格局，提高缺水地区的水资源承载能力，保障经济社会发展的合理用水需求。从经济社会发展对水资源支撑保障能力的要求，从提高供水保障程度、保障供水安全、提高应对气候变化等突发事件能力的角度，开展河湖水系连通是保障国家优化开发区和重点开发区经济社会发展的需要，是保障我国重点工业发展的需要，是保障国家能源安全的需要。

（2）促进城镇化、工业化发展。

城市是居民生活用水、工业生产用水和河道外生态环境用水最集中的地区，水作为一种不可替代的资源，是城市生存和发展的基本条件，城市发展离不开水，水兴城旺，水竭城衰，有了水才能有城市的繁荣昌盛和人民的安居乐业。随着工业化、城镇化进程加快，我国人口将更进一步向城市聚集，2030 年城镇化率将超过 62%，城镇人口将达到约 9.4亿，比现状增加 2.7 亿，保障城镇供水安全面临巨大压力。

全国 37 个主要城镇化地区中有 21 个分布在缺水地区，共有 26 个城市存在水资源安全问题；123 个 100 万人口以上的特大城市中有 58 个存在比较严重的缺水问题。保障环渤海地区、长江三角洲地区、珠江三角洲地区 3 个优先开发区域和冀中南地区、太原城市群、呼包鄂榆地区、哈长地区、东陇海地区、江淮地区、海峡西岸经济区、中原经济区、长江中游地区、北部湾地区、成渝地区、黔中地区、滇中地区、藏中南地区、关中—天水地区、兰州—西宁地区、宁夏沿黄经济区、天山北坡地区 18 个重点开发区域城市群的用水安全，需要在现有供水工程的基础上，通过加强河湖水系连通，建立多类型、多水源组成，互连互通的城市供水网络，提高城市供水安全保障能力。

2007 年，中国城市科学研究会公布了《宜居城市科学评价标准》。该标准从社会文明度、经济富裕度、环境优美度、资源承载度、生活便宜度、公共安全度 6 个方面对宜居城市进行了权重打分（满分 100 分），按照分数的不同将城市分为宜居城市、较宜居城市和宜居预警城市。其中，仅直接涉水的评分项目就达到了 15.2 分，为所有评分内容中所占比重最高的因子。此外，该标准还规定了 4 项一票否决的评价标准：社会矛盾突出，刑事案件发案率明显高于全国平均水平；基尼系数大于 0.6 导致社会贫富两极严重分化；近 3年曾被国家环保总局公布为年度"十大污染城市"；区域淡水资源严重缺乏或生态环境严重恶化。可见一个城市水量的多寡、水环境的好坏，直接决定了这个城市是否宜居、是否有活力，人水和谐是城市活力的综合体现。

城市河湖水系连通，涉及城市的饮用水安全供给、水环境保护、水生态建设和城市排水与雨洪利用，以及河流与城市建设协调规划和提升城市品质与活力等方方面面。在尊重河流的自然规律、维持河流的形态和水文特征、保证河流水质、协调城市建设与河流关系的基础上，进行城市河湖水系连通是实现城市人水和谐的必由之路。

（3）保障国家粮食安全的用水需求。

以东北平原主产区、黄淮海平原主产区、长江流域主产区、汾渭平原主产区、河套灌区主产区、华南主产区、甘肃新疆主产区 7 个农产品主产区为主体的"七区二十三带"农业战略格局中，有五区十四带位于北方缺水地区，水资源供需矛盾十分突出，支撑保障能力不足。根据国家粮食生产发展规划要求，2020 年全国需新增 500 亿 kg 粮食产能，新增产能的 74.2% 分布于东北区、黄淮海区和长江流域，要保障粮食产能要求，提高水资源调配能力任务艰巨，尤其是黄淮海地区。目前农业抗旱能力普遍偏低，全国 2863 个市县中有超过一半为易旱县，其中严重旱灾易发县 473 个，中度旱灾易发县 1135 个，应对干旱的能力较低。为保障国家粮食安全，需要在加强水源工程和高效节水工程建设的同时，通过适宜的河湖水系连通，合理配置水资源，提高承载能力和保障能力，改善农业基本用水条件，退还被挤占的农业用水，提高农业灌溉的供水保证率和农业抗旱能力。

3. 防洪保安，提高防洪除涝能力

我国是世界上洪水最频繁和洪涝灾害最严重的国家之一，5000 年的治水史，留下了许多凝聚着连通与疏导智慧的著名工程，如四川都江堰、海河流域的诸多新河减河。中华人民共和国成立以来，党和政府始终把江河治理放在发展国民经济的重要地位，经过 60 多年的不懈努力，全国已建成各类水库 8.6 万多座，堤防长度 28.69 万 km，开挖、疏通河道数万千米，目前由水库、河道和蓄滞洪区组成的各流域防洪工程体系均已基本形成，特别是长江三峡、黄河小浪底、嫩江尼尔基、淮河临淮港等骨干防洪工程建设，以及黄河下游堤防 4 次加高加固和海河下游多条分流入海河流的开辟，以兴建入海水道和整治入江通道为代表的治淮 19 项骨干工程、以望虞河和太浦河为代表治太骨干工程的完成，大大提高了各流域防洪调度和防洪减灾能力，终结了黄河、淮河数百年来洪患频发的历史，取得了 1998 年长江、嫩江、松花江特大洪水等各流域的历次抗洪斗争的伟大胜利，为确保社会稳定、人民生命财产安全，保障经济社会发展做出了重大贡献。

但目前在局部地区尚存在河床淤高、河道阻塞、湖泊围垦、湿地面积大幅减少、洪水归槽水位抬高、洪水调蓄容量丧失、流域内河川径流的调节功能削弱等问题，使得防洪形势仍很严峻，防洪压力依旧很大，每年因洪水和泥石流灾害造成的损失仍然很大。《2010年中国水旱灾害公报》显示，当年全国有 30 个省（自治区、直辖市）发生了洪涝灾害，农作物因洪涝受灾面积 1786.669 万 hm²，其中成灾 872.789 万 hm²，受灾人口 2.11 亿人，因灾死亡 3222 人，倒塌房屋 227.10 万间，洪涝灾害直接经济损失 3745.43 亿元，其中水利设施损坏直接经济损失 691.68 亿元。

除长江、黄河、淮河、海河、珠江、松花江、辽河七大江河主要干支流外，全国范围内有众多中小河流，据有关资料，我国江河流域面积在 100km² 以上的河流约有 2 万条，其中流域面积在 1000km² 以上的河流约 2300 条。中小河流数量众多，分布很广，许多中小河流主要是在 20 世纪 50—80 年代通过群众投劳进行过治理，与大江大河的防洪建设相比，中小河流治理总体滞后，中小河流还处于"大雨大灾、小雨小灾"的局面。特别是近些年来极端天气事件增多，中小流域常发生集中暴雨，形成较大洪水，造成比较严重的洪涝灾害。中小河流河道淤积堵塞和水面萎缩现象严重，尤其是中小河流和农村河道未进行过系统清淤整治，部分河道基本的调蓄作用和输水排水功能逐渐丧失，严重危及区域防洪安全，直接影响全面建设小康社会与和谐社会建设的进程，影响区域经济社会的可持续发展。

为了确保各流域防洪安全，保障国民经济安全运行，需要在进一步加强大江大河防洪工程体系建设和洪水预报调度、植树造林、退田还湖等非工程措施的同时，开展河湖水系连通，打通洪涝水通道、维护洪水蓄滞空间，合理安排洪涝水出路，降低洪水风险，提高河湖的洪水蓄泄能力。

4. 保护河湖，改善水生态环境

根据《全国主体功能区规划》，我国中度以上生态脆弱区域面积占全国陆地面积的 55%，其中极度和重度脆弱区域面积占 29.5%。不少地区由于水资源过度开发，水环境污染负荷超载，河湖连通通道阻隔，水生态环境恶化等问题突出，目前以地下水超采和挤占河道内生态用水形式挤占的生态环境用水量达 347 亿 m³。

2010 年，重点流域水环境质量总体为中度污染。在地表水国控断面中，Ⅰ～Ⅲ类水质比例为 51.9%（图 6.11），较 2009 年提高了 3.7 个百分点，较 2005 年提高了 14.4 个百分点；劣Ⅴ类水质比例为 20.8%，与 2009 年基本持平，较 2005 年降低了 6.6 个百分点，达到《国家环境保护"十一五"规划》目标（＜22%）要求（图 6.12）。

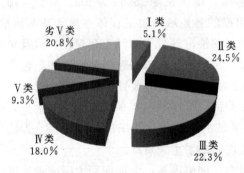

图 6.11　2010 年地表水水质类别状况

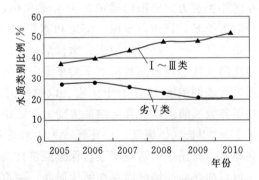

图 6.12　地表水国控断面水质类别比例变化趋势

地表水国控断面高锰酸盐指数年平均浓度呈逐年下降趋势，2010 年高锰酸盐指数年平均浓度为 4.9mg/L，较 2009 年下降了 3.9%，较 2005 年下降了 31.9%，优于国家地表水环境质量Ⅲ类水质标准。地表水氨氮年平均浓度为 1.38mg/L，同比下降 12.1%，但仍超过Ⅲ类水质标准，成为影响水环境质量的重要因素。西南诸河、海河、长江、黄河等水系共有 40 个断面出现铅、汞等重金属超标现象。"三湖一库"富营养化依然较重，水华现象时有发生。

部分重点湖泊水质状况也不容乐观，太湖水质基本为劣Ⅴ类，以轻度富营养为主，综合营养状态指数和总氮、总磷浓度较 2009 年有所下降，其中 4—6 月水华发生频次降低，7—8 月水华有所加重。滇池外海水质为劣 V 类，水体处于中度-重度富营养状态，较 2009 年有所加重，4—8 月持续出现区域性水华。巢湖西半湖水质以劣 V 类为主，处于中度-重度富营养状态；东半湖水质以 Ⅳ 类为主，处于中营养-轻度富营养状态，4—8 月发生水华的情况较 2009 年有所加重。洪泽湖水体为中度污染，属轻度富营养，与上年相比，水质有所好转。洞庭湖水体为重度污染，属轻度富营养，与 2009 年相比水质变差。鄱阳湖水体为轻度污染，属轻度富营养，与 2009 年相比无明显变化。

此外，我国农村河道淤堵、萎缩现象严重，农村河道与骨干河道的连通性降低，加之农业面源污染物排放总量大，农村河道水环境问题日益显现，与社会主义新农村建设的要求极不适应，局部地区河道虽有所治理，但总体形势仍十分严峻。

为逐步恢复和保护河流的生态环境功能，需要增强河湖水系的连通性，改善水体循环状况，保障基本生态环境用水要求，维护河湖健康。因此，河湖水系连通是提高水生态修复能力的迫切需要。

总之，通过总结河湖水系演变的历史和连通的实践，针对当前河湖水系连通面临的形势，分析经济社会发展和生态文明建设对河湖水系连通的需求，可以看出推进河湖水系连通是维系流域良性水循环、保障河湖健康的必然要求，是促进人与自然和谐相处、实现可持续发展的必然要求，是提高资源统筹调配能力、促进水利现代化的必然要求，是增强应对气候变化能力、保障国家水安全的必然要求。推进河湖水系连通是我国古代"天人合一"思想在当代治水事业的继承与发展，是国家生态文明建设战略部署在水利事业的贯彻与落实。

6.2 国家层面河湖水系连通总体布局

为保障国家防洪安全、供水安全、粮食安全、经济安全与生态安全，针对不同地区的功能定位、资源禀赋条件、生态系统特征和经济社会发展的要求，从提高水资源统筹调配能力、水旱灾害防御能力、水生态环境保护与修复能力以及弘扬水文化的角度出发，逐步实现国家、区域和城市各个层面人水和谐、布局合理、功能完备、调控有序的河湖水系格局与连通格局。

国家层面河湖水系连通的总体格局，是以重要江河骨干河道为基础，重要控制性水库为中枢，依托南水北调等重大跨流域调水工程，逐步形成"干线贯通、水网相连、连通联调、丰枯调剂"的河湖水系连通总体格局。

1. 干线贯通，水网相连

为从根本上缓解我国华北和西北地区水资源严重短缺问题，实现水资源宏观优化配置，通过建设南水北调东、中、西线调水工程，沟通我国腹部地区长江、淮河、黄河、海河四大水系，形成"四横三纵、南北调配、东西互济"总体格局。逐步建设贯通南水北调东、中、西线干线工程，并加强南水北调工程覆盖区域的配套工程建设，以及实施区域内的引汉济渭、引江济淮、引黄济石等其他跨流域、跨区域调水工程和区域河湖水系连通工程建设，沟通水系，实现以重要江河干流和跨流域调水工程主干线贯通为核心、配套工程和江河水系互连互通为支干的水网络，干线贯通，水网相连。在提高北方地区水资源承载能力的同时，南方地区要通过河湖疏浚、生态调度、恢复与新建水流通道等措施，提高水资源保障能力，改善水生态环境。国家层面河湖水系连通格局和重点见表 6.2。

表 6.2　　　　　　　　　　　　　　国家层面河湖水系连通格局和重点

区域	解决问题	重大工程	基本格局
核心区	主要解决华北平原、黄河流域及河西走廊部分地区的缺水问题	南水北调东、中、西线	南北调配 东西互济
东北片	主要解决黑龙江西部、吉林中西部、辽宁西部的水资源短缺问题	引呼济嫩，引松补挠，绰尔河引水，吉林中部引水，辽西北供水	北水南调 东水西引
西北片	主要解决关中、北疆等地缺水问题	引汉济渭，艾比湖生态环境保护，引额供水，引黄济石	引边济腹 东西贯通
东南片	主要解决江苏沿海、浙东、福建沿海、珠江三角洲等地缺水问题	引江济太，太湖引钱塘江，浙东引水，闽江北水南调	南北沟通 相互调剂
西南片	主要解决滇中、黔中、成渝等地缺水问题	滇中引水、黔中调水	河系相济 引江补源

在"四横三纵"总体框架的基础上，为合理调配东北、西北、东南、西南地区重点地区的水资源，保护与修复水生态环境，通过建设辽西北供水、引呼济嫩、引额供水、艾比湖生态环境保护、闽江北水南调、西江调水、滇中引水及黔中调水等跨流域调水工程以及其他水资源调配工程和水生态修复工程，形成"边水济腹、内连外通"的分片格局。

东北片：以保障哈大齐工业走廊、长吉图经济区、辽中南地区等重点开发区域的城市与工业供水安全，保障和改善松嫩平原、三江平原和辽河中下游平原的农业用水，改善三江平原湿地等生态功能区及辽河等水资源开发利用过度地区生态环境用水为重点，通过建设引呼济嫩、吉林中部引水、绰尔河引水、辽西北供水、大伙房输水等跨流域调水工程，连通黑龙江、松花江、鸭绿江、辽河等江河水系，逐步形成东北地区"北水南调、东水西引、边水济腹"的水系连通格局。

西北片：以保障天山北坡地区及重要能源基地、重要城市及工业区和关中-天水重点开发区城市群及工业区的供水安全，保障新疆及渭河平原等地区农产品主产区的供水安全和保护修复生态环境为重点，通过建设引汉济渭、引额供水、艾比湖生态环境保护、引黄济石等工程，增加区域内的可供水量，提高供水保障程度。

东南片：以保障长江三角洲、珠江三角洲、海峡西岸经济区等沿海地区重要城市与工业区供水安全，保障区域内农产品主产区供水安全和保护修复生态环境为重点，通过建设引江济太、浙东引水、闽江北水南调等跨流域调水工程，逐步形成区域内互连互通、相互调剂的网络化水系连通格局。

西南片：以保障成渝、滇中、黔中、北部湾等地区重要城市与工业区供水安全，保障区域内重要农产品主产区供水安全以及改善和保护生态环境为重点，通过建设滇中引水、黔中调水等跨流域和跨区域调水工程，连通长江、珠江、西南诸河等江河水系，为本地区提供水资源保障，并为南水北调西线建设、北方地区发展提供后续水源保障。

2. 连通联调，丰枯调剂

针对我国水资源分布不均、降水时空变化较大的特点，为保障各地生产、生活和生态用水需求，根据不同地区来水情况和国民经济建设及生态保护需水要求，充分利用河湖水系连通格局和网络体系，运用防洪指挥调度系统、水资源监测调度管理系统等，实施防洪调度、水资源调度和生态调度，进行大尺度水资源配置、流域（区域）洪水风险管理和连通系统的水资源实时联合调度。通过河湖水系的连通联调，实现不同来水情况、不同地区间的优化调度，南北配置，东西互济，丰枯调剂，规避风险，整体提高我国水资源调配水平和洪水管理水平，提高水资源承载能力和抵御干旱风险的应急保障能力，保障国家防洪安全、供水安全、粮食安全、经济安全与生态安全，促进我国经济社会可持续发展。

6.3　区域层面河湖水系连通基本构想

本书主要讨论省级区域层面河湖水系连通的基本构想。

6.3.1　连通范围

省级区域层面河湖水系连通主要指省级行政区范围内的跨水系和跨区域的水资源调配，通过区域河湖水系连通实现区域水资源调配和水生态环境保护与修复，合理配置生活、生产、生态用水。以省内水系及流域为单元，以省内水利工程为依托，以水库（湖泊）为调蓄中枢，通过必要的连通工程，形成城乡一体、互连互通、多水源联合调度的水网络体系。在国家骨干水网覆盖地区，通过加强配套工程建设，将区域内部水网络与国家骨干水网相连通。

6.3.2　连通主要方式

省级区域层面河湖水系连通，重点针对区域河湖水系分布特点、水土资源分布状况、水生态环境现状、产业布局和发展需求等进行连通，主要有四种连通方式：①国家骨干水网络覆盖地区，在国家层面河湖水系连通总体格局下，结合区域内部的供水体系，建设完善的配套工程，完善水资源调配体系，提高水资源承载能力；②以区域内重要水源和水系及供水工程为基础，结合国家功能区建设对区域的要求和区域发展布局，根据国家重要能源化工基地、重要农产品主产区、重点生态功能区用水要求，结合区域内重点领域供水、城镇供水和农村集中连片区供水，建设必要的连通工程，构建局部连通水网络；③结合区域水资源保护和水生态环境建设，积极恢复和重塑区域内原有河湖的水力联系，改善水体水动力条件，提高区域水环境承载能力，保护和修复区域水生态环境；④以区域内已实现的局部连通为基础，进一步科学规划，建设必要的连通工程，实现局部连通向区域连通、单向连通向双向连通发展，进一步提高区域的水资源调配和供水应急保障综合能力。

6.3.3　连通方向及重点

1. 东部省级区域层面

以巩固优化水系格局和连通状况以及适度恢复历史连通为重点，针对东部地区经济发达、河网密布、水环境压力大等特点，加快骨干连通工程建设，维系河网水系畅通，率先构建现代化水网络体系，支撑经济社会快速发展。东部省级区域层面河湖水系连通方向及重点见表 6.3。

表 6.3　　　　　　　　　　东部省级区域层面河湖水系连通方向及重点

省份	连通方向及重点	区域连通工程
北京	通过跨流域调水，实现与永定河、温榆河等主要河道，京密引水渠等输水通道，及官厅、密云等骨干水源的连通，形成水资源调配网络体系，保障供水安全，修复水生态环境	南水北调中线及配套工程，万家寨引黄工程向北京应急调水工程等
天津	通过跨流域调水，实现引滦、引江、引黄三大工程体系与海河水系的连通，形成多源互补的水资源调配网络，修复水生态环境	南水北调东、中线及配套工程，引滦入津工程，引黄济津工程等
河北	通过跨流域调水和区域连通工程，实现引江、引黄两大工程体系与海河水系、区域内重要水库洼淀的连通，形成较大范围可调可控的水资源配置网络，修复水生态环境	南水北调东、中线及配套工程，引黄入冀工程，衡水湖治理等
山东	通过跨流域调水和区域连通工程，实现引江、引黄与当地水系、水库的连通，构建水网体系，提高胶东半岛、鲁北等地区供水保障率	南水北调东线及配套工程，引黄济青工程，山东省现代化水网等
上海	通过引调水工程、江湖连通工程、水网连通与疏通工程等措施，打通太浦河、吴淞江通道，改善城区水网水质，提高城区供水保障率	引江济太，太浦河、吴淞江治理，城市供水网调整与建设等
江苏	通过引江工程、区域水网连通工程，构建苏北水资源配置网络，加快水体循环；通过引调水工程，区域水网连通与疏通等工程措施，扩大苏南地区引江通道，改善河湖水网水质，提高区域供水保障程度	南水北调东线及配套工程，江水北调工程、望虞河、新孟河、新沟河治理工程等
浙江	通过引调水工程、江湖连通工程、水网连通与疏通工程等措施，连通杭嘉湖地区骨干河网、浙东地区河网、太湖及钱塘江水系等，提高沿海地区供水保障程度，改善水生态环境	太嘉河工程，扩大杭嘉湖南排工程，浙东、浙北引水工程等
福建	通过引调水工程，沟通闽江和闽南水系，实现省内水资源优化配置，保障沿海重点地区供水安全	闽江北水南调工程，九龙江西水东调工程等
广东	通过引调水工程，连通西江、东江及珠江三角洲河网水系，保障广州、深圳、港澳等重点地区的供水安全，缓解珠江下游咸潮压力	西江调水工程，东深供水工程等
海南	通过引调水工程，实现南渡江、万泉河流域水资源与东北部土地资源的优势整合，解决中远期东北部地区的水资源供需矛盾	南渡江引水工程，万泉河引水工程等

2. 中部省级区域层面

以恢复、维系、增强河湖水系连通性为重点，针对中部地区水系复杂、河湖萎缩、循环不畅等问题，积极实施清淤疏浚、新建必要的人工通道，恢复河湖生态系统及其功能，提高水旱灾害防御能力和水资源调配能力。中部省级区域层面河湖水系连通方向及重点见表 6.4。

3. 西部省级区域层面

以保护与修复水生态环境和保障能源基地、重要城市用水为重点，针对西部地区缺水严重、生态脆弱、人水矛盾尖锐等问题，在科学论证、充分比选的基础上，合理兴建必要

表 6.4 中部省级区域层面河湖水系连通方向及重点

省份	连通方向及重点	区域连通工程
山西	通过引黄，内部连通构建区域水网，沟通黄河、汾河与桑干河、滹沱河、漳河等水系，连通万家寨、古贤，汾河一库、二库，册田等水库，增加引黄水量，修复汾河等重点河流水生态环境，增强应对特大干旱能力	引黄入晋工程，山西水网工程，汾河生态修复工程等
河南	通过引江引黄、区域连通，实现引江、引黄与海河、淮河水系，以及区域内重要水库渠系的连通，形成区域水资源配置网络，改善重点地区水生态环境	南水北调中线及配套工程，引黄入郑工程及引江济淮工程，郑州市生态水系工程等
湖北	通过引调水、江湖连通、水网连通与疏通等措施，保障汉江、荆南四河等流域的水安全，改善四湖地区的水生态环境状况，实现江湖两利，改善城市河湖水环境状况	引江济汉、引江补汉工程，荆南四河治理，武汉水网，潜江生态水网等
湖南	通过江湖连通、区域连通，保护洞庭湖地区水生态环境，连通长株潭地区周边水库，构建多源互补的区域水资源调配体系，保障重点城市群供水	洞庭湖水系综合治理，长株潭三市引水工程等
安徽	通过引江、江湖连通，沟通长江、淮河水系，逐步形成江淮水系连通网络，缓解淮北等地区水资源短缺、地下水严重超采问题，改善巢湖水生态环境	引江入巢工程，淮水北调工程，引江济淮工程等
江西	通过江湖连通，保护鄱阳湖地区水生态环境，以峡江、廖坊等重点水库为枢纽，通过区域连通，构建区域河库水网，重点保障中部地区城市供水，提高供水保证率和抗旱能力	鄱阳湖水利枢纽及湖区综合治理，山口岩水库供水工程等

的调水工程，缓解经济社会发展和生态环境保护受制于水的状况。西部省级区域层面河湖水系连通方向及重点见表 6.5。

表 6.5 西部省级区域层面河湖水系连通方向及重点

省份	连通方向及重点	区域连通工程
陕西	通过跨流域调水、区域引调水，沟通汉江、渭河等主要水系，实现渭河各支流水库联合调度，形成关中地区供水网络体系，缓解关中地区水资源短缺问题，修复渭河水生态环境	引汉济渭工程，引乾济石工程，引红济石工程等
内蒙古	通过引调水，连通松花江与西辽河，结合尼尔基、红花尔基等水库调度，提高区域水资源配置能力，通过水权置换为鄂尔多斯能源基地提供水源支撑	绰尔河引水工程，引哈济锡工程等
宁夏	通过引排水，连通黄河、当地水系和重要湖泊湿地，增强灌区防洪排水能力，改善水生态环境，利用部分洪水资源	六盘山引水工程，艾伊河生态引水工程等
甘肃	通过跨流域调水、区域引调水，缓解河西及甘肃中部地区水资源供需矛盾，研究通过白龙江引水等方案解决甘肃东部地区缺水问题	引洮供水工程，引哈济党工程，引黄济石工程等
青海	通过引调水，保障青海东部地区、柴达木盆地用水需求，保护和修复湟水、青海湖等重要河湖水生态环境	引大济湟工程，那棱格勒河调水工程等
新疆	通过跨流域调水、区域引调水、生态补水，保障乌鲁木齐等重点地区供水安全，修复改善塔里木河等重要河流、艾比湖等重要湖泊水生态环境	引额济乌、引额济克工程，艾比湖生态环境保护工程，塔里木河生态治理工程等
西藏	通过区域连通，以旁多、拉洛水库等水源工程为重点，连通藏东南地区水系与灌区，为重点城市及重要灌区等提供水资源支撑	旁多、拉洛水库等工程等
四川	通过引调水、区域连通，连通金沙江、岷江、沱江和嘉陵江等骨干水系，连通紫坪铺、小井沟等水库以及区域水系，提高供水保障能力	毗河供水工程，四川武都引水工程等
重庆	通过区域连通，连通观景口、金佛山水库及当地水系，提高水资源调配能力和应急抗旱能力，改善城区水生态环境	观景口水库供水工程，西部供水工程等

省份	连通方向及重点	区域连通工程
贵州	通过引调水、区域连通，连通乌江与黔中地区水系以及重点水源，提高重点城市和重点区域的供水保证率和应急抗旱能力	黔中引水工程、夹岩枢纽及引水工程等
云南	通过引调水、区域连通，连通金沙江与滇中地区水系以及小中甸、车马碧等重点水源，提高区域供水保证率和应急抗旱能力，改善滇池等重要高原湖泊水生态环境	牛栏江滇池补水工程，滇中引水工程，引漾入洱工程等
广西	通过引调水、区域连通，缓解北部湾经济区、桂西工业基地用水压力，实现区域水资源优化配置，提高重点地区供水保障能力，改善重点城市水生态环境	引郁入玉工程，引郁入钦工程，西水南调工程，桂中治旱，漓江补水等

4. 东北省级区域层面

以保障老工业基地、城市群和粮食生产用水为重点，针对东北地区水资源分布不均、水体污染、湿地萎缩等问题，开源节流并举，在有条件的地方加快河湖水系连通工程建设，恢复扩大湖泊湿地水源涵养空间，支撑经济社会可持续发展（马明印，2015；谭振东和吴明官，2014）。东北省级区域层面河湖水系连通方向及重点见表6.6。

表 6.6   **东北省级区域层面河湖水系连通方向及重点**

省份	连通方向及重点	区域连通工程
黑龙江	通过"四江八库八通道"联合调配，形成"北水南调、边水济腹、东西兼顾"格局，全面提高水资源的调控能力和承载力，提高松嫩、三江平原供水能力，保护重要湿地	引呼济嫩、尼尔基下游灌区引水、扎龙湿地补水、引松补挠工程等
辽宁	通过东水西调、区域引调水，连通浑江、辽河、西辽河等主要水系和大伙房、观音阁等主要水库，形成河库联动的水资源配置网络体系，缓解辽河地区水资源开发利用程度过高、水生态损坏严重的问题	大伙房输水工程，辽西北供水工程，引洋入连工程等
吉林	通过引调水、区域连通，连通中部城市群周边水库，形成多源互补、水库联调的水资源调配网络体系，缓解吉林中西部地区水资源短缺问题，保护重要湿地	吉林中部引水工程，引嫩入白工程，哈达山输水工程等

省级区域连通在构建省级骨干河湖网络的同时，要重视县级城镇与农村中小河流连通问题。县域连通应以增强城乡供水一体化，保障重点城镇供水安全，改善灌溉供水条件为重点，结合中小河流治理及农村河道整治，通过河道疏浚、岸坡整治、河渠连通、水生态修复等手段，重点打通断头浜、封闭湖，构建城乡水网络体系，提高行洪排涝能力、灌溉供水能力，辅以生态治理，改善水环境。

6.4 城市层面河湖水系连通基本构想

6.4.1 连通范围

城市层面河湖水系连通主要指城市及周边地区河湖水系的局部连通，通过城市河湖水系连通，保障城市供水安全，修复、改善水生态环境，增强城市防洪排涝能力。以城市原有水系为基础，沟通城市河流、湖泊、周边水库及湿地，通过连通工程、疏浚治理、水景观工程，形成互连互通、多源互补、引排有序、生态良好的城市水网络体系。

6.4.2 连通主要方式

城市层面河湖水系连通重点针对城市河湖水系及周边水系特点、资源环境状况、城市发展方向与定位，主要有四种连通方式：①结合城市总体规划，选择可靠、安全的重要水源进行连通，建立多水源、多渠道的供水安全保障体系，提高城市供水安全保障程度。②适度恢复城市原有河湖，增大水面面积，沟通和拓宽河道，建立与流域和区域水系格局相适应的城市防洪排涝体系，提高排涝能力，减轻洪水威胁（赵子平，2013）。③合理进行水系功能划分，严格治污，清污分流，结合城市河湖水系综合整治，改善水环境。④结合城市文化建设进行河湖水系连通，发挥水的生态服务和文化景观功能，提升城市品位。

6.4.3 连通方向及重点

以满足城市水源调配、防洪除涝、环境治理、生态建设、景观构建等多方面综合要求为目标，以自然水系为基础，通过科学的人工调控措施，促进水体有序循环。我国南方与北方河湖水系及其水资源状况的差异性很大，城市河湖水系连通必须根据其水系特征和水资源条件，因地制宜、区别对待。

北方城市以提高水资源承载能力和供水安全保障程度为重点，适度实施跨区域、跨流域调水，加强城市现有水源、水系沟通，实现城市多水源、多渠道供水，提高城市水源的应急保障能力。强化水资源节约和保护，以再生水利用为主，补给城市河湖生态水量，保障河湖基本生态用水，积极修复现有水面和湿地，恢复河流水系的生态功能，形成城市生态廊道。

南方城市以保护城市现有河湖水面和适度恢复历史连通及河湖湿地为重点，通过疏浚、沟通河道，恢复被侵占和填埋的沟渠、水塘等，提高河湖水系的整体连通性，形成以主干河道为主、分支河道为辅，连接湖泊、水库、湿地，脉络清晰、水流畅通的水系连通格局，修复城市河湖水生态，改善水环境，营造水景观，增强水系整体功能。

第 2 篇

专 题 研 究

第7章 河湖水系连通中的水资源与防洪问题

7.1 河湖水系连通与水资源配置

水资源合理配置是实现水资源公平、持续利用的有效调控措施之一，已成为当今世界关注的热点。水资源配置研究是与水资源的持续利用和人类社会协调发展密不可分的。随着科学技术和配置实践的不断发展，人们对水资源配置的认识和理解体现为一个不断深化的过程。并且，这个过程与人水关系的变化是紧密联系的，可以通过人与水的紧张关系揭示水资源配置研究发展历程。当人水关系不紧张或趋于紧张时，水资源配置采用的是以需定供为主的供水管理，它侧重从工程和技术方面进行水资源配置，强调征服自然和改造自然；当人水关系紧张或非常紧张时，人们开始逐渐重视需水管理，侧重从政策、措施和制度层面来进行水资源配置，强调人与水的和谐共处，倾向于抑制人类过多地向自然界索取，尽量约束人类本身过度膨胀、只顾眼前利益、损害环境与生态系统的种种不适当需求。目前，水资源配置问题的处理正处于供给面和需求面相结合的需水管理阶段（佟金萍等，2011）。河湖水系连通一定程度上能够促进水资源配置，而要实现这一功能，就必须基于对区域水资源承载能力的客观评价。

7.1.1 连通性与水资源承载力

河湖水系连通主要包括不同河流之间的横向连通，以及被截断的同一条河流中的鱼道等纵向连通。河湖水系连通工程的横向连通主要是将不同河流通过水利工程相互连通起来，从而实现多河流之间的丰枯调剂、相互补充的目的（张君，2013）。通过河湖连通建设后形成的水网系统从属性上看主要由两部分组成：自然水网和社会水网。自然水网是指以流域为单元的天然河湖水系网络；社会水网主要是人工建造的取水、供水、排水、输水等网络系统。

水资源承载力概念是20世纪80年代提出的，但迄今仍未形成系统的、科学的理论体系，即便有关于水资源承载力的定义，国内暂未形成统一的认识（李昕，2010）。但可以肯定的一点，即水资源的承载能力是水资源规划的物质基础。《中华人民共和国水法》（2016年修正）对水资源配置、宏观调配以及宏观管理做出了新的规定，对促进水资源的高效利用，提高水资源的承载能力，缓解水资源供需矛盾，遏制生态环境恶化的趋势，保障经济社会的可持续发展具有重要意义。水资源合理配置是指在流域或特定的区域范围内，遵循高效、公平和可持续的原则，利用工程与非工程各种措施，按照市场经济的规律和资源配置准则，通过合理抑制需求，保障有效供给，维护和改善生态环境质量等措施，对多种可利用水源在区域间和各用水部门间进行分配。因此，水资源可利用量及水资源承载力是水资源配置的基本依据。水资源承载力是评价水资源开发利用、社会经济发展和生态环境保护协调程度的综合指标。

在水资源短缺地区，由于水资源过度开发利用，超出其水资源承载能力，造成两方面的问题：一是本区域水资源匮乏，受外流域调水和政策限制，水资源配置不尽合理等水资源系统问题；二是区域人口发展、经济规模与结构不相匹配，造成生态环境保护政策和措施不当等经济社会系统问题。我国许多地方出现河流断流、地下水超采，破坏水生态环境就是过度开发利用水资源的恶果。上述问题与水资源宏观管理有关，实施水资源合理配置，实现水资源可持续发展战略，加强水资源宏观管理是基础，改革水管理体制是关键。在水资源规划中要坚持可持续发展的战略方针，尊重自然规律和经济规律，把发挥水资源的综合效益和维护生态环境安全放在江河流域水资源开发利用的重要位置。

7.1.2　河湖水系连通的水资源配置原则

基于河湖水系连通的水资源配置是传统水资源配置的新发展，应遵循传统水资源配置中公平、高效、可持续利用和第三方无损害等基本原则。公平原则是水资源配置的前提和基础，要求区域间、行业间、部门间均应公平合理地共享水资源；高效原则要求水资源配置应追求水资源的综合利用效益的最大化；可持续利用原则要求合理调整水资源开发利用方式，确保在不破坏生态环境的前提下公平高效地利用水资源；第三方无损害原则要求在进行水资源配置时，不损害第三方利益。基于河湖水系连通的水资源配置在上述原则的基础上，还应该考虑河湖水系连通的特殊性，在水资源配置过程中坚持多水源统筹原则，即要从经济、社会、生态与环境效益最大化的目标出发，统筹考虑本地水（河道水、水库水、地下水和其他水源）和外调水在不同区域、行业、用户之间的合理分配（陈睿智等，2013）。

基于河湖水系连通条件，水资源配置原则进一步细化为：①强化节水、综合运用经济杠杆，抑制需求；②对现有供水设施进行配套、挖潜、改造；③统筹规划雨水、地表水、地下水的利用和污水处理再利用及微咸水利用，逐步减少地下水超采量；④合理安排生态与环境用水；⑤改革水资源管理体制，实现以水务体制为目标的统一管理；⑥平衡输水区域受水区间的利益分配。

7.1.3　河湖水系连通的水资源配置特征与框架

1. 河湖水系连通的水资源配置基本特征

基于河湖水系连通的水资源配置相对于传统水资源配置存在一定差异，其最主要的区别是：河湖水系连通水资源配置更多考虑流域（区域）水资源的高效合理利用，涉及更广阔的区域范围和利益群体。其主要特征包括：

（1）水源配置结构更为复杂。河湖水系连通后，调出区与调入区水资源总量上均发生变化，可供配置的水源的水资源总量随即发生变化，除了地表水、地下水和中水等水源外，输水区需要重点考虑在扣除输出水量后水资源的重新配置，受水区则需要重点考虑增加的外来水源，进而对多水源统筹配置。

（2）配置涉及区域范围更广，利益关系变化增多。河湖水系连通后水资源配置所涉及的范围从传统的以流域为单元扩展到由调出区和调入区组成的大区域，利益群体从流域范围内的上下游、左右岸、不同行业、不同部门，扩展到由调出区、调入区和输水沿线组成的利益群体，需要妥善协调多方利益。

（3）配置目标更加合理，强调均衡发展。传统的水资源配置强调对生活用水和生产用水的保障，对生态用水重视不足，往往出现社会经济用水挤占生态环境用水的情况，不利于生态文明建设。河湖水系连通后，受水区可供水量增加，应该更加重视生态环境用水，实现水资源的经济社会和生态环境综合效益最大化。

2. 河湖水系连通水资源配置框架

河湖水系连通后，将形成一个多目标、多功能、多层次、多要素的复杂水网系统。由于河湖水系连通工程的庞大性、连通格局的复杂性、气候变化的不确定性，传统的水资源配置思路已经不能完全满足河湖水系连通后水资源配置的要求。

为确保河湖水系连通的水资源调配功能得到充分发挥，在河湖水系连通水资源配置的基本特征和原则的基础上，提出基于河湖水系连通的水资源配置模式——权益保障与均衡发展模式。该模式在重点考虑调出区与调入区丰枯遭遇问题的基础上，突出权益保障与均衡发展（陈睿智等，2013）。权益保障指保障调出区、调入区和输水沿线的权益；保障经济社会系统的用水权益（以供定需，提高用水效益）和生态环境系统的用水权益（以需定供，确保最低生态用水）。均衡发展指在河湖水系连通形成的网络体系基础上，通过多水源、多用户的联合调度，使生活、生产、生态用水在时间、空间、过程上和水量、水质、效益上得到均衡。在进行基于河湖水系连通的水资源配置时，应在调出区和调入区水循环过程模拟、丰枯遭遇分析、受水区可供水量计算的基础上，以权益保障与均衡发展为目标构建水资源优化配置模型，以求得基于河湖水系连通的水资源优化配置方案，如图7.1所示。

7.1.4 河湖水系连通水资源配置机制

河湖水系连通水资源配置机制与常规水资源配置机制内容较为相似，其主要区别在于前者需结合河湖水系连通设计的调出区与调入区调水前后特点进行分析。在水资源配置中更多的可能涉及区域间的市场配置与自主调配，随着河湖水系连通工程的实现，河湖水系连通水资源配置机制在施行过程中将更关注市场配置方面的内容。水资源配置机制是水资源配置的内涵，决定了在水资源配置原则下确定的水资源以何种方式在流域、区域、行业和用户之间进行配置。总体而言，目前世界各国所采取的水资源配置机制不外乎三种：行政配置、市场配置和自主配置（沈大军，2007）。

1. 行政配置

水资源的行政配置也称为计划配置、政府配置、指令配置，由政府或有关的水管理部门通过行政命令或指令配置水资源的机制。这是一种自上而下的配置方法。由于政府或管理部门掌握或处理的信息能力有限以及对于用水户信息的不了解等，在处理大量的配置信息时，行政配置机制的能力显得不足，容易造成"政府失灵"和出现"寻租"现象。但行

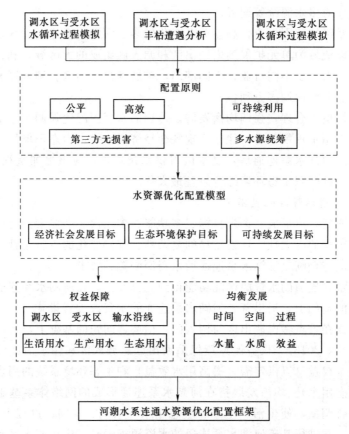

图 7.1　河湖水系连通水资源优化配置框架

政配置的优点是可以保障公共利益和社会利益与生态和环境保护目标的实现。因此，行政配置一般在宏观层次上比较有效，适应于信息处理较少、信息比较透明的配置，如流域或区域的水资源初始配置，区域内产业水资源的配置等。在满足公共利益、生态和环境保护以及重要的居民生活用水的情况下，行政配置也比较有效。同时，当出现用水危机时，行政配置是一种十分有效的水资源配置方式。行政配置在国际上的应用十分广泛，在我国的水资源配置中，《黄河可供水量分配方案》就是行政配置的典型例子。同样，在黑河流域、塔里木河流域，流域内行业和部门间的水量配置也属于行政配置。

2. 市场配置

市场配置是应用市场的一些机制和手段来配置水资源。市场机制包括众多的内容，其中应用最多的是经济激励机制，如应用最广泛的价格机制、水权制度也属于市场的范畴。根据市场经济的理论，要保证市场在资源配置中发挥基础性的作用，其最根本的是需要建立清晰和有保障的产权制度。应用市场机制配置资源可以保证资源配置的效率。但市场配置不能保证社会目标与生态和环境保护目标的实现，即出现所谓的"市场失灵"。目前，市场在资源配置中发挥了广泛的作用，当前收费的各种水资源配置，如生活用水、工业用水和农业用水的配置都是市场配置资源的例子。在这些水资源的配置中，价格对水资源的配置以及用户的用水行为或多或少会产生作用，从而影响水资源配置的结果。

3. 自主配置

自主配置是近年来出现的水资源配置新方式，即由用水户或相关用水团体自行组织和协商来分配水资源。在灌区层次上，农民参与用水管理就是典型的例子。自主配置的优点是具有较大的灵活性，能充分反映用水户的需求，同时分配的结果也对用水户的用水行为产生直接的影响，能避免同时出现"市场失灵"和"政府失灵"。由于配置范围相对较小，用户参与充分，因此自主配置具有高透明度，解决了配置中的信息问题。在宏观层次上，自主配置也有一些案例，如通过协商确定的流域或区域水量分配。

尽管以上分析了不同的水资源配置机制，但现实的水资源配置是以上各种机制的综合，这也是由水资源本身的特性所决定的。即使是在我国实行计划经济的时代，城镇居民生活用水其实是应用市场机制进行配置，通过价格影响居民的用水行为；而在实行市场经济时，行政配置也应用得十分广泛。在一个流域内，区域间水资源的配置采用行政配置。因此，不同机制的应用机制与具体的水资源问题，决定于配置层次和内容。而河湖水系连通中的水资源配置机制应在对传统水资源配置机制深入理解的基础上，结合河湖水系连通后区域水资源承载能力评价结果，制定科学合理的水资源配置准则，进而优化水资源配置机制的推行。

7.1.5　河湖水系连通水资源配置对象

根据水资源的特性及其开发利用的内容，并结合河湖水系连通内涵，河湖水系连通中水资源配置的对象包括数量、水质、保证率、时间以及空间（地点或区域）等。

1. 数量

数量是最常用的，也是最可以理解的对象，通常所说的水量就是水资源数量的体现。在通常情况下，水资源的数量也是水资源配置最常用的内容。尽管数量是最常用的配置对象，但当数量与其他的配置对象相结合时，配置的内容就会丰富很多。如常用的某一保证率下的水量就是时间和数量的结合，结果是对应于不同的保证率就会有不同的数量，从而会有不同的配置内容。因此，数量需要与其他不同的配置对象相结合。

2. 水质

在水资源配置中，水质的概念还没有广泛应用，但出现的例子日益增加。一般而言，对于一个物品，总是有数量和质量两个概念，对于水资源也是如此。对应于不同的水量，就会有不同的水质；同样，对应于水质的一般是用途，当水质无法满足用途的要求时，就需要基于水质要求进行水资源配置。

在过去的一段时间内，由于水污染不严重或水质总是能满足人们的要求，或是人们对水质关注程度不足，水质这个对象并没有纳入水资源配置的范畴。但当水污染越来越严重时，在缓解污染问题的时候，人们越来越多地把水资源的水质配置纳入配置对象。同样，在水资源配置中，也开始关注需要一定水质的水资源量的配置内容。如我国正在实施的"引江济太"工程，实质就是通过引用一定数量的优质水，缓解太湖水污染的配置措施；同样，我国第一例水权交易"东阳-义乌"的水权交易，也是由于当地丰富的水资源被污染而购买区域外优质水资源的过程。

3. 保证率

保证率也是对应水量的常用概念。常用的 $P=50\%$、$P=75\%$、$P=90\%$ 及枯水年（月）等都属于水资源配置保证率的概念。同样，多年平均也可以认为是一个与保证率有关的概念，因为多年平均是一个水文序列的各种频率的平均。在水资源规划中经常会出现不同保证率情况下的可利用水量的概念。因此，保证率是对应于水量的一个十分重要的定义。由于水文的随机性，不同保证率情况下的水量是不同的。

4. 时间

在水资源配置中，时间界定的是配置何时的水量。在水资源规划中经常出现的水平年就是时间的一个体现。河湖水系连通条件下输水区与受水区在水量的不同规划水平较未连通前将发生显著变化。但客观上，由于各地水资源问题的不同，经常会出现对现在甚至过去某一时间的水量配置，特别是以供定需的配置原则下。在灌区的灌溉水量配置中，经常发生的是对一个灌溉季节的水量分配。

同样在某种情况下，水资源配置有可能是针对特定时间或时段的水量分配，如年或月。如旱情紧急情况下的水量调度预案就是对枯水年甚至是枯水月的水资源配置。因此，河湖水系连通情况下合理科学的水资源配置能够兼顾输水区与受水区应对丰枯季节用水需求，而水资源配置过程中若不能科学合理评估河湖水系连通后区域间水资源在时间尺度上的变化，那河湖水系连通将可能加剧输水地区及受水地区旱涝等灾害风险。

5. 地点或区域

地点或区域事件应对的是一个点和面的问题。绝大多数情况下，水资源配置是针对一个区域的水资源配置问题，如流域、区域水资源配置是对一个流域或区域的水资源进行配置；但是在某些情况下，也会出现对某一地点的水资源进行配置的问题，如我国古代灌区的水资源配置经常是对渠口或引水口的水量进行分配，但同样在当前的晋江流域，水资源配置也是针对一个地点（闸口）的水量分配。

基于河湖水系连通条件下，水资源配置问题常常涉及一个较为广阔的面，其配置难度及配置中可能遇到的问题将区别于以往水资源配置过程中的问题。河湖水系连通即将点-点、点-面或面-面间的河湖水系连通，因而河湖水系连通中的水资源配置决定于其连通方式。河湖水系连通中的水资源配置涉及的对象更广阔、涉及因素更复杂，在水资源评价及预估中的不确定性也随之增加。

7.2　河湖水系连通与防洪减灾

7.2.1　连通性与防洪排涝

7.2.1.1　我国洪涝灾害的类型及特点

洪涝灾害是由于水流与积水超出天然或人工的限制范围，危及人类生命财产的安全而形成的。洪水对人类社会有多方面的危害，例如，直接造成人畜伤亡；冲毁或淹没建筑物与人类财产；破坏铁路、公路、通信线路与其他工程设施；使农作物与经济作物歉收或绝收，土质恶化；使工农业生产及其他人类活动中断；导致某些疾病的流行；诱发某些次生灾害，如崩塌、滑坡、泥石流等地质灾害，病虫害等农林灾害。降水过多造成农作物减产的原因是：积水深度过大，时间过长，使土壤中的空气相继排出，造成作物根部氧气不足，根系部呼吸困难，并产生乙醇等有毒有害物质，从而影响作物生长，甚至造成作物死亡。

1. 我国洪涝灾害的类型

我国洪涝灾害的主要自然致灾因素是暴雨洪水、风暴潮、融冰融雪和冰凌洪水。由于不同的自然地理条件、地形地貌特点以及人类经济社会活动特点与规模，洪灾形成的条件、机制以及对经济社会发展的影响和对生态环境的影响与冲击也不尽相同。我国洪水灾害主要有以下五种类型（中国可持续发展研究会，2012）。

（1）平原洪涝型水灾。

平原洪涝型水灾主要是指由江河洪水漫淹和当地涝水所造成的灾害。洪水泛滥以后，水流扩散，波及范围广；受平原微地形影响，行洪速度缓慢，淹没时间长。涝灾是因当地暴雨积水不能及时排除而形成的一种水灾，主要分布在平原低洼地区和水网地区。我国平原地区的洪涝灾害往往相互交织，外洪阻止涝水外排，因而加重了内涝灾害；而涝水的外排又加重了相邻地区的外洪压力，洪涝水不分是其主要特点。平原洪涝型水灾波及范围广，持续时间长，造成的损失巨大，发生频繁，是我国最严重的一种水灾。

我国平原总面积 115.2 万 km^2，占国土总面积的 12%，除部分分布在西部干旱地区外，主要分布在受到洪涝灾害威胁的七大江河（含太湖）的中下游地区。这些地区经济发达、人口稠密、资产密集，集中了全国 1/3 的耕地，40% 的人口及 60% 的国内生产总值。上述地区江河主要依靠堤防束水，洪水位普遍高于地面高程，有的河流如黄河下游由于泥沙来量大，河床逐渐淤积抬高，形成地上"悬河"，加之河口淤堵，洪水宣泄不畅，对两岸构成严重威胁。平原地区的涝灾问题十分突出，洪涝灾害往往相伴而生。

2010 年 6 月 13—28 日，我国长江以南地区出现了大范围持续性强降雨过程，江西大部、湖南部分地区累积降雨量 200~300mm，江西鹰潭、抚州、吉安、赣州等地达 300~500mm；最大点雨量江西资溪 746mm，广昌县水南 674mm。鄱阳湖水系信江、抚河、赣江相继发生超历史记录洪水，洞庭湖水系湘江发生了历史第三高水位的洪水，鄱阳湖及长江干流九江段水位 2003 年以来首次超过警戒水位。江西、广西、湖北、湖南等省（直辖市）389 个县（市、区）、4444 个乡（镇）遭受洪涝灾害，农作物受灾面积 177.9 万 hm^2，受灾人口 3096 万人，因灾死亡 83 人、失踪 136 人，倒塌房屋 19 万间，直接经济损失 422 亿元。

1949 年以来，长江流域先后于 1954 年和 1998 年发生了两次全流域性大洪水。两次大洪水相比较，1998 年宜昌洪峰流量 63300m^3/s，略小于 1954 年的 66800m^3/s，但 60 天最大洪量比 1954 年约大 100 亿 m^3。1998 年长江中下游分洪溃口水量约 100 亿 m^3，相当于 1954 年分洪溃口水量 1023 亿 m^3 的 1/10，淹没耕地面积不足 1954 年（淹没耕地 317 万 hm^2）的 1/10，死亡人口约为 1954 年（长江中下游死亡人数 3.3 万人）的 1/20。

（2）沿海风暴潮型水灾。

风暴潮灾害是海洋灾害、气象灾害及暴雨洪水灾害的综合性灾害，突发性强、风力大、波浪高、增水强烈、高潮位持续时间长、引发的暴雨强度大、往往与洪水遭遇，一旦发生风暴潮常常形成严重的水灾。据统计，20 世纪 80 年代末 90 年代初我国由于沿海风暴潮导致的水灾损失约占同期全国水灾总损失的 19%，仅次于暴雨洪水形成的洪涝灾害。

163

根据 1949—1990 年的统计资料，全国平均每年因风暴潮造成的农田受灾面积达 118.7 万 hm²（1780.5 万亩），倒塌房屋 19.22 万间，受灾人口 340 万人，死亡 665 人；据 1985—1990 年资料，全国每年经济损失达 65 亿元。

1992 年 8 月 31 日，199216 号台风"鸥马"在福建长乐登陆，后蜕变为低气压继续北上，至徐州、菏泽一带，然后向东北方向移动，于 9 月 2 日从莱州湾出海，向辽东半岛方向移动。沿海福建、浙江、上海、江苏、山东、山西、天津、辽宁 8 省市受灾，共造成直接经济损失 92 亿元，死亡近 200 人。

（3）山地丘陵型水灾。

根据洪水形成原因，山地丘陵洪水又可分为暴雨山洪、融雪山洪、冰川消融山洪或几种原因共同形成的山洪，其中以暴雨山洪最为普遍和严重。其特点是历时短、涨落快、涨幅大、流速快且携带大量泥沙、冲击力强、破坏力大。

山洪泥石流是由山洪诱发而突然暴发的携带大量泥沙和石块的特殊山洪，多发生在有大量松散土石堆积的陡峻山坡。据统计，山洪泥石流等灾害虽然波及范围较小，总经济损失一般不大，但往往造成较多的人员伤亡，而且有些年份相当严重。

1981 年 7 月 27 日，辽东半岛一次特大暴雨山洪，挟卷巨石、树木倾泻而下，所经之处，人畜、房舍、村落、建筑物席卷一空，1835 间房屋被冲毁，664 人死亡，长大铁路冲毁 7km，406 次列车被颠覆。

1984 年 5 月 30 日，云南省东川市因民矿区黑水沟暴发泥石流，仅 30 多分钟，造成 121 人死亡，30 多人受伤，1000 多人受灾，冲毁建筑物 5 万 m² 和大量生产、生活设施，矿山停产半个月，直接经济损失 1100 万元。

2003 年以来，全国山洪泥石流造成的人员伤亡占当年水灾总死亡人数都超过 70%。特别是 2010 年 8 月甘肃舟曲特大山洪泥石流灾害，造成舟曲 2 个乡（镇）、13 个行政村、4496 户、20227 人受灾，因灾死亡 1501 人、失踪 264 人。

（4）冰凌灾害。

冰凌洪水的特征是，流量不大但水位较高。在我国主要发生在黄河下游、河套地区及松花江依兰河段。由于天寒地冻，历来有"伏汛好防，凌汛难抢"之说。

黄河下游在 1951 年、1955 年发生两次决口。例如 1955 年利津凌汛，冰凌插塞成坝，堵塞河道，造成决口，淹没村庄 360 个，受灾人口 17.7 万，淹没耕地 88 万亩，房屋倒塌 5355 间，死亡 80 人。1974 年 3 月 14 日黄河宁夏河段开河时，水鼓冰开，结成冰坝，垮后复结，淹没农田 4000 余亩，房屋倒塌 260 间，受灾人口 431 人。

（5）城市洪涝灾害。

随着我国城市化发展进程的加快，城市洪涝问题越来越突出。城市洪涝灾害类型主要有三类：一是城市进水受淹；二是内涝排泄不及时，导致城市内涝；三是部分城市受山洪泥石流冲击。

1991—1998 年，我国城市进水受淹的县级以上城市约有 700 座（次）。其中地级及以上城市 28 座（次）。据对有关城市洪涝灾害的抽样估计，1994—1998 年间，全国城市洪涝灾害年均直接经济损失为 296 亿元，占同期全国总洪涝灾害损失的 16%。另据对太湖流域 18 个城市典型洪涝灾害的损失调查，涝灾占洪涝总损失的 40% 左右。

2007年7月18日，受北方冷空气和强盛的西南暖湿气流的共同影响，山东省济南市自北向南发生了一场强降雨过程，市区1h最大降雨量151mm，为1951年有气象记录以来的最大值。此次特大暴雨造成市区道路毁坏1.4万m²，140多家工商企业进水受淹，其中近1万m²的地下商城在不到20min的时间内积水深达1.5m，全市33.3万人受灾，因灾死亡37人，失踪4人，倒塌房屋2000多间，市区内受损车辆802辆，直接经济总损失13.20亿元。

2. 我国洪涝灾害的特点

我国洪涝灾害涉及的灾害类型众多，同时对各行各业造成了不同程度的影响。综合不同类型洪涝灾害特点，总结可得我国洪涝灾害的特点主要有以下几点（中国可持续发展研究会，2012）：

（1）灾发频次高。由于特殊的地理位置和气候系统，我国洪水发生频繁，加之特殊的地形特征和人口的压力及不合理的生产活动方式，使我国成为世界上洪涝灾害出现频次最高的国家之一。据史料记载，近两千年来我国主要洪涝灾害共发生2397次，且水灾发生频次总体呈上升趋势。特别是16世纪以来，洪涝灾害发生频次递增速度加快。20世纪洪涝灾害频次高达987次，比19世纪增长了122％。20世纪以来，七大江河洪涝灾害频繁，共发生特大水灾31次，大水灾55次，一般性水灾127次（水灾等级划分标准为特大水灾频率5％以下；大水灾5％～10％；一般水灾10％～20％）。

（2）灾害损失大。据资料统计，我国20世纪90年代洪涝灾害造成的直接经济损失占同期GDP比重的平均值为2.24％，21世纪的前10年这一数值降低至1％以内。但是洪涝灾害损失的绝对数量则呈增加趋势，从1990—2000年的平均值1169亿元上升为2001—2010年的平均值1314亿元。

（3）季节性强。我国洪水的季节变化规律性明显。我国地处欧亚大陆的东南部，太平洋西岸，地理位置决定了降水量有明显的季节性，也就决定了我国洪水发生的季节性变化规律。集中雨带常出现在西太平洋副热带高压的西北侧，雨带的移动与副热带高压脊的位置变动密切相关。我国大部分地区降水集中在夏季数月之中，绝大部分地区50％以上集中在5—9月，并多以暴雨形式出现。其中淮河以北和西北大部分地区，西南、华南南部，台湾大部分地区有70％～90％，淮河到华南北部的大部分地区有50％～70％集中在5—9月。所以洪水发生也就相应集中，但随着活动时期的变化，洪水发生时间也有先后之别，出现的时序有一定规律。

（4）形式多样。我国幅员辽阔，各地气候、地形、地质特性差异很大。如果沿着400mm降水量等值线从东北到西南画一条斜线，将国土分成东西两部分，那么东部地区的沿海省、市每年都有部分地区遭受风暴潮引起的洪水袭击，洪涝灾害主要由暴雨和沿海风暴潮形成；西部地区的新疆、青海、西藏等地洪涝灾害主要由融冰、融雪和局部地区暴雨形成。此外，北方地区冬季黄河、松花江等河流有时会出现因冰凌引起的洪水，对局部河段造成灾害。占国土面积70％的山地、丘陵和高原地区常因暴雨发生山洪、泥石流、水库垮坝，人为坝堤决口造成的洪水也时有发生。

（5）发生频繁，存在周期性。据《明史》和《清史稿》资料统计，明清两代（1368—1911年）的543年中，范围涉及数州县到30州县的水灾共有424次，平均每4年发生3

次, 其中范围超过 30 州县的共有 190 次, 平均每 3 年一次。中华人民共和国成立以来,
洪涝灾害年年都有发生, 只是大小有所不同而已。特别是 20 世纪 50 年代, 10 年中就发生
大洪水 11 次。

严重的洪水灾害存在周期性变化。从暴雨洪水发生的历史规律来看, 造成严重洪水灾
害的历史特大洪水存在着周期性的变化。根据全国 6000 多个河段历史洪水调查资料分析,
近代主要江河发生过的大洪水, 历史上几乎都出现过极为类似的洪水, 且洪水分布情况极
为相似。如 1963 年 8 月海河南系大洪水与 1668 年同一地区发生的特大洪水十分相似;
1921 年、1954 年长江中下游与淮河流域的特大洪水, 其气象成因和暴雨洪水的时空分布
基本相同。一般认为, 暴雨洪水有大体重复发生的规律性, 大洪水也存在着相对集中的时
期。从历史资料中不同年代发生特大洪水的次数分析, 20 世纪 30 年代和 50 年代是中国洪
涝灾害最为频繁的一个时期。

(6) 突发性强。我国东部地区常常发生强度大、范围广的暴雨, 而江河防洪能力又较
低, 因此洪涝灾害的突发性强。1963 年, 海河流域南系 7 月底发生大面积干旱, 8 月 2—8
日突发一场特大暴雨, 使这一地区发生了罕见的洪涝灾害。山区泥石流突发性更强, 一旦
发生, 人员往往来不及撤退, 造成重大伤亡和经济损失。

(7) 分布范围广且不均衡。我国受地形和季风气候的影响, 水土资源分布是不均衡
的。除沙漠和极端干旱区、高寒山区等人类极难生存的地区外, 大约 2/3 的国土面积有着
不同类型和不同危害程度的洪水灾害, 有 80% 以上的耕地受到洪水的威胁。

根据各流域 1949 年后的不完全统计, 长江、淮河、海河三个流域无论是农田受灾面
积还是农田成灾面积之和均占各流域合计的 3/4 以上。最严重的是淮河流域, 其受灾面积
和成灾面积分别占七大江河流域合计的 35.7% 和 37.5%, 为各流域之首。黄河流域 1949
年以来没有发生大堤决口的灾情, 所占灾情比例较小。

1950—2000 年的水灾灾情统计资料表明, 全国平均每年的受灾面积为 937 万
hm² (14061 万亩), 其中成灾面积为 523 万 hm² (7845 万亩), 成灾率达 55.8%。而 20
世纪 90 年代全国平均每年的受灾面积为 1545 万 hm² (23175 万亩), 其中成灾面积为 870
万 hm² (13050 万亩), 成灾率达 56.3%。全国 10 个受灾较重的省依次为河南、安徽、江
苏、黑龙江、山东、河北、湖北、湖南、四川、广东, 其受灾面积占全国受灾总面积的
63.9%, 其中河南、安徽分别占全国受灾面积的 8.9% 和 8.6%。

截至 1998 年, 我国城市人口已达 3.8 亿人, 城市化率达到 30.4%。232 座地市级及
以上城市共实现国内生产总值 (GDP) 36567 亿元, 占全国 GDP 值的 47%。我国防洪区
内有防洪任务的地市级以上城市共有 168 座, 1998 年 GDP 达到 31612 亿元。这些地处洪
水威胁区的重点城市在相应流域或水系防洪体系的保障下, 均已在不同程度上建立了自身
的防洪体系, 但防洪标准普遍偏低, 极易遭受大洪水及山洪、泥石流的冲击和内涝的威
胁。根据有关资料抽样估计, 全国城市洪涝灾害年均直接经济损失总值约 296 亿元, 占同
期全国总洪涝灾害损失的 16%, 占同期全国城市 GDP 的 1%。

根据部分典型城市的资料分析, 城市中心区域占城市辖区直接经济损失的比例大致如
下。沿河城市在洪水淹城致灾时的城市中心区损失比重很大, 如广西柳州、桂林、梧州,
平均达 38.5%。其中 1996 年柳州市洪水进城, 城市大部分受淹, 中心区的损失比重达到

81％。滨海地区城市因受江河洪水与风暴潮的夹击，水灾损失比重也较大，其市中心损失比重平均约为 26％。平原水网、湖区城市中心区损失比重一般可达 15％～30％。

7.2.1.2 防洪排涝主要措施

人类应对洪涝灾害的总原则是：防重于抗、适度的抗重于救。在这一总原则的指导下，人类在防洪减灾实践中逐渐地形成了防洪工程措施和防洪非工程措施体系。防洪工程措施主要包括堤防、水库、蓄滞洪区等，防洪非工程措施主要包括防汛指挥调度通信系统、水文站网和预报系统等。

除了防洪工程措施和防洪非工程措施之外，全民防灾减灾意识的提高对于减轻洪涝灾害影响和损失至关重要。洪涝灾害事关社会全体成员，在各级政府组织运用防洪工程措施和防洪非工程措施应对洪涝灾害的同时，如果有较高防灾减灾意识的每个公民的积极配合和参与，必将会使全社会的防洪减灾工作做得更好，真正做到尽可能减轻洪涝灾害的影响和损失。防洪减灾工作涉及两个重要方面：一是江河流域的防洪问题；二是城市防洪。城市是江河流域的一个点，范围小，但涉及的问题多，任务重。

1. 江河流域防洪

一般河流或地区的防洪措施总体规划都是按照蓄泄兼筹、上下游兼顾、因地制宜和综合治理的原则，通过江河治理的全面规划，选定不同河段或地区的防洪标准，采取不同工程措施与非工程措施相结合的办法，达到规定防洪标准下的行洪安全，对超标准洪水采取相应的应急措施，把灾害损失降到最低限度。防洪措施分为工程措施和非工程措施。

（1）防洪工程措施。

防洪工程措施指为控制和抵御洪水以减免洪灾损失而修建的各种工程措施，主要包括堤坝、分洪工程、河道整治、水库等，水土保持因具有一定的蓄水、拦沙、减轻洪患作用也可归入其中。

1）筑堤防洪与防汛抢险。筑堤是平原地区为了防护两岸免受洪灾损害而广泛采取的一种行之有效的工程措施。沿河筑堤，束水行洪，可加大河道泄洪能力。这一措施对防御常遇洪水较为经济，容易实行。但是筑堤也会带来一些负面影响，如筑堤可能使原来散落洪泛区的泥沙在河道淤积，抬高河床，恶化防洪情势；筑堤还缩窄河槽，造成同流量相应水位的抬高，使沿河地区排涝不畅。筑堤后当发生超标洪水时，如果漫堤和溃决，造成的损害会远大于洪水自然泛滥的情形，即对于超过堤防标准的洪水而言，堤防对洪水可能带来负效应。

需要特别指出的是，由于我国的堤防基本上是经过几十年的不断修建逐步形成的，加上我国汛期长、防洪战线长、防洪标准低、非工程措施不够完善等，在考虑筑堤防洪时必须与防汛抢险紧密结合起来，才能真正发挥已建堤防的作用。对于新建堤防，要严格按照设计标准进行建设，并保证施工质量。一般而言，筑堤要尽可能在地势较高、土质较好的地段。对于透水性较强的地基，应考虑防渗及增强堤围稳定性的专门措施。对位于强地震区和险工险段的堤防，应采取必要的防震和护险措施。

2）疏浚与整治河道。疏浚与整治河道是河流综合开发中的一项综合性工程措施，通常的做法包括拓宽和浚深河槽、裁弯取直、消除阻碍水流的障碍物等。疏浚是用人力、机械和炸药来进行作业，整治则是修建整治建筑物来影响或改变水流流态，两者常互相配合使用。内河航道工程也要疏浚与整治河道，但其目的是改善枯水通航条件，而防洪却是为了提高洪水发生时河床的过水能力。因此，它们的具体工程布置与要求不同，但在一定程度上可以互相兼顾。河道整治还可以通过修建挖导工程、丁坝挑流、险工险段的坝垛或护岸工程等来控制河道流势、保护堤岸安全。堤防只有通过与河道整治措施有机结合，才能稳定和充分发挥作用。

3）分洪、滞洪与蓄洪。平原地区依靠加高堤防、整治河道来提高江河的防洪能力是有一定限度的，一般只能解决常遇洪水，对于较大的稀遇洪水，还必须修建水库或分蓄洪工程进行控制调节，才能保障行洪安全。

分洪、滞洪与蓄洪是我国长期使用的一项防洪措施，这三者的目的都是减少某一河段的洪水流量，使其控制在河床安全泄量以下。分洪是在过水能力不足的河段上游适当地点修建分洪闸，开挖分洪水道（又称减河），将超过本河段安全泄量的部分洪水引走，以减轻本河段的泄洪负担。分洪水道可兼顾作为航运或灌溉的渠道。滞洪是利用水库、湖泊、洼地等暂时滞留一部分洪水，以削减洪峰流量，洪峰一过，即将滞留的洪水放归原河下泄，以腾空蓄水容积迎接下次洪峰。蓄洪则是蓄留一部分或全部洪水，待枯水期供兴利部门使用，同样起到削减洪峰流量的作用。

4）水库工程。水库是水资源开发利用的一项重要的综合性工程措施，是一种非常有效的蓄洪工程。水库具有调蓄洪水的能力，同时可以利用水库的有效库容调节河川径流，发挥水库的综合效益。大江大河通常在防洪规划中利用有利地形，合理布置干支流水库，共同对洪水起有效的控制作用。特别是一些控制性水库，往往对整个流域的防洪起着决定性作用。

5）水土保持。水土保持既是改变山区、丘陵区的自然和经济面貌，建立良好的生态环境，发展农业生产的一项根本性措施，也是防止水土流失，保护和合理利用水土资源的重要内容，还是治理江河、保持水利设施有效利用的关键因素。它有利于把雨水尽量截留和涵蓄在雨区，减少山洪、增加枯水径流、保护地面土壤、防止冲刷、减少下游河床淤积，这不但对防洪有利，还能增加山区灌溉水源，改善下游河流通航条件，美化环境等。水土流失不仅导致水库、湖泊、河道中下游严重淤积，降低防洪工程的作用，而且改变自然生态，加剧洪旱灾害发生的频次。

（2）防洪非工程措施。

由于任何防洪工程措施都是在一定的技术经济条件下修建的，其防洪标准的采用必须考虑经济上合理、技术上可行。因此，防洪工程防御洪水的能力总是有限的，一般只能防御防洪标准以下的洪水，而不能防御超标准的稀遇洪水。洪水是一种自然现象，其发生和发展带有一定的随机性，当出现超过工程防洪标准的稀遇洪水时，在采用工程措施的同时，采取各种可能的非工程防洪措施来减轻洪灾的影响是十分必要的，也是切实可行的。

所谓非工程防洪措施，就是通过法令、政策、行政管理、经济手段和直接利用蓄泄防洪工程以外的其他技术手段，来减少洪灾损失的措施。非工程防洪措施并不能减少洪水的来量或增加洪水的出路，而是更多地利用自然和社会条件去适应洪水特性，减少洪水的破坏，降低洪灾造成的损失。其基本内容有：

1）防洪设施的管理。除工程管理外，还要管好河道和天然湖泊，对河湖洲滩的利用要严格控制，保持正常的蓄泄能力。

2）对分蓄洪区或一般洪泛区进行特殊管理。

3）对洪水经常泛滥地区的生活生产设施建设进行指导。

4）建立洪水预报警报系统，以便更有效地进行洪水调度和及时采取应变计划，拟定居民的应急撤离计划和对策。

5）制定超标准洪水的紧急应急措施方案，设立各类洪水标志，建立应急组织，准备必要的设备和物资，确定撤退方式、路线、次序和安置计划。

6）实行防洪保险。这属于减轻洪水泛滥影响的措施，洪水保险具有社会互助救助的性质，即社会以投保者身份按年（或季）拨一定的支出来补上少数受灾者的集中损失，以改变洪灾损失的分担方式，减少洪灾影响。

7）建立救灾基金和救灾组织以及临时维持社会秩序的群众组织等。多年的实践表明，只有把工程措施与非工程措施紧密结合，才能缩小洪水泛滥的范围，大幅度减少洪灾损失。作为非工程措施中的一项关键技术，洪水预报预警系统越来越受到人们的重视，它对防御洪水和减少洪灾损失具有特别重要的作用。有了洪水预报，才能据此制定防洪方案，并抢在洪峰到来之前，采取必要的防洪措施，如水库开闸泄淤腾空库容、迅速加高加固堤防、转移可能受灾的群众和物资、动用必要的防洪设施等，把洪水灾害减小到最低限度。

根据国内外的防洪经验，一个流域发生洪灾，所造成的损失大小与发布洪水预报、预警的预见期成反比，预见期长，抗洪抢险准备时间充裕，洪灾损失就小。我国目前基本上在大众河流都设置了水文报汛网，大致有两种：一种是较先进的水文自动测报系统；另一种是由雨量站通过有线或无线通信，把雨情报给防汛部门，防汛部门再根据降雨和径流模型，经计算分析，预报流域各站洪水。传统的测报方法一般都比较慢。近年来，一些利用水文气象基本资料和数学模型，并广泛应用现代电子技术（如遥感、遥控、卫星定位和通信）的新型洪水预报预测系统正在兴起，其预报速度快、精度高、有效期长，是今后洪水预报预测的发展方向。

2. 城市防洪

城市是政治、经济、文化的中心，人口集中，我国工业产值的80%左右集中在城市。城市上缴的税利占全国国民经济收入的70%～80%。城市的安危关系到国家的社会安定和经济发展，因此，城市防灾是防洪减灾工作的重点。城市防洪应注意以下特点（王茹，2008）：

（1）城市的兴建和发展大多紧靠江河湖海，城市防洪单防城区河段自身还不能完全解除洪水威胁，还要依靠流域的全面规划和综合治理。因此，城市防洪规划要与流域防洪规划相结合。

（2）城市防洪建设涉及城市建设的诸多方面，如道路、桥梁、排水、航运、码头、绿化等。城市滨江、滨河地带是城市环境优美的地方，城市防洪规划可结合园林绿化，供城市居民游览、休息、开展文化娱乐和体育锻炼。因此城市防洪规划要与城市建设总体规划相结合，以便发挥城市防洪设施的综合效益。

（3）城市防洪设施受到各种条件的限制，其结构形式必须根据城市的特点进行设计，但是不能缩窄河道行洪断面。

（4）城市的防洪标准一般都高于农村，确定一个城市的防洪标准涉及的面比较广，主要根据城市大小和重要性，同时考虑遭受洪涝灾害后政治上的影响，还要考虑在技术上的可能性和经济上的合理性。我国易受洪水威胁的城市主要是在七大江河中下游平原地区，有近 100 万 km^2 的面积。这些地区的地面高程多在江河洪水位以下，主要依靠堤防保护安全。洪水威胁区涉及 800 多个县（市），占全国的 34%，包括北京、天津、上海、广州、武汉、南京、合肥、南昌、长沙、西安、济南、郑州、西宁、南宁、沈阳、长春、哈尔滨、成都、太原、石家庄等直辖市和省辖市。

7.2.1.3　连通性对防洪排涝的重要影响

结合我国洪涝灾害特点及相应防洪排涝主要措施可以看出，目前我国防洪排涝空间尺度上可分为江河流域防洪排涝和城市防洪排涝。通过分析相应的防洪排涝主要措施可以发现，河湖水系连通情况对城市及江河流域防洪排涝均有重要作用，与此同时，河湖水系连通性也能在一定程度上反映出城市及江河流域抵御洪水及应对洪涝灾害的能力。

1. 河湖水系连通在江河流域防洪中的重要作用

一般意义上的河湖水系连通是以江河、湖泊、水库等为基础，通过适当的疏导、沟通、引排、调度等措施，建设或改善江河湖库水体间的水力联系。将我国江河流域防洪中的主要工程措施与河湖水系连通定义相比，可发现我国河湖水系连通的主要工程措施在内容上与江河水系防洪抗旱中主要的工程设施较为一致，而工程措施的重要作用也不尽相同。河湖水系连通的目标包括优化江河流域间水资源配置，提高防洪抗旱能力，保障河湖健康及修复与保护生态环境等。河湖水系连通在江河流域防洪方面体现出的主要作用包括：

（1）疏浚与治理河道。可根据防洪、航运、供水等方面的要求及天然河道的演变规律，合理进行河道的局部整治。就防洪而言，其目的是使河床平顺通畅，提高河道宣泄洪水的能力，并稳定河势，护滩保堤。

（2）拓宽行洪通道，提高流域蓄泄洪水的能力。分蓄洪区只在出现大洪水时才应急使用。对于分洪口下游的重点保护河段，启用分蓄洪区可承纳河道的超额洪量，等于提高了该重点防护河段的防洪标准。中华人民共和国成立以来，经过几十年的防洪建设，河道行洪能力有了很大的提高，分蓄洪区的使用机会大大减少，分蓄洪区内经济发展很快，人口急剧增加，有些甚至修建了工厂，扩大了城镇，因此使用分蓄洪区的损失和困难越来越大。如何保证分蓄洪时居民的安全，并妥善解决分洪的种种矛盾，是保证江河防洪安全的重大问题。因此，河湖水系连通可行性分析中必须重视分洪、滞洪及泄洪间的关系，同时要明确蓄泄洪水过程中涉及的流域范围，需要客观分析对不同等级洪水可能造成的影响。

（3）洪水资源化。合理科学的河湖水系连通工程一定程度上能够优化流域间水资源配置，按洪水资源化的要求，建设必要的工程体系与非工程体系。河湖水系连通工程中的防洪体系是不能仅按照单一防洪的目标设计的。从洪水资源化的角度，需要增建一些必要的调蓄工程，如城区段的拦河闸坝，以形成城区景观湖面。在洪水资源化过程中，河湖水系连通工程从设计、规划及运行过程中均需要重点考虑蓄滞洪区。作为洪水资源化中重要工程手段的蓄滞洪区，由于多年不发水，已经变成人口密集、经济有了很大发展的地区。如将其内的低洼地区辟为常年蓄水区与常遇洪水蓄滞区，需要有计划地退田还湖，甚至移民建镇。另外，原仅为防洪服务的现有防洪工程体系，要实现从单一功能到多功能的转变，必须对原有调度运用方案进行调整，以满足防洪安全的要求。如蓄滞洪区中开辟的常年蓄水区，势必减少大洪水情况下的调洪容量，因而必须进行重新评估与复核，设计新的运用方案。此外，实现水库洪水的充分利用，必须建立现代化的水文测报系统和洪水预报、调度以及决策支持系统，提高洪水预报精度，延长洪水预见期（郑连生，2012）。

2. 河湖水系连通在城市防洪排涝中的重要性

城市防洪排涝的主要任务是，根据城市的自然地理位置以及江河洪水的特性，在流域或水系防洪工程体系的框架下，通过建设必要的防洪、除涝、排水等水利设施，提高城市防洪标准，改善和提高城市防洪管理水平，改善河道行洪条件，或通过法令、政策、经济手段等非工程措施，防治或减少洪涝造成的灾害，保障城市的正常运行和人民安居乐业。城市防洪排涝规划是指城市范围内的江（河）洪、海潮、山洪和泥石流防治等防洪工程的规划与设计。城市水系连通的重要意义在于依照城市防洪规划，最终实现城市防洪排涝的主要任务。城市水系连通一方面能够增加城市行洪通道，提高城市宣泄洪水的能力；另一方面也降低了城市内涝的发生频率及其造成的影响及损失。而城市河湖水系连通工程实施与否，必须基于科学合理的城市水系连通性评价结果。若城市目前的水系连通性难以满足城市防洪等级要求，则需要考虑适当提高城市水系连通性。在考虑水系形态结构连通的基础上着重考察区域水体流动及其强弱的固有驱动因素，包括河道平均坡降、河道平均宽度、河网密度等与水力连通性相关的水系自然属性，城市水系连通性评价体系应包括城市水系水力连通性评价的内容（孟祥永等，2014）。水系的结构连通性评价和水力连通性评价有着密切的联系。结构连通性是基础，缺少了结构连通性，水力连通性就失去了意义，只有在水系结构连通性评价之后，才便于通过增加河道规模、新建水利工程及水利工程合理调度等措施，改善水系的水力连通性。不同地区的水系水力连通特性不同，在实施水系连通时应结合水系水力连通性评价结果，提出适合的水系结构连通方案。

3. 非工程措施在河湖水系连通中的重要性

河湖水系连通作用更好的实现离不开非工程措施的保障，而河湖水系连通工程在洪涝灾害中的主要作用决定了其所需要的非工程措施与以往防洪减灾中所采用的非工程措施较为相似。防洪减灾的非工程措施主要包括防洪保险与防汛调度指挥系统，前者在我国尚未正式开展。防汛调度指挥系统在防洪中具有重要意义，它是保证防洪工程正确运行和取得预期效果的必要手段，包括预报警报、信息采集系统和调度运用防洪指挥系统，没有防洪调度指挥系统，防洪将是盲目的、被动的。

因此，河湖水系连通工程在防洪排涝中重要作用的实现，不仅需要常规工程措施的支持，还需要有非工程措施的保障。只有有效地将工程措施与非工程措施相结合，才能够实现河湖水系连通工程在我国防洪排涝中的重要作用，进而推进河湖水系连通工程其他目标功能的实现。

7.2.2 河湖水系连通的洪涝灾害风险分析

7.2.2.1 洪涝灾害风险分析的意义

洪涝灾害是世界上发生比较频繁、危害较为严重的一种水文气象灾害。大多数情况下，洪涝灾害都是由该地区短时降水量过大造成的，尤其是严重的、大范围的洪涝灾害都是由暴雨、特大暴雨或持续大范围暴雨天气造成的。因此，在各种类型的洪涝灾害中，由暴雨引发的洪涝灾害是破坏性最大的气象灾害，不仅影响工农业生产，而且危害人民生命安全，造成社会经济严重损失，已构成制约社会和经济可持续发展的重要因素（郝玲，2011）。由于暴雨洪涝灾害属于突发性灾害，其原因极为复杂，涉及天气气候、地质地貌、植被等自然界各种有关因素、社会经济以及防洪减灾能力等诸多要素，其发生具有一定的随机性和不确定性。因此，开展暴雨洪涝灾害分析与评估体系的研究十分重要，其不仅为实现洪涝灾害分析与评估的科学化、系统化、定量化奠定基础，更为防洪减灾提供科学的决策依据，促进和提高人类对洪灾的认知能力和管理水平。作为一项非工程措施，洪涝灾害风险评估是防灾减灾体系中的重要组成部分，对于洪泛区土地利用与开发、防洪救灾辅助决策、防洪标准的制定等均具有重要意义。

7.2.2.2　洪涝灾害风险分析主要方法

由暴雨和台风等气象现象引起的洪涝灾害，无疑是发生频率最高的自然灾害。如今的气象科学和技术已日趋完善，但人们对暴雨洪涝灾害风险的认识尚待改善。在给定的年份内，人们并不知道何种强度的洪涝将会发生，更不确知会出现什么样的灾害现象。不仅洪涝灾害发生的不确定性尚待认识，对洪涝灾害风险内涵的理解也五花八门。大体而言，现有的暴雨洪涝灾害风险分析模型和方法可以分为四类（黄崇福等，2013）：

（1）指标体系评价法。即根据洪涝灾害风险的组成因子选取指标并赋予不同的权重、建立模型进行评价。这类模型和方法简单易行，但只对定性分析有价值，是不得已而为之下的无奈。由于指标选择与研究者的知识背景密切相关，指标权重的确定又缺乏有力的依据，该类模型和方法通常没有可信度，主观性较强。

（2）水文水动力学模拟。在地理信息系统平台上结合降雨径流的水文模型、排水系统和地表洪水漫流的动力模型和地面高程模型，分析洪水淹没深度、范围等。这类模型和方法貌似科学，但对左右风险的不确定性缺乏宏观把握手段，对复杂的社会系统更是无能为力。该类模型和方法，充其量可称为灾情预测或模拟，但不是风险分析。

（3）传统回归模型。用传统的概率估计和回归模型，对历史洪涝灾情资料和相关气象数据进行分析，评估研究区域的风险。例如，用不同类型的曲线拟合降雨量的分布或者洪灾损失分布等，并且给出可靠度。该类模型和方法是一种纯粹的经验总结，使用的工具和数据极大地受到研究者的知识背景和数据资源的制约。

（4）信息扩散方法。用某种扩散函数将历史洪涝灾情资料进行集值化处理，以集值统计的方式对其进行分析，评估研究区域的风险。该类方法目前主要用于单因子分析，通常不能同时考虑致灾因子的概率分布和风险承受体的脆弱性。

7.2.2.3　河湖水系连通情况对洪涝风险分析的影响

以防洪排涝为主要目标的河湖水系连通工程对洪涝风险分析的影响主要体现在以下方面。

1. 洪水特征改变

河湖水系连通对流域或城市水文、地貌及地形等均会引起不同程度的改变。而洪水特征分析包括收集研究区域的有关水文、地貌及历史洪水等资料，采取历史、地貌学或水文学、水力学等方法，对典型洪水开展有关暴雨特性、产汇流、洪水频率分析、设计洪水确定、泛滥洪水演进特征、淹没特性等方面的分析。不同尺度的河湖水系连通工程实现，对其涉及的流域均会产生不同程度的影响。国家层面水系连通可能增大相关流域洪涝灾害风险的不确定性，由于河湖水系连通状态的改变，洪水行洪通道也随之发生改变，相应的设计洪水、淹没特征等会不同程度发生改变，因此在洪水特征分析时需要客观评估河湖水系连通涉及的区域，并根据连通工程中可能造成的影响进行全面分析。结合洪水特征分析中的要素对相应的资料进行校验，全面反映流域水系在连通前后发生的改变，从而科学合理地分析连通后的洪水特征。

2. 洪涝灾害风险变化

国家层面水系连通、区域层面水系连通及城市层面水系连通在主体功能上存在较大差别，但是人为改变河湖水系连通情况必然会引起流域水系特征的变化。在应对洪涝灾害方面，增加河湖水系连通，流域尺度上能够提升流域整体行洪能力，降低流域内洪涝风险。城市层面河湖水系连通，能够疏通河道，增加行洪通道，进而提升城市防洪能力。河道疏通及连通性的加强，能够使城市应对突发暴雨时降低城市内涝发生的风险。河湖水系连通的实现必然会对洪涝灾害风险区等级划分造成影响，因此河湖水系连通后必须对连通区域涉及的洪涝风险区进行划分，其中最主要的是对风险区社会经济情况进行调查与预测。河湖水系连通后所涉及的洪涝灾害风险区情况调查与预测主要包括：

（1）风险区社会经济情况调查包括资产调查与社会经济活动调查。资产调查内容主要包括：居民住房及其内部财物、收入统计调查，第一产业、第二产业、第三产业资产统计调查，包括数量、价值、密度及分布等。社会经济活动调查即收集各产业历史发展情况、就业、产出等资料（王浩等，2008）。

（2）预测现状土地利用情况下未来各水平经济发展趋势。

（3）预测新的土地开发利用趋势。

（4）风险区历史灾害调查。

（5）预测河湖水系连通后受水区可能发生的产业结构变化及收益变化。

3. 河湖水系连通后洪水风险分析特殊情况增多

河湖水系连通后受水区来水量随之增大，需要在工程措施引水的基础上有效结合非工程措施进行调水。以引江济太工程为例（水利部太湖流域管理局，2010），洪涝灾害风险分析中需要重视的问题主要包括：

（1）引水与洪涝遭遇分析。

引江济太期间，望虞河地区遭遇暴雨袭击的可能性较大，尤其在主汛期前引水，遭遇梅雨袭击的可能性更大。

20世纪90年代，太湖流域属于比较干旱的年份有1992年、1994年、1997年、2000年，其中1992年、1994年、2000年干旱发生在7月、8月，1997年干旱发生在5月、6月。1992年引水期间，没有遭遇降雨袭击；1994年引水期间，8月8—14日流域发生降雨，望虞河两岸地区7天降雨量为50~100mm，8月15日常熟水利枢纽至浏河沿长江六闸被迫停止引水；1997年望虞河引水在5月、6月，6月21日进入梅雨期，常熟水利枢纽及时关闸；2000年引水期间，8月19日望虞河两岸地区发生暴雨，陈墅日雨量达106mm，望虞闸日雨量达131mm。因此，在望虞河引水期间，遭遇降雨的概率相当大。

（2）可能出现的不利情况分析。

1）干旱年份水位分析。从20世纪90年代4个枯水年份分析，在太湖水位比较低的时候，河网水位也比较低，如 1992 年、1994 年，太湖水位在 2.80～3.40m，望虞河西岸陈墅站，整个汛期除个别天数以外，水位都在 3.40m 以下，没有超警戒水位（陈墅警戒水位为 3.90m）；1997 年汛期，太湖水位基本在 3.50m 以下，陈墅水位大多在 3.70m 以下，没有超警戒水位，且引水期间（5 月、6 月），太湖水位在 2.70～2.90m，陈墅水位在 3.30m 以下；2000 年汛期太湖水位在 2.70～3.10m，陈墅水位多数在 3.50m 以下，整个汛期仅有两天超警戒水位。根据上述分析，枯水期间，望虞河西岸代表站陈墅水位一般在 3.50m 以下。

2）望虞河西岸地区排涝能力分析。根据 1991 年 8 月 7 日、1994 年 10 月 10 日、2000 年 8 月 19 日三场暴雨分析可知，一场暴雨后，从最高水位降到起涨水位一般需 5 天左右，水位日降幅为 12cm 左右（未考虑常熟水利枢纽排水能力）。再根据 1999 年 6 月 25 日—7 月 12 日排水量分析，张家港最大日排水量超过 1000 万 m^3，十一圩闸超过 500 万 m^3，常熟水利枢纽自排超过 3000 万 m^3，抽排超过 2000 万 m^3，该段时期，从常熟水利枢纽至张家港日平均排水量达 4800 万 m^3（相应陈墅水位在 3.50～4.50m），武澄锡虞区圩外河网水面积达 190km^2，即每天可降低河网水位 0.20m 以上，另外，自屈港工程有 100m^3/s 的抽排能力。由此可见，常熟水利枢纽、白屈港枢纽建成后，望虞河西岸地区排水能力大为增加。

（3）不利影响分析。

陈墅警戒水位为 3.90m，枯水年份陈墅水位大多在 3.50m 以下，引水时在此基础上抬高约 0.20m，即控制陈墅水位不超过 3.70m，此时如遭遇 100mm 暴雨袭击，根据往年实况分析，河网水位可上升 0.70m 左右，即达 4.40m，接近致涝水位，如遭遇 200mm 暴雨袭击，河网水位可上升 1.50m，水位可达 5.20m。控制代表站陈墅水位 3.70m 以下，遭遇 100mm 暴雨时，由于降雨致使出现涝灾的可能性不大，但超警戒水位天数增多，排涝时间增加，尤其在望虞河引水时，抬高望虞河水位，对西岸排涝有顶托作用。遭遇 200mm 暴雨时，西岸地区出现涝灾的可能性较大。引水期间，若抬高代表站陈墅水位至 3.70m 时，遭遇 100mm 暴雨，超警戒水位天数 4 天左右，排水时间需 5 天。如 2000 年 8 月 19 日 8 时陈墅水位为 3.52m，19 日一天大暴雨后，20 日 8 时陈墅水位上升至 4.00m，4 天后又降至 3.50m 以下，对西岸没有造成大的灾害。如遭遇 200mm 暴雨，超警戒水位天数可达 8 天左右，排水时间需 10 天。陈墅水位分别为 3.20m、3.40m、3.60m 的底水位时，若遇地区降雨 100～200mm，超警戒水位天数增加 1～3 天，排水时间增加 1～4 天。

7.2.3　河湖水系连通的洪涝灾害风险管理

7.2.3.1　洪涝灾害风险管理的意义

洪涝灾害是对人类社会产生重大危害的自然灾害之一，人类在历史的长河中积累了防洪抗灾的丰富经验，最新的发展趋势是由传统的防范洪水战略逐步向全面、持续的洪涝风险管理战略转变。我国政府历来高度重视防洪防汛工作，提出了"兴利除害结合、防灾减灾并重、治本治标兼顾、政府社会协同"的基本工作思路。2011 年中央一号文件将防汛抗旱工作提到了新的高度，制定了我国防洪抗旱的基本目标，"到 2020 年，基本建成防洪抗旱减灾体系，重点城市和防洪保护区防洪能力明显提高，抗旱能力显著增加"。"十二五"正是实现这一目标的关键时期。在构建新型防洪抗旱减灾体系的过程中，我国吸取历史上和其他国家应对洪水灾害的经验，开始逐步引入风险管理的思想和方法。1990—1999年的"国际减灾十年"计划对防范洪涝灾害主要采取了防护策略。但实践证明，由于高昂的防护成本和洪涝灾害自身固有的不确定性等因素，实施绝对"防护"不仅是无法实现的，而且也是无法持续的。风险管理及其可持续性特征，逐渐被研究者接受和推广。同时，许多国家的环境和地区政策已经开始从"防护策略"转向风险管理。尤其是在2002年欧洲易北河流域遭遇大面积洪水灾害后，以德国、英国、美国为代表的一些西方国家开始大力推动洪涝风险管理。以防控为基础的战略和以风险管理为基础的战略是两种截然不同的应对洪涝灾害的战略。一般而言，"风险"包括两个方面的要素，即危害发生的概率和可能造成的损失程度，以防控为基础的应对战略注重降低灾害发生的可能性，而以风险管理为基础的应对战略则综合考虑灾害发生的概率和损失程度，进行双管齐下的治理（李芳等，2012）。

随着我国逐渐步入"风险社会"，对洪涝灾害等风险事件的有效应对成为社会可持续发展的重要目标。城市洪涝灾害风险区划是城市洪涝应急管理的前提。恰当的城市内部生命线系统规划与城市间网络连接保障机制将成为今后都市群洪涝灾害应急管理工作的重点与难点。城市内部的生命线系统是保障城市秩序正常运行的关键，是城市水灾脆弱性的重要内容之一；而其城市之间的各种网络则是城市灾后内部相互救助的保障和水灾恢复能力的重要体现。在城市快速发展的背景下，城市规划尤其应当注意规避洪涝灾害风险，如重视城市内部交通规划，避免部分交通要道出现大面积积水；适度恢复城市部分天然水道，减轻城市管网排涝压力等。

7.2.3.2 洪涝灾害风险管理的主要内容

洪涝风险管理的主要内容包括风险分析、风险评估和风险降低。风险分析主要提供产生洪涝灾害风险的有关信息，包括历史上的洪灾记录、当前的洪灾特点和发展趋势以及未来发生洪涝灾害的概率和可能造成的影响。风险评估主要解决认知和评价的问题，确定可接受的风险水平作为风险管理的目标。风险降低则是通过特定的干预措施减缓和化解洪涝风险，将洪涝风险控制在可接受的水平之下。这三个环节紧密联系、相互支持，贯穿行动者战略决策过程的始终，共同构成了洪涝灾害管理的基本框架。

风险分析揭示了洪涝灾害风险的大小，但是要对风险进行管理还需要设置一个可接受的风险水平，将这个风险水平作为管理的目标。而可接受风险水平的设定需要通过风险评估确定公众对可能洪涝灾害风险结果的认知，及其应对行动的实现条件。风险认知是指在洪涝风险管理中所涉及的个体和群体对风险类型和大小的总体判断，这种判断具有主观性，往往取决于个体和群体的背景，受个人特征、事件经历、文化背景的影响。比如，经历过极端洪涝灾害的个体与其他个体相比，处于风险规避文化与处于风险偏好文化背景中的个体相比，对洪涝风险都会有不同的认知。

如果经过风险评估后，洪涝灾害的风险超过了可以接受的范围，就必须采取干预措施以降低风险。风险降低的方法包括工程性措施和非工程性措施两个层面。工程性措施是通过硬件设施的建设提升应对洪涝灾害的抵御力和恢复力，比如建筑防洪大堤、增强建筑物的抗洪能力等；非工程性措施通过合适的机制间接地影响人类行为和直接行动，比如各种财政和法律政策。这两个方面的努力近年来在各国应对洪涝灾害的过程中得到了广泛的运用，但是作为一种综合性的管理措施，各国在有关风险管理工具的驾驭能力方面差别很大。

7.2.3.3　河湖水系连通下的洪涝灾害风险管理

随着不同层面河湖水系连通的实施及完成，跨流域与跨区域的洪涝风险分析管理问题更为突出，与此同时，也要求合理构架适用于河湖水系连通后区域、流域及城市等不同尺度间的应对灾害风险的合作机制。

1. 河湖水系连通中流域及不同行政区间合作的必要性

河湖水系连通形成后，改变了河湖水系原有的连通条件。同时，在洪涝灾害风险管理过程中涉及的研究区域也随之发生变化，河湖水系连通受水区与引水区在洪水防御中形成了新的关系。在河湖水系连通后，区域间的洪水防御目标及角色均发生了改变。为了能够在河湖水系连通后，促使区域在洪水防御问题上联合控制土地使用并使区域间防洪减灾能力共同提升，不同流域、区域及城市层面开展合作必不可少。河湖水系连通后洪涝灾害风险管理的主要任务包括：

（1）制定并协商河湖水系连通后流域或不同行政区间洪涝灾害防治的愿望与战略，包括主要措施、预算及时限等。

（2）制定并协商流域或不同行政区间有关全流域、跨区域的空间规划行动方案的施行程序，进而开展河湖水系连通下的洪水防御行动方略。

（3）对河湖水系连通所涉及的空间范围进行识别，并为连通中涉及的区域制作并继续商定应对洪涝灾害的行动方案及其施行程序。

（4）定期评估河湖水系连通状况，结合连通实际情况及时完善或修订洪涝灾害管理行动方略中的相关内容，使之能够同时满足单个流域或行政区域及河湖水系连通的区域间洪涝风险管理要求。

（5）适当地制定激励机制，在河湖水系连通过程中适当扩大恢复滞洪区与分担洪水风险。

（6）创建一个河湖水系连通地区间的沟通交流平台并增强公共意识。

（7）完善河湖水系连通区域联合应对洪涝灾害的监督体系，定期总结分析河湖水系连通洪涝风险管理中的经验与得失。

2. 明晰河湖水系连通区域洪涝灾害管理中的合作内容及要求

河湖水系连通区域水资源管理跨界合作其重要性不言而喻，跨流域或地区间的合作对河湖水系连通作用的发挥起到了关键的作用。河湖水系连通地区若无法达成在洪涝灾害管理中的具体计划且无法形成有效的区域间信息共享，那么河湖水系连通工程将难以发挥效用。因此，根据河湖水系连通在洪涝灾害管理过程中呈现的新特点，连通区域间需要明确的合作内容包括：

（1）国家层面的河湖水系连通需要制定明确的连通区间洪涝风险管理过程中的目标并制定明确的行动规定。

（2）地方行政区对境内水系连通情况进行具体监控及管理，并需要适时与连通的其他行政区间进行信息共享。

因此，河湖水系连通中的洪涝灾害风险管理主要涉及合作的内容即跨区域合作，这种合作应该是制度化的合作，规划领域的参与者的级别应为流域中地方级别以上的行政区或流域机构。同时在合作过程中需要明确洪涝灾害风险管理的具体目标，在合作中达到降低洪涝灾害风险的目的，并共同促进河湖水系连通区域洪涝灾害风险管理的整体战略、愿望及河湖水系连通工程中预期的洪涝灾害防御目标的实现。

为了能够实现河湖水系连通在洪涝灾害风险管理中的重要作用，河湖水系连通洪涝风险管理涉及的主要参与实体代表包括区域水务局（水利局）、其他专门的区域管理机构（如自然保护或水行政主管部门）、层叠的空间管理当局、非政府组织（NGO）及城市相关管理部门。简而言之，河湖水系连通应充分结合连通地区特点，有区别且共同承担洪涝灾害风险管理的任务，进而充分发挥河湖水系连通在洪涝灾害应对中的重要作用。

第8章　河湖水系连通中的环境与生态问题

河湖水系是环境系统的重要组成部分，也是许多生物赖以生存的介质，其连通性状的变化必然会产生相应的环境影响，引起相关的生态效应，正确认识与之相关的环境和生态问题，对于开展河湖水系连通工作至关重要，同时也是开展有关连通工程的必要原则。目前，有关河湖水系连通的环境和生态问题识别技术和方法，大多停留在局部范围内的环境变化和生态迁移，从全局尺度和水系角度开展的分析和研究工作相对欠缺。全局性认识河湖水系连通带来的环境和生态问题，不仅需要从环境因子和生态结构方面开展相关性分析，更需要充分考虑自然水系作为水生态环境系统支撑介质的重要作用。因此，所谓合理认识河湖水系连通中的环境和生态问题，便是寻求水系连通性状、环境因子、生态关系三者之间相关作用、相互影响的合理表达问题。

河湖水系连通性的变化对环境系统具有显著的影响。作为环境系统的重要组成，河湖水系不仅是生命介质水的重要载体，也是各种环境因素相互转化的场所，而这种载体和场所功能不仅与水量有关，更与其连通性状密切相关。河湖水系连通性直接决定着水的流动性，而这种动态效应直接影响大气复氧过程，决定了水体中氧气的浓度，进而影响水环境中物质转化的速度，这种影响直接表现为河流（湖泊）的自净率。同时，河湖水系连通性还决定着物质和生命的迁移转化途径，如河流与洪泛区之间的营养物质交换、上下游间污染物质的扩散、鱼类的洄游迁徙等，而这种途径的畅通性是保证河流（湖泊）水系环境系统正常运转的重要保障。

河流水系格局与河湖水系连通性的变化对生物种群的结构、分布以及生物的生产力方面均有影响。水系格局与连通性的变化势必会影响水循环和河流的生态水文过程，而水文情势是众多水生植物、浮游生物、鱼类和众多无脊椎动物生命活动的主要驱动力之一。自然的水位涨落可为鱼类等提供较多的隐蔽场所，畅通的水流、一定范围内的流量变化以及优良的水质环境等可为鱼类的物质和能量来源、迁徙、生殖过程等提供良好的生存和生产环境。河流连通性高、水系畅通可以形成薄层积水土壤的过湿地段——湿地，湿地对于净化水质、储存水分、调节河湖水量、调节气候及保护生物多样性等具有重要作用。推进水利的网络化，可以通过工程疏导、建立调水工程、河流水坝、水电站以及充分利用潮汐等措施加强主干河道以及河流与湖泊之间的连通程度；另外，还可以通过分洪工程将水流引至支流、河漫滩与湿地等，不仅达到调节洪水的作用，还可以加强河流之间、河流与河漫滩之间以及河流与湿地之间的连通性，达到调节河流、湿地等生态系统保护河流健康的目的。

河流水系连通性改变对河流生态水文过程及河岸景观的影响又间接影响了河流生态环境的其他方面，如水生生物资源、生物多样性、湿地生态系统等。河流自然形态、河流流态、水质、水资源利用及河岸带生境等的改变，势必会影响水生生物的物质循环和能量流动、鱼类等动物的迁徙、生存及生殖过程，河道生境，湿地的生态需水量及流域的生物多样性等，严重影响了河流生态系统的物质组成。河湖水系连通的影响主要从环境和生态两个方面进行具体分析。

8.1 河湖水系连通环境影响识别

河湖水系连通对环境的影响主要体现在水文、水质及河流形态三个方面。

8.1.1 连通性与水文变化

河湖水系连通性对水文的变化主要体现在对河湖水量大小、流速及含沙量变化的影响。水系连通使输水区的水流入受水区，这样减少了输水区的水量，可以在一定程度上削减汛期对调出区的洪水威胁，而受水区由于分流输水区的水量，有足够的水资源来满足受水地区居民的正常生产与生活，同时，受水区因水量增多，为水生生物的生活与繁衍提供更多更好的场所，提高了生物的多样性水平。另外，调入区由于水量增多，流速增大，促进了水循环过程。

河湖水系连通性和河流的水文条件越好，河流的水生生物多样性就越好，这样有利于河流健康。河湖水系连通缓解调出区的洪水威胁。通过河流连通工程的建设使输水地区的水量得到调剂，缓解了该区域在洪涝期和丰水期所面临的洪水威胁。例如我国长江水系连通对防洪的影响。长江流域已初步形成了由堤防、部分支流水库、蓄滞洪区、河道整治工程及非工程措施组成的长江防洪体系。河流纵向连通性、结构完整性、河流横向地貌形态包括河漫滩、河岸及植被、河岸缓冲带及堤防等的完整性有利于河道行洪，减轻洪水灾害；河流与其相连的湖泊、水库、湿地、水系的连通有利于增加河流系统蓄泄能力。长江流域已修建各种类型水库 45000 余座，总库容达 1745 亿 m^3，占年径流量的近 20%，其中大型水库 151 座，库容 1185 亿 m^3，这些水库具有巨大的蓄洪能力，对长江流域的防洪起着非常重要的作用。保持水系连通的大型外流连通湖由于储水量大，可显著削减和滞后河川汛期入湖洪峰流量。又如洞庭湖一般洪水早于长江干流，洪峰彼此错开，"江涨湖蓄"发挥了较大的功能，从而减轻了长江荆江段的防洪压力，由于洞庭湖调蓄容量巨大，即使出现"江湖并涨"的洪水，其调洪作用亦十分明显。

河湖水系连通促进调入区的水循环，为调入区的正常生产、生活提供有力的保障。水系连通可以使缺水地区增加水域，导致水圈和大气圈、生物圈、岩石圈之间的垂直水气交换加强，有利于水循环，改善受水区气象条件，缓解生态缺水问题，保护调入区的自然环境，维护调水沿线及调入区水资源安全，保证居民的正常用水。调水对防止因缺水而引发的地区性生态危机、生态效益和环境效益具有重要意义。另外，调水还可以增加受水区地表水补给和土壤含水量，形成局部湿地，有利于净化污水和空气，汇集、储存水分，补偿调节江湖水量，保护濒危野生动植物，增加受水区水生生物及鱼类多样性；还可促进调水

179

沿线及受水区旅游业的发展。

河湖水系连通对河流水文条件也会产生负面影响是：因调出区将部分水量补给到调入区，导致输水区水量减少，调入区水量增加，均打破了两地区原有的水平衡，从而引起调入区河床不稳定、河口咸水入侵，调入区局部地区可能产生土壤次生盐碱化、土地沼泽化。河湖水系连通对输水沿线及调入区将产生以下影响：早期的调水工程大多是以灌溉为目的的，如果忽视了排水系统的配套，加之供、输、配水系统的水量损失和蒸发，一旦土壤地下水位超过地下水临界深度，将导致盐类在土层中重新分配和积累，作物根系层盐分浓度聚积、土壤结构破坏、营养元素损失、水土和水盐平衡失调、灌区生态平衡打破，就会给生态环境带来不良影响。河湖水系连通对调出区河口咸水入侵将会产生以下影响：在水量调出区的下游及河口地区因下泄流量减少，调度不当将引起河口咸水倒灌、水质恶化、破坏下游及河口的生态环境。例如，美国调水灌溉造成科罗拉多河地区水质恶化。科罗拉多河的地表水绝大部分用于农业灌溉，每年调水量约为 95 亿 m^3，灌溉 7 个州的土地。由于河水反复地被引来灌溉，灌区土壤中大量盐类被河水溶解后又排入河中，河水含盐量不断增加，致使被浇灌的土地盐碱化，排水管道腐蚀，生活用水的处理费用相应增加，给流域内的工农业及生活用水带来巨大危害和经济损失。据估计，科罗拉多河水的含盐量每增长 1mg/L，每年所引起的直接和间接经济损失为 10.8 万美元。针对科罗拉多河的水质恶化问题，1974 年美国开始实施"科罗拉多河盐碱控制计划"，主要采取渠道衬砌以减少渗漏；采用喷灌和滴灌，以提高灌溉效率；减少咸水排泄量；对灌区排出含盐量很高的水，经水厂淡化处理，灌区排水直接入海等。美国通过多年的开发和综合治理，基本上控制住了科罗拉多河的水质恶化问题，同时也控制住了水污染与土地盐碱化。

8.1.2　连通性与水质问题

河湖水系连通工程影响输水区、输水通过区以及受水区三个区域的水质。输水区由于水量减少，原有的水平衡被打破，如果水量得不到适时合理的补给，将影响输水区的水循环，使水流动减缓，水流速降低，导致水交换频次降低，从而影响水质，使水质恶化。输水通过区和受水区均由于水量增加，加快了原有的水循环，水交换量加大，使河流水质不断得到改善。

河湖水系连通改善河流水质。一方面，通过改变河湖水系的连通性，输水通过区和受水区因水量增加，使河流水系的水交换量加大，水中的污染物（如含有有害的氮磷元素等化合物）在一定程度上被稀释，降低了水中有害物质的浓度，从而进一步改善河流水质。另一方面，河流水体通过长距离输送以及水利机械设施的运动，导致水体的复氧过程充分，从而丰富了水体潜在的环境容量资源，同时也缩短了这种资源的再生周期，进而使水质得到净化。例如，引黄入沧对地表水、地下水水质的影响。引黄入沧输水线路很长，沧州区域内自连村闸以下，主要输水河渠道清凉江、黑龙港河、南排河、南运河、大浪淀引水渠等总长度 37.8 km。引黄期间，这些河渠经优质黄河水的洗刷、溶解、稀释和净化作用，地表水质有了明显的改善，经黄河水冲洗后，这些河段的矿化度浓度大幅降低，其他污染物浓度也有不同程度降低。变化最大的首推南排河上的东关站，1993 年 4 月 9 日矿化度高达 10500mg/L，1994 年 2 月 1 日取样化验，锐减为 769mg/L，一般的河段引黄前后矿化度浓度相差一倍。引黄水量的 72%～83% 通过河渠渗漏或灌溉回归补充了地下水，由于水的稀释和自净作用，使已受到不同程度污染的浅层地下水水质也得到了改善。随着引黄入沧工程的继续实施，必将产生明显的效果。

河湖水系连通可以防止受水区因水资源紧缺而超采地下水，从而维持并改善水质，防止因超采地下水带来的危害。如美国亚利桑那调水工程促进了该州的经济发展，改善了人民生活质量，保证了当地社会的可持续发展。可以说，美国西部的调水工程对美国西部地区经济的快速发展，以及对整个美国经济的宏观布局和优化资源配置都起了十分重要的作用。通过有计划地建设长距离调水工程，给缺水地区的经济和社会发展注入了新的生机和活力，大大促进了地区工农业生产的发展和人民生活水平的提高。受水区因调水而不再超采地下水，有利于地表水、地下水的合理调度，增加地下水入渗和回灌，控制和防止地面沉降对环境的危害，加利福尼亚某地区从 1940 年起每年超采水量 180 万 m³，开采深度 305～754m，地面下沉影响 9000km² 以上的农田耕作。而调水会增加受水区的水资源量，补充地下水，缓解地下水位下降和漏斗面积的扩大，控制和防止地面沉降带来的危害，并起到保水固土的作用。

河湖水系连通可能使输水区下游及河口地区工农业水源枯竭，水质恶化。例如，我国甘肃的引大入秦工程，它是把甘肃、青海两省交界处的大通河水，跨流域东调 120km，引到兰州市以北 60km 处干旱缺水的秦王川盆地的一项规模宏大的自流灌溉工程。由于调水工程减少大通河原有的河流水量，致使大通河下游连城盆地和河口地区一直以来由大通河供水的国家重大、重点企业取水量不足，影响产业效益，影响环境，由于从大通河引水的工程项目不断增多，致使水量越来越紧缺，导致严重的水污染问题，使水质恶化，这对于水环境容量极为有限的大通河而言是难以承受的。因此，上游河段水资源必须预留出相当部分供下游使用，才能保证下游水生态环境的稳定，维持原有的水质条件，防止水质恶化。

水系连通性对长江水质的影响主要有：

（1）河河连通。支流汇入干流通过水体的流动和扰动，增强了水体的复氧能力，自净能力增强，同时也使污染水体稀释的速度加快。干支流水体还可以通过人工渠道进行交换，起到稀释和净化污染物的作用。2000 年汛期，太湖流域干旱少雨，太湖引长江水 2.22 亿 m³ 入太湖，太湖贡湖湾水体水质从引水前的劣 V 类水改善为引水后的 III 类。调水虽然不能从根本上彻底治理污染，但对湖泊水质改善有很大的效益，2007 年太湖蓝藻暴发，形成生态灾害，从长江调水 3.67 亿 m³，调水后水质明显好转，基本解决了当地居民的饮水危机。支流之间的水流联系也可起到减污的作用。2005 年，沱江发生污染事故时，通过都江堰从岷江调水 5000 万 m³ 为沱江冲污，占当时岷江来水量的 1/3，等于甚至大于沱江上游来水，岷江调水使沱江污染物得到一定程度的稀释，并随水流迁移入长江干流，得到更大水体的稀释，污染物浓度降低。

（2）河湖水系连通。实现河湖水系连通，不仅可以增加湖泊水量、稀释污水，而且还有多方面的净化作用。分析监测长江水产研究所在天鹅洲、黑瓦屋长江故道，以及临近的长江石首小河镇江段的数据表明，长江在枯水期水质劣于丰水期水质。在丰水期，长江的悬浮物、氨氮高于天鹅洲和黑瓦屋故道，而 COD、砷、铅、镉低于天鹅洲和黑瓦屋故道。

江湖水系连通在丰水期对故道湿地的水质有一定的改善作用。而在枯水期实施江湖连通,如果长江水体进入故道,会对故道水质造成负面影响,但故道水体进入长江,对长江水质的负面影响很小。建立故道和长江之间的江湖联系,总体而言,对交流水体无明显的负面影响。而且,还促进了长江和故道水体之间的物质循环,有利于故道湿地生态系统的维持,维持了江湖生态平衡。

(3)河流纵向连通。河流修建水库后,大坝阻断了水流的连续性,水流流速减小,相同断面的流量减小,降低了污染物扩散能力和水体的自净能力。在库区的支流入口河段及河湾段,由于水流顶托,流速减小,污染物不易扩散,复氧能力差,水环境容量相应降低。长江干流目前已建成葛洲坝和三峡两座大坝,水库建成后,库区流速降低,纳污能力和自净能力降低。

8.1.3 连通性与河流形态演化

河湖水系的连通状况影响河流形态。水系连通过程会因为调水而在局部区域形成湿地,湿地可以增加河流的蓄水能力,减小沿河区域的沼泽化面积,从而更好地维持水环境。

河湖水系连通在调水过程中形成湿地,减少河滩过度侵蚀,减少沿河区域沼泽化。如长江河湖连通对湿地生态环境的影响,在调水过程中,长江流域沿岸大坝的修建割断了河道的纵向连通性,改变水流的时间和空间分布,引起水文情势的变化及生态系统物理、化学和地貌形态的改变。大坝的存在可以减小流量变率,使径流量在年内的分配更加均匀,减轻汛期的洪水危害,同时增加枯季的水量供给,更好地满足最小生态流量的需求,但由于流量变幅减小,原先可以在洪水季节出水的湿地缺乏水源补充,不利于湿地生物的生长,有可能降低河流湿地的生物多样性。河湖水系连通是维持湖泊湿地生境的重要条件,周期性涨落的水文条件是促使湖泊洲滩湿地演化的决定因素。长江流域湖泊阻隔与否对湿地生态环境有重要影响。天鹅洲故道原为自然通江故道,每年的汛期与长江相通,上口在枯水季节与长江隔断,而下口长年与长江相通,因此,在汛期故道水位随长江水位的涨落而变化。1998年在故道和长江之间筑起了一道大堤,造成故道和长江的阻隔,汛期河漫滩面积缩小加速了大面积河漫滩湿地的旱生演替过程,使洲滩苔草群落大面积萎缩,影响河流环境。

河湖水系连通可影响输水区、输水通过区及受水区的土壤环境,调水可以使局部地区产生盐碱地或者使土壤盐渍化。例如,引黄入沧工程中,沧州地处渤海之滨,低洼盐碱,土地瘠薄,尤以运东滨海平原为甚。运东滨海区浅层地下水埋深较浅,且皆咸水,因而基本没有开采。该区属半干旱大陆性气候,多年平均降雨量570mm左右,80%集中在7月、8月,蒸发量为降雨量的3~4倍,土壤盐分淋洗较差,这是易于积盐的前提,在地表、地下径流滞缓、水盐汇集的地方,当土坡蒸发积盐能力大于淋溶脱盐的能力时,土壤毛细管水运动不断地把水分向地表补充,水分蒸发散失,盐分聚集地表,这就导致土地盐碱化而不能耕种。"盐随水来,盐随水去",沧州人民在改造盐碱地的长期实践中充分认识到这一点,创造了许多改造盐碱地的有效方法,蓄水减压就是有效措施之一,但该措施的关键是要有淡水可利用。引黄入沧引来了优质淡水,为改造盐碱地创造了条件。

8.2 河湖水系连通生态效应识别

8.2.1 连通性与河湖水系生境

河湖水系连通性在很大程度上与河湖水系生境相互影响。河湖水系连通性不仅反映水体的流动畅通状况，更深层次上反映了物质和能量的交换畅通状况。河湖水系的物质与能量交换畅通性的具体表现便是河流和湖泊生境的连续性。河流和湖泊生境一般指河流和湖泊生命物质赖以生存的局地环境，如浅滩、深塘，卵石、水草，枯落物、倒木、沙砾或淤泥底质等，它们在河流和湖泊演化的区域背景上形成，并构成河流和湖泊生命物质的基础支持系统，是河湖水系生态系统的重要组成部分（柴增凯等，2010）。河湖水系生境为河湖水系生物提供了生存繁殖所必需的条件，同时也是保持河湖水系健康的必要因素。因此，河湖水系连通性与河湖水系生境相互影响，一方面，河湖水系连通性影响水系内物质与能量的交换状态，而物质与能量的分布又决定了生境的连续性，进而影响生境质量；另一方面，河湖水系生境的演化直接改变了河湖水系的物理结构，如河床、河（湖）岸、滨岸带等，而这种物理结构的改变会对河湖水系连通性产生直接影响。

目前，我国的河湖水系生态系统受损严重，人类对河湖水系的改造活动，如渠道化、裁弯取直或混凝土化，使得急流、缓流相间的格局消失，河湖水系自然连通性极大改变，进而导致河湖水系生境异质性降低，水域生态系统的结构与功能发生变化，出现水质恶化、生境丧失或被阻断，最终引起河湖水系生态系统退化、河流功能的简单化或完全丧失。杜浩等（2014）对三峡水库蓄水以来中华鲟自然产卵场所的河床质特征变化进行研究，发现三峡蓄水导致水体含沙量明显减少，对河床冲刷日益显著，使得产卵江段沉积细砂和粗砂等面积显著减小，河床卵石缝隙充塞度明显下降，这使得原有较适宜产卵的下产卵区在 2008 年以后无任何填塞，卵石缝隙增大，进而使得下产卵区不再适宜产卵，对于中华鲟保育带来极大的不利影响。王强等（2013）研究了引水式小水电对西南山地河流生境的影响，发现引水坝修建后，库区逐年淤积，河流生境异质性和多样性丧失，坝下形成减水河段，河流生境面积缩小，浅滩-深潭交替的河流生境结构被破坏。显然，修建引水坝导致河流连通性大大降低，引发库区泥沙淤积，最终导致生境退化。因此，河湖水系连通性降低将会导致以生境退化、碎片化和同质化等为特征的系列生境质量问题。

鉴于河湖水系连通性与生境两者之间的微妙关系，合理地调节河湖水系连通性在一定程度上为生境维持和修复提供帮助。刘大鹏（2010）研究了长春市莲花山受损河道的生态修复，修复工程基于保障河道泄洪功能和水文过程完整性原则，对河道进行了修复改造，改造后的河道在洪水期能顺畅泄洪，在枯水期能有效蓄积河水，维持了水流的连续性，且在此后一年中，发现维持水生植物和动物生存的生境多样性显著改善。显然，这类提升河流连通性的生态修复措施，是改善河流生境质量的关键。曹亚丽等（2014）对苏州游湖湾的生态修复工程进行研究，修复工程对流通性较差的游湖湿地采用水系沟通、底泥疏浚等措施，拆除游湖湿地内鱼塘、水塘塘埂，对游湖内河道进行水系沟通、对引水河道进行河道拓宽和河底疏浚，大大提高了水体动力交换能力，改造后，形成了高低起伏的若干开阔水域、浅滩、漫水区域；修复工程于 2010 年 3 月完成，2010 年 4 月—2011 年 2 月的监测数据表明，修复后水体水质极大改善，滨湖湿地系统环境功能极大提高。由此可见，无论是长春莲花山河道，还是苏州游湖湿地，其受损生境的恢复极大地依赖于水系连通性的增强。因此，合理调节河湖水系连通性，对于维持或恢复河湖水系生境正常功能具有重要作用。

总之，当前我国由于河湖水系连通性引发的生境问题不容乐观，生境退化、破碎化和同质化是这类问题的主要特征，同时，一系列工程实践表明，改善河湖水系连通状况是解决现存河湖水系生境问题的关键。

8.2.2　连通性与河湖生物群落

河湖水系连通性极大地影响着水系生物群落分布，同时，水系生物群落在一定程度上也反映了河湖水系连通性的优劣。一方面，水系连通性不仅影响支撑河流（湖泊）生物存在的生境状况，而且也决定维持水系生命物质所需物质和能量交换渠道的畅通性，是影响生物群落结构特征和多样性的关键因素。另一方面，同一流域内河流（湖泊）生物群落的分布状况反映了河湖水系连接畅通或受阻程度，是河湖水系连通性的天然指示物。因此，连通性合理与否是生物群落是否正常的前提，而生物群落结构和多样性是否合理是河湖水系连通性优劣的表征。

近年来，我国许多河流（湖泊）流域内的大规模人类开发建设，对水系连通性造成严重破坏，使得水生生物赖以生存的栖息地丧失或者食物链断裂，进而导致各类生物群落遭到严重破坏。中国水产科学研究院长江水产研究所的调查报告表明，每 10 年中华鲟资源量衰减 50% 以上，2013 年 10 月底对长江葛洲坝下中华鲟产卵场的监测结果表明，未监测到中华鲟的自然繁殖迹象，而梯级水电站、涉水工程等是中华鲟生存压力加剧以至濒临灭绝的主要原因。同时，李勇等（2013）研究表明，丰满水库建成后第二松花江里原有的经济鱼类大幅减少，普通鱼类草、鲢、鳙、鲤、鲫、鲶等成为稀有品种，青鱼、鲂鱼、狗鱼和乌苏里白鲑已经绝迹。

水利工程是造成河流（湖泊）连通性退化的主要因素，在不同程度上改变着河流形态，进而降低生物群落多样性，影响河湖水系生态系统的健康。通常而言，河流（湖泊）连通性的改变，会直接带来河流（湖泊）生境的改变，而生物群落与生境具有统一性，即有什么样的生境就有什么样的生物。河湖水系连通性变化造成的生境改变，直接反映在河流形态上的变化。对水利工程而言，其阻隔作用通常会造成河流形态的均一化和非连续化，具体表现为河流整治工程中将自然河流渠道化或人工河网化。这种连通性的人为改变会导致河流（湖泊）生境多样性的降低，水域生态系统的结构与功能随之发生变化，特别是生物群落多样性将随之降低，可能引起淡水生态系统退化。具体表现为滨水植被、河流（湖泊）植物面积的减小，微生境的生物多样性降低，鱼类产卵条件变化，鸟类、两栖动物和昆虫的栖息地改变或避难所消失，这造成物种的数量减少和某些物种的消失。需要指出的是，河床材料的硬质化，切断或减少了地表水与地下水的有机联系通道，使得存在于沙土、砾石或黏土中的大量微生物失去生存环境，水生植物和湿生植物无法生长，使得植食两栖动物、鸟类及昆虫失去生存条件，本来复杂的食物链（网）在某些关键环节断裂。因此，不当的水利工程降低了河湖水系连通性，割裂了生物种群赖以维系的物质和能量供给通道，进而造成生物种群结构特征的退化，即河湖水系物种类别减少、密度变小、生物量下降、优势种退化及多样性降低。

8.2.3 连通性与景观格局

景观格局是由相互作用的生态系统空间镶嵌组成的异质区域，具有空间异质性、地域性、可辨别性、可重复性和功能一致性等特征，是各种自然与人为因素在不同时空尺度上作用的最终结果，深深影响并决定着各种生态过程和功能。显然，景观的结构、功能和过程总是与一定的空间范围相互联系，而河湖水系则是划割一定空间范围的分水线构成的水网系统，两者通过空间载体相互影响。一方面，河湖水系连通性影响着空间尺度上不同景观要素之间的物质流和能量流的联系，即水流在重力作用下的汇集作用使得不同景观要素之间的物质流和能量流相互联系更为密切；另一方面，不同景观格局表现出不同的下垫面特征，即地形、土壤和植被的不同，这种差异性会导致不同的水文特征，进而表现出不同类型的连通性。河湖水系连通性与景观格局变化密切相关。河湖水系连通性的降低，可能会导致河湖水系景观异质性增加，景观破碎化程度加剧，景观形状复杂性增强，景观优势类别对景观整体的控制作用减弱，人类破坏河道及河岸影响河流连通性，导致水质循环变差。刘娜等（2012）对洞庭湖景观格局变化进行研究，发现由于早期人类活动干扰，1980—2000 年洞庭湖水系连通性降低，内湖和浅水湖泊萎缩甚至消失，同时，汛期洪水带来的大量泥沙 60% 沉积在湖底，造成沙洲的迅速形成和成长，湖滨和浅水区被沙洲分割，景观格局破碎化程度日益严重；2000—2005 年，由于"还湖"政策的实施，以及1998 年长江流域大洪灾后大面积旱地转变为水田，湖区面积增大，流域连通性增强，景观格局斑块面积和聚合度指数增大，景观格局破碎化程度得以缓解。显然，早年围湖造田导致的连通性降低，是洞庭湖景观格局破碎化程度加剧的主要原因，而近年来的还湖措施，使得湖泊面积增加、连通性增强，进而使得洞庭湖景观格局得以改善。黄青（2008）对塔里木河中游景观格局与生态水文过程的耦合进行了分析，发现景观格局与径流变化相互影响，具体表现为径流与景观多样性指数、景观优势度正相关，径流与景观破碎度呈负相关，而且水文过程对宏观景观格局变化具有指示作用。对于塔里木河，尽管早期水利工程的修建减少了河段水量的无效损耗，遏制了洪水期河水漫溢，加大了向下游输水能力，但这种人为改变河流自然连通性，影响了水资源分布格局，进而导致该区域景观格局发生改变，具体表现为堤防阻断了河流廊道景观的连续性，天然河谷被水库景观替代，泥沙输送规律改变致使河道景观形态发生改变，最终使得河道外围绿色带萎缩，河流生态功能降低。因此，合理改变河湖水系连通性有助于河湖水系景观格局的改善，而连通性的降低则会致使景观格局破碎化程度加剧。

8.3 河湖水系连通健康评价理论体系

健康概念来源于医学，最初用于人体范畴，后来逐步扩大到其他生命体领域。随着社会经济发展，环境污染对人体健康的危害逐渐凸显，这一概念又被应用于环境学与医学的交叉研究领域，出现了环境健康学与环境医学。20 世纪 80 年代，环境健康风险评价出现，主要研究水环境中有害物质（基因类毒物、躯体类毒物）对人体产生的危害效应。这类研究中的"健康"指的是水（土）环境中的化学元素对人体或其他生命体健康的影响。

20 世纪 80 年代，"生态系统"健康概念出现，将"健康"概念应用于环境生态系统，并不是指这些高水平的系统与生命个体起着同样方式的作用，而是意味着能够定义一个功能正常、可持续发展的系统。同时，也使研究者更容易对偏离正常状态且功能已紊乱的系统进行科学、准确的界定。

Costanza 和 Mageau（1999）认为生态系统的健康体现在 6 个方面：①健康是生态系统自动平衡的内稳定现象；②健康是不处在病态水平；③健康是指一定的多样性或复杂性；④健康是指可逆稳定性或可恢复性；⑤健康意味着具有活力或可增长的空间；⑥健康表明系统要素存在着平衡，即自我平衡、无病症、多样性、有恢复力、有活力和能够保持系统组分能量物质交换的平衡。环境（生态）系统的健康是指环境（生态）系统具有活力、稳定和自我调节的能力，能够为人类和自然系统的存在与发展提供持续良好的服务功能。

河湖水系连通性是指流域内水文、生物和物理等过程在不同空间方位上可开展途径的维持程度，意味着流动、交换，以及生命体、能量和物质在整个流域内的移动途径。河道中自上而下的水流、自下而上的鱼类洄游通道，均是水系良好连通性的表征。而与之相对应，横跨河流的大坝则是连通性丧失或受损的生动事例。能量、营养和物质的交换并不仅限于水体之中，可以发生在河湖水系景观范围上的多个尺度。事实上，复杂、独立的过程通常会持续发生在整个流域景观内，而且这些过程是维持整个环境系统生态健康的必要条件。因此，良好的河湖水系连通性是河流（湖泊）健康的必要条件。

根据河湖水系连通性在河流（湖泊）环境生态系统中的地位与发挥的主要功能，河湖水系连通健康是指河流（湖泊）系统对于保障物质、能量和生命体在不同时空尺度上开展流通和交换行为的可持续性与稳定性。对健康的河湖水系连通性而言，河湖水系水文、生物和物理过程的发生途径结构稳定、功能健全，正常的物质循环和能量流动没有受到破坏，对于自然干扰的长期效应具有抵抗力和可恢复力，能够维持自身的组织、结构长期稳定，能够发挥其正常的资源供给、环境状态平衡维持、生态关系稳定维护等功能。这意味着健康水平较高的河湖水系连通性不仅能够提供畅通的物质、能量和生命体交换途径，而且这种交换对环境生态系统的影响是可恢复的。

8.3.1　河湖水系连通健康的特征与影响因素

8.3.1.1　河湖水系连通健康的特征

河湖水系连通性的准确表征是联系河湖水系连通健康定义与评价指标体系的重要纽带，所谓准确表征，即合理、准确地描述健康河湖水系连通性的特征，深化河湖水系连通性健康的内涵，为河湖水系连通健康评价提供理论依据。

健康的河湖水系连通性能够维持其正常的功能，并可通过自我调节具有对外界胁迫的恢复能力。河湖水系连通性健康的外在表现主要有以下几个方面。

1. 保证较高的水体流动性

一个健康的河流（湖泊）水系连通性，首先表现为能够长期、稳定地保证水体的自由流动。良好的流通性使得物质、能量在纵向河道上保持较好的可交换性，使得河流环境生态系统一方面接收外界物质和能量，另一方面又能将河流环境生态系统内部物质和能量排泄出去，进而保证了系统存在合理的动态平衡，避免了物质能量集聚引发的系统混乱，也保证系统不会发生物质能量匮乏导致的系统失衡。从某种意义上而言，良好的水体流动性是河流（湖泊）系统连通性具有较好健康水平的最直接体现。

人类活动影响下，河湖水系流动性通常会发生改变。水坝、桥梁、涵洞等人工建筑的修建直接降低了水体流动性，进而引发河湖水系连通性的受损。例如，大坝修建后，河流纵向连通性显著下降，坝上的蓄水作用使得水流速度变慢，并且导致泥沙沉降和峰值流量降低。显然，大坝同时改变着河流的水流和泥沙供应，进而导致下游河道刷深和河床粗糙等问题，这使得下游沉积物被大量冲刷，最终导致河道形态退化问题，如河床和河岸的侵蚀。涵洞和桥梁也会限制连通性，它们对河道的约束通常会导致水位抬升，而且会产生淤积和渠道深度等变化，这类改变通常使得一些鱼类无法通过，而且会破坏河流与洪泛区的连接。

在河湖水系开发利用过程中，如果河湖水系连通性的改变不超出某一特定阈值，则河流与外部的物质能量交换通道可保持可逆恢复，这就是河湖水系连通的可恢复性。为保持水资源在河湖水系内的永续利用，维持河湖水系连通性的可恢复性，是河湖水系环境生态系统功能稳定的重要保障条件，是河湖水系连通健康的标志之一。

2. 具备良好的水质

除表现在水体流通性之外，河湖水系连通健康状况良好的最直接结果便是较好的水质。良好的水质，决定着河流（湖泊）提供正常的环境生态服务功能，其不仅保证非生命物质具有合理的生物、化学转化途径，更直接决定各级生命物质在水环境中存在的根本。水质这种决定性作用反映在河湖水系连通性方面，便是对物质和能量流在生命与非生命物质间流通转化的促进或阻滞作用。换言之，良好的水质保证了生命体生长摄取非生命物质和能量的正常渠道，同时也保障了生命体衰亡转化为非生命物质和能量的合理途径。相对而言，水质既是河湖水系连通过程发生的载体，又是河湖水系连通性的表征。

近年来，人口增长、城市化发展等极大地加剧了水质的恶化。地表水体水质恶化的主要原因来自伴随人类活动的点源排放和非点源汇集。其中，以工业生产为代表的点源排放使得大量有机物质进入河流和湖泊，这些有机物质会被水环境低级生命体降解，但同时也消耗掉大量的溶解氧，使得其他高等水体生物（如鱼类）难以存活，并且伴随着有机质的累积与溶解氧的缺失，将会出现水体发黑发臭现象，此时恶化的水质不仅无法为高等生命体提供生存物质和能量，而且进一步抑制了高等生命体的存在。另外，生活污水点源排放、农业生产非点源汇集使得大量营养物质（氮磷）进入地表水体，这些营养物质在水体中的累积会导致低等生命体（如蓝藻）大量繁殖，进而引发富营养化或水华问题，蓝藻等低等生物的过量繁殖挤压了其他生命物质的生存空间，特别是鱼类或其他脊椎类生物无法在此环境下正常生存，而且蓝藻类生物释放的毒素使得地表淡水无法饮用，进一步加剧了人类生活用水的短缺。

在河流（湖泊）开发利用的过程中，河湖连通性的改变会直接表现在水质响应上，连通性保持在一定范围内，则河湖水系中各级生命体之间、各级生命体与非生命物质之间的摄取和转化过程会保持动态平衡，彼此之间直接或间接相互转化。因此，维持河湖水系连通性的健康，保证良好的水体水质是其充分必要条件。

8.3.1.2　河湖水系连通健康的影响因素

作为全球物质循环和能量交换积极参与者的河湖水系，在受环境影响的同时，也会影响环境。河湖水系是维持环境生态平衡的重要因素，其开发利用及自然环境变迁导致的不稳定机制，必然会对生态环境产生重大影响，对流域内水资源环境、土壤环境、农业生态环境等都可能产生不良影响，从而影响生态环境的良性发展。

河湖水系连通性受到环境生态系统中多种因素的制约，总体上可以归纳为自然因素和人为因素。

对于自然因素，河湖水系连通性的影响因素包括影响湖泊的形成和河湖的连接通道两个方面。从地质历史时期及人类历史时期的时间尺度来看，新构造运动、气候变化、泥沙淤积、河流摆动等自然因素在水系连通的阻碍方面是主导因子。新构造运动沉降形成了湖泊容纳水体所需的地形条件，有利于湖泊的形成，比如在我国长江上游，湖泊大多为断陷湖盆，中下游湖泊的形成也是地壳沉降的低洼地。气候变化不仅使降水在空间尺度上发生变化，使得湖泊的入流条件产生改变，而且温度的大幅度变化还会形成冰期和间冰期气候，在间冰期，河流与其两岸湖泊连为一体，而在冰期，湖泊与水系出现阻隔。历史上，由于气候的周期性变化，通常会引起湖泊范围的周期性扩张与收缩，从而引起水系连通状况的反复变化。泥沙淤积是大湖泊分散为小湖泊或湖泊水体与河流水体阻隔的重要原因。比如在我国江汉平原的湖泊，由于湖盆存在第四纪间歇性沉降，为泥沙沉积提供了良好的构造环境，泥沙淤积发生在入汇湖泊的支流或湖泊汇入长江的支流，使得河流水系与湖泊联系通道阻塞，水系连通性变差。河流摆动主要对沿河两岸湖泊的连通性有较大影响，实质上也由泥沙淤积引起。比如，在长江中游，河流的摆动使得弯道或汊道中的低洼地与主河道隔绝成为湖泊，会在河漫滩的低洼部位形成湖泊，并在枯水期失去与主河道的水流联系。

对于人为因素，堤坝水闸建设、人工河道、围垦等是影响河湖水系连通性的主导因子。水坝、水闸等水工构筑物的修建，直接降低或阻碍河流（湖泊）连通性。如长江流域，大量的堤防工程和闸口，人为切断了长江与湖泊的自然连通，截止了长江及其支流和湖泊间的水力联系，从而使得原来的通江湖泊变为阻隔湖泊。人工河道则是有利于增强水系的连通，如我国岷江与沱江之间的引水渠道和运河使得两江相通，关中东部地区各类灌渠的修建也加强了泾河与北洛河流域的连通。这些水系连通工程对水资源开发利用创造了很好的条件。引江济汉、引汉济渭等不仅增强了不同河流的连通，而且有效地解决了水资源的不均衡分布问题，为缺水地区补充水源，缓解生态缺水问题。

8.3.2　河湖水系连通健康评价理论体系建立原则

河湖水系连通健康是一个相对的概念，与生态系统健康或水环境健康的评价一样，在评价河湖水系连通健康前要定义人们所期望的健康的河湖水系连通状态，这要求提供能够表达这些状态的指标，构建河湖水系连通健康评价指标体系。

河湖水系连通健康评价指标体系作为一种政策性导向，既要体现经济、社会、人口、资源和环境生态协调发展的主导思想，又要使得各方评价指标成为表征河湖水系连通状态的众多指标中最灵敏、内涵最丰富的主导型指标，使这些指标可准确地描述河湖水系连通健康状态与演化趋势。鉴于此，河湖水系连通健康评价指标体系必须满足以下三个条件：

（1）指标体系能够完整、准确地综合反映河湖水系连通性的实际状态与功能。

（2）便于对各类连通性指标进行准确的监测，寻求自然、人为压力与河湖水系连通健康变化之间的联系，并探求河湖水系连通性健康衰退的原因。

（3）定期为政府决策、科研及公众需求等提供河湖水系连通健康现状、变化和趋势性的报告。

8.3.3 河湖水系连通健康评价指标选取原则

河湖水系连通健康的表征需要众多因子综合反映，它们彼此之间关系复杂，相互作用、相互制约，直接或间接地反映河湖水系连通的健康状态。为了能够准确地评价河湖水系连通健康程度，客观地反映河湖水系连通性，需要建立起能从各方面综合体现、衡量河湖水系连通性功能与状态的评价指标体系，这是河湖水系连通健康评价的前提和基础。在确定河湖水系连通健康评价指标时应遵循如下原则：

（1）可持续性原则。河湖水系连通健康作为河湖水资源可持续利用与管理的方向，其评价指标的选取必须遵循可持续性原则，以实现河湖水资源的科学开发与永续利用为目标。

（2）系统性原则。建立河湖水系连通健康评价指标体系，要求指标覆盖面较广。以系统思想为指导，从众多影响因子和指标中，提取能全面概括河湖水系连通状态，并可衡量系统中各种联系的紧密程度及其整体效应的指标，并通过这些指标去剖析河湖水系连通状态的形成原因和演化机制。

（3）主导型原则。河湖水系连通性是复杂现象，影响连通性健康的因素众多。河湖水系连通健康评价指标的选择，必须充分考虑河湖水系连通健康状态与目标之间相互关系，体现那些信息量大、综合性强的指标。

（4）指标敏感性与稳定性原则。所选取的河湖水系连通健康评价指标，具有对河湖水系连通状态变化的敏感性，同时也应具有一定的稳定性。

（5）空间性和时间性相统一的原则。河湖水系连通健康是一个动态概念，是指在一定时段、一定区域的状态下要求河湖水系连通性在环境、资源、人口等约束条件下持久有序、稳定和协调发展，防止河湖水系环境生态功能衰退。因此，在建立指标体系时，要充分考虑区域经济、社会发展的不平衡性、多层次性，把经济、社会、环境进行分层次、分阶段，建立相应的指标体系，力求空间和时间的统一。

8.3.4 河湖水系连通指标体系的构建

对照河湖水系连通健康的定义与内涵，结合评价和实践的需要，从四方面分析河湖水系连通健康的属性，即环境属性、生态属性、社会属性、经济属性。那么，同样可以从这四方面构建河湖水系连通健康评价指标体系。

将河湖水系连通健康评价指标体系划分为三个层次，分别为目标层、准则层、指标层。目标层为单一目标，有四个准则，指标层则可以根据各属性进行细化明确。

1. 目标层（E）

河湖水系连通健康评价的目标在于综合评价河湖水系系统连通性健康状态，则评价指标体系的目标层即为河湖水系连通性健康。

2. 准则层（R）

河湖水系连通健康属性表现在四个方面，结合这四个属性的影响因素作为准则层指标，其中环境属性和生态属性最为重要，特别是在提倡生态文明的今天，社会经济发展必须以尊重自然为前提，这样才可以保障社会经济的可持续发展。

（1）环境属性：连通性作为河湖水系的自然特征，反映着河湖水系自然演化的特性和物质能量迁移转化规律。基于环境属性的准则，用以度量河湖水系连通性的环境属性状态特征是否发生演变，以及连通性的环境可恢复性能。

（2）生态属性：河湖水系是整个生态系统的重要组成，其连通性对于维持生态关系的稳定性至关重要，其不仅为生态系统摄取环境物质和能量提供通道，而且为各系统要素间的物质和能量迁移转化提供路径。作为河湖水系自然生态系统最显著的特征，连通性具有原始的生态属性，同时由于人类活动的干扰，形成了次生的"生态-社会"关联属性。河湖水系连通性的原始生态属性主要体现在连通性对于自然生态系统的可持续服务功能上，即维持流域生态格局良性方向发展、河流（湖泊）生物多样性强、生境破碎化程度低等。河湖水系连通的"生态-社会"关联属性，是指人为连通工程建设开发过程中所伴生的河湖水系连通状态的变化对生态系统所造成的影响，如环境生态的恶化、生物群落的不均衡所造成的地表生态格局的变化等。

（3）社会属性：河湖水系连通在开发利用过程中表现出商品性、资源的不可替代性和环境效应对人类生存质量影响的特性。公平性是河湖水系连通社会属性的首要特征，即某一地区进行水系连通开发、优化配置水资源，不得以损害其他地区利益为前提。

（4）经济属性：高效性是河湖水系连通开发利用经济属性的集中表达，主要表现在河湖水系连通开发利用效率、开发成本、支撑经济可持续发展等方面。

3. 指标层（G）

根据河湖水系连通健康评价指标确定的原则，得到 16 个评价指标，见表 8.1。

8.3.5　评价指标健康等级的界定

在进行河湖水系连通健康评价时，首先要定义一个健康的参考状态。为了客观反映河湖水系连通的健康状况，需要明确健康的标准，也就是要求在进行河湖水系连通健康评价时，要建立起相应的指标评价标准，其目的就是通过评价指标定量地划分河湖水系连通健康的等级。

维持河湖水系连通的健康是河湖水系可持续利用的战略方向，河湖水系健康评价标准应该客观地反映人们在开发利用河湖水系过程中所期望的一种理想状态：河湖水系在为人类发展提供资源服务的同时，保持环境和生态系统的稳定与可持续发展。

参照河流健康评价、环境质量评价、生态系统评价等相关理论研究，可将河湖水系连通健康状态依次划分为健康、亚健康、不健康三个等级。

表 8.1   河湖水系连通健康评价指标

准则层	指标层	确定方法或依据
环境属性	水质达标率	$\dfrac{一、二、三级评价河长}{河段总长}\times100\%$
	水土流失比例	$\dfrac{水土流失面积}{土地面积}\times100\%$
	径流系数变化率	$\dfrac{10\text{ 年前与 }10\text{ 年后径流系数变化值}}{前10\text{ 年径流系数}}\times100\%$
	河流断流概率	$\dfrac{平均每年发生断流天数}{全年天数}\times100\%$
	流动畅通率	$\dfrac{1}{1+0.8\times水坝个数+0.2\times桥梁个数}\times100\%$
	河长变化率	$\dfrac{现状年河长与基准年河长之差}{基准年河长}\times100\%$
生态属性	鱼类种类变化率	10 年来河道内鱼类变化数/河道内 10 年前鱼类种数
	珍稀水生动物存活率	以珍稀水生动物数量增减作为定性判断的依据
	天然植被覆盖率	流域天然植被面积/流域土地面积
	河道生态需水保证率	$\dfrac{河道生态用水量}{河道内生态需要水量}\times100\%$
社会属性	城镇供水保证率	$\dfrac{城镇供水总量}{城镇需水总量}\times100\%$
	饮水安全保证率	$\dfrac{年饮用水达标天数}{365}\times100\%$
	过洪能力变化率	$\dfrac{10\text{ 年前后流量变化值}}{10\text{ 年前相同条件（同一断面同一水位）的流量}}\times100\%$
经济属性	灌溉保证率	$\dfrac{灌溉水量}{灌溉需水量}\times100\%$
	水资源利用率	$\dfrac{流域实际用水量}{流域水资源总量}\times100\%$
	单方水 GDP	$\dfrac{流域年\text{ GDP }总量}{流域年总用水量（河道外经济用水量）}\times100\%$

1. 河湖水系连通的健康状态

人类活动得到严格的调控与约束，对河湖水系连通途径的稳定性胁迫很小，河湖水系连通状态的各项指标均未超出国家有关标准或限定，河湖水系系统功能健全、状态稳定。完全能够保证河湖水系物质和能量交换的畅通，并且能够维持环境系统的可恢复性和生态体系的稳定性，促进环境生态的良性发展。

2. 河湖水系连通的亚健康状态

在外界的胁迫下，河湖水系连通局部阻滞，物质和能量流通交换能力弱化，但未造成河湖水系环境生态系统的整体失稳，水系连通状态的稳定性和功能的健全性趋于破坏的临界状态，但是水系环境质量和生态功能没有明显的恶化迹象。

3. 河湖水系连通的不健康状态

此状态下，河湖水系连通状态出现物质和能量交换途径受阻、交换过程动态平衡被打破，河湖水系连通功能逐渐趋于紊乱，各指标变量的变化幅度超过多年平均阈值，河湖水系系统整体性失稳，环境生态明显恶化，必须借助外力调控措施才能使其得以恢复。

8.4　河湖水系连通中的环境保护与生态建设

长久以来，人类在开发利用河流湖泊等水资源的过程中只注重生产、生活用水的需求，完全忽视了生态和环境的恶化。河网水系结构与连通格局发生了重大变化，即河网水系衰落、连通受阻等，以牺牲自然环境和谐来谋求经济的发展，从而导致生态环境的恶化、生物多样性的减少、河道断流、湖泊水量急剧减少、地下水水位下降等诸多问题。在我国，由于水资源的过度利用和过度污染所造成的生态环境问题成为许多区域社会经济发展的制约因素，生态环境的健康稳定发展是社会可持续发展的保障和基础，水资源是生态环境中最重要的因素。目前关于河湖连通以及水系连通性的研究比较少，现阶段对河湖水系连通的研究多局限于河湖连通的定义和意义，很少有学者将河湖水系连通与环境保护和生态建设结合起来进行研究，对河湖水系连通过程中可能导致的生态及环境问题的探讨很不完善。正确分析两者之间的利弊关系具有重要的现实意义。

8.4.1　河湖水系连通中环境保护与生态建设的机遇和挑战

河湖水系连通有利于实现水资源的可持续利用，促进经济社会发展目标和生态保护目标与水资源条件之间的协调，促进近期和远期经济社会发展目标对水资源需求之间的协调，促进流域之间和流域内部不同地区之间水资源利用的协调，促进不同类型水源之间开发利用程度的协调，促进生活、生产与生态用水之间的协调，促进经济社会格局与河湖水系格局之间的协调。河湖水系连通研究成为水科学在新形势下一个新的学术视角，亟须开展相关研究，明确国家、区域和流域等不同尺度的战略思路，合理有序开发利用水资源，实现水资源可持续利用与生态环境的良性循环，支撑经济社会的可持续发展。河湖水系连通工程等的建设对环境保护与生态建设来说有利有弊，既是机遇又需要面对一定的挑战。如何做到扬长避短、趋利避害，需要相关部门的配合以及众多研究人员的共同努力。河湖水系连通研究面临以下一系列的挑战：

（1）河湖水系格局与经济社会发展格局不匹配。我国水资源时空分布很不均匀，相差很大，西藏、四川、云南、广西等省（自治区）水资源相对丰富，甘肃、宁夏、山西、河北、北京、天津等省（自治区、直辖市）水资源相对稀缺。河湖水系格局与经济社会发展需求严重不匹配，呈现"南方水多地少，北方水少地多"的局面：水资源总量的81%集中分布在长江及其以南地区，该地区耕地面积仅占全国的35%，人口占全国的53%；长江以北广大地区，人口占全国的47%，耕地占全国的65%，而水资源量仅占全国的19%。黄淮海河流域人口、粮食产量、GDP均占全国总量的1/3，水资源量只有全国总量的7.2%，资源性缺水严重已经成为北方地区经济社会发展瓶颈。随着人口增长和社会经济的发展，北方水资源短缺问题日益突出，河湖水系格局如何与经济社会发展格局相互协调、相互适应，成为解决缺水地区水资源问题、保证经济长期稳定发展的重大问题，也成为河湖水系连通研究的重点和难点。

（2）气候变化不确定性带来的挑战。气候变化对水资源的影响日益突出：降水时空分布的不均衡加剧，河川径流变率加大，极端气候事件增多，水旱灾害的不确定性和危害性增大，防汛抗旱形势更加严峻，兴利除害任务更加艰巨。气候变化对河湖水系的影响存在多方面的不确定性，使得未来气候变化情景下的河湖水系连通问题成为一个影响因素众多的复杂系统问题。积极应对气候变化，必须考虑气候变化对河湖水系连通影响的不确定性，特别要深入研究极端水文事件对河湖水系连通的深刻影响和抵御特大水旱灾害的适应性能力问题，提出构建河湖水系连通水网体系应对气候变化的对策措施，为国家制定应对气候变化的适应性战略提供理论依据和支持。

（3）河湖水系连通研究的学科交叉性与综合性。河湖水系连通是一个复杂的巨系统，涉及资源、环境、社会、经济等各方面的要素，具有高度的综合性。对于这样一个复杂的命题，需要从提高水资源承载能力、维护生态环境功能、降低自然灾害风险的角度开展多学科的交叉和综合研究。目前与河湖水系连通有关的研究力量大致可分为两大类：一是水利部的研究、规划队伍，二是中国科学院、高校和相关部委的研究队伍。这两支队伍各有所长，但在过去的研究中联系不多、高水平合作少。未来亟须加强两支队伍的交叉与合作，创新水文水资源、生态、环境等多学科的理论与方法，促进学科发展，更好地服务于国家需求。

河湖水系连通研究是国家江河治理的重大需求，是一项重要而亟待研究的科学与技术课题，是 21 世纪水科学研究的一个新的热点和难点。目前国内外在河湖水系连通方面已经积累了一定的实践经验，但远未形成完整的理论与技术体系。今后的研究，必须跟踪国际相关水科学研究的前沿动态，总结国内典型案例的成功经验，从不同尺度和方面开展河湖水系连通的理论与技术研究；要注意发挥学科交叉优势，针对国家需求，紧密结合实践，建立具有中国特色的河湖水系连通理论体系与技术体系；这对提高我国水资源统筹配置能力、改善河湖健康保障能力、增强抵御水旱灾害能力和改善内河航运能力，都具有重要的理论价值和现实意义。

8.4.2 河湖水系连通中环境保护与生态建设的基本准则

河湖水系连通涉及面广，影响范围大，不确定因素多。不同流域和区域、城市与农村等各类不同利益主体之间存在着复杂的水事关系，水资源开发利用与生态环境保护、生产力布局调整与节约用水、投资与效益、近期建设与远期管理等重大关系的研究也是水系连通规划中不可回避的问题。为尽量减少水系连通对社会经济和生态环境的不利影响，要充分考虑水系连通涉及区域的水资源条件及其对原有水系格局的影响，综合权衡水系连通的投资与效益、正面效应与负面效应、社会经济效应与生态环境效应、短期效应与长期效应，广泛听取和认真分析研究有关部门、地方和专家的意见和建议，坚持民主论证，深入分析水系连通工程经济技术的合理性及生态环境的可承受性，对水系连通进行综合评判。从此实践需求出发，对河湖水系连通的基本准则与评判指标进行分析与探讨。

水系连通中环境保护与生态建设的基本准则包括以下几个方面：

（1）社会公平准则。河湖水系连通可能会引起流域及区域水系格局和水资源格局的改变，进而引起经济效益、生态效益和环境效益在不同流域、不同区域或者城市与农村之间转移。因此，河湖水系连通的社会准则是在保障公平、维护稳定的前提下，促进被连通两地的社会发展。主要包括以下两点：一是要统筹城乡水资源开发利用，促进城市与农村协调发展；二是要统筹考虑上下游、左右岸、水资源调出区与调入区之间的用水需求，促进不同区域协调发展。

（2）经济发展准则。水资源是战略性的经济资源，应尽量提高水资源利用的效率和效益，促进水资源高效利用。同时，河湖水系连通工程涉及的基础设施建设及管理维护通常投资大、成本高，应充分论证工程的投资效益关系，充分考虑区域经济社会发展的不同阶段及其经济承受能力，杜绝"形象工程"。因此，河湖水系连通的经济准则是水系连通能促进被连通两地经济的发展，主要包括以下三点：一是应通过河湖水系连通促进水资源高效利用；二是河湖水系连通工程的投资规模要与其发挥的经济社会效益和生态环境效益相匹配；三是要依据区域经济社会发展的不同阶段及其经济承受能力，科学合理地确定河湖水系连通工程的实施方案和筹资方案。

（3）生态维系准则。随着人类社会的进步和生态保护意识的增强，人们越来越重视水资源开发利用对河流湖泊生态系统影响及适应对策的研究。河湖水系连通的生态准则是充分发挥水的生态服务功能，确保生态安全，主要包括以下两点：一是连通后被连通两地水系的生态服务功能（或生态价值）减去连通的生态代价应大于连通前被连通两地水系的生态服务功能；二是要以满足水资源调出区河流的基本生态流量和湖泊的基本生态水位为前提，对生态脆弱地区，要特别重视水系连通伴生的生态效应研究，避免水系连通导致生态破坏。

（4）环境改善准则。水环境是自然环境的一个重要组成部分，是人类社会赖以生存和发展的重要场所，也是受人类干扰和破坏最严重的领域。水利水电工程修建对水环境的影响已经引起了社会各界的高度关注。河湖水系连通的环境准则是改善水环境，提升水景观，主要包括以下四点：一是要在严格控制入河湖排污总量、有效保护水资源的基础上，充分发挥水系连通的环境修复功能；二是连通后被连通两地江河湖库水质的总体达标情况要比连通前有所改善，重要水功能区的水环境容量和纳污能力应有所增强；三是水资源调出区最基本的水质状况要得到保障；四是增强水的景观效应。

（5）风险规避准则。河湖水系连通对流域和区域旱涝灾害风险的影响是一个比较敏感的问题。水系连通后水循环各要素改变可能会使水生态系统及其组分所承受的风险和突发性事故（一般不包括自然灾害和不测事件）对水环境的危害程度发生变化。此外，水系连通工程本身的工程风险和经济风险也是人们关注的热点。因此，河湖水系连通的风险准则是能有效规避各类风险，主要包括以下三点：一是连通后被连通两地的旱涝灾害风险比连通前减小；二是连通后被连通两地水循环各要素改变所伴生的生态风险和环境风险比连通前减小；三是江河湖库水系连通工程本身的工程安全风险和经济风险要尽可能小。

8.4.3　河湖水系连通中环境保护与生态建设的政策建议

全局上要处理好社会经济和生态与环境的关系，重视项目生态与环境保护措施的设计和实施，既要促进国民经济的发展，又可以促进环境质量的改善。提出一套关于如何确定水量外调地区最大容许需水量的估算方法实施动态环境监测，应用系统监测、3S、物联网等技术，长期、持续、系统地监测水质水量及生态环境变化，以便更好地开展流域生态环境综合管理。实施生态补偿工程，可通过调水与引水联合作用来缓解水源区水量减少所导致的一系列问题；对于局部地区土壤次生盐碱化问题，采取渠道防渗和灌区排水等措施，可以减小其不利影响。

8.4.4 河湖水系连通中环境保护与生态建设的战略对策

河湖水系连通系统需要满足安全性、经济性、合理性、可行性、稳定性等多方面的要求，因此，河湖水系连通规划必须在以人为本、统筹兼顾、保护优先、科学治水的原则下，以经济社会发展、水资源可持续利用、提高生态文明水平、应对气候变化、提高水安全保障程度对河湖水系连通的新要求为导向，结合河湖水系连通现状亟须解决的问题展开。考虑到河湖水系的多样性、连通工程的庞大性和复杂性以及工程规划的多目标性和多层次性等特征，河湖水系连通规划应该从满足经济社会发展、水安全、生态安全需求等出发，分别从国家层面、区域层面和流域层面制定具体的规划目标、原则、战略布局和方向，产生不同的目标和约束条件下河湖水系连通可行性方案集，结合优化模型进一步对不同规划目标下的规划方案集进行优化分析，寻求满足多目标的最优规划方案。通过分析、计算和模拟，评估不同规划方案的成本效益关系、可持续发展能力、协调能力和复杂水网巨系统的稳定性等，进而确定河湖水系连通的规划方案。

8.4.4.1 新时期水利改革发展战略思想

我国水利部门在总结水利发展面临问题的基础上，针对新时期全面建设小康社会和生态文明的需求，构成了新时期水利改革发展思想体系，可以把这些战略思想概括为以下几个方面：

（1）水资源可持续利用思想。水资源可持续利用思想产生于 20 世纪 80 年代，由可持续发展思想衍生而来，其概念为"一定空间范围水资源既能满足当代人的需要，对后代人满足其需求能力又不构成危害的资源利用方式"。其原则是保证人类社会经济和生存环境可持续发展对水资源实行永续利用。水资源可持续利用的原则，要求在水资源的开发利用活动中，绝对不能损害生态系统平衡，必须保证为经济社会可持续发展合理供应所需水资源，满足各行业用水。面对我国国情水情，可持续利用的思想是解决人水矛盾及水资源问题的关键所在。新时期为了实现水资源的可持续利用，首先水利部门要搞好水资源开发利用和保护的总体规划，并且要合理调整产业结构和布局；其次要做好节水技术的开发和推广，提高污水资源化的水平。水资源可持续利用的目标是经济社会的可持续发展，因而需要各部门的共同参与。

（2）人水和谐理念。人水和谐是指"人文系统与水系统相互协调的良性循环状态，即在不断改善水系统自我维持和更新能力的前提下，使水资源能为人类生存和经济社会可持续发展提供久远的支撑和保障"。人水和谐包含了水利与经济社会和水利工程与人水系统的相互协调，其目标就是以人为本、协调人水关系，实现水资源的可持续利用，逐步建成和谐社会。人水和谐要求水利事业应坚持以人为本的科学发展观，全面把握水资源的自然属性和社会属性，尊重规律、尊重科学，把生态环境保护理念贯穿于水利工程规划、设计、建设和运行管理的各个环节；把保障和改善民生作为水利工作的根本出发点和落脚点，以水利可持续发展为首要目标，优先解决与人民群众切身利益密切相关的水问题；通过科学规划、合理配置、综合治理，不断改善人居环境和生产条件，提高用水安全保障程度。

（3）最严格水资源管理制度。2009 年水利工作会议强调要从我国基本水情出发，实施最严格的水资源管理制度，目前该制度已经形成体系。2011 年中央一号文件中明确指出要建立最严格的水资源管理制度，实施水资源管理责任和考核制度。其中，最严格管理制度的核心内容是"三条红线"，即水资源开发利用控制红线、用水效率控制红线、水功能区限制纳污红线。"三条红线"从不同角度、不同层面对水资源的开发利用和保护进行管理，是相互联系、相互制约的一个整体，体现了水资源管理的配置、节约、保护并重的理念。"三条红线"针对的是我国当前突出的水资源过度开发、效率低下、水污染三大水资源问题，同时涵盖了水资源开发利用过程的取水、用水、排水三大基本环节，也体现了水资源配置管理、节约管理、保护管理三大中心工作和任务要求。因而，基于"三条红线"的最严格水资源管理制度的提出，既是符合我国国情和水情的重大理论创新，也是符合水资源开发利用社会管理过程的制度设置。

（4）河湖水系连通战略。2009 年全国水利发展"十二五"规划编制工作会上首次提出"河湖水系连通战略"，2011 年中央一号文件也指出要尽快建设一批骨干水源工程和河湖水系连通工程，提高水资源调控水平和供水保障能力。河湖水系连通，主要是以江河湖泊等水系为对象，在其间建立有一定水力联系的连接方式。其目的就是构建适合经济社会可持续发展和生态文明建设需要的河湖水系连通网络体系，最终实现人水和谐，其主要功能包括提高水资源统筹调配能力、改善水环境状况、抵御水旱灾害三方面。河湖水系连通作为水利行业治水的重要手段，改善了区域的生态状况与人居环境，创造了巨大的经济效益与生态效益。其主要包括河湖水系、水利工程、水资源条件、管理调度规则四方面基本构成要素，其连通方式有城市水网式、河道疏通式、水体置换式、引流调蓄式、分流泄洪式以及开源补水式六种。目前，洪涝灾害频发、水资源短缺、水环境恶化等水问题已经成为制约我国经济社会发展的重要因素，开展河湖水系连通是我国经济社会发展的迫切需要，是从根本上解决我国"水多、水少、水脏"三大问题的保障性措施之一。

（5）生态文明建设理念。2012 年，党的十八大做出了"大力推进生态文明建设"的战略决策，强调指出必须树立尊重自然、顺应自然、保护自然的生态文明理念，努力形成人与自然和谐相处的局面。随后，水利部印发了《关于加快推进水生态文明建设工作的意见》，提出加快推进水生态文明建设。结合十八大和水利部文件，指出水生态文明是人类遵循人水和谐理念，以实现水资源可持续利用，支撑经济社会的可持续发展，保障生态系统良性循环为主体的人水和谐文化伦理形态，是生态文明建设的重要部分和基础内容。其中，水生态文明倡导人与自然和谐相处，核心是"和谐"，重点是水资源节约，关键为水生态保护，目的是实现可持续发展。

党的十八大以来，党中央围绕系统治水作出一系列重要论述和重大部署，科学指引水利建设，开创了治水兴水新局面。为突出治水的综合性和系统性，论述中指出，用途管制和生态修复必须遵循自然规律，对山水林田湖进行统一保护、统一修复是十分必要的；另外，保障水安全，关键要转变治水思路，按照"节水优先、空间均衡、系统治理、两手发力"的方针治水，统筹做好水灾害防治、水资源节约、水生态保护修复、水环境治理。因此，2017 年全国水利厅局长会议强调，要牢固树立山水林田湖是一个生命共同体的系统思维，强化山水林田湖整体保护、系统修复、综合治理，统筹推进水资源全面节约、合理开发、高效利用、综合治理、优化配置、有效保护和科学管理，协调解决水资源、水环境、水生态、水灾害问题，为实现"两个一百年"奋斗目标奠定坚实的水利基础。

国家将生态文明建设放在突出地位，融入经济建设、政治建设、文化建设、社会建设的各方面和全过程，就要求生态文明建设在做好环境保护、资源节约等基础上，还要与其他四大建设相融合。水利事业作为保障经济社会发展的基础行业，生态文明建设在对其发展提出了新的要求的同时，也为其发展提供了机遇。因而，水生态文明建设需要强化水资源的资源基础功能，保障水资源的可持续利用；同时，应该结合河湖水系连通战略，构建现代水网，形成完善的水生态系统；在以人为本的理念基础上，建设优美的水生态环境，促进人水和谐发展。

8.4.4.2 黑龙江省河湖水系连通战略构想

以黑龙江为例，黑龙江省河湖水系连通总体战略构想如下：

1. 全省层面河湖水系连通总体构想

依据黑龙江水资源时空分布、水土资源匹配特点和经济社会发展布局，从确保全省供水安全、粮食安全、经济安全、生态安全的角度出发，针对不同流域及重点地区的功能定位、资源禀赋和发展需求，以嫩江、松花江、黑龙江和乌苏里江等重要江河及其主要支流骨干河道为基础，以引呼济嫩、引嫩扩建、黑松连通、引松补挠等重大跨流域调水工程为手段，科学规划实施跨流域水资源配置，统筹安排、合理布局，构建引得进、蓄得住、排得出、可调控的全省江河湖库水网体系，实现"北水南调、边水济腹、东西兼顾"的水资源配置战略，全面提高水资源的调控和承载能力，满足松嫩、三江平原粮食生产综合试验区、哈大齐工业走廊、东部煤电化基地等用水要求，支撑"八大经济区"战略全面实施，以水资源的可持续利用支撑经济社会的可持续发展。

2. 区域层面江河湖库水系连通构想

以全省优化开发区和重点开发区建设特别是重要城市群为重点，在黑龙江河湖水系连通总体框架下，根据当地水资源条件、河流水系分布和工程布局特点，因地制宜实施区域水资源调配，以水库为调蓄中枢，以河道、渠系为主要输水载体，连通河流水系与沿途水库，城乡一体，构建区域层面江河湖库水网体系。具体表现在：

（1）松嫩平原江河湖库水网体系。黑龙江省水资源相对丰富，但时空分布不均，尤以松嫩平原水资源供需矛盾最为突出。松嫩平原（包含丘陵漫岗地区）集中了全省 57% 的耕地、63% 的人口和 75% 的地区生产总值，但本地水资源仅占全省的 28%，现状开发利用率高达 51%，乌裕尔河、呼兰河等部分河流由于过度开发已出现断流。松嫩平原仍是未来黑龙江省经济发展重中之重，随着工业基地建设和国家重要商品粮生产基地的建设，松嫩平原对水资源的需求将进一步增加。连通通道建成后，松嫩平原水资源配置将形成以嫩江、松花江为基础，以尼尔基水利枢纽为核心，以嫩江、引讷、呼兰河为三纵和以讷谟尔河、乌裕尔河、松花江、引嫩为四横的"北水南调、三纵四横"的水资源配置格局。在满足松嫩平原经济社会发展和生态环境用水需求的同时，实现地下水采补基本平衡。

（2）三江平原江河湖库水网体系。三江平原周边过境水资源丰富，现状开发利用率低，具备以引提过境水为主要水源，发展大型水田灌区的条件。连通通道建成后，三江平原的水资源配置将实现黑龙江、松花江、乌苏里江相互贯通，形成"三江贯通、边水济腹、水网纵横、河湖湿地连通"的骨干配水网络体系。依托松花江干流大顶子山、依兰、悦来等 8 座梯级航电枢纽建设，渠化松花江，实现松花江水量可控可调。通过构建上述骨干配水网络，在满足三江平原经济社会发展和生态环境用水需求的同时，实现地下水采补基本平衡。

3. 水生态修复江河湖库水系战略构想

根据河网密集、水源丰富、湿地广布等特点，以人水和谐为理念，统筹经济发展和生态保护，围绕生态省和滨水城市建设，以"保障水量，互联互通，人水和谐"为目标，通过生态补水工程、灌区湿地连通工程和滨水生态景观建设，合理配置、优化调度水资源满足生态用水，维护河湖湿地等水生态系统健康，实现山川秀美。具体体现在：

（1）重要湿地生态保护与修复。加强嫩江中下游、三江平原湿地的修复和保护，恢复和建立河湖湿地水力联系，通过水资源合理配置、充分利用雨洪资源和灌区退水等改善湿地水源条件，建设生态补水工程，对扎龙、三江和洪河等湿地核心区进行必要的补水，遏制湿地萎缩，维持湿地生态环境功能。

（2）河流水生态保护与修复。通过江河湖库的连通和联合调度保护与修复河流生态，满足松花江河道内主要控制断面生态环境需水并兼顾航运等用水要求，满足乌裕尔河、双阳河和呼兰河等生态脆弱河流的生态环境用水要求。

（3）滨水城市生态景观建设。滨水城市生态景观建设以天然河道为依托，充分利用现有沟渠、湿地，结合城市防洪工程，构建生态水网，打造哈尔滨、大庆等滨水城市和旅游名镇水利景观，提升城市品位。

第9章 河湖水系连通的经济分析

河湖水系连通不只是单纯的自然科学、工程技术问题，而应当是人类认识世界、改造世界的社会实践的一部分，是资源开发、环境改造、生态调整与资源节约、环境保护、生态平衡的统一，是经济发展、社会和谐、生态文明的统一，是一项复杂性、交叉性、系统性的社会经济与自然问题。人类在生存、发展过程中研究和开展河湖水系连通，实现人与自然之间，经济、社会活动与自然变迁之间全面协调可持续的科学发展过程，就必须既以人为本，以社会经济建设为中心，又尊重自然，尊重客观规律。比较而言，经济规律就是人类在社会实践中必须认识、尊重和遵守的基础性、主要的社会规律，最小投入、最大产出的经济效率原则是认识、分析和指导人类经济活动和其他活动的基础性、共同性的原则，而河湖水系连通中的高效性原则、风险性原则、公平性原则、可持续原则等在本质上都是由经济原则所产生或决定的。因此，必须全面准确地认识河湖水系连通的经济性质，系统科学地分析河湖水系连通的成本收益特征。

9.1 河湖水系连通问题的经济性质

9.1.1 河湖水系连通的经济问题

对于河湖水系连通这一人类面对的复杂性、系统性的社会经济和自然环境问题，可以从不同角度、不同层面进行分析。比如，河湖水系连通可分为河湖水系这一特定的水资源问题和河湖水系水资源的连通问题，可分为水资源配置、防洪抗旱、生态环境保护等方面的水资源应用问题，可分为河湖水系连通的科学研究、工程投资建设、工程运营管理等环节的水资源应用问题。对于河湖水系连通的上述问题，都可以运用经济学的理论和方法进行科学分析并提出解决方案。如果对河湖水系连通展开一系列、全方位的经济分析，首先必须从经济学的角度，定性和定量地明确提出、认识和界定河湖水系连通的性质和状况。

河湖水系连通是人类对河湖水系这一特定形式、特定部分水资源的连接贯通，是对河湖水系水资源的重新分配和使用。广义的水资源是指地球上存在的、对人类具有使用价值和价值（即效用和价格）的各种水，是人类社会经济活动中用途广泛、严重稀缺的物质资源。狭义的水资源是指可以为人类直接使用的各种淡水，包括河流、冰川、湖泊、沼泽等地表水和地下水。比较而言，河湖水系只是地球自然演进过程中形成的河流、湖泊、沼泽、洼淀等水体，以及经人工改造后形成的运河、水渠、水库等水利工程，是自然和人类共同作用形成的、主要是淡水的水资源系统，是人类可使用水资源中的特定形式、特定部分。河湖水系既是水资源的重要载体和组成部分，又是地球物质资源、生态环境的重要组成部分，是人类社会经济发展的重要物质条件。我国目前年均淡水资源总量约 2.81 万亿 m^3，其中年径流总量 27115 亿 m^3，地下水资源量 8288 亿 m^3，河湖水系约占 94%。

在可考的人类历史中，人类为了应对自然条件的约束和变迁，改变自身的生存和发展处境，一直不断地改造山川土地，对河湖水系资源进行了既改造利用又扰乱破坏的双重性活动，建设了大量的关于河湖水系的工程项目。这些工程既包括对流域性、地区性的某一河湖水系的改造治理，也包括对跨流域、跨水系的河湖资源的连接贯通。后者诸如古埃及的尼罗河引水灌溉工程，现代的基尔运河、苏伊士运河、巴拿马运河，古代中国的连通长江和淮河的邗沟，连通湘江和漓江的灵渠，连通黄河和淮河的鸿沟，以及隋唐以来连通海河、黄河、淮河、长江、钱塘江等水系的大运河，世界和中国的河湖水系面貌发生了巨大变化。中华人民共和国成立 60 多年特别是改革开放以来，随着我国人口增加和社会经济发展，对水的需求量不断增加，在河湖水系治理和连通上进行了一系列的科学研究和工程建设。2009 年，水利部在全国水利发展"十二五"规划编制工作会议正式提出了河湖水系连通命题。随后，2011 年中央一号文件和中央水利工作会议提出"尽快建设一批河湖水系连通工程，提高水资源调控水平和供水保障能力"的要求；水利部 2013 年 10 月印发《关于推进江河湖库水系连通工作的指导意见》，全面开展河湖水系连通工作。

显然，河湖水系连通是耗费大量的人力、物力资源，调整河湖水系的水资源占有、分布、使用状况，改变水资源的使用结构和使用效率的公共基础性工程，成功的河湖水系连通兼有经济增长、社会发展和环境改造、生态保护的多重功能。从人与自然、人与客观世界的关系上看，人首先是自然的产物，是自然的一部分，是一种生物，是自然条件变化、生物竞争和生物进化的结果，是一种在自然界产生、从自然界获得物质资源才能够生存、发展的生物，人并不是自然的中心和主人，人类在其产生、发展过程中，从 1 万多年前开始的农业社会到现代工业、后工业社会，始终受到气候、地理、生物等自然条件的限制影响。其次，人只是自然选择和社会发展的结果。马克思 1866 年致恩格斯的信中曾引用比·特雷莫论点，明确地告诫人类："不依伟大的自然规律为依据的人类计划，只能带来灾难。"马克思《1844 年经济学哲学手稿》《资本论》等著作明确提出：人直接地是自然存在物或自然的一部分。恩格斯《自然辩证法》也说："我们不要过分陶醉于我们对自然界的胜利。对于每一次这样的胜利，自然界都报复了我们。每一次胜利，在第一步都确实取得了我们预期的结果，但在第二步和第三步却有了完全不同的、出乎意料的影响，常常把第一个结果又取消了。"即便到了现代社会，人类的科学技术、生产手段获得了巨大进步，从农业社会进入工业化、信息化社会，当今中国经济总量跃居世界第二，但是人类认识自然、改造自然的活动依然受到自然条件的全面制约，不能超越自然规律和经济规律的制约。多年以来，我国在河湖水系的资源利用，水系连通的研究、规划、投资、利用等方面取得了一系列成就，但也存在着许多不公平、低效率的问题，进一步加剧了水资源与社会经济发展之间的矛盾，影响了我国社会经济的健康持续发展，导致了一系列的社会经济和环境生态问题。因此，人的本原、性质和发展，人与自然之间的关系是人类认识世界、改造世界的世界观、方法论，是人类构建任何一门人文学科和社会科学所要思考的本原性、起点性的问题，也是认识、研究人类的社会经济活动，认识、分析河湖水系连通的基础性问题。

对于河湖水系连通问题，应当从自然和人类的多元角度，从人文学科、社会科学、自然科学等多学科的角度，进行全面、系统、动态的分析。在研究人类行为的人文学科和社会科学中，经济学以其研究对象的人类经济活动的基础性，研究方法的逻辑和历史相统一、个人主义和整体主义相统一、微观分析和宏观分析、定性分析和定量分析、静态分析和动态分析等科学性，研究结论的相对有效性，在社会科学中具有基础性、主导性的地位，被喻为社会科学的皇后。经济学的理论假设和分析方法还广泛渗透政治学、法学、社会学、管理学等社会学科，以及历史、文学等人文学科研究，被称为经济学帝国主义。从经济学的角度看，河湖水系及其连通属于人类重大的社会经济活动，对人类的经济活动以及人类其他方面活动和自然环境资源都具有全面、深入、持续的影响，应当运用经济学的理论和方法进行成本收益的经济分析，从而提高人类对水资源的分配和使用效率，实现人与自然之间相互适应、人类可持续发展的目标。由此，河湖水系连通问题既具有经济性质，又必须从经济角度进行分析。

从经济分析的角度看，我国河湖水系及其连通方面存在的问题具体表现在以下几个方面：

（1）水的自然存量以及人类对水的开发能力相对稀缺，而社会经济发展对水资源的需求不断增长。我国人口众多，13 亿人口大国的淡水资源总量仅 2.81 万亿 m³，人均淡水资源相对不足，以世界 6% 的水资源养育着世界 22% 的人口。这是社会经济发展中的水资源总供求的总量失衡问题。

（2）水的分布与人类社会经济发展需求之间在空间、时间分布上的不平衡、不匹配，大致呈现西部、北方、城市缺水，冬、春季节缺水等特征。这是社会经济发展中水资源总供求的结构失衡问题。

（3）人类对水的研究规划、投资建设、运营使用效率不高，投入产出比低，特别是河湖污染严重，城市 90% 的河段受到污染，农村约 3 亿人口饮用水受到污染，水资源低效开发利用而导致稀缺程度进一步增大。这是社会经济发展中水资源的开发利用效率低下问题。

（4）水资源的产权界定、定价机制和价格水平、法律制定和公共管理等方面存在问题，在个体利益和公共利益上缺乏准确的界定和合理的协调，容易出现以所谓的公共利益之名而既未保护个体利益也未实施公共利益，或者过度强调少数人的个体利益而损害大多数人的公共利益等问题。这是水资源管理的法律和管理体制上的基础制度不健全问题。

经济分析都是在一定的前提条件或约束条件下，遵循成本收益的经济效率原则的分析过程。在一定的水资源的数量、质量、法律和管理体制和使用效率，人口和经济的总量、结构、增长率、法律和管理体制等条件约束下，通过对河湖水系的水资源经济性质、水资源配置状况及其调整过程的经济效率等方面的经济分析，探讨如何完善河湖水系水资源的基础制度建设，改进河湖水系连通的工程建设和运用管理，调整、优化水的空间、时间分布状况，提高水资源的配置效率，以解决水资源供给与社会经济发展需求、环境生态保护之间的矛盾冲突。

对河湖水系连通的经济问题，对于河湖水系连通的经济分析，至少可以从以下三个方面进行理解、界定和展开：

（1）在我国河湖水系连通工作中全面确立、科学实施经济学的研究和分析，进而在我国的环境生态工作中全面实行经济分析。换言之，如何运用经济学的理论和方法，特别是成本分析方法，全面有效地用于我国河湖水系连通的分析、规划、实施、监督工作。

（2）河湖水系连通经济分析的重点和难点问题。分析的重点包括：通过典型案例，探讨河湖水系连通的经济性质和经济专题，主要从工程或项目的产品和服务性质，项目的投资成本和资金概算，投资的私人收益和社会收益等方面，探讨河湖水系连通的社会经济可行性。

（3）与河湖水系连通相关的水的产权界定、资源定价、工程补偿，水的基础制度及其改革等问题。

9.1.2　河湖水系连通分析的效率原则

经济学是从人类消费需要无限而可供分配使用的物质资源稀缺的这一基本矛盾出发，关于个人及其组织如何组织社会经济活动，以最小投入、最小成本生产提供各种产品和服务，最大化满足人类不断增长变化的消费需要的一门社会科学，经济学、经济分析的基本原则就是最小成本、最大收益的效率原则，就是所谓的经济理性、经济人假设、个人福利与社会福利最大化等经济分析的基本原则，就是运用成本收益分析等工具分析、解决人类的经济活动的一门社会科学，这也是河湖水系连通经济分析的基本原则。

成本是社会经济活动中的选择和行为的概念，是机会成本的概念。在社会经济活动中，人们在一定约束条件下而实现某一目标，生产提供各种产品和服务，可能提出、决定并实施不同的方案，人们为此而最终实际投入、耗费的各种资源或价值都可归结为社会经济活动的成本或费用。可见，选择任何一种方案或行为都要面对一定的风险或不确定性，都要有相应的投入、耗费或成本，如何比较、选择和实施方案，以最小投入获得最大产出就是人们经济活动的成本收益问题，就是经济活动的理性或效率原则。因此，社会经济活动的成本就是为了达到特定目的而付出的相对代价，就是在一定条件下对不同备选方案、对不同经济行为的比较和选择，是对过去投入、现在生产和未来产出的比较和选择，人们在社会经济活动中投入、耗费的各种资源或价值包括生产成本、管理费用、流通费用、财务费用即资金利息等形式，它们归结到最后都是人类劳动的投入和耗费。

在分析河湖水系连通问题中，应当从多种角度、多个层面全面准确地认识成本的内涵：

（1）成本是约束每一个社会主体的行动选择、确定每一项工程的决策和实施的经济原则。

（2）成本是会计成本与机会成本的统一。成本不只是会计记录上的实际投入，而是面临多种可能性选择时所放弃的选项中的最大投入，是可替代方案中的最优选择，成本是机会成本。

（3）成本是私人成本与社会成本的统一。成本往往不只是每一个社会经济主体本身的、直接的投入，而是每一项社会经济活动实际发生的、各种各样的、直接间接的全部投入，成本是社会成本。

（4）成本是货币计量和非货币计量的各种投入的统一。社会经济活动中的一部分成本、收益可以采用货币、价格等工具进行表示、计算，但相当一部分成本、收益是难以采用货币、价格计量的非财务指标，必须将财务指标和非财务指标结合起来。

（5）成本是投入和产出、成本和收益的统一。成本是社会经济主体已经发生的、影响将来的投入，而不能片面只理解为过去的投入或未来的收益，对社会经济活动的成本分析是一种动态的、连续的分析。

（6）成本是人力和物力、劳动和资本的统一，归根结底是人类劳动的投入和耗费，是对人类行为的经济分析（李由，2014）。

在日常生活、会计核算、经济分析等方面，还常常同时使用成本、费用的概念。长期以来，人们认为直接生产创造物质产品的劳动或经济活动才是生产性的劳动或活动，由此劳动可分为生产性劳动和非生产性劳动，经济活动可分为生产性活动和非生产性活动。在会计核算、经济分析中，在生产性劳动或经济活动中实际投入、耗费的劳动力和生产资料、可变资本和不变资本可归入，称为成本，主要是生产成本；而在不生产物质产品、创造价值的管理过程、流通过程、借贷过程中实际投入、耗费的劳动力和生产资料归入，称为费用，大致可分为管理费用、流通（销售、交易）费用、财务费用，即家庭、企业、政府为生产提供产品、服务而发生的生产成本，为组织和管理经济活动而发生的管理费用，为组织流通、购销产品和服务而发生的销售费用，为筹集、借贷、使用外部资金而发生的财务费用。如我国过去的会计制度就是如此规定成本和费用的，企业的成本是指企业为生产产品、提供服务而直接发生的各种耗费；费用是指企业在经营管理、购销商品、借贷融资等经济活动中发生的经济利益的流出。不过，直接生产过程和管理、流通、借贷等经济活动都是生产提供产品和服务的经济活动的统一组成部分，它们在经济活动中的劳动力、生产资料的投入、耗费都应当统称为成本，成本应当是一个一般性、普遍性的经济概念。

因此，在对河湖水系连通进行经济分析时，要准确认识和统一运用会计成本和机会成本、私人成本和社会成本、货币成本和非货币成本、成本和收益、劳动成本、单位产品的平均成本即单位平均成本、边际成本和总成本，不变成本和可变成本，生产成本、管理成本、交易成本和财务成本等具体不同的成本概念和工具。

在运用效率原则，对河湖水系连通这一事关经济、社会、自然协调发展的复杂性问题进行经济分析时，会计成本和机会成本、私人成本和社会成本、货币成本和非货币成本是三对关键概念和重要内容。

9.1.3 河湖水系连通的公共物品性质

如前所述，河湖水系连通是对河湖水系水资源的跨地域、跨时间的人际配置问题，不仅涉及人类的社会经济发展，而且从根本上涉及人与自然之间的关系，涉及众多社会成员的社会福利问题，因此不是单纯的某一自然科学或社会科学的问题，而是一项复杂性、交叉性、系统性的社会问题。在运用效率原则进行分析之前，还必须从公共物品、外部性、公共利益、规模经济等角度，全面认识、准确界定河湖水系连通的经济性质（李由，2008）。

9.1.3.1 公共物品

对于人类占有分配、生产提供的资源或价值，大致可以分为有形产品（货物）和劳动服务，这些产品和服务可统称为社会总产品、总产出，社会总产出可统计为社会总产值或国内生产总值（GDP）。社会生产提供的各种产品和服务按照在消费、收费进而生产、管理上的性质，大致可以分为私人物品和公共物品两种类型。居民、市场普遍有效提供的、经济学长期主要研究的只是私人物品，而诸如法律和行政、知识创新、基础设施、社会治安、国家安全，具体如防疫、救火、基础教育、科学研究、城市街道和下水道、河湖水系连通等产品和服务则一般是具有外部性的、公共利益的公共物品。

公共物品是与私人物品相对的、近代引进的词语和概念，又译为公共品、公共产品、公共商品、公共财、公共财货等，也有人称之社会物品或集体物品。公共物品与私人物品是基于居民个体的价值角度和分析角度而提出的概念。从个体角度看，私人物品是指那些具有消费或使用上的排他性和（或）竞争性的自利性的产品和服务；公共物品是指那些具有消费或使用上的非排他性和（或）非竞争性的利他性、公益性的产品和服务，如基础教育、科学研究、街道、图书馆、水利工程等公共基础设施和公共服务，广义的公共物品还包括对诸如环境污染、传染性疾病、外敌入侵之类的公害性产品和服务的规避治理。从经济学上看，非排他性主要关注的是成本的产生和负担问题，它是指无法排除他人对同一物品的自动受益，即一种物品一旦生产提供出来，就难以或不能把任何一个人从享受它的利益中排除出去，这意味着尽管非排他性物品的生产和提供是有成本的，是由某一居民、企业生产提供，但供给者难以向其他受益者收费或收费的成本过高，非排他性的这一效应也称为外部性。非竞争性主要关注的是收益、效用的使用和分配问题，它是指不止一个人同时从既定水平的物品供应上受益，即一种物品当甲消费它时并不妨碍乙消费它，这意味着这种物品的利益是公共、共享的，它使许多人或所有人都受益，很难将投资、生产者之外的其他人排除在受益范围之外。概言之，在物品的成本收益上，如果出现了私人成本与社会成本、私人收益与社会收益的不匹配、不一致现象，某些居民、企业获得了物品的全部收益但不承担成本或只承担部分成本，某些居民、企业承担了全部成本但没有独享全部收益，这些物品一般就是所谓的公共物品。

公共物品按其消费上的非排他性、非竞争性的具体情况，又可分为纯公共物品和准公共物品，国际（世界）公共物品、全国公共物品和地方公共物品。在纯公共物品和准公共物品上，诸如宪法和法律、外交、国防、社会治安等同时具有非排他性和非竞争性的公共物品被称为纯公共物品；只具有非竞争性或非排他性的物品，或者同时具有一定程度的非排他性和非竞争性的物品被称为准公共物品，准公共物品是介于纯公共物品和纯私人物品之间的物品；而具有消费上的排他性和竞争性的物品是（纯）私人物品。在水资源问题上，向居民、企业提供的自来水、瓶装水大致属于私人物品，特定区域范围的户外水资源如居住小区的户外水资源、公园的水资源具有较弱的公共物品特征，某城市、某地域的河湖水系水资源具有较强的公共物品特征，而跨地区的、全国性的河湖水系水资源则大致属于纯公共物品。在国际公共物品、全国公共物品和地方公共物品上，局限于某一城市、某一地区或流域的河湖水系水资源属于地方公共物品，而跨地区的、全国性的河湖水系水资源则大致属于全国公共物品，而诸如黑龙江、澜沧江、兴凯湖等则属于国际性公共物品。

对于排他性的产品和服务，可以通过界定和保护私有产权来组织资源的配置活动；对于竞争性的产品和服务，可以通过市场方式有效生产和提供。对于非排他性或非竞争性，或者同时具有非排他性、非竞争性的产品和服务，比如大量的水利工程，由于这些物品具有规模收益递增而边际成本为零的特征，难以有效地显示、计量私人应有的偏好、收益和成本，而生产提供这些产品和服务需要投资，但受益者不愿或不必付费，愿意搭便车或免费搭车，生产者也不能按照价格等于边际成本的原则供应非竞争性物品。由此，通过私有产权、市场交易方式进行投资、提供、收费和管理既不可能也不合理，居民、企业不能、不愿通过市场方式提供社会经济发展所需要的公共物品，不能充分提供以致无法提供公共物品。私人、市场的方式如果不能有效地生产和提供公共物品或限制公害物品，又必然影响资源配置效率和社会公平实现。

9.1.3.2　内部与外部性

在分析河湖水系连通的经济性质上，内部性与外部性、私人利益与公共利益、规模经济和范围经济也是经常使用的概念和工具。究其本质，它们与私人物品、公共物品可以视为相近或等价的概念和工具。

内部性与外部性又称为内部效应和外部效应。外部性作为引进的概念，可译为外部性、外溢性或邻近效应，外部性分为外部正效应（外部经济）和外部负效应（外部不经济）、生产上的外部效应和消费上的外部效应等。从经济学上看，外部效应是指一个经济主体的经济行为对另一个经济主体的福利所产生的效应或影响，但这种效应并没有通过市场等价有偿交易反映出来，其负效应或成本强制或自动地转嫁为他人或社会负担，其正效应或收益强制或自动地奉献为他人或社会享有。例如，某一河湖水系连通项目在建设、运营过程中，给某些居民和企业带来了损失或危害，但这些居民和企业并没有自动、全部地获得补偿或赔偿，这是外部负效应或外部不经济，此时该项目的边际私人成本小于边际社会成本，边际私人收益大于边际社会收益。又如，另一河湖水系连通项目无偿地给某些居民、企业带来了好处，这是外部正效应或外部经济，此时居民的边际私人成本大于边际社会成本，边际私人收益小于边际社会收益。在社会经济发展过程中，某些河湖水系连通项目因种种原因，事与愿违，出现了严重的资源枯竭、环境污染、生态破坏等外部性问题，日益严重的外部性问题可能是阻碍今后我国社会经济持续发展的首要因素。比如，2005年11月13日，中国石油天然气股份有限公司吉林石化（分）公司双苯厂发生爆炸事故，最终成为一次特大安全生产事故和跨区、跨国的特别重大水污染责任事件。

公共利益也是引进的概念，英语中的 public benefit、public interest、public welfare、common good、commonweal 等都翻译为公共利益或公益，相关的还有社会利益、国家利益、集体利益等概念。无论从其汉语和英语的词义上看，公共利益都意味着在一定的地域、人口范围内涉及非少数人的利益或者少数的利益。长期以来，解决社会公共问题，减少和避免公共损失，维护和增进公共利益被视为公共政策的出发点和基本目标，公共利益是对公共政策合法性和必要性的基本解释，《中华人民共和国宪法》（简称《宪法》）以及《中华人民共和国民法典》（简称《民法典》）、《中华人民共和国刑法》、《中华人民共和国立法法》、《中华人民共和国著作权法》、《中华人民共和国信托法》等法律都明确提出了公共利益概念，诸如河湖水系连通之类的大型项目也往往解释为涉及公共利益。但是，社会经济活动中是否存在公共利益？如果公共利益是一个真概念，那么它的内涵是什么，如何界定和定义公共利益？政府和公共政策的目标是否就可以归纳为公共利益？借助政府和公共决策，能否清晰认定、有效实现或维护公共利益？至今，公共利益问题仍主要被视为政治学研究的对象，特别是公共选择理论对公共利益理论进行了严厉的批评。甚至权威如《布莱克维尔政治学百科全书》《新帕尔格雷夫经济学大辞典》《公共经济学手册》，其中并没有"公共利益"的词条。在个人与组织、社会之间的关系中，显然不仅存在着个体之间的利益冲突，而且存在着个体与组织、社会之间的利益冲突。由此，可以从规范和经验实证的意义上，定义和描述公共利益。如果明确界定了社会成本和社会收益、公共物品、外部性，那么公共利益概念就脱颖而出了，可以把具有公共物品、外部性特征的社会经济问题称为公共利益问题。

9.1.3.3　规模经济

规模经济、范围经济也是分析现代经济、公共物品时普遍使用的概念和工具。规模经济是指企业产品的单位平均成本随着生产能力扩大、产量增加而不断下降即长期平均成本曲线向下倾斜的经济现象，长期平均成本曲线上的最低点就是最小最佳规模。换言之，在给定技术的条件下，对于某一产品，如果在某些产量范围内平均成本下降或上升，就存在着规模经济或不经济。随着技术进步，最小最佳规模也不断变化。范围经济是指企业同时生产两种或更多产品的成本低于分别生产每种产品的成本总和时的经济现象。显然，跨地区、跨行业、长期性的河湖水系连通等公共项目因为投资和生产规模大，一项工程往往同时包含众多相对独立又相互联系的投资项目。公共项目往往涉及经济、社会、自然等多方面的、相互关联的成本收益问题，具有显著的规模经济、范围经济特征，这就需要统一规划、协调实施、共同管理公共项目。

从经济学角度看，河湖水系连通属于什么性质的经济问题？社会经济发展中的水资源和河湖水系连通，一般既不是纯粹的自然资源，又不是纯粹的社会资源，既不是私人物品，又不是纯粹的公共物品，而是介乎自然资源与社会资源、私人物品与公共物品之间的一种特殊性物质资源，河湖水系连通一般是具有准公共物品特征，事关经济、社会和自然协调发展的复杂系统性问题。具体而言，对于城乡生活、生产的个人、企业等社会经济主体的用水供给，包括自来水和各种商业化的水产品，即便自来水供给具有大规模投资和网络效应，但大致属于私人利益问题，属于私人物品的生产供给。而对于诸如海洋、地下水、河湖水系及其连通等水资源问题，大致属于公共利益问题，属于公共资源保护、公共物品供给的问题。或者说，河湖水系作为我国淡水资源的主要组成部分，河湖水系连通是一种具有显著的公共物品、外部性特征的公共利益问题。

对于具有内部效应的、规模经济的私人物品的生产供给，大致可以交给个人、企业等社会经济主体，主要通过市场竞争和交换的方式进行解决，个人主体、自由竞争的市场方式是解决私人物品问题的基础性、决定性方式。对于具有外部效应的、规模经济的、公共物品的生产供给，单纯的个人、市场机制存在着一定的甚至严重的失败效应，需要政府在内的公共力量和非政府力量的共同介入和协调行动。不过，河湖水系连通问题复杂，类型多样，涉及跨地域、跨时间的资源配置，虽非私人物品，也不是纯粹的公共物品，政府等公共力量应当与个人、市场力量相互配合，共同采取多种有效方式。即便是公共物品的政府生产提供，也可以采取不同的方式。比如，在河湖水系连通项目的决策，融资投资，生产的规模、结构，供给的范围、对象等一系列环节上，政府可以采取不同的方式方法。

显然，在河湖水系连通问题上，至少存在着两个亟待改进的问题：一是现有的经济理论和方法在分析河湖水系连通这类具有显著的外部性、公共性、跨学科的问题上，还存在着许多需要改进完善之处，特别是我国学术界在运用经济学理论和方法分析诸如河湖水系连通之类的问题上，缺乏长期、系统、深入具体的经济分析，空缺、粗疏、薄弱和不当之处尤为严重。二是河湖水系连通又长期属于水利、水电、农业等政府特定的、专业的部门管理，这些部门由于专业知识、部门利益等方面的限制，更加专注、擅长从本部门的、工程投资的角度分析问题，有时不能从国家整体长期的、经济和非经济的角度分析问题。因此，这就需要运用现代经济理论，对河湖水系与水资源的空间、时间分布状况，与水资源的配置效率，对河湖水系的历史、现状和社会经济发展对河湖水系的需求，河湖水系连通战略的目标、内容、手段、过程、效果等问题，总之对河湖水系与社会经济发展和自然环境之间的应有关系，进行全面、系统、科学的经济分析，为全面建设小康社会，积极构建社会主义和谐社会，加快推进转变经济发展方式，实现国民经济和社会的全面健康持续发展服务。

9.1.4 河湖水系连通的经济可行性

在现代社会，无论是居民、企业还是政党、政府等组织，无论采取个人、市场的方式，还是公共、非市场的方式，实施任何一项工作、任务或工程，不仅要考虑其必要性，考虑其是否满足人类的需要和需求，而且要考虑其可行性，包括人类的技术、经济、政治和法律、行政的可行性和人类之外的环境的可行性。分析河湖水系连通问题，制定河湖水系连通战略，实施河湖水系连通项目，同样必须全面、准确、具体地运用效率原则，分析河湖水系连通项目在技术、经济、政治和法律、行政、环境上的可行性。

（1）技术可行性。是否具备实现目标的技术性方法、手段，现有的技术方法和手段在多大程度上能够实现战略目标。比如，小麦亩产万斤、治愈大多数癌症、地心旅行、星际旅行就缺乏技术上的可能性。南水北调、引滦入津具有技术上的可行性，但政治、行政、环境、经济上的可行性则需要经过科学论证和社会表决。

（2）经济可行性。是否具有实施该战略所需的经济资源，是否达到一定的经济效率标准。这些经济资源包括我国的经济发展水平，政府财政收入和支出、居民收入和社会融资，以及国外的财力。从经济资源上看，当代我国经济的发展水平，政府财政收入和支出，居民收入和社会融资，以及国际资本供给等方面看，就基本具备了实施河湖水系连通战略的资源支持。实施该战略，还必须进行投资的成本收益等分析。

（3）政治和法律可行性。全国性、跨区域或流域性的河湖水系连通项目，都涉及众多居民、企业的私人利益和公共利益，涉及人类的社会、经济利益和环境问题，涉及现在和未来人口的社会经济发展问题，甚至涉及国际性问题，应当得到各利益群体的赞许同意，获得立法上的支持。

（4）行政可行性。即行政管理的可操作性，现有的行政机构和财政资源能够有效地决策、实施和后期管理。

（5）环境可行性。即项目能够实现人与自然环境资源之间的适应协调，实现经济、社会、自然的可持续发展。

从我国河湖水系连通的可行性分析程序上看，相对注重工程项目的技术可行性分析，在三门峡、葛洲坝、三峡、巢湖、南水北调等工程项目上，虽然项目建设存在较大争议，但在技术可能性和工程设计、施工上都投入了相当大的人力物力。相比较言，在政治和法律、行政、环境上的可行性相对薄弱。在经济、社会和自然的协调发展上，我国往往片面坚持以经济增长为目标、以经济建设为中心，在社会发展、环境保护上出现了严重问题。

从我国河湖水系连通的可行性分析内容上看，任何一项社会经济活动都是人类改造世界的投入产出活动，技术、政治和法律、行政、环境上的可行性最终还需要得到经济上的分析和支持。我国早些时期建设的许多大型水利工程，总体缺乏科学全面的成本分析，许多项目仓促上马，后患不断，甚至得不偿失。

9.1.5　相关的研究状况

如果从配第、斯密算起，现代经济学大约有三百年的历史。不过，经济学从斯密时代的一种观念和思想，变成一门可系统研究、定量分析、具体应用的社会科学，成本分析变成一种具体可操作的理论和工具，则是适应社会经济发展的客观需要，与现代公司和政府公共投资的发展，与福利经济学、会计学、统计学的理论和方法的逐渐成熟而相伴而生的。关于河湖水系连通的公共工程项目成本分析，兴起于资本主义发展和经济学研究较发达的欧美地区。一般认为，法国工程师杜普伊 1844 年发表的《公共工程的效益计量》，首次提出了成本收益分析的概念。随后，成本收益分析概念经意大利经济学家帕累托的界定，英国经济学家马歇尔的规范，以及卡尔多、希克斯等的发展，逐渐成为一种可应用于企业和政府的成本分析的经济方法。

欧洲经济学家虽然较早进行了公共工程的经济分析，关于水利工程系统性、专门的成本分析却是在进行大规模、跨流域的水利工程建设的美国开展的。在菲什 1915 年首次提出资金的时间价值的概念，格兰特 1930 年提出工程方案的经济比较方法等研究的基础上，如美国 1936 年《联邦航海法案》曾要求海军工程师在计划采用任何一项改善排水系统的项目时，要能够证明项目收益大于项目成本。再如，美国 1936 年《洪水控制法案》和后来的田纳西州泰里克大坝的预算，英国 50 年代的高速公路投资项目等许多公共投资项目都要求采用成本收益分析。如美国 1936 年《洪水控制法案》原则性规定，水利项目的经济可行性是指"各种可能产生的收益应当超过估计的成本"，要求在水利建设中进行成本-收益分析。不过，当时的成本分析在经济理论和技术方法上都不成熟。

20 世纪 40 年代以来，经济学家致力研究衡量投资成本和收益的方法，以便于分析判断项目的投资价值，成本分析方法才逐渐运用于公共投资项目。1950 年，美国联邦流域委员会发表《河域项目经济分析的建议》，第一次把实用项目分析与福利经济学两个平行独立发展的学科结合起来，为成本收益分析的进一步发展奠定了基础。随着政府干预、财政收入和公共投资的不断发展，政府投资项目不断增加，社会要求政府提高公共投资的经济和社会效益，成本分析的各种方法得到了迅速发展。从 60 年代起，越来越多的国家应用于许多不同的公共项目和工程，如大坝建设、电力设施、交通运输、环境工程、公共卫生、人力资源培训、市政建设、国防、空间计划等各种民用和军用项目。60—70 年代，不仅学术性论文和著作纷纷出现，英国、加拿大、法国等国家政府部门和联合国、世界银行等国际机构陆续发表了一些有关成本收益分析的手册、指南和参考资料，如联合国工业发展组织赞助编写、1972 年出版的《项目评价准则》。

20 世纪 70 年代末 80 年代初，欧美资本主义国家在社会科学研究和公共政策制定上进行了一次重大转向。对源起于俄国社会主义革命、1929 年经济大危机爆发和法西斯主义兴起而兴起的国家干预主义进行了全面反思和修正，强调个人主义、市场竞争、社会自治、效率取向，这以 1979 年英国撒切尔夫人的保守党政府、1980 年美国里根的共和党政府相继上台为标志。美国总统里根 1981 年签署的 12291 号总统令，要求对所有新制定的规章进行成本收益分析，实现国家发展、地区发展、改善环境、提高社会福利四个方面目标。克林顿总统 1993 年颁布 12866 号总统令和 12875 号总统令，要求全面分析公共项目的成本、利益及其关系。

20 世纪 40—50 年代，我国相继学习和借鉴欧美、苏联的公共项目分析理论和方法。80 年代以来，中国、苏联等众多社会主义国家也兴起了经济、政治体制改革，市场经济、民主政治成为社会主义改革的主要目标，也都强调效率原则，都对社会经济活动进行成本收益分析，开始重视公共项目的经济分析。从国内看，关于河湖水系连通的古代史料和当代资料相当丰富，但这些资料面临着两个问题：一是这些资料数量虽多，但体裁多样，有史籍、报刊、书籍、网络资料、政府内部资料和统计资料、企业内部资料，以及个人收藏的各种资料，而且分布分散，内容杂乱，需要全面收集、整理这些资料；二是运用这些资料的分析工作相对不足，特别是系统、准确运用经济理论和方法，对河湖水系连通与经济发展关系的研究整体上尚属于薄弱领域，特别是缺少建立在全面、可靠、连续的数据基础上的定性分析和定量分析，分析工作还待全面加强。

改革开放以来，国内学术界开始对前 30 年的改天换地、人定胜天的公共工程进行反思和分析。据不完全统计，中华人民共和国成立后 30 多年间，仅湖北、湖南、江西、安徽四省围湖就超过 1500 万亩，长江、淮河流域填塘 260 万亩。内蒙古、云南、贵州等地一些号称"草原明珠""高原明珠"的湖泊也没有逃脱被围垦之灾。围湖造田结果究竟如何，如何评价利弊得失？林静谦等（1981）率先探讨了我国各滨湖地区广泛进行河湖改造、围湖造田的经验和教训，这是国内较早并且试图从经济角度分析河湖水系问题的探索。此后，国内经济学、管理学，以及其他相关学科对社会经济发展中的水资源性质和利用问题进行了广泛的研究。不过，国内经济学界对水利工程方面的分析并不多，21 世纪以来在学术期刊上发布相关论文的作者也集中在河湖水利的研究单位，相关研究大多停留在问题描述和政策解读的层面，系统研究、定量研究、追踪研究相对不足。

从理论研究和理论应用上看，国内外对于经济活动包括公共投资项目的成本分析方法，大致可分为成本收益分析（CBA）、成本效益分析（CEA）、成本效用分析（CUA）、成本可行性分析（CFA）等几种具体方法。这些具体的分析方法既有共同的理论基础，相互联系，又在分析技术特别是产出分析上有所差别，且正趋于一致。大致来说，成本收益分析运用单一的货币价值单位来计量和分析成本、收益，是主要基于市场价格和私人成本的分析方法；而成本效益、成本效用等分析同时运用货币价值、非货币价值单位来计量和分析成本、收益，特别是运用非货币价值单位来统计、评价投资的各种影响。

9.2　河湖水系连通的经济分析方法

对河湖水系连通问题进行经济分析，不仅需要界定河湖水系连通的经济性质，还要全面了解、准确选择和运用经济学的理论和方法，明确河湖水系连通的经济分析方法，坚持最小成本最大收益的成本取向的经济理性原则，主要运用成本原则，对河湖水系连通的经济性质、议案和项目，对河湖水系连通的投入和产出，进行深入具体的经济分析评估活动，以实现河湖水系连通的个人福利和社会福利最大化目标。

9.2.1　公共项目的成本收益分析

自法国工程师杜普伊 1844 年发表的《公共工程的效益计量》首次提出了成本收益分析的概念后，成本分析方法开始运用于公共投资项目。随着民主财政、公共财政制度的建立和财政收入、公共投资的不断发展，社会要求政府提高公共投资的经济和社会效益，成本分析的各种方法逐渐应用于许多不同的公共项目和工程。在诸如河湖水系连通之类的公共项目经济分析中，成本收益分析既是基础性的理论和工具，又要在此基础上，全面认识、准确处理会计成本和机会成本、私人成本和社会成本、货币成本和非货币成本这三对关键性的概念和工具。

传统的成本收益分析是经济分析的基本方法，也是率先、普遍用于社会经济活动的成本分析方法。这一成本收益分析实际上是基于以下的假设：①某一经济主体的投资活动是可观察和衡量的，其全部成本和收益可通过市场而显示，可使用统一的货币价值单位或货币标准进行全面、准确的测量计算，以便从量上进行分析对比；②其全部成本和收益为投资者所承担和占有，即其生产和交易的是私人物品，是私人成本和私人收益；③经济学中的成本不仅是每个企业、每个项目在经济活动中实际发生的、会计上核算的各种投入，而是指机会成本。基于机会成本的概念，成本收益分析是对同一项目的不同方案的比较分析。

显然，以上关于成本收益的假设，实际上就是经济学中的个人主义、私人物品、市场有效假设的具体化。时间有限，资源有限，而同一生产要素往往具有不同的用途和收益，有得必有失，有舍才有取，人们所做的事几乎都是选择一种方案，同时放弃其他方案，都是对多种可能性的权衡、取舍、决策。因此，成本不只是过去的投入或支出，而是为了某种选择的比较和放弃，是基于过去、面向未来的比较和选择，是放弃了的选择中的最高代价。基于机会成本的成本收益分析是对社会经济活动的效率评估，它集中体现了经济学中的成本原则，试图通过比较不同的项目决策及其实施中的货币成本、货币收益的数量状况，确定决策及其实施的经济可行性。在河湖水系连通中，成本收益分析可以用于项目实施前的前瞻性分析，也可以用于项目实施过程的控制和实施后果的回顾性评价。

成本收益分析具有以下特点：

（1）成本收益的可计量、可比较。它试图以货币、市场价格为共同的计量标准，衡量一项公共政策或公共项目不同方案所可能产生的所有成本和所有收益，甚至包括许多难以用货币计量的成本收益和难以有偿交易的成本收益。

（2）机会成本的比较分析。成本收益分析集中体现了社会经济活动中的基本的、单一的经济理性，通过坚持成本决定、效率优先的原则，分析和比较各种可能性方案，提出最优方案。在解决同一个问题、提供同一样物品上，如果同一成本的某一项目的净收益或效率大于其他项目或私人投资的效率，那么它就是有效的。换言之，如果各个政策或项目的净收益或效率相同，那么就选择其中成本最低的某一政策、项目或私人投资。

（3）传统的成本收益分析主要使用私人成本、货币价格、市场方法来衡量公共政策和投资项目。公共项目的私人的、内部的成本是指为建设、管理和维护该工程而直接投入的资源，内部的直接收益是指该工程直接产生的收益，这些成本、收益是指因该工程发生的经济交易，它可以用市场价格进行计算，且可以按会计准则计入会计账目。当然，后来的成本收益分析还将成本、收益范围扩大到社会成本、社会收益，进行公共政策的社会成本、社会收益分析，关注公平、平等、公共政策合理性等问题。

在实际工作中，成本收益分析大致经过以下步骤或程序：分析、界定有关的投入、产出，即成本、收益概念和范围；统计、计算不同方案的成本和收益状况，以及无规划条件下的成本收益状况；根据分析、评价标准，比较无规划的、有规划的各方案的项目寿命期间的成本和收益状况；选择最优的方案，并对项目实施过程、实施结果进行监测评价。成本收益分析主要采取净现值法（NPV）、内部收益率法（IRR）、现值指数法等方法。针对不同项目各自的特点，可以选择和采取不同的方法。一般而言，如果投资项目具有不可分割性，可以采用净现值法。净现值法是指某一投资项目投入使用后的净现金流量，按照社会一般的资本成本（社会折现率）或项目预定达到的收益率折算为现值，减去初始投资以后的余额就称为净现值，净现值大于零的项目就具有可行性，净现值越大越好。如果投资项目的收益可以用于再投资，则可采用内部收益率法。内部收益率是项目投资的资金流入现值总额与资金流出现值总额相等、净现值等于零时的折现率，是一项投资渴望达到的收益率，内部收益率应当大于基准收益率，其越大越好。

公共项目的决策和实施的成本收益分析可以通过下面的例子加以简要说明。假定某地区河湖水系连通不畅，洪水经常泛滥，为了治理洪水，有效利用水资源，政府计划建设某一河湖水系连通的水利工程。为此，专家组提供了四个备选连通方案，将这些替代方案中的私人的、直接的成本、收益运用贴现法折为现价，其具体数据见表9.1。

表9.1　　　　　　　　河湖水系连通工程各种方案的成本收益分析表　　　　　　　单位：万元

备选方案	年度工程成本	年度平均损失	收益	净收益
无连通	0	380	0	0
A方案	30	320	60	30
B方案	100	220	160	60
C方案	180	130	250	70
D方案	300	60	320	20

通过分析可知，C方案最优，因为它的净收益最大。与B方案相比，C方案虽然多投资80万元，但取得了90万元的增加收益，收益大于成本。D方案虽然可以使年度平均损

失降低到最小，但它比 C 方案多投资 120 万元，而所增加的收益只有 70 万元，成本大于收益。

9.2.2　成本收益分析的局限

如果基于个人主义、私人物品、市场有效等假设，个人、企业的经济活动主要占有、生产、交易、分配、消费私人物品，货币是经济活动的普遍有效的价值尺度和流通手段，市场是资源配置的基础性、决定性方式，可以对个人、企业的经济活动进行统计，并利用统计和会计资料对个人、企业的经济活动进行成本收益分析。然而，对于河湖水系连通这类需要协调经济、社会和自然关系的公共项目，大型项目往往包含多方面、一系列相对独立的子项目，许多项目包含土地征收征用、移民、工程投资和管理、环境影响等多方面的事务，涉及众多的居民、企业和政府部门，投资和收益具有显著的长期性、间接性、外部性或风险和不确定性，相当一部分成本和收益难以用货币、市场价格进行计量和评估。

河湖水系连通之类的公共性项目的成本和收益的复杂、多样、多变性，具体表现在以下方面：

（1）公共性项目的成本、收益往往包括非货币性、非经济性的成本、收益。比如，在水利经济学通常所定义、分析的效能指标和实物指标、社会效益和环境效益中，相当一部分收益不能计算、转换为货币单位，其收益指标通常划分为可计量的直接性、经济性收益和不可计量的间接性、无形性的收益两种，导致社会上、环境上的成本经常、严重地被遗漏或低估，而社会上、环境上的效益经常、严重地被虚构或高估。由于难以全面统计、核算公共项目的成本和收益，这直接影响了公共项目的私人成本和社会成本、私人收益和社会收益的分析，影响了公共项目的机会成本分析。

（2）私人成本与社会成本、私人收益与社会收益可能不一致。具体地，对于具有外部性的公共项目，其成本可能不只为获得收益的投资者所承担，而且也可能为其他不获得收益的人所分担。同时，其收益可能不只为投资者所占有，而且也能够为其他人所免费享受。这样，即便可以全面、准确统计、核算公共项目的成本收益，但因为生产者与消费者、投入与产出、成本与收益之间具有不对称性、不一致性、不确定性，公共物品可能因私人的投资收益不高甚至亏损而导致私人、市场方式的投资不足甚至缺乏投资，可能因为公共投资和管理不善而降低公共物品的供给数量和质量。可以说，正因为传统的成本收益分析不能提供全面、准确、科学的经济分析，导致分析不力甚至分析失败，信息不充分、不对称进而限制了公共项目投资和管理的公平有效性。

如果全面考虑影响河湖水系连通工程的各种内部和外部因素，考虑到居民、企业、政府等众多的、各种不同的利益主体，考虑到各种方案的成本、收益差异，运用传统的成本收益分析方法，决策和评估问题就十分复杂、困难，甚至无能为力。比如，货币、价格、市场等外部因素对河湖水系连通的影响。由于货币发行和货币价值不稳定，出现通货膨胀或通货紧缩，同一产品或服务的价格有变化；不同产品或服务之间的相对价格也有变化，比如由于建设某一工程，社会经济的某些方面受到影响，致使相对价格出现变化，从而增加了一些方面或部门的成本而同时增加了另一些方面或部门的收益，例如因工程建设而使土地价格上升，这一方面增加了工程建设部门的成本，同时增加了土地所有者的收入，导致市场存在失灵和扭曲。由于货币、价格的影响，货币的、名义的成本、收益与真实的、实物的成本之间往往并不一致，有时就需要运用实物量或影子价格进行分析。

（3）公共项目中的成本收益分析现在还存在着其他影响因素或困难，这具体包括：

1）项目的目标不明晰。

2）项目及其目标的相互重叠。

3）成本的计量。某些内部的成本、收益难以量化，外部的成本、收益更难以评估、量化和控制。例如，如何全面计量得自水利工程的内部收益和外部收益，如何统计、分析间接的、无形的成本和收益，如何计量同一数量货币对不同收入者的效用，如何计算投资和消费的真实意愿、消费者剩余等问题。

4）成本的转嫁。强调经济效率标准，可能导致忽略公平标准，例如把成本转嫁到服务对象的身上，或者把成本转嫁到居民身上。

5）公共工程的特殊问题。如政府及国有企业的制度和腐败、资源滥用等。

6）风险和不确定性的估计，包括敏感性分析和概率分析。而对于未来实现的成本收益，要考虑时间的影响，应用折现的方法进行估计。因为时间的重要性在于未来的成本和收益的价值低于现在的价值，今天花费的1元钱的价值比1年后花费的1元钱要大。除了利率因素外，未来具有风险和不确定性，人们倾向于现在消费，现在满足。

在这种情况下，河湖水系连通等公共项目大部分的直接性、经济资源投入大致可以转换为货币单位，项目的直接投入、私人成本相对容易统计和比较，但是公共性投资的间接性、社会性成本和收益则复杂、多样、多变，这就对传统的成本收益分析方法提出了挑战。而且，对于具有外部性、公益性的公共物品的投资活动和项目管理，其相当一部分资金投入来自居民和企业税费即公共性投入，其项目运营和管理多采取公共管理，居民、企业等社会力量如何参与这类项目的投资、运营和监督，国家和政府体制、财政税收、国有资本等体制如何改革，这也都提出了一系列难题。

以我国葛洲坝、三峡工程为例。葛洲坝工程及后续的三峡工程虽然不是纯粹的河湖水系连通项目，但该工程在设计上具有提高水位、蓄积水量、调节长江干支流水量、防洪抗旱等跨地域、跨时间的作用，还有养殖、旅游、保护生态、净化环境、供水、灌溉等方面的作用，在一定程度上改变了长江流域以及相关地区的水资源状况，影响了长江流域以及相关地区的经济、社会发展和自然环境。三峡大坝建成后，形成巨大的水库，滞蓄洪水，防洪库容在73亿～220亿m^3，提高了下游荆江大堤的防洪能力，尽管抵御千年一遇大洪水的目标似乎不现实，但这就在空间、时间上调节了长江流域水资源的分布，换言之，调节了长江领域不同地区、不同领域、不同季节的水的分布，具有河湖水系连通工程的一定特点。而且，三峡工程的投资和管理部门改制、更名为中国长江三峡集团公司（三峡集团）后，其主要资产注入长江电力上市公司，相关资料比较公开，便于收集和分析，这与大多数河湖水系连通项目资料相对封闭形成了鲜明对比。

以2014年12月刚刚竣工的从长江中游向邻接的华北平原调水的南水北调中线工程为例，该工程2003年12月开工，原计划2010年完成。南水北调中线工程是从长江最大支流汉江中上游的丹江口水库东岸引水，经长江流域与淮河流域的分水岭南阳方城垭口，沿唐白河流域和黄淮海平原西部边缘开挖渠道，在河南荥阳市王村通过隧道穿过黄河，沿京广铁路西侧北上，自流到北京颐和园的团城湖。根据规划，中线工程将按近期引黄河水、后期引汉水和远景引长江水三步实施，由小到大逐步实现规划目标，并和供水区的用水逐步增加相协调。中线工程供水的主要目标为京津华北地区，主要供水对象是北京、天津、河南、河北四省市，沿线 20 多座大中城市的生活和工业用水，兼顾农业与其他用水和生态环境，输水总干渠全长 1267km（北京段 80km），天津干渠 154km，供水范围 15 万 km²，总人口超过 1.6 亿（直接受益约 6000 万人），一般枯水年（保证率 75%）可调出水量约 110 亿 m³。显然，南水北调工程涉及长江及汉水、淮河、黄河等我国几大流域的水资源配置问题，不是单纯的供水项目，而是涉及全国性的水资源配置的河湖水系连通工程。为保证北京安全用水，南水北调中线输水路线选择京广铁路以西的高线渠道，以保证沿线城市用水，减少水污染，总干渠采用新建专用混凝土全断面衬砌渠道，防渗减糙，明渠梯形断面，且与沿线河道、湖泊、洼地立交，不受雨洪威胁和污染，北京段全部采用全封闭的管涵输水方案，穿越永定河等河流 32 条、京石高速等干线公路 12 处。按照规划，南水北调进京后将实现水资源的统一联合配置，在大部分规划市区内可实现双地表水源供水，使供水保证率得到大幅提高。显然，工程存在以前论证的穿越太行山东边各条大河道，工程复杂；建成后来水和需水匹配不够稳定，运营水量调度困难；流域内污染源多，难以保持水质平稳可靠等难点问题。此外，工程还存在工程投资的经济可行性，水资源重新配置对不同地区社会经济发展和自然环境的影响等难点问题，而前期相关研究和论证的重点似乎在前面几项，且得出收益远远大于成本的结论。

9.2.3　社会成本与利害相关者

如上所述，从诸如河湖水系连通之类的重大公共项目的外部性、公共利益、公共物品的性质，从公共项目的全部内容和决策与实施过程上看，必须修正、调整传统的成本收益分析，建立全面的、真实的成本收益分析框架。成本、收益应当包括货币性、经济性的和非货币性、非经济性的成本和收益，应当包括完整的、长期的成本和收益，在此基础上进行私人成本和私人收益、社会成本和社会收益相结合的经济分析。由此，成本效益分析、成本效用分析、成本可行性分析等其他分析方法就随着研究开发和社会需求应运而生。这样，在河湖水系连通工作中就需要将成本和收益扩展、修正为社会成本和社会收益，分析公共项目的完整的、长期的、整个生命周期的成本收益，分析公共项目对经济、社会和自然的全面影响。

在使用成本收益分析方法对某一公共项目、某一产品或服务进行分析时，应当全面分析成本、收益问题，理解成本、收益的具体含义和价值计量。例如，成本、收益包括真实的成本、收益和货币的成本、收益，其中真实的成本、收益是指成本、收益相抵使总收入增加，出现净收入增加；而货币或金融的成本、收益是指成本、收益的转移或再分配，它以牺牲一个群体为代价而向另一个群体货币性地转移收入，并不增加净收入。真实的成本、收益可以分为内部的成本、收益和外部的成本、收益。内部的和外部的成本、收益可以分别细分为可直接计量的有形的成本、收益和可间接估计的无形的成本、收益；可直接计量的和可间接估计的成本、收益又可细分为首要的成本、收益和次要的成本、收益。世界银行在《各国商业投资环境调查》报告还提出了投资中的额外成本概念，额外成本包括过度的监管成本、腐败成本、犯罪成本、基础设施不足成本、市场退出以及破产成本等。

概言之，成本应当包括从公共项目的研究、规划、制定、实施和分析评价等全过程、各方面的直接成本和间接成本，成本概念经历了从造价成本核算到全生命周期核算，从私人成本核算到社会成本核算的发展阶段。其中，私人成本是只由居民、企业、政府等单个主体对某一经济活动所投入（承担）的各种成本；然而，许多经济活动除了居民、企业、政府等某一单个经济主体的投入外，可能还包括其他社会经济主体的投入，社会成本就是从全社会角度分析的各种成本，包括私人成本和其他主体承担的成本。相应地，私人收益是只由居民、企业、政府等单个主体自身从某一经济活动所获得的直接收益；社会收益则从全社会角度分析的各种收益，包括私人收益和其他主体获得的收益。

河湖水系连通等公共项目分析中，还可借鉴现代企业理论中利益相关者的概念和工具。利益相关者也是外来的概念，又译为利害相关者、利益攸关者，企业社会公民、企业社会责任等也是同义的概念。从所有者、资本中心的角度看，对于某一河湖水系连通之类的公共项目，所有者、投资者当然是基础性、第一位的主体，其次是项目的各类人员，而诸如债权人、供应商、消费者、附近居民甚至国外居民也都是关系公共项目投资、实施和管理的外部相关主体，他们对项目的投入或贡献就是所谓的社会资本。由于员工、债权人、供应商、消费者、附近居民等利益相关者也都分担了相关的成本和风险，也要求参与公共项目的权力和利益分配，所谓的治理结构就被定义为不仅包括投资者，而且包括管理者、职工、债权人、顾客、居民等所有利益相关者之间的权利重新分配的生产制度，投资者必须承担所谓的企业社会责任，保护各种利益相关者的权益。进入20世纪80年代，不仅美国多数州相继修改公司法，要求公司管理者不仅仅是为股东服务，而且要维护雇员、债权人、顾客、供应商、社区和政府等更广泛、多元化的利益相关者的利益。导致美国州公司法改变的一大原因是公司股东为了短期利益而实施的并购行为，损害了公司长期的和相关者的利益。2006年，我国上海、深圳证券交易所发布《上市公司社会责任指引》，明确规定上市公司应当对职工、股东、债权人、供应商、消费者等利益相关方承担应尽的责任。2008年，国务院国资委发布《关于中央企业履行社会责任的指导意见》。同时，欧美许多国家也要求对公共政策、公共项目进行成本收益分析，协调实现国家发展、地区发展、改善环境、提高社会福利的目标。

不过，即便对成本收益分析进行了以上改进，强调社会成本、公共利益和利益相关者性质，成本收益分析依然存在许多困难。我国港台地区以及国外的研究都表明，工程项目对附近区域的交通影响成本、环境影响成本、商家商业损失成本可达项目预算成本的数倍。

9.2.4 成本效益分析

无论是传统的成本收益分析，还是基于社会成本、社会收益的分析，这种成本分析方法还都是对可用货币价值标准计量的、经济性的成本和收益的统计和分析。然而，诸如河湖水系连通等公共项目，不仅是经济项目，往往还具有政治、文化等方面的非经济性影响，还涉及公平、平等、合理性等社会问题，对自然环境甚至地球环境产生影响，而这些影响往往难以用货币标准进行计量和分析。因此，这就要求运用诸如实物量标准、顾客满意度、社会回应性和代表性等标准，进一步扩展成本、收益的概念范围，从项目的收益扩展到效益、效用等。对公共项目的各种投入和产出，以及产出的影响进行调查、统计和分析，在成本收益分析的基础上，提出了成本效益分析、成本效用分析等分析方法。

成本效益分析中的效益不只是单纯的货币收入、私人收益、直接收益的概念，而是一个内涵广泛的概念。效益包含了经济收益和非经济收益，包含了私人收益和社会收益，包含了直接收益和间接收益。可以说，因一项经济活动或公共工程而产生的各种直接产出和间接影响都包含在了效益的研究范围。

与成本收益分析比较而言，成本效益分析是指使用两个不同的价值单位，通过量化政策的总成本和总效果，对它们进行对比，从而进行成本分析，提出政策建议的方法。一般地，成本依然用货币标准来计量，而效益则用实物量标准，如单位产品、满意度或其他标准来计量。目前的社会成本效益分析具有以下特点：

（1）同时使用货币和非货币的价值单位为计量和分析标准，分析一项项目的所有成本和收益，包括难以货币计量的和市场交易的成本收益。一般地，私人成本和收益主要用货币来计量，外部的成本和收益效益则普遍使用诸如实物产品、社会满意或其他手段来计量。

（2）兼顾经济理性和社会理性，社会效益、效率决定的原则。

（3）成本效益分析是一个系统性、开放性、动态性的分析框架，探讨了除公共项目投资者之外的其他相关者的利益问题。

在应用分析中，水利经济学一般就是将工程项目效益分为效能指标、实物指标和货币指标，分为社会效益、环境效益和经济效益。按照水利经济学的解释，效能指标指水利工程除害兴利能力的指标，如可削减的洪峰流量和拦蓄的洪水量，提高的防洪和除涝标准，增加的灌溉面积，改善的航道里程等；实物指标指水利工程设施可给社会增加提供的实物量，如可增产的粮食和经济作物，可增加提供的水量和电量，增加的水产品和客货运量等。社会效益指修建工程比无工程情况下，在保障社会安定、促进社会发展和提高人民福利方面的作用，如修建水电站可创造更多的就业机会，修建自来水厂可以改善卫生和生活条件，修建防洪工程可以保障人民生命财产安全等；环境效益指修建水利工程比无工程情况下，对改善水环境、气候及生活环境所获得的利益，如修建污水处理工程对改善水质的作用，修建水库对改善气候及美化环境的作用等。

显然，效能指标和实物指标本质上就是实物量指标，实物量指标很难转换为货币指标，相当一部分实物性效益也不为投资者所拥有。人类因公共项目而产生的效用或效益不仅包括货币化和实物化的收益，这些大致属于物质性、客观性的效用，而且包括主观性、精神性的感受和评价，比如愉悦或厌恶。社会效益、环境效益基本上就是公共性、外部性的影响，这些指标既难以进行货币化计算，也难以为投资者拥有。对于河湖水系连通的这些外部性、长期性、隐蔽性的影响，如何进行界定、分类、调查、分析和比较，这是理论研究和公共管理上至今难以有效解决的问题。

由于对实物量、精神性的效益缺乏统一的计量尺度，成本与效益这两类不同计量单位、不同性质指标难以进行比较，这导致成本效益分析方法对于同一个项目的各种可能性方案不能进行净收益或净效益的比较，对不同项目的方案也不能进行比较。当然，对于不能用货币计量的、特定的项目、区域或目标群体的许多政策目标，诸如水利、环境、司法、人力资源培训、健康、国防等领域的公共政策和公共项目，可以运用成本效益分析方法进行成本效益的纵向或横向比较。例如，在效益一定时，可以选择最低成本的政策方案；在成本一定时，可以选择最大效益的政策方案；比较不同部门提供同一公共项目的边际成本、边际收益，可以选择超过最低效益目标但具有更大边际效益的政策方案。

在河湖水系连通分析中，有关公共项目的私人成本收益，以及公共项目对经济活动的影响相对容易分析，但公共项目对社会发展、自然资源、生态环境的成本和收益分析可能是最重要但也最困难的部分。

公共项目产生的全部收益或效用不仅包括货币化和实物化的收益，不仅包括对经济活动的直接影响或经济效益，而且包括对人的交往、家庭、消费方式、精神生活等方面的影响，特别是对人的主观性、精神性的感受和评价，比如满足和公平、愉悦或厌恶。效用既是指物质资料能够满足人的消费需要的客观有用性，又是人对物质资料使用价值的主观感受和评价，效用在本质上是客观的人对客观的物的消费和满意。在学术史上，早期的效用理论多强调效用的客观物质性，后期的效用理论多强调人对物的主观喜好和满意性评价。在进行成本收益分析时，还必须考虑个体的、主观意愿的因素，现代成本分析由此发展了成本效用方法，这一方法在卫生（医疗）经济学中已经得到了广泛应用，通过效用值指标、量表而分析医疗对生活状况改变的满意程度。显然，河湖水系连通不仅要征收一部分居民收入，而且改变了经济、社会、环境状况，影响了居民现在和未来的生活质量，应当将成本分析扩展到效用分析。

公共项目对人类赖以产生、生存、发展的外部环境、生态也产生了越来越多、越来越劣的影响。近几百年来，随着人口急剧增长、技术迅速进步和经济活动规模的不断扩大，人类活动对环境资源造成了巨大影响，出现了环境污染、生态破坏、资源枯竭等全球性的环境资源问题，人类与环境资源之间的非协调性成为重大的社会问题。我国人口众多而人均环境资源相对不足，属于资源贫瘠国家，而前30年"人定胜天""改天换地"的发展思路，后30多年以经济建设为中心的发展思路，进一步加剧了环境资源问题，我国在成为世界加工厂的同时也变成了世界垃圾场，早在2002年我国沙漠和荒漠化总面积267万km^2，水土流失面积370万km^2，因环境污染、生态破坏而导致的直接损失为GDP的10%～15%。

在河湖水系连通上，准确认识、处理经济建设、社会发展与环境资源保护的相互关系，应当遵循预防为主、保护优先的原则，而这就需要全面监测评价环境资源状况，获得有关环境资源的必要信息，及时制定环境监测、环境标准、环境质量评价、环境控制、环境标志等方面公共政策，进而有效实施环境资源政策。国家统计局在1996年制定《资源环境核算及纳入国民经济核算体系总体规划》，国家环境保护总局和国家统计局于2004年开始联合研究环境资源经济核算，建立包括环境实物量核算、环境价值量核算、环境保护投入产出核算、经环境损失调整的绿色GDP核算框架，2006年9月首次公布了《中国绿色GDP核算报告2004》。然而，我国在环境标准、环境监测、环境质量评价等方面问题众多，在运用成本-收益方法评价环境质量和通过公民投票来比较选择环境方案进展缓慢，在诸如三峡工程、南水北调等河湖水系连通工程上都还需要进一步完善环境生态的成本收益、成本效益分析。

如果按照外部性、公共利益、利益相关者等经济学概念，那么我国规划、实施的河湖水系连通项目应当以尽可能小的成本生产提供尽可能大的收益，应当提供正的外部效应，增加尽可能多的人的收益，应当在不同城市、不同地区、不同人群之间提供公益、互利而不是公害、互害的公共项目。

9.2.5　河湖水系连通的成本效益

根据以上研究，对我国河湖水系连通进行成本收益分析，必须对河湖水系连通的决策和实施过程、投入、产出及其影响，对河湖水系连通的经济、社会和自然影响，对河湖水系连通涉及的居民、企业、政府等各种利益主体，进行全方位、全过程、系统性、长期性的调查、分析和评估。

以河湖水系连通经济分析中的成本效益问题为例，从国内外关于河湖水系连通的相关资料看，对于河湖水系连通的目标或效果，大致可以概括为以下三种代表性的表述：①水利经济学一般将工程项目效益分为效能指标、实物指标和货币指标，分为社会效益、环境效益和经济效益；②提高水资源配置能力，改善河湖生态环境，增强抵御水旱灾害能力（李原园等，2011）；③优化水资源配置战略格局，提高水利保障能力，促进水生态文明建设；或者，提高我国水资源调控水平和供水保障能力，增强防御水旱灾害能力，促进水生态文明建设为目标。

可见，河湖水系连通的产出和影响，或者说效用或效益，即便分解为水资源配置、防洪抗旱、生态建设三个方面，本质上依然不外乎分为货币目标和实物性目标，经济目标和社会、环境目标，最终也可以调整为以上分类。如果从经济分析的角度看，河湖水系连通的收益或效用大致分为经济效益、社会效益、环境效益三种类型。

（1）直接与经济活动有关的经济效益。河湖水系水资源的数量、结构和价格能够适应经济发展的需要，适应企业生产、居民消费的需求。具体而言，诸如水资源的总量、人均量及其增长率，水资源的结构即水资源的区域（空间）分布、时间分布，水资源的占有、转让、使用、收益等产权安排，水资源的成本、价格形成机制和水平，都能够适应企业生产、居民消费的需求，换言之，水资源的权利安排和配置方式的有效性。分析、评价河湖水系连通不仅应当运用局部均衡、静态分析的方法，净现值法、内部收益率法等工具分析项目的经济收益、私人收益，还应当运用一般均衡、动态分析的方法，分析公共项目对社会经济和自然环境的全面影响。

（2）与人类经济活动之外的繁衍、交往、政治、知识等活动有关的社会效益。河湖水系连通应当有利于个人的全面自由发展和社会的和谐进步。比较而言，公共工程对人类的日常生活、精神生活、社会稳定等而产生的非货币性、精神性的社会影响，比如人的公平、满足、愉悦或厌恶等效用评价，虽然非常重要，但难以评价。效用既是指物质资料能够满足人的消费需要的客观有用性，又是人对物质资料使用价值的主观感受和评价。近年来，欧美国家提出的成本效用不仅可应用于医疗领域的分析，也可以尝试用于社会效益分析。

（3）环境效益。河湖水系连通对自然资源、环境、生态的影响则相当复杂多样，难以全面准确评价，这是环境资源经济学的研究对象，也是我国河湖水系连通分析的重点和难点问题。从实践上看，诸如在三门峡工程、三峡工程等水利工程，在塔里木河、黑河等流域管理上，都存在着为了短期、局部的经济增长而导致了环境恶化、生态失衡的教训。

至于河湖水系连通的直接性、私人性的投入或成本，因为主要是现实发生的、投资者最终支付的，有记录，可计算，一般可以用货币指标进行统计和分析。

9.2.6 公共项目的社会选择问题

河湖水系连通等主要依赖公共投资的项目，其资金或者直接来源于财政投资，或者虽然采取市场化、多元化的借贷融资渠道，但最终依然需要用财政资金偿还。同时，其产出和影响涉及经济、社会、环境等多个方面，具有普遍性、外部性、长期性、隐蔽性。因此，在现代民主、法治制度下，公共项目不仅具有经济、技术上的可行性，而且要具有政治、行政上的可行性，项目决策还是社会表决或公共选择过程。因此，对公共项目的成本分析要从项目的创议提出、规划和决策、实施过程、实施后果进行分析，都要经过社会表决或公共选择过程。

公共投资可以采取独裁或民主的决策方式。制定和实施公共决策实质上是对社会成员的资源配置或利益分配状态的调整过程，不同的利益群体必然会采取各种行动参与或影响公共政策的形成。比较而言，民主是一种所有公民参与决策、分配资源的制度，这意味着公共政策的决定权应当掌握在公民或公众手中，公众可以通过直接表决或代议制的程序，按照一人一票、少数服从多数的民主规则，讨论和制定公共政策，并授权政府管理部门实施公共政策。

对于河湖水系连通等公共物品的生产提供，涉及投资项目、项目规模、项目结构等方面的问题。公共物品与私人物品有其资源配置的最优条件，但公共财政、公共物品供给是在民主制度约束下的政府行为，公共物品生产的规模和结构主要还是社会公共选择的结果。为了实现决策的民主化和科学化，保护和增进最多数人的最大化利益，同时也不损失少数人的基本权利，地方人民代表大会应当成为公共决策的核心力量和主导机构。在河湖水系连通上，应当做到凡是有关涉及重大社会问题特别是公共问题、需要政府出资、影响居民（包括潜在的外来人口和境外居民）权益的决策，都应经过严格慎重的调查论证和地方人大的多次审议，不断拓宽民主渠道，使户籍人口和外来人口都能参与公共项目的制定和实施过程，保障人民对基层政治生活的知情权、参与权、表达权和监督权。

为了保证在河湖水系连通等公共投资上的理性、科学的决策，政府需要建立规范有效的统计核算系统、规范专业的政策规划体制。如建立调查统计系统和专业性、辅助性的预测和决策机构，可以提高公共决策效率。政府能够获得全面、准确、及时的信息，政策规划和决策人员具有足够的理性和能力，才能保证政府部门做出理性决策。政府机构之间的法定分工或管辖权，可以保证决策人员在相对明确固定的政策领域具有权威性和高效率，这种现象在行政部门尤其明显。而科层制缩小了决策者可能的选择范围，决策更多地属于高层行政首长的职责。标准化也可以简化决策程序，提高决策效率。

由于河湖水系连通等重大公共项目往往是跨地区、跨时间的项目，影响众多人口甚至全国居民的经济、社会和自然利益，最终必须通过民主的社会表决机制，而民主方式必须在类似于私人物品生产和交易市场的政治市场中完成。但是，通行的代议制的政治市场具有许多特点，如：政治市场的不完全性、不对称性；选择结果的间断性，即选民作出选择后的一定时间要接受选举结果，结果一般不能改变；选民只能选出议员，不能选出议案；选民不能掌握议员的行为；政府是公共政策的垄断供给者，合法化的政策具有普遍的约束力，选民别无选择等。在这种情况下，即使是民主公正的公共决策制度，也与生俱来地具有严重的缺陷。

对于民主方式的缺陷，至少可以归纳为以下几点：①孔多塞悖论和阿罗不可能定理；②公共决策本身要花费各种与决策直接相关的成本，包括政府设立投票站、印制选票、雇佣工作人员、建立议会等直接的会计成本，还包括公共决策的机会成本；③布坎南所述的公共政策的外在成本；④由于多数和少数并非固定不变，这种情况可能引起投票交易，连续、过度地互投赞成票，导致公共政策泛滥；⑤奥尔森所总结的，从集体物品中获得收益的个人或企业的数量越多，为集体利益而行动的个人或企业从这一行动中获得的收益就越少，因此，在缺乏选择性激励的情况下，人数众多的利益集团可能比小集团更缺乏为共同利益而行动的动力和能力，个人可以对公共政策表现出合乎理性的无知和冷漠；⑥即使能够做出公共政策，在实施公共政策上还存在着行政、司法成本问题，存在着官僚主义、贪污腐败等问题。在分析河湖水系连通的成本收益等问题上，这些都是必须考虑的制度因素。

尽管如此，不断健全的多数通过的民主制度仍然是公共决策的基本规则、普遍方式和有效方式。

诸如河湖水系连通等公共项目，一旦通过民主原则的社会表决，最终就可以按照成本分析，择优选出可行的公共投资方案，并组织实施公共项目。在实践中，项目选择的一般标准是：在社会效益一定时，可以选择最低成本的政策方案；在社会成本一定时，可以选择最大效益的政策方案；比较不同主体提供同一项目的边际成本、边际收益，可以选择超过最低效益目标但具有更大边际效益的项目方案。

9.3　河湖水系连通的经济分析内容

9.3.1　经济分析的内容和重点

1. 经济分析的内容

在明确诸如河湖水系连通等公共项目的经济性质，提出成本收益、成本效益等经济分析的理论和方法的基础上，就可以坚持局部均衡分析和一般均衡分析、定量分析和定性分析、静态分析和动态分析相结合，运用私人成本和私人收益、社会成本和社会收益、公共物品、外部性、公共利益、规模经济等现代经济理论，运用调查资料和统计、会计数据，选择公共项目的专题问题、典型案例，通过社会调查、案例分析、项目诊断、专题研究等形式，对河湖水系连通进行具体的经济分析。具体而言，河湖水系连通的经济分析包括社会调查和文献分析、案例研究和项目诊断、专题研究等形式，包括项目的研究和规划、融资供求和融资体制、经济效益、社会效益和环境效益分析、水资源的产权安排和定价机制、水资源的立法和行政管理问题、公共项目的民主表决制度、移民和工程补偿、宏观分析等基本的、重点的问题。

（1）社会调查和文献分析。由于河湖水系连通的成本分析关键是经验分析、定量分析，一切以事实、数据为前提。由此，既要尽可能通过调查研究获得第一手的相关资料，又要充分利用国内外已有的各种文献资源，包括期刊、报纸、书籍等各类公开出版物，政府部门、科研机构、社会研究咨询机构的相关调查、统计、研究等资料，以及方志、档案等历史资料，初步建立河湖水系与经济发展的文献、数据资料库。

（2）案例研究和项目诊断。在全面了解全国河湖水系连通状况的基础上，基于某一工程或项目进行案例研究。在典型案例的选择，可以选择一个城市如济南河湖水系连通案例，一个区域或流域性如三峡工程、南水北调中线或东线工程的河湖水系连通案例，从社会成本收益的角度，运用相关数据等资料，系统而具体地分析工程从立项、实施到完成后的投入产出或成本收益状况，分析其投资成本和概算，投资的货币收益和其他收益问题。对于河湖水系连通项目中存在的重点问题，则可以进行诊断研究。

（3）专题研究。对于河湖水系连通中存在的重要性、普遍性问题，则可以通过对我国河湖水系连通的历史、现状进行全面、具体的社会调查和文献研究，以及必要的国际比较，进行专门化、系统性的经济分析。比如，水资源的产权安排和定价机制、水资源的立法和行政管理问题、公共项目的民主表决制度、移民问题、河湖水系连通中的环境影响和社会经济评价等问题。

在分析理论和方法上，将定性分析与定量分析、静态分析与动态分析、局部均衡分析与一般均衡分析等研究方法结合运用，将经济研究与法学、社会学、环境科学等学科结合起来。由于河湖水系连通涉及多方面、多学科的问题和知识，因此在经济学分析的基础上，进行跨学科、综合性、开放性、连续性的研究。如果资料充分，进而适当进行国内和国际的比较分析。

2. 经济分析的重点

河湖水系连通研究的重点则集中在河湖水系连通的社会成本收益分析。通过典型案例的分析，揭示河湖水系连通的成本、收益的内涵和外延，明确与河湖水系连通利害相关的利益主体，为河湖水系连通规划、决策和后期管理提供一个全面、理性的经济分析框架。

从长远目标看，可以对我国河湖水系的水资源总量及其资源价值进行分析、评估，提出分析、评估的方法和指标体系；还可以基于对过去不同时期的河湖水系与经济发展之间关系的定性、定量分析，对未来我国经济发展与水资源供求进行预测性分析。

3. 经济分析面临的困难和改进方向

河湖水系连通经济分析还面临一些困难，需要在今后的理论研究和实践中予以改进，主要体现在理论和方法、数据资料、公共决策和管理三个方面。

（1）对于具有公共性、外部性、复杂性的河湖水系连通等公共项目问题，从20世纪初的马歇尔、50年代的萨缪尔森以来，更多的是从非竞争性、非排他性等维度进行分析的。科斯1960年发表《社会成本问题》后，社会成本、社会收益的概念不断应用于经济分析，但社会成本、社会收益在概念范围、成本收益计量等方面存在着一系列困难。如何分析公共项目的成本、收益、效益、效用等问题，可否给出实物性的效益、效用指标，可否建立评价指标体系，这些都是理论研究和理论应用上尚待解决的问题。

（2）数据资料的收集和处理。充分和可靠的数据和资料是分析、计算河湖水系连通的成本收益的重要基础，需要通过重点调查、收集统计数据和财务数据、进行必要的对比观测试验等手段，以取得、整理和使用这些数据。

（3）河湖水系连通作为公共项目，不仅应当是居民关心、舆论关注的问题，更应当是国家的权力和立法机构、行政机构和司法机构重点关注的问题，应当纳入国家公共决策的内容和议程。

9.3.2　河湖水系连通的经济属性和效益

河湖水系连通的作用或目标虽然可以分为水资源配置、防洪抗旱、生态建设，或者是经济效益、社会效益、环境效益，但这些目标或效益归根结底都可以概括为水资源及其配置效率问题。而分析水资源的配置问题，就必须解决水的自然性质和经济性质，水资源的占有、转让、使用、收益等产权安排，水资源的成本、价格及其成本、价格的形成和构成，水资源管理的公共决策、项目实施、项目管理等基础性、公共性问题。比较而言，我国在河湖水系连通的环境科学研究、工程设计和施工等方面相对完善，但在河湖水系连通的经济分析、社会效益和环境效益评价、公共决策和管理上问题颇多。显然，对于人口不断增长、收入和消费不断扩大的需求一方，可供人类认识、开发、消费的水资源具有有限稀缺的性质，且不同时间、空间的水的稀缺程度还不同。水不是丰裕的自然资源，而是经济性资源。作为经济性资源，通过河湖水系连通而配置的水资源既不是纯粹的公共物品，也不是纯粹的私人物品。

9.3.2.1　河湖水系连通的经济属性

对于不同地区、不同时间、不同消费者，水资源如何配置使用，必须建立在科学的定性分析和准确的定量分析的基础上。这就要求从河湖水系连通工程实施者（供给者）和使用者（需求者）出发，科学、具体地分析公共投资及其水资源在生产、消费上的性质，分析水的成本、价格形成原则，水的成本、价格构成机制，将水资源配置的各种项目及其提供的水资源进行分类管理，确立合理的价格水平，提出水资源的性质、定价和管理的可行性方案，为工程的决策和后期管理提供依据，从而最终解决水的自然存量稀缺以及人类对水的开发能力相对有限性，解决水的分布与人类需求之间在空间、时间分布上的不平衡、不匹配，提高水资源的社会配置效率。

河湖水系连通等水利工程项目以及重新配置的水资源，按照其公共物品、外部性等经济性质，分为公共工程和非公共工程。因此，对于不同性质的工程项目，就可以采取不同的决策和生产、提高和分配、消费等方式。大致来说，对于非公共性的水利工程，应当在法律约束和政府管理下，主要由企业、市场投资。对于公共性的水利工程，过去实行的是政府一元主体、全程控制的供给方式，而且公共物品供给等于政府直接供给，政府直接供给等于中央决策、政府生产、免费提供、平均分配。随着社会经济的转型，必须转变公共物品的供给体制。即便是公共项目，也不必完全采取传统体制下政府一元主体、全程控制的供给方式，而应当探讨、建立和健全居民、市场与政府相结合的公共项目生产供给方式。

在现代市场经济中，由于经济水平、技术条件、需求弹性、规模经济、空间范围、人口增长等因素都影响着公共物品的生产、提供和消费，这些因素的不断变化导致公共物品与私人物品之间的边界模糊不清，公共部门和私人部门都可能成为公共物品的生产、提供者，应当动态地选择公共物品的最优生产和提供者。政府作为公共物品的提供者，在一定条件下也可以引入私人资本、市场机制、企业管理等要素。在我国社会主义市场经济体制中，公共物品供给将从政府单一主体转向居民、企业、非营利组织等多元化的社会主体，从政府直接生产、全程控制、计划分配转向政府与私人、计划与市场的有机配合，政府不仅在公共物品的生产提供中引入私人、市场因素，而且将部分公共物品转为私人、市场的供给方式。

公共项目投资还涉及资金融集、投资生产、社会供给方式等问题。

（1）公共项目的融资、投资首先是指公共项目的投资来源问题，即由政府还是由私人进行投资，其次是指公共项目由政府部门直接组织实施，还是由其他部门组织实施。不同性质的纯公共物品、准公共物品的融资来源和资金使用显然有别，应当建立多中心、社会化的融资途径。

（2）公共项目实施包括政府直接生产、政府委托生产、共同提供、社会生产提供等不同方式。无论采取何种生产提供方法，公共物品生产的数量和结构都是保证公共物品有效、公平提供的重要条件，都要在成本约束下扩大生产数量、优化生产结构和提高生产效率。

（3）当然，公共项目除了政府这一法定、主要主体生产提供外，居民、企业、非营利组织等社会主体也可以在一定条件或诱因下提供公共物品。事实上，诸如三峡工程这样的大型水利工程，已经采取了通过公开的资本市场，通过股份发行、债券发行等方式，向国内外投资者开放。

政府在公共物品决策、生产、提供、分配体制中，可以通过建立健全社会主义民主政治和公共财政体制，在公共管理、国有经济中引入私人、市场因素，政府及国有企业的适度退出，政府合同订货，推进公共物品的社会供给方式等多种方法，引入多元、竞争、开放的发展机制，以提高公共物品的供给效率。

9.3.2.2　河湖水系连通的效益

我国的河湖水系连通问题分析，还应当充分考虑我国的社会经济发展水平、经济政治转型、大国政治经济、国际开放竞争等中国的、时代的条件约束。

（1）从社会经济发展阶段和水平上看，我国正处于从农业、农村国家向工业、城市国家的转变过程中，2001年、2010年我国GDP分别约为11万亿元、40万亿元，2013年超过56万亿元；2006年、2013年我国人均GDP分别超过2000美元、6000美元，我国还是一个中等收入水平的发展中国家。

（2）从经济政治转型上看，我国初步建成了社会主义市场经济体制，还处于市场经济、民主政治的改革发展过程中，这些都影响着诸如河湖水系连通等公共项目的研究、决策、实施、监督等问题。

（3）从经济发展、人口、资源等因素看，我国是一个发展中的社会主义大国，大国的经济发展和公共管理具有一系列不同于中小国家的特征。

（4）改革开放 40 多年来，我国社会经济发展经历从经济特区试点、对外开放到开放经济的发展过程，诸如河湖水系连通等的公共项目还必须考虑国际因素影响，必须在国际分工、竞争和国际合作、协调的全球化格局中决策和实施。

以大国政治经济为例。在河湖水系连通上，涉及项目的跨地域、跨行业、大人口问题，必须处理好不同地区、不同行业、不同人口之间的利益协调。再如，河湖水系连通大致属于具有外部性、公共性特征的公共物品，大国的公共物品往往涉及分级分区供给问题，公共物品通常需要在分区、分级体制下，分工、竞争性地生产提供。某一地区生产和提供的公共物品，不仅要满足本地户籍人口的需要，还要满足外来迁入人口、外来常住人口、外来流动人口的需要，还要与其他地区、其他城市竞争性地生产、提供公共物品。只有充分、平等、有效、开放性地提供公共物品，才能既保持企业、地区的向心力和竞争力，又吸引国内外的人才、技术、资源等要素自由流通和有效配置，强化企业和地区社会经济发展的动力和活力。

河湖水系连通等工程一旦投资、完成后，随之而来的就是水资源的分配和消费问题，按照什么原则、标准、价格、方法分配公共物品就具有了重要的政策意义。我国当前公共物品提供、分配上一般采取免费提供、收费提供、定量配给、特定供给、市场化供给等不同方式，但从整体上看存在总量不足、体制分割、结构失衡、效率偏低等缺陷。在水资源分配上，应当采取公平前提、效率决定、公平与效率相结合的原则。公平原则是指居民、企业等各种利益主体在参与水资源分配原则上应当拥有平等的权利和机会，公平原则本质上就是充分、平等的权利原则，是公平的制度或制度性公平。效率原则是指资源配置坚持成本分析原则，强调全社会收益的最大化目标，提高资金筹集、投资使用、生产和交易过程的经济效率。在公平与效率的关系中，制度公平是其他条件和制度的基础，在公平的前提下，通过多种经济成分共同发展的基本经济体制和市场自由充分竞争的资源配置方式，就可以通过河湖水系连通而实现水资源的有效配置，而资源有效配置反过来支持和巩固了制度公平。

9.3.3　工程补偿等其他问题

河湖水系连通等跨地区、跨流域、跨时期的大型水利工程，因为涉及土地及其地面各种建筑的淹没，土地的征用和各种建筑的拆迁，这就打破了受损地区原有的经济结构和生活方式，不仅要有单纯的土地及其建筑的征用、征收、移民与补偿等问题，而且应当为受损地区生产、生活的恢复进行重建，甚至重建城镇和相关公共基础设施，保障居民的未来生产、生活水平不降低。这就需要分析移民、土地淹没、居民生活和企业影响等方面补偿、赔偿的经济问题，提出河湖水系连通受影响地区及其居民的补偿机制，包括补偿原则、补偿主体和对象、补偿标准和方式、补偿监管机制等。

我国宪法规定，国家为了公共利益的需要，可以依照法律规定对土地实行征收或者征用并给予补偿。河湖水系连通如果属于公共利益的工程项目，就可以对土地进行征收和征用。而实际上，哪些水利工程属于公共利益性项目，工程中的哪些土地属于公共利益性用途，这在经济理论和项目论证上一直存在着众多难点，而许多主要是商业利益、私人利益的土地征收和征用。

即便是公共利益性的工程投资，在土地定价和补偿标准上也存在着重大缺陷。我国土地分为集体所有制和国家所有制两种方式，不同所有制的同一空间、同一用途的等量土地应当同权、同价、同利，这是现代社会的权利平等、利润趋同的基本原则。然而，我国在集体所有制和国家所有制的土地上，从土地权利、市场交易、收益分配、政府管理等方面都不平等，农民既不能从集体经济组织中退出，土地不能私有化；集体所有制的土地也一直不允许进入市场，政府是土地所有权的唯一买方和土地使用权的唯一卖方。即便是土地征收的补偿费用，我国长期实行的并非真正的市场价格，而是由国家单方制定的补偿标准和范围，往往远远低于市场价格。

按照现行法律规定，征收农村集体耕地的补偿费用包括土地补偿费、安置补助费以及地上附着物和青苗的补偿费。其中，征收耕地的土地补偿费为该耕地被征收前三年平均年产值的6～10倍；征收耕地的安置补助费按照需要安置的农业人口数计算，需要安置的农业人口数按照被征收的耕地数量除以征地前被征收单位平均每人占有耕地的数量计算，每一个需要安置的农业人口的安置补助费标准为该耕地被征收前三年平均年产值的4～6倍，最高不得超过被征收前三年平均年产值的15倍；被征收土地上的附着物和青苗的补偿标准由省、自治区、直辖市规定。征收其他土地的土地补偿费和安置补助费标准，参照征收耕地的标准规定。按照我国农业生产情况，每亩土地年产值也就几百元到几千元，每亩耕地的全部补偿一般也就几万元，而土地一旦征收并用于商业开发，每亩土地的使用权可能高达几十万至几千万元。据估算，1987—2002年我国土地转让溢价超过2万亿元，最近10年则高达20万亿～30万亿元，2013年全国土地转让收益约4.1万亿元，相关收益约1万亿元。

相反，许多国家的土地所有制、土地征收和补偿制度与我国存在一系列差别。以人口稀少、土地资源相对丰裕、土地价格较低的加拿大为例，其土地征收补偿一般包括：①被征收部分的补偿，必须根据土地的最高和最佳用途及当时的市场价格；②有害或不良影响补偿，主要针对被征收地块剩余的非征地，因建设或公共工作对剩余部分造成的损害，可能还包括对个人或经营损失及其他相关损失的补偿；③干扰损失补偿，被征地所有人或承租人因为不动产全部或基本征收，因混乱而造成的成本或开支补偿；④重新安置的困难补偿。

为合理安排跨地区移民补偿的利益结构，许多国家按照自己的国情，制定了相应的补偿政策，进行多样化补偿。土地补偿的基本方式有两种：①高额现金补偿方式，即不强求移民自食其力，移民依靠政府高额现金补偿安置的依赖性政策；②开发性移民补偿方式，如世界银行1980年关于处理非自愿移民的政策，提出了开发性移民策略，鼓励移民重建生产生活基地，即不仅提供现金补偿，而且提供后期的生产生活补偿，使补偿方式更加合理与多样化。

9.3.4 葛洲坝和三峡工程案例分析

葛洲坝和三峡工程是我国建成的投资最多、影响最大、争论不休的公共项目，而治理长江、修建三峡大坝早在民国时期就成为重要议程。1931年7月长江洪水，长江中下游顿成泽国，汉口市区路牌上大书"船靠左行"。1935年，中国工程师学会等单位拟具《扬子江上游水力发电测勘报告》，提出了在黄陵庙、葛洲坝等地建坝发电的建议。1949 年中华人民共和国成立后，有关部门相关人员在兴建三峡工程上意见分歧严重。修建葛洲坝工程，最初是作为三峡水利枢纽的配套工程，在 1958 年由中央提出。1969 年，湖北省委提出兴建三峡工程，未被批准。不过，长江流域规划办公室 1970 年提出提前兴建葛洲坝工程，该建议在当年 12 月被中央批准。中央要求大坝建设由武汉军区和湖北省革命委员会主持，并由国务院各部委组成施工指挥部，但后来实际由武汉军区组织军队施工。这样，我国长江上第一大坝——葛洲坝工程仅仅依据一个规划性的文件，采取"边施工、边勘测、边设计"的方针，于 1970 年 12 月 30 日轰轰烈烈地匆忙上马。由于施工不按规程，工程质量低劣，种种问题不断反映到中央。1972 年 11 月，经研究，决定停工两年，重新设计。最初实行军队建制，"千人设计，万人审核"，工程设计图都没有工程技术人员签字。后来，葛洲坝工程技术委员会在 1973—1982 年间完成了一系列聪明的设计。1974 年 10 月，葛洲坝工地复工，此时已投资 4 亿元。1977 年，中央部门认真解决了工程建设中的重大问题后，于 1981 年 1 月大江截流，完成第一期工程，7 月第一号机组并网发电。1986 年 6 月，完成第二期工程。1988 年底，安装全部机组，并在 1989 年最后竣工验收，核定工程总投资 48.48 亿元。

1980 年，国家计划委员会、国家科学技术委员会组织三峡工程论证。1984 年，国务院原则批准长江流域规划办公室提出的《三峡水利枢纽可行性研究报告》，确定 150m 低坝方案，拟于 1986 年开工。1985 年，重庆市政府建议大坝提高到 180m，而全国政协会议上有 167 位政协委员就三峡工程单独或联合提出 17 件提案，建议缓上三峡工程。1986—1988 年，水利电力部组织三峡工程论证。共 14 个小组、412 位专家参与。1992 年 4 月，七届人大五次会议审议三峡工程，最终以 1767 票赞成、177 票反对、664 票弃权，表决通过了《关于兴建长江三峡工程的决议》。1994 年 12 月 14 日，三峡工程正式开工。三峡工程开工后，按照 1993 年 5 月的物价水平，确定了动态投资额 2039 亿元（静态投资 901 亿元，其中三峡水利枢纽工程 501 亿元、水库淹没处理及移民安置费用 400 亿元，物价、税费等上涨价差 749 亿元，贷款利息、债券等融资成本 389 亿元）。1997 年 11 月 8 日，三峡工程实施大江截流，首期工程顺利完工；2003 年 7 月，三峡工程的蓄水、通航、发电三大目标相继实现；2006 年 5 月 20 日，全长 2309m、坝顶海拔 185m、坝体混凝土浇筑量 1610 万 m^3 的三峡工程大坝建成，其 1820 万 kW 的装机容量、847 亿 kW·h 的年发电量均居世界第一，共总计投资 1260 多亿元；2009 年三峡工程全部竣工；至 2011 年年底，三峡工程建设资金投入 2078.73 亿元。

过去对葛洲坝、三峡等水利工程的论证主要是经济利益和国防安全的论证，对工程管理、投资收回、土地征用、移民搬迁、小城镇建设、生态平衡、环境保护、地质灾害等可持续发展问题关注不足。这一庞大工程能否安全运行？工程报废后，如何处理？留给子孙后代的是一堆废墟，一个生态环境已经改变了的长江三峡？如根据三峡工程和葛洲坝工程的运营成本和收入计算，其 2012 年总收入 249 亿元，国有投资可获得的利润约 36 亿元，这在大坝 40～60 年的使用期限内难以收回投资。三峡库区百万移民计划从 1992 年开始实施，当时确定了"以土为本，就地后靠"的安置原则，这意味着绝大多数移民将上山砍树、开荒，进一步破坏三峡生态，1998 年长江流域发生特大洪水，国务院 1999 年调整移民政策，"鼓励和引导更多农村移民外迁安置"，到 2004 年共外迁移民 16.6 万人，而三峡工程建设需要安置移民总数达 124 万人。2011 年 5 月 18 日，国务院召开常务会议，讨论通过《三峡后续工作规划》。会议指出，三峡工程在发挥巨大综合效益的同时，在移民安稳致富、生态环境保护、地质灾害防治等方面还存在一些亟须解决的问题，对长江中下游航运、灌溉、供水等也产生了一定影响。三峡工程使用基金 2853.87 亿元，相当于全国人民人均出资 200 多元，三峡工程总投资增加到 3316.73 亿元甚至更多，三峡工程建设基金占 86%。其实，我国还有很多类似的政府性基金。2013 年度，全国政府性基金收入 52239 亿元，占当年税收收入 110497 亿元的近 50%。

在三峡工程的施工、资金、管理等方面，我国开始汲取三门峡工程、葛洲坝工程的教训。1993 年 4 月，国务院成立三峡工程建设委员会，该委员会于 1993 年 9 月成立中国长江三峡工程开发总公司（三峡总公司），实行"业主负责制、招标投标制、合同管理制、建设监理制"的新管理模式，全面负责三峡工程的建设和运营，国家还授权开发建设金沙江下游溪洛渡、向家坝、乌东德、白鹤滩四座巨型水电站。三峡工程于 1994 年 12 月 14 日正式开工。2009 年 9 月，三峡总公司更名为中国长江三峡集团公司（三峡集团），三峡集团为国有独资企业，注册资本金 1495 亿元。2010 年，三峡集团设立董事会，2011 年 2 月，三峡集团进行机构调整，分别在北京、宜昌、成都三地组建总部，其中北京总部是集团公司的战略规划和管理中心、资本运营中心，宜昌总部是以电力生产为主的生产中心，成都总部是工程建设中心。在投资预算和资金来源上，1992 年只提出了 570 亿元的静态投资预算，而不是动态、基于成本收益分析的投资预算，而后来的工程建设表明实际投资远超过当初的预算，且并没有充分论证和防范工程投资的各种不良后果。

为解决资金问题，1992 年国务院规定在全国范围（西藏、贫困地区的农业排灌用电、县及县以下的孤立电网除外）对每千瓦时电征收 0.3 分，1994 年提高到 0.4 分，1996 年 2 月起在三峡工程直接受益地区和经济发达的 16 个省、直辖市提高到 0.7 分，作为三峡工程建设基金，1997 年江苏、浙江、湖北省和上海市提高到 1.5 分，安徽、湖南、河南、江西省提高到 1.3 分，四川省和重庆市加征 0.3 分；2003 年湖南、江西、河南省分别提高到 0.98 分、1.12 分、1.24 分，湖北省则免征，以此作为国家对三峡总公司的资本金。按照 2009 年 12 月财政部《国家重大水利工程建设基金征收使用管理暂行办法》，三峡工程建设基金从 2010 年起停止征收，但为其筹资的电价附加不取消，继续以新设立的国家重大水利工程建设基金的名义征收。同时，把葛洲坝电厂划归三峡集团，电厂利润和所得税全部留作三峡工程建设基金。同时，中央规定从 1993 年起葛洲坝电厂上网电价在现行电价的基础上每年提价 1 分，分 4 年到位，作为三峡工程建设基金。在 1993—2002 年十年中，三峡基金共征收 388 亿元，到 2006 年共征收 727 亿元。此外，三峡总公司还通过发行企业债、商业银行贷款、国外设备出口信贷、发行股票等途径，如三峡总公司至 2006 年 5 月已连续 7 次发行企业债券，解决了一部分财务问题。据国家审计署 2013 年 6 月 7 日公告《长江三峡工程竣工财务决算草案审计结果》，三峡工程建设委员会以 1993 年 5 月末价格水平为基准，批复三峡工程静态投资概算合计 1352.66 亿元，其中：枢纽工程 500.9 亿元、输变电工程 322.74 亿元、移民资金 529.02 亿元；按照物价和利率等影响因素测算，动态总投资合计 2485.37 亿元，其中：枢纽工程 1263.85 亿元，输变电工程 364.99 亿元，移民资金 856.53 亿元。截至 2011 年底，三峡工程建设资金投入 2078.73 亿元，其中：三峡工程建设基金 1615.87 亿元，占投资总额的 78%；向长江电力股份有限公司出售发电机组收入 350.31 亿元，占投资总额的 17%；电网收益再投入 110.69 亿元，占投资总额的 5%；基建基金等专项拨款 1.86 亿元。在建设过程中，通过国家开发银行贷款和发行企业债券等筹措的资金，已全部偿还。此外，在移民搬迁安置中，国家还通过相关政策给予了资金支持。

9.3.5　河湖水系连通的宏观分析和制度分析

河湖水系连通是具有显著外部性、公共性的项目，由此还必须进行宏观分析和制度分析。

1. 宏观分析

对于河湖水系连通问题，需要从系统分析、局部均衡和一般均衡的角度，不仅分析每一公共项目的收入成本和收益，对本地区、本流域的成本效益，而且应当全面具体地进行跨流域、跨时期的分析。对于全国性的公共项目，还可以运用投入产出表、可计算一般均衡方法等分析工具，分析公共项目对国民经济、社会发展和环境生态的影响，对于某些公共项目还要进行跨国影响分析。从经济活动上看，需要从需求角度分析人口和经济的总量、结构、增长率等对水资源的社会需求，从供给角度分析河湖水系连通与水资源的区域分布、空间分布等配置状况调整对企业生产、居民消费、经济增长的影响。具体而言，可结合诸如流域治理、南水北调等公共项目，分析河湖水系连通与城市化和城市结构、产业结构调整和区域经济发展、居民消费和社会福利等经济现象之间的关系。同时，还要从宏观上分析社会发展、环境保护与河湖水系连通之间的相互关系。

2. 制度分析

河湖水系连通是在一定的水资源产权制度、立法和行政管理体制、公共政策框架等制度条件约束下进行的，政府和社会主体、政府调控和市场力量共同参与河湖水系连通活动，不同的制度安排对河湖水系连通产生不同的影响，这就必须分析河湖水系连通的制度问题。河湖水系连通必须具有技术、经济和政治、行政的可行性，必须兼顾经济、社会、环境问题。由此，不仅要对公共项目本身，对项目的投入产出过程和结果进行分析，还要对包括约束河湖水系连通在内的我国公共工程的决策、投资、实施、监督管理等法律制度、组织机构、政府管理和治理结构等制度性问题进行经济分析，提出改进建议，以推动我国法律创新和体制改革。

在以上分析的基础上，尝试提出分析我国河湖水系流通和水利工程的一般原则和方法、工具，提出对我国河湖水系的水资源总量及其资源价值进行分析、评估，提出经济分析、方案选择、实施评估的方法和指标体系。

基于过去的经验教训和未来我国社会经济发展和环境保护的需要，我国必须加快建立资源保护、环境安全、生态文明制度。在河湖水系连通的配套改革上，改革健全水资源的占有、开发、管理等体制，对城乡土地，对水流、森林、山岭、草原、荒地、滩涂等自然生态空间进行统一确权登记，形成立法统一、归属清晰、权责明确、监管有效的资源资产产权制度；深化水资源性的产品价格和税费改革，建立反映市场供求和水资源稀缺程度、体现生态价值和代际补偿的水资源有偿使用制度、生态补偿制度和环境损害赔偿制度，在合理确权的基础上积极开展水权交易试点；加强河湖水系连通的规划、决策、实施和管理，建立水资源的空间和时间规划体系，编制自然资源资产负债表，推动形成人与自然和谐发展现代化建设新格局。

由于河湖水系连通涉及土地征收征用、居民和企业拆迁、移民等问题，还需要全面改革、完善土地、房屋、固定资产等物权制度。比如，在符合规划和用途管制前提下，不同所有制的土地、不同地区的居民应当具有统一、公平的参与社会经济活动的权利，不仅允许农村集体经营性建设用地出让、租赁、入股，实行与国有土地同等入市、同权同价，规范征地程序和土地价格，对被征地农民合理、规范、多元保障机制，建立兼顾国家、集体、个人的土地增值收益分配机制，而且尝试改革农村的土地所有权制度和集体经济制度。

由于河湖水系连通涉及财政税收和公共支出、国有资本和国有企业、政府审批或许可等制度问题，这就需要明确中央和地方政府的权力、职能和责任，改革财政税收和公共支出制度，改革投资体制特别是国有资本和国有企业制度，建立事权和支出责任相适应的制度，健全自然资源资产产权制度和用途管制制度。

在个人、市场失败的前提下，在民主体制下，尽管个人的社会选择并不一定能够导致最优的社会选择，公共政策只是各社会主体、利益集团相互作用的产物，但公共政策仍然是社会成员自由、民主选择的结果。一般地，在一定条件、一定时间内，对具有公共物品、外部性、规模经济、人道慈善性等特征而需要政府解决的社会问题，包括公共物品问题，一个国家或地区的全体或多数社会成员自愿表达同意，这些社会问题一般就被视为公共利益问题，如立法、国防、社会治安、公共基础设施、环境保护、社会救济等问题。政府针对这些公共问题，可以生产提供相应的公共产品和服务，且政府可以比较有效地生产提供这些公共物品，维护社会成员的权利，弥补市场机制的不足，增进社会成员的福利。可以把政府制定和实施公共政策，解决具有外部性等特征的公共问题所产生的共享、积极的结果称为公共利益，这也是一种趋于实现帕累托效率的资源配置过程。

第 10 章　河湖水系连通中的法律问题

河湖水系是自然环境的重要组成因素，河流湖泊的连通性在一定程度上决定了水资源的分布格局和水资源分配，对社会经济有重大影响；同时，河湖水系连通工程的建设，对自然河湖水系进行人工修复和改造，不仅威胁稳定多样化的环境与生态系统，同时规模巨大的工程投资巨大、回收周期长，移民、社会文化损失等问题无法逃避，并且复杂的工程建设管理存在各种潜在风险（崔国韬等，2011）。因此，河湖水系连通工程必须尊重自然、尊重科学，绝不能成为地方领导的形象工程、政绩工程，而应是一项社会工程、民生工程，必须重视工程建设前后的负面影响。如果不能妥善处理其负面影响，将影响社会和谐、人与自然的和谐，阻碍社会的可持续发展。在确定河湖水系连通战略过程中，需要准确分析河湖水系连通工程的问题，全面梳理现有与河湖水系连通相关的法律法规，深入调查研究河湖水系连通战略中亟待解决的政策法律问题，参考和借鉴国外的立法经验，提出解决这些政策法律问题的可行方法，为河湖水系连通战略的顺利实施提供政策法律保障。

10.1　河湖水系连通中的主要问题

尽管河湖水系连通工程能够带来较好的社会和经济效益，但它对水资源、水环境与水生态方面所产生的负面影响也不容忽视，其中有些影响甚至是深远的、不可逆转的。

通过资料收集、专家介绍和实地调研，了解到目前的河湖水系连通工程主要涉及以下问题。

10.1.1　水资源方面的问题

目前，我国实施的河湖水系连通工程，绝大多数是资源调配型河湖水系连通工程。通常在水资源分配管理不当时，可能出现将调出区的经济、社会、生态效益搬到了调入区，而调入区用水不足的风险可能转移到调出区，从而可能出现"拆东墙补西墙"的不合理现象。因此，各连通区域需要实行最严格水资源管理制度，充分挖掘本地区水资源开发利用潜力，如若仍存在水资源问题，就要规划设计河湖水系连通工程，要兼顾各利益相关者的权益，要谨慎选择水源、设计连通线路，同时必须对连通区域进行用水总量的控制，其中包含控制连通调水量，只有对用水总量进行合理的规划与配置，才能很好地减少受水区对连通工程的依赖性，避免调水区"经济和社会效益搬家"现象的出现，实现调出区与调入区的共赢（崔国韬和左其亭，2012）。

河湖水系连通将改变某一水域的生态，减少其水量，从而可能导致水源地水质和水量发生改变，进而可能对部分地区的用水权造成损害，由此水权交易不可避免。目前，中国水量分配政策不成熟，水价体系不合理，主要体现在：一方面，政府未制定规划法规等宏观政策，行政手段的作用还未充分发挥；另一方面，未启动市场运行机制，供水价格和污染物排放收费标准确定不太合理。水资源作为一种商品，必须将其纳入市场经济中，必须要培育符合现代企业制度的水市场主体，积极推进水价改革（左其亭等，2011）。另外，中国水资源管理体制分散、"多龙治水"现象严重。国家层面和部际层面的河湖水系连通工程水资源管理涉及多个部门，各自独立管理，缺乏统一的水管理体系。

以往的河湖水系连通工程是比较单一的防洪供水工程，这种单一功能的观念必须改变。当今的河湖水系连通工程必须是水资源最优配置的工程，它不仅要考虑生活、生产等经济社会用水，而且要兼顾河湖水系生态环境用水，统筹水量与水质的连通调度。

10.1.2 水环境和水生态保护问题

河湖水系连通工程不仅要兼顾水资源最优调配和水生态修复，更应该重视水生态和水环境的保护。跨流域调水和生态调度补水等河湖水系连通工程的水资源调配方式由只考虑经济社会用水向经济社会用水、生态环境用水同时兼顾方向转变，强调对干旱地区河道下游尾闾生态系统的保护与修复，注重污染严重地区水环境的综合治理（李原园，2012）。

众所周知，河湖水系连通工程在实现其总体目标的同时，难免对流域或区域内的环境产生不良影响。如未建设完善配套排水系统的河湖水系连通工程，会影响土壤水盐的水平和垂直运动，最终可能形成水浸、沼泽化、盐碱化等。河湖水系连通会造成大范围的淹没，破坏野生动物栖息地。淹没造成土壤排水不畅，土壤长期处于嫌气状态下，有机质和其他物质分解，产生有毒有害物质，影响野生动物的生存繁衍，对生态环境不利。另外，河湖水系连通工程还可能导致河流水质下降，出现新的水污染问题。在水系连通区域内可能存在污染源，如果不对其采取净化措施，将已污染的水体连通，会造成二次污染（徐建安等，2013）。在水量调出区的下游及河口地区，因来水量的减少会引起河口海水倒灌，水质恶化，海水入侵，破坏下游及河口的生态环境，影响区域用水和经济发展。河湖水系连通工程会改变河流水文情势，会对水生生境产生累积影响，进而影响水生生境的类型与格局，流域内项目的实施也将会对流域内自然保护区、鱼虾类产卵场、饵场及洄游通道的完整性与连续性造成威胁，这种累积影响在某个环境因子之间可能表现协同影响，也可能表现为拮抗影响（李迎喜和童波，2007）。河湖水系连通可能会改变不同水域之间的生态环境，从而导致生态破坏、外来物种入侵等问题。

对于上述不利影响，只要在规划实施过程中充分发挥法律的功能，重视可能存在的环境制约因素（如自然保护区等），优化规划布局、规模和时序等，采取预防保护、减缓、恢复等各类生态环境保护措施，加强流域生态建设，都可在一定程度上得到减轻或避免。因此，完善河湖水系连通的法律法规能够确保合理开发利用水资源，发挥河湖水系的服务功能，保障工程流域内经济社会的可持续发展，建成生态安全、环境良好、功能正常、人与自然和谐相处的生态河流。

10.2　河湖水系连通的立法及其研究现状

目前，中国还没有一部专门系统规定河湖水系连通工程管理的基本原则、基本法律制度和运行机制等的基本法，对河湖水系连通工程管理的相关规定散见于涉水法律法规与规范性文件之中，这些法律法规与规范性文件包括《中华人民共和国防洪法》（简称《防洪法》）、《中华人民共和国水法》（简称《水法》）、《中华人民共和国水污染防治法》（简称《水污染防治法》）、《中华人民共和国水土保持法》（简称《水土保持法》）、2014 年新修订的《中华人民共和国环境保护法》（简称《环境保护法》）等国家立法机关颁布的法律；《取水许可和水资源费征收管理条例》、《取水许可制度实施办法》、《中华人民共和国河道管理条例》（简称《河道管理条例》）、《建设项目水资源论证管理办法》、《淮河流域水污染防治暂行条例》等国务院颁布的行政法规；水利部、环境保护部颁布的行政规章以及各级地方法规和规章；地方政府的行政法规和规章等。2015 年 4 月，为切实加大水污染防治力度，保障国家水安全，国务院制定并公布了《水污染防治行动计划》，明确了总体要求、工作目标、工作指标和十条具体行动措施，要求各地区、各有关部门切实处理好经济社会发展和生态文明建设的关系，按照"地方履行属地责任、部门强化行业管理"的要求，明确执法主体和责任主体，做到各司其职，恪尽职守，突出重点，综合整治，务求实效，以抓铁有痕、踏石留印的精神，依法依规狠抓贯彻落实。

10.2.1　河湖水系连通的立法现状

目前，中国已颁布实施以水管理为主要内容的法律 4 件，行政法规 18 件，部门规章 55 件，地方性法规和地方政府规章近 700 件，内容涵盖了水利工作的各个方面，适合中国国情和水情的水法规体系基本建立，各项涉水事务管理基本做到有法可依（郝天奎，2013）。通览上述法律性文件，可以发现这些法律规定的内容与当今河湖水系连通工程管理的要求存在较大的差距，现有的法律内容不足以应对河湖水系连通工程管理的要求，即使有某一些方面的法律规定，也因立法滞后性因素的影响，难以有效保障河湖水系连通工程与自然、经济和社会的和谐发展。具体分叙如下。

10.2.1.1　水资源管理等方面的立法

水资源管理等方面的立法，按照调整内容不同，可分为综合、水资源管理、水利工程建设与管理、防洪与抗旱管理、流域管理等 11 个类别。综合考虑河湖水系连通工程的实践状况，重点介绍水资源管理、流域管理以及水权交易的相关立法现状。

　　1. 水资源管理立法

中国现有《防洪法》《水法》《水污染防治法》《水土保持法》等多部关于水资源管理的法律、法规，可以说一个比较完备的水资源管理法律制度框架已经初步建立，各项水事活动基本上实现了有法可依。

《宪法》明确规定："国家保障自然资源的合理利用，保护珍贵的动物和植物。禁止任何组织或者个人用任何手段侵占或者破坏自然资源"（第九条）；"国家保护和改善生活环境和生态环境，防治污染和其他公害"（第二十六条）。水资源是自然资源之一，宪法的这些规定显然适用于水资源保护，构成中国水资源保护立法的核心和基础（程功舜，2010）。水资源保护的基本法《水法》（2016 年第二次修正）对水资源规划，水资源开发利用，水资源、水域和水工程的保护，水资源配置和节约使用，水事纠纷处理与执法监督检查及法律责任等做出了详细规定："开发、利用、节约、保护水资源和防治水害，应当全面规划、统筹兼顾、标本兼治、综合利用、讲求效益，发挥水资源的多种功能，协调好生活、生产经营和生态环境用水"（第四条）；"国家保护水资源，采取有效措施，保护植被，植树种草，涵养水源，防治水土流失和水体污染，改善生态环境"（第九条）。

为进一步缓解中国的水资源危机，2008 年 2 月 28 日第十届全国人民代表大会常务委员会修订并通过了《水污染防治法》，该法强化了地方政府的责任，加大了对违法行为处罚的力度，扩大了总量控制范围，加强了饮用水的法律保护，明确了违法界限，规范了企业的排污行为，完善了水环境监测网络，强化了事故应急处置，严格了"区域限批"，保障了公众参与。《水污染防治法》是一部防治水污染、保护和改善环境、保障人体健康、保证水资源有效利用、促进经济社会可持续发展的重要法律（冷罗生，2009）。客观地说，《水污染防治法》使中国水资源保护立法工作上了一个新的高度。

2. 流域管理立法

中国虽没有集中的流域管理立法，但有较多涉及流域管理的法律。如 1997 年颁布的《防洪法》，2002 年修订的《水法》，2008 年修订的《水污染防治法》，2010 年修订的《水土保持法》。除了上述法律以外，国务院出台了一系列行政法规，如《水土保持法实施条例》《水污染防治法实施细则》《河道管理条例》《取水许可制度实施办法》《蓄滞洪区运用补偿暂行办法》《淮河流域水污染防治暂行条例》《长江河道采砂管理条例》《黄河水量调度条例》和《防汛条例》等。部门规章近年来也不断出台，如 2011 年交通运输部公布的《水上水下活动通航安全管理规定》、2011 年水利部公布的《生产建设项目水土保持监测资质管理办法》、2011 年水利部公布的《水文站网管理办法》等。各省、自治区、直辖市结合本地实际，制定了许多地方性法规，如《防洪法》《水法》《水污染防治法》《水土保持法》等法律的实施办法。自 1988 年《水法》实施以来，已有 20 多个省、自治区、直辖市制定了实施《水法》的办法，此外，还进行了地方性立法，而且法规较多。尽管流域管理已经有了大量的法律法规，但是，许多法律法规都是在出现重大紧急事件之后应急出台的，缺少预见性立法。

3. 水权交易立法

《水法》规定，水资源的所有权在国家。水权交易中的水权指的是水资源的使用权。长期以来，中国没有明确关于水权交易的法律法规，相关几部资源法律也少有提及水权交易，这对建立水权交易制度是一种严重障碍。《宪法》仅对水流的权属进行了规定，却没有界定水权，严重影响了对水资源使用权的保护。《民法典》的规定原则上否定了水权交易。《刑法》中对水资源的保护力度也不够，如行为人非法取水问题就没有明确的规定，对非法取水包括盗取水资源的违法犯罪行为，也无法惩处，这不利于充分保护水资源和水权人的合法利益。新修订的《环境保护法》也没有关于水权交易的规定。《水法》中尽管明确规定了水资源有偿使用原则，但没有规定水权交易的相关问题，这对直接建立水权交易制度和构建水权交易市场是不利的。《取水许可和水资源费征收管理条例》中仅提及取水权可以用于交易，而没有关于水资源使用权可以交易的明确规定。2005 年 1 月 11 日，水利部下发了《关于水权转让的若干意见》，虽然其中界定了水权转让是指水资源使用权的转让，但它不是行政立法，其性质属于行政规范性文件而不是行政法规或行政规章，法律效力较低，只是一种具有法律效力的国家政令。

2007 年，国家发展和改革委员会（简称国家发展改革委）、水利部、建设部编制的《水利发展"十一五"规划》提出"初步建立国家水权制度"目标之后，水利部组织起草的《全国水资源综合规划》和《水量分配指导意见》两大界定省际水权分配的文件也已基本完稿，2011 年，水利部制定《水量分配工作方案》，对全国各地用水指标进行了明确。2012 年，国家发展改革委在其发布的《水利发展"十二五"规划》中明确提出"建立和完善国家水权制度，基本完成主要江河水量分配方案，流域综合管理体制改革取得明显进展"。2014 年，水利部印发了《关于开展水权试点工作的通知》，将在七个省（自治区）开展不同类型的水权试点工作，用 2～3 年时间，在水资源使用权确权登记、水权交易流转、相关制度建设等方面率先取得突破，为全国层面推进水权制度建设提供经验借鉴和示范。据报道，在"十三五"大背景下，中国水权交易的改革与发展将提速。但由于中国各地区水资源分布不均、经济发展不平衡，因此，建立适宜全国范围的水权交易市场仍是一项艰巨而长期的工作。

10.2.1.2　环境与生态保护方面的立法

为了保护水环境与水生态，中国已开始了立法，不过这些立法并非专门性法律，而是散见于其他法律条文之中，这些规定在中国的水环境与生态保护方面发挥着重要的作用。

1. 环境影响评价立法

中国早在 20 世纪 70 年代末就在《环境保护法（试行）》中对项目环评做出了原则性的规定。随后中国提出了一系列与之相配套的法律规范，如《水利水电工程环境影响评价规范》（1988）、《江河流域规划环境影响评价》（1992）、《建设项目环境保护管理条例》（1998）等，对环境影响评价做了更加系统、细致的规定，但这些法律法规的对象仅仅局限于建设项目，并未涉及规划环境影响评价，更未涉及政策环评。

2002 年发布的《中华人民共和国环境影响评价法》（以下简称《环境影响评价法》），将环境影响评价的范围从建设项目延伸到规划，拉开了中国规划环评的序幕。同年修订实施的《水法》第十六条和第二十二条也明确规定了制定水规划和跨流域调水时，应充分进行考察和评价。2009 年颁布实施的《规划环境影响评价条例》，不仅为规划环评的实施提供了可操作性的法律依据，更为政府的环境决策设定了一个新的程序规则。

2011 年环境保护部发布了《关于做好"十二五"时期规划环境影响评价工作的通知》，为了进一步规范和指导水利规划环境影响评价工作，2014 年 3 月环境保护部和水利部联合发布了《环境保护部、水利部关于进一步加强水利规范环境影响评价工作的通知》，要求有关部门严格执行规划环评制度，并规定了水利规划环评的范围，提出了水利规划环评的基本要求。2014 年 4 月新修订的《环境保护法》进一步确认了规划环评在环境保护和污染防治中的重要地位，并强调了环评报告编制应充分征求公众意见，加大了未经环评擅自开工建设单位的违法责任。截至目前，中国水利开发领域已经基本形成了项目环境影响评价制度，该制度体系还在不断建设和完善当中。

2. 跨界水污染立法

1997 年颁布的《防洪法》中涉及流域管理的条款多达 15 条，其中规定流域管理机构在防洪和河道管理中职责的条款就有 12 条。赋予流域管理机构执法主体的地位，这是《防洪法》的较大亮点，这在中国的水资源管理体制上是一次重大突破。2002 年修订的《水法》确立了流域管理的法律地位，为明确流域管理机构的职责提供了基本的法律依据。2008 年修订的《水污染防治法》确立了"防治水污染应当按流域或者按区域进行统一规划"（第十五条）的原则，赋予了"国家确定的重要江河、湖泊流域的水资源保护工作机构负责监测其所在流域的省界水体的水环境质量状况，并将监测结果及时报国务院环境保护主管部门和国务院水行政主管部门"（第二十五条）的权限，确认了"跨行政区域的水污染纠纷，由有关地方人民政府协商解决，或者由其共同的上级人民政府协调解决"（第二十八条）的纠纷解决办法。该法的修订体现了由区域管理为主转向区域管理与流域管理相结合的指导思想的转变。2010 年修订的《水土保持法》新增"国务院水行政主管部门在国家确定的重要江河、湖泊设立的流域管理机构，在所管辖范围内依法承担水土保持监督管理职责。"

3. 生态保护立法

中国明确规定或涉及生态系统管理专门立法非常少，而与生态系统管理有关的立法条文比较多。保护流域生态环境的法律条文除了《宪法》第九条和第二十六条，新修订的《环境保护法》第二十八条明确了流域不同区域的人民政府负有保证该区域内水环境质量的责任，从而为进行流域生态补偿时上下游区域之间跨界水质责任分配提供必要的法律依据。该法第十九条指明了在流域资源的开发利用过程中，需要采取必要的措施保护流域生态环境，措施应当包括区际流域生态补偿。《水法》第二十条、第四十五条第二款为区际生态补偿相邻区域以协商的方式进行跨界水量分配提供了法律依据，该法第九条、第二十九条、第三十一条、第三十五条、第四十八条、第四十九条也有涉及区际流域生态补偿的间接性规定。《水污染防治法》第七条规定："国家通过财政转移支付等方式，建立健全对位于饮用水水源保护区区域和江河、湖泊、水库上游地区的水环境生态保护补偿机制。"此条在法律层面第一次对流域生态补偿做出了明确规定，具有里程碑式的意义。

关于生态损害赔偿的法律条文有：《大气污染防治法》第六十二条、《水污染防治法》第五十五条、《固体废物污染环境防治法》第八十四条、第八十五条、《环境噪声污染防治法》第六十一条、《海洋环境保护法》第九十条，这些法律条文规定的"生态损害"最终应定位于"区域环境质量下降、生态功能退化"。所以，"生态环境损害行为"造成的"损害结果"应当是环境质量下降、生态功能退化，并非仅含传统侵权行为所致的人身伤害或财产损失，这正是生态损害赔偿责任的特殊之处。从生态法学角度看，生态损害是指人们生产、生活实践中未遵循生态规律，开发、利用环境资源时超出了环境承载力，导致或可能导致生态系统的组成、结果或功能发生整体的物理、化学、生物性能退化或其他恶性变化的法律事实（梅宏，2008）。生态损害事实包括生态破坏的结果事实（显性损害）、生态破坏行为事实（隐性损害）及生态危害（陈文，2013）。

总之，中国已形成以宪法中关于生态保护的规定为统帅，以《环境保护法》的规定为基础，以生态保护专门法和自然资源法中的生态保护规范为主干，以其他法律、行政法规以及行政规范性文件中的相关规定为补充，以国际条约等国际法渊源为重要内容的生态保护立法体系（梅宏，2008）。但是，中国生态保护立法处于一种割裂状态，已制定、实施的生态保护专门法很少，有关生态保护的法律规范大多确立在与自然资源法及其他相关的法律、法规、行政规范性文件中。众所周知，中国过去的环境立法以分部门的资源开发利用、污染控制为中心，注重对某一生态因子或自然资源要素单独立法，如《森林法》《渔业法》等。这样的立法模式，对于生态的保护，虽然在自然资源法、环境污染防治法以及其他相关法律有所涉及，但这种将环境资源分割的立法模式，不能有效地保护生态系统的整体功能与结构。

10.2.2　河湖水系连通法律问题研究现状

河湖水系连通自古就有，20 世纪以来，国内外河湖水系连通的实践日益增加（李宗礼等，2011），特别是近年来，中国河湖水系连通问题受到了极大的关注，各级水行政主管部门对河湖水系连通的理论问题提出了迫切需求（徐宗学和庞博，2011），与此相对应，相关部门与学者对河湖水系连通的理论研究也在迅速展开。

10.2.2.1　国内研究现状

关于河湖水系连通中的法律问题，目前国内法学界很少有学者就此进行系统的专题研究，但与之相近的相关领域的研究则不少，主要集中在河湖水域侵占的法律规制、跨界污染问题、水域污染特别是面源污染问题、生物多样性保护问题、生态补偿问题、水权分配问题、河湖保护地方立法问题、完善流域管理法律制度、湿地保护等。

1. 跨界水污染问题研究现状

20 世纪 90 年代以来，跨界水污染已成为中国最严重的环境问题之一。由于跨界水污染问题复杂且危害严重，引起了学界和实践部门的高度重视。一部分专家学者围绕各国流域管理制度进行比较研究，另一部分专家学者针对中国当前流域管理制度在跨界水污染治理绩效上的问题进行了解释。

吕忠梅（2000）指出，法制不健全导致的管理混乱威胁着长江流域水资源的保护利用，提出了长江流域水资源保护统一立法的基本构想；吕忠梅（2005）指出水污染防治立法应尊重流域特性，采取统一立法的模式。吕忠梅和张忠民（2013）对防治模式进行了反思与重构，提出应建立分级分区治理模式，该模式主要解决三个问题：如何体现水资源的流域特性、如何尊重水资源开发利用以行政区域为主的现实、如何建立重点流域与一般流域水污染防治的协调机制。本质上，该模式就是流域管理与行政管理相结合，但从保障其运行方面进行了更加务实的深化，以破解难题。王灿发（2005）指出中国的水环境管理立法存在许多问题，从制度层面和理念层面进行论述，提出解决方案。同时还指出，中国现行的环境管理体制存在立法体系不完善，立法内容存在交叉和矛盾，某些立法授权不符合科学管理规律等问题。为此，建议加快制定综合性的环境管理体制立法。

沈大军等（2004）通过比较其他国家的水资源理事会、流域委员会和流域管理局的形式和职能，分析了流域管理机构是否是一个合适的体制安排以及影响流域管理机构建设成功的因素。施祖麟和毕亮亮（2007）按照治理体制类型不同将国外流域跨界水污染治理划分为三种模式：①国家政府多部门合作治理，由综合流域管理机构负责管理某方面跨界事务的模式；②国家政府多部门合作治理，流域机构在中央政府直接领导下综合治理的模式；③通过协商机制建立的河流协调组织的模式。陈思萌和黄德春（2008）基于马萨模式的政策模型，分析比较1998年保护莱茵河公约、1995年湄公河流域可持续发展合作协议、1992年欧洲公约以及1909年美国-加拿大跨界水资源协定，揭示各合约的优劣，找出各条约的成功之处，并结合中国当前跨界水污染治理政策存在的问题，提出应该确定合理跨界治理模式，建立多层协商机制，由行政手段转变为指令控制性为主、经济激励为辅、公众参与补充的新机制等建议。姬鹏程和孙长学（2009）从水污染防治管理体制和运行机制角度，分析中国流域水污染防治存在的主要问题，结合中国管理体制改革的趋势，提出增强环境治理的政府职能、健全以地方政府为主的责任机制、发挥市场机制的作用、调整产业结构、建立跨行政区流域环境合作机制、建立大型流域性水务集团、加强信息披露和公众参与、完善流域水污染防治的法律体系等建议。李新玲（2012）认为，当前中国流域水污染治理的研究，主要是从水利工程、排污收费制度、法律框架、明晰产权以及管理体制等方面展开的。王慧敏等（2013）认为中国当前跨行政区水污染治理存在机构、机制和法律三方面的问题，针对这些问题，相应地提出治理建议。

2. 生态保护研究现状

崔国韬等（2011）总结了国内外河湖水系连通对生态环境的影响，效益方面包括经济效益、社会效益和生态效益。段学花（2013）从矛盾观、自然观、系统观等唯物辩证法的方法论入手，对河流生态保护进行了哲学反思。强调必须运用系统的观点来看待河流系统，保护河流系统的完整性和连续性；必须减轻人类活动对河流自然形态的限制，恢复河流的千姿百态，实现人水和谐，更要尊重河流的生命，采取一系列措施保护河流生态。刘志仁和袁笑瑞（2013）总结了中国西北地区内陆河水资源存在的问题，认为由于水资源的局限性并缺乏合理的水资源管理规划体制，导致西北地区出现生态用水、农业用水、工业用水相互掠夺的情形，造成西北地区水资源的过度开发和利用。马振（2013）通过分析哈尔滨市提出的以河流为主干定城市建设格局、以水资源承载力定产业整体布局的"以水定城"的理念，依托松花江打造"松江湿地、北国水城"，总结哈尔滨市水生态保护与修复工作的初步成效。王瑞玲等（2013）通过研究黄河湿地分布及演变、鱼类及栖息地变化，总结了黄河水生态存在的问题。孟伟等（2013）从水生态功能角度出发，系统总结了国内外区划研究进展，界定了流域水生态功能区的概念，提出了水生态功能区的基本特点及其在环境管理中的主要作用。张保胜（2014）从水利工程建设角度分析过程中可能产生对生态环境的影响，水利工程主要影响周围环境的水文条件、气候条件、地质条件、污染土壤、威胁植物生存等，进而从政策、管理、环境建设方面提出完善的措施，包括完善相关规章制度和标准规范、增强社会监管力度、加大水源保护与治理、植树造林改善生态环境、建立预防系统减少自然灾害的破坏力度、注意对动植物多样性的保护。水利工程是一把双刃剑，为人民的生存和社会的发展提供了保障，但也可能对生态环境造成破坏。朱九龙（2014）通过文献梳理总结国外的四种典型水源区生态补偿模式，即政府直接公共补偿、限额交易补偿、私人直接补偿和生态产品认证补偿。

3. 水权研究现状

大约从2000年开始，中国学者基于不同的学科背景和不同的研究目的，开始研究水权理论，并提出了不同的理论。姜文来、董文虎是中国水权理论研究大规模兴起后最早对水权进行详细界定的学者（刘卫先，2014）。

姜文来（2004）认为水权是产权理论渗透到水资源领域的产物，是指水资源稀缺条件下人们对有关水资源的权利的总和（包括自己或他人受益或受损的权利），其最终可以归结为水资源的所有权、经营权和使用权。姜文来的观点具有一定的代表性，得到了石玉波（2001）、蒋剑勇（2003）等学者的赞同。朱一中和夏军（2006）充实了此观点，认为水权包括水资源所有权、水资源使用权、水资源收益权和水资源处分权，并把水权的性质界定为一种"准物权"，是特殊的用益物权，是具有公权性质的私权。但黄锡生（2004）认为既然水权是产权理论在水资源领域的表现，那么水权就不应只包括三项权利，因为产权是一个权利束，不仅包括所有权、经营权和使用权，而且还包括其他权利。

董文虎（2001）则认为水权应指国家、法人、个人或外商对于不同经济类属的水所取得的所有权、分配权、经营权、使用权以及由于取得水权而拥有的利益和应承担减少或免除相应类属衍生而出的水负效应的义务。水权应分为水资源水权和水利工程供水水权两类，两者都包括所有权、分配权、经营权和使用权。崔建远（2002）明确反对将工程水所有权纳入水权之中。汪恕诚（2000）认为水权就是水资源的所有权和使用权。金海统（2008）认为此观点是实务界对水权处理的权宜之计，而非对水权理论的缜密研究。裴丽萍（2001）认为水权是依法对地面水和地下水取得使用或收益的权利。崔建远等（2002）认可这一观点，认为水权是一个集合概念，是汲水权、引水权、蓄水权、排水权、航运权等一系列权利的总称，其性质是准物权；但黄锡生（2004）认为水资源利用权是水资源所有权的具体体现，以禁止水资源所有权交易为由将其排除在水权范围之外是不合理的。胡德胜（2006）则认为水权属于人权，即水人权。但邢鸿飞（2008）认为水权属于财产权。黄辉（2010）则认为水权既是公权又是私权。张莉莉和王建文（2012）直言水权属于权利的范畴，不包括国家对水资源的行政管理权，即把公权力排除在水权之外。《黄河水权转换实施管理办法（试行）》第 2 条对水权的界定："本办法所称水权是指黄河取水权，所称水权转换是指黄河取水权的转换。"由此规定可知，水权即为取水权。该观点也得到邢鸿飞和徐金海（2006）的认可，并认为水权是类似于采矿权的一种准物权。另外，还有部分学者主张的污水水权（丁小明和李磊，2005）、生态水权（丛振涛和倪广恒，2006）、气态水权（刘书俊，2003）、雨水蓄积权（任海军和秦小虎，2008）、饮用水权（袁记平，2008）等都应当是水权的内容。时至今日，水权理论一直没有定论。不过，十八届五中全会公报以及"十三五规划"中明确写入了"建立健全用能权、用水权、排污权、碳排放权初始分配制度，推动形成勤俭节约的社会风尚"，这一内容为中国的水权建设提供了有力的指导。

10.2.2.2　国外研究现状

国内部分学者开展了国外有关水资源、水环境与水生态保护方面的立法研究。余富基等（2005）详细介绍了美国、加拿大、墨西哥、澳大利亚流域水管理委员会的职责，为我国水资源管理制度提供了借鉴；王晓东（2004）从立法目的、政策目标、管理体制、调控机制、防治战略、监管措施和手段、实施和保障机制等方面详细对比了美国与中国的水污染防治法；吕忠梅（2005）将国外水污染控制及其立法轨迹进行了概括；万劲波、周艳芳（2002）总结了日本采用集中协调与分部门行政的水资源管理体制；周刚炎（2007）通过分析田纳西河流域与萨斯奎哈纳河流域的管理制度，总结了美国的水资源管理模式；宋蕾（2009）通过分析各国流域水资源的立法模式，总结为统一型、专门型、分散型三种模式；董哲仁（2010）通过分析欧洲成功治理莱茵河、多瑙河等大型河流的经验，指出《欧盟水框架指令》（WFD）是一部较为先进的水资源综合管理和水环境保护的法律；王晓亮（2011）简要总结了国外具有代表性国家的流域管理立法情况；李胜和黄艳（2013）从法律制度、机构设置、综合规划、公众参与等方面分析美国田纳西河流域与澳大利亚墨累-达令河流域的管理经验；罗丽（2006）就日本大气环境安全、水体环境安全、固体废物和城市生活环境安全、农业生态安全、生物安全、环境生态系统安全方面介绍了相关的法律制度；王凤远（2008）介绍了美国和日本的生态系统管理立法；李香云（2013）总结了美国、澳大利亚、英国、南非国家的生态用水管理制度，反映出人类在河流开发中对生态问题的认识不断深化并不断创新管理制度，从而有效保护生态环境；等等。

国外学者对此进行了卓有成效的研究，出版了许多书籍，发表许多论文，而且部分成果已经上升为法律法规。如美国学者发表了许多河流、湖泊水资源管理等方面的论著，在这些论著的理论支撑下，美国已制定了许多有关河流、湖泊水资源管理方面的法律法规。1969 年美国通过了《国家环境政策法》，成立了联邦环境保护局；还成立了美国五大湖区国际联合委员会，下设 20 个专业委员会各负其责管理湖泊。1970 年美国通过了一系列有关环境保护的联邦立法，其中，《清洁水法》和《安全饮用水法》是美国最重要的保护水源、治理污染的法律依据。《清洁水法》是美国保护水质的框架性法律，为管理水污染物排放确立了基本架构（张献华，2010）。澳大利亚通过 3 个文件（1994 年的框架协议、1996 年的为生态系统提供水的国家原则和 2004 年的政府间关于国家水资源的行动纲要）统一管理湖泊水资源。澳大利亚政府议会制定的水改革框架协议推动了水资源分配法律的制定，这些立法过程体现了流域水资源管理的原则和制度、水资源分配职权法定原则、水资源分配的环境评估原则、水资源登记和许可证制度、水权交易制度和评估报告原则（张艳芳等，2008）。欧盟自 20 世纪 70 年代以来出台了《游泳水指令》《饮用水指令》《控制特定危险物质排放污染水体指令》《市政污水处理指令》及《综合污染防治指令》等一系列水管理政策法令。2000 年，欧洲议会和理事会颁布实施了《水框架指令》，明确指出水管理必须按照流域或流域地区划分，并以各流域为基本单元设立主管机构进行综合管理（何鹏等，2011）。日本为应对 21 世纪全球规模的水危机，第三次修订《河川法》，在治水、水利的基础上增加了水环境保护管理内容，对河流湖泊的管理要求考虑了生态与环境的一体化管理。日本还制定了一系列与琵琶湖保护和管理相关的国家法律和地方法规，其目的在于调整与琵琶湖有关的人与人、人与湖之间的关系，对琵琶湖的开发、利用、保护、管理等各种行为进行规范，最终实现琵琶湖的可持续利用（张兴奇等，2006）。

综上，虽然学者们研究成果十分丰硕，但始终赶不上经济社会发展的步伐。学者从各自的研究方向出发，有的就具体流域的特殊性问题提出了法律治理的建议，这样的研究有利于具体流域问题的解决；有的从水生态红线法律保障制度实施的配套措施出发，建议国家要对资源地区、保护地区进行生态补偿，同时还要对地区之间进行生态补偿，以体现生态正义，实现生态公平；有的只是对水污染问题、水权保护问题、生态保护问题给予了关注，并没有针对不同种类的河湖水系连通可能出现的法律问题进行研究，并给出不同的解决方案；有的借鉴西方发达国家的经验，从法律制度和管理制度的层面进行反思，并没有为其制度构建寻找深刻的理论基础，等等。但是，此种只注重一个方向的微观的研究方法和思路在解决中国目前河湖水系连通中的法律问题上不具有普遍的适用意义，不能从宏观上解决中国目前河湖水系连通中亟待解决的突出的法律问题。

10.3　中国河湖水系连通战略面临的法律问题

　　研究河湖水系连通中的环境与生态问题的目的就在于指导、构建河湖水系连通工程中的相关法律制度，最终形成法律规范并应用于河湖水系连通工作的实践。要达到上述目的，就必须梳理现有法律法规，分析其不足，并建立和完善权力与权利的配置机制、权力与权利的沟通机制。

10.3.1　水资源管理方面存在的法律问题

　　1. 水资源管理立法的问题

　　中国现行的有关水资源管理的法律有《环境保护法》《水法》《水污染防治法》《水土保持法》《防洪法》等，从表面看，这些法律对中国的水资源保护问题已做出了全面的规定，但实际上在立法理论与实践中，这些法律本身及其相互之间都存在着问题。

　　（1）法律关系未厘清。五部法律均由全国人大常委会制定，具有同等法律效力；但从理论与实践上看，《环境保护法》为综合性的法律，《水法》《水土保持法》《防洪法》为自然资源与生态保护方面的法律，《水污染防治法》为环境污染防治方面的法律，这些法律层次不同，调整的对象不同，在立法上也应有不同的法律效力等级，才有利于对不同的行为形成规范体系，目前这种立法模式显然不能满足水资源管理与保护的需要（吕忠梅，2007）。

　　（2）管理体制不健全。这些法律均确立了水资源管理与保护的主管部门和协管部门，但这些法律大多是由两个主管部门分别起草然后报全国人大常委会通过的，立法时欠缺综合平衡，立法时间有先有后，法律之间没有较好地协调。而且，每部法律规定过于原则，可操作性不够，除《环境保护法》《水污染防治法》有一些相应的配套法规外，其他的法律均缺乏相应的配套法规，特别是缺乏程序性规定，致使一些法律制度的适用范围不明、具体实施时困难重重。

　　（3）管理权限不明确。目前，中国设立的行政机关都没有专门的组织法，各部门的职权都是由各部门先制订方案，后报经国务院批准，各部门难免从自身利益出发来考虑问题（吕忠梅，2007）。《水法》规定了流域管理与行政区域管理相结合的管理体制，但在具体实践中，流域行政管理机构尤其是跨区流域行政管理机构与地方政府、环境部门的职责权限还是时有冲突，这就容易造成权力设置的重复或空白，只有分工没有协作，各部门的权力竞争造成对整体利益、长远利益的损害，尤其对流域水资源的保护十分不利（吕忠梅，2007）。污染管理者、资源开发者、排污者相脱节，污染管理者只收费不治理，资源开发者既要开发又要治理，排污者只交费什么都不管，其结果只能是流域水资源得不到有效保护。

（4）管理目标难实现。一些管理机构的权限不明，职责不定，难以实现法律规定的管理目标。在五部法律中，关于流域水环境保护仅有《水污染防治法》有所规定，但其规定却存在着相互矛盾的地方。由于流域水资源保护机构的法律地位不明、权力不清、职责不定，当然无法发挥对流域水资源统一管理的作用，致使流域水资源保护举步维艰。

由于上述问题的存在，流域水资源保护管理体制较为混乱。当流域出现严重的水污染时，无法用现行法律制度来进行规制。因此，在实施河湖水系连通工程时必须认真吸取流域水污染的教训，首先要建立健全相关法律，理顺相关法律之间的关系，以保证各项制度能在河湖水系连通中发挥作用，保证河湖水系连通工程的目标得以顺利实现。还需特别指出的是，千万不可忽视河湖水系连通工程中水资源保护的特殊性，即使建立健全现行法律，使之能适应河湖水系连通水资源保护的要求，但从发展的视角来看，必须制定有效规制河湖水系连通工程的专门性法律。

2. 水域管理立法的问题

（1）立法位阶偏低。除了《水法》《水污染防治法》等少数几部法律之外，中国涉及水域管理的法规绝大多数都是国务院制定的，如《淮河流域水污染防治暂行条例》《太湖流域管理条例》等。尽管流域管理需要试验性立法，但是只有全国人大立法才具有更高的权威性和利益超脱性，避免行政机关部门利益法制化的倾向（曾祥华，2012）。

（2）立法内容存在冲突。2008年新修订的《水污染防治法》确定了中国水污染防治的"统一管理与分级、分部门管理相结合"的管理体制，《水法》确立了"流域管理与区域管理相结合的管理体制"，并确立了流域管理机构的法律地位，这也是中国迄今对流域管理法律地位规定的最明确，对流域管理机构的职责规定的最集中、最清楚的一部法律。新《水污染防治法》所确立的是一种区域管理体制，而新《水法》中所确立的流域管理体制并未得到新《水污染防治法》（2008年修订）的确认，两部法律之间存在着明显的矛盾以及体制和权力上的冲突，缺乏协调性。

（3）公众参与不充分。地方立法征求意见具有任意性，是否征求意见，征求意见的期限长短，都由立法机构定夺。对征求的意见是否采纳及其理由缺乏合理的说明和解释，更没用对提意见者的回复。这些都不利于调动公众参与的积极性，不利于加强公众参与的实效（曾祥华，2012）。河湖水系连通涉及多个市县或省份，市际或省与省之间难免签订协议，但这些协议不属于中国法律规范，所以地方政府之间协商结果的效力不能确定，不利于发挥地方协商作用。

（4）新价值理念亟须贯彻落实。2014年修订了《环境保护法》，其立法宗旨上体现生态安全和可持续发展的思想，在基本理念和基本原则方面，强调生态秩序、生态阈值限制、人与自然和谐。这些新价值理念亟须在实施河湖水系连通工程中加以贯彻落实，彻底摒弃过去只把眼光放在经济价值上，甚至把GDP等同于经济价值的错误做法。

（5）立法欠缺操作性。如《水法》的相关规定比较原则，实践中尚欠缺可操作性。另外《水污染防治法》规定了确立省界水环境质量标准。但是这一标准该如何确定？这一标准是动态的还是静态的？这一系列疑问的提出，都体现出法律规范和技术性规范不协调的现状。除了水环境质量标准的确定外，还面临流域生态价值评估体系的确立和制定科学合理的流域生态补偿标准等技术性难题。

3. 水权制度的问题

总的来说，目前，中国的水权制度还存在以下几个方面的问题：

（1）水资源使用权缺失。中国现行水权制度主要包括水资源所有权和取水权制度，却不包括水资源使用权。不过，《水法》对水资源的开发利用及其利益关系的调整做出了一些具体规定，如国家保护依法开发利用水资源的单位和个人的合法权益；国家鼓励和支持开发利用水资源和防治水害的各项事业等。

（2）水权交易流转制度仍停留在实践层面。中国已经建立了土地、矿产资源的产权流转基本制度，但用水权流转制度仍停在实践阶段，法律层面仍处于空白。长期用计划手段配置资源，造成了资源配置效率低下、资源价格不合理、管理粗放、使用浪费等问题，不适应经济社会可持续发展和资源可持续利用的要求（李素琴和程亮生，2008）。

（3）实践中的水权交易亟待法律支撑。尽管中国的水权在理论上尚未形成统一的认识，也没有任何法律对此进行规范，但是，中国的"水权交易"实践中所交易的"水权"并没有那么大的分歧，反而存在一定程度上的一致性。中国各地实践所探索的"水权交易"主要有三种模式，即东阳-义乌水权交易模式、甘肃张掖水票交易模式和黄河水权交易模式，这三种交易模式中的水权具有相同的含义。此外，还有宁夏和内蒙古开展的工业与农业之间的跨行业水权转让，北京与河北的水权交易实践等。

综观 2000 年以后中国水权的理论研究和实践情况，其主要有如下三个方面的特点：①对水权理论争执不下，没有形成统一的认识；②各地对水权改革的实践探索从未停止，水权模式多样化；③部分学者开始对水权理论以及水权实践进行反思。总之，这些有关水权的理论研究和实践探索争论纷呈，不仅没有形成符合中国实际情况的统一的水权理论，也没能使水权在"水资源可持续利用、合理配置及保护"方面提供有效的保障（刘卫先，2014）。尽管中国水权的理论研究表面繁荣的背后隐藏着水权理论的贫困，水权理论还有待更深入的研究，但是，探索中国水权交易的实践步伐一天也没有停止。据《经济参考报》消息，正在研究制定的关于推进农业水价综合改革的意见主要集中在两方面：一是用水总量控制和定额制度；二是水权流转制度。据《证券时报》报道，我国将在"十三五"期间研究提出关于推进农业水价综合改革的意见。改革目标是建立多用水多花钱的机制，即在总体上不增加农民负担的前提下，促进节约用水。

10.3.2　环境与生态保护方面存在的法律问题

河湖水系连通工程不仅能适度调整水系和水资源的格局，而且还会一定程度地改变相关地区的资源环境匹配关系，既存在一定风险，也具有很大难度（李原园，2012）。因此，河湖水系连通工程应在科学规划论证、慎重决策的基础上，严格依照法律法规，采取相应的生态环境保护措施，并根据生态环境对项目实施的响应及时优化调整实施方式，强化对工程规划、设计和建设管理全过程的监督管理，最大限度地减少项目实施对环境和生态的不利影响。

1. 环评立法存在的问题

（1）政策环评复杂。新修订的《环境保护法》第十四条规定虽然没有指明开展政策环评，但实际上就是在行使政策环评的功能（耿海清，2014）。政策环评是战略环境影响评价在政策层面上的应用，或者说是以政策为对象的战略环境影响评价。与规划环境影响评价和建设项目环境影响评价相比，政策环评无论评价对象还是评价内容都更加复杂。河湖水系连通是水利部提出的新的水利发展战略，是提高水资源配置能力的重要途径，但河湖水系连通是一个复杂的巨系统，涉及资源、环境、社会、经济等各方面的要素，具有高度的综合性。对于这一复杂的水利发展战略，需要在国家层面提出明确的政策主张和目标，并形成完整的体系。同时还要从提高水资源承载能力、维护生态环境功能、降低自然灾害风险的角度开展政策环评工作，科学地编制河湖水系连通规划战略研究。

（2）环评编制主体不合理。依据《环境影响评价法》规定，国家层面、流域层面以及设区的市级以上的区域层面的河湖水系连通均要进行环境影响评价，而设区的市级以下的区域河湖水系连通进行项目环境影响评价即可。虽然法律对需要进行环评的范围做了明确的规定，但相关法律对于规划环评的编制主体规定得过于笼统，既可以由规划编制机关编制，也可以由规划编制机关组织规划环评影响评价技术机构编制。这种由规划编制机关"自我编制"的模式在实践中给了规划编制机关弄虚作假的机会。因此，规划编制机关是否有资格、有能力编制规划环评报告，值得怀疑。

（3）环评审批不合理。从实践层面看，政府部门常常在同级人民政府领导和指示下做出具体的规划，由同级人民政府对下属部门所做环评报告进行审批，实际上把环评的主体和审批主体"合二为一"。这样的审批方式违反了基本的公正、公平原则，并不能在本质上对项目环评有约束效力。另外，环评报告的结论、专家的审查意见以及政府最后的决策意见三者之间的关系是环评报告审批合理性的关键。根据相关法律规定，环评影响评价结论是由环评报告编制机关做出的，但其并不具有法律强制力，审查小组必须审查环境影响评价结论的科学性。而专家小组提出的意见同样不具有法律强制力，只是作为"决策的重要依据"，最终的决策权仍在规划审批机关手中。

（4）未明确环评编制时间。《规划环境影响评价条例》规定应当在"规划编制过程中"进行环境影响评价，但并无具体规则保证环评一定与规划编制同步进行。相反，在实践中，河湖水系连通规划往往在完成后再进行环评，河湖水系连通规划的做出需要投入大量时间、金钱、人力、物力，因此规划完成后的环评结果往往难以改变复杂规划的内容。新修订的《环境保护法》已然意识到该问题的严重性，强调了"未环评的开发利用规划不得组织实施，未环评的建设项目不得开工建设"，但在违法责任一章中，仅对建设项目"未评先建"的行为规定了停止建设、处以罚款、责令恢复原状的违法责任，并未对规划"未评先实施"的行为设定违法责任，这使得"未环评的开发利用规划不得组织实施"形同虚设。

（5）环评实施缺乏保障。从司法实践来看，在市场经济体制下，政府所做规划的目标与作为投资主体的企业之间的利益诉求常常并不具有一致性，因此到了实施层面，规划的执行力度则大大降低。除此之外，在河湖水系连通过程中，特别是流域河湖水系连通，涉及部门较多，但到目前为止并没有非常有威信的协调机构和有效的协调机制，在一定程度上也为规划的实施带来一定困难。虽然《规划环境影响评价条例》中规定了规划编制机关应及时组织环评的跟踪评价，但跟踪评价的主体仍为规划编制机关，缺乏监督和约束效力。且《规划环境影响评价条例》并未对未开展跟踪环评或未针对跟踪环评采取相应措施的规划编制机关的法律责任做任何规定，使得后期的跟踪评价可为亦可不为。规划环评的作用则在于对规划提出修正意见，如果这些修正意见无法保障实施，那么规划环评的意义就难以实现。

2. 跨界水污染立法存在的问题

（1）立法理念陈旧。中国水事立法采取分别立法的模式，没有从整个流域的社会、经济、生态等综合管理角度出发，制定统一的流域法，更没有一部规范河湖水系连通工程方面的单行法（吕忠梅，2005；赵春光，2007）。

（2）容易形成权力竞争。水资源保护在中国实行部门管理体制，其开发利用由水利、农业、交通、航道、电力、港务等不同部门管理，水污染治理由环保部门管理，因部门分割体制而形成了部门立法观念。同时法律运行机制缺乏，容易诱发"公地悲剧"（吕忠梅，2005）。现有水污染防治的法律制度体系比较完善，但法律制度之间严重脱节，"多龙治水"的格局已定，更缺少明确部门之间权力配置的原则、权力行使的方式，也没有规定权力的冲突规则，更没有规定权力协调的规则。

（3）现有法律法规相互冲突。由于中国的分别立法模式，各部法律法规之间存在相互冲突，也使得执法部门的职责不清和职能交叉、条块分割，监管乏力。而且水权界定不清晰，中国流域水资源的所有权是清晰的，但是使用权并不清晰。水资源具有明显的公共性，使得个人、部门和地区在使用流域水资源时，都在谋求个人利益的最大化，造成水资源的外部不经济性。

（4）市场机制缺乏法律保障。中国在水污染防治制度的设计上，权利干预、直接命令的管理制度过多，利用市场化机制协调水资源开发利用主体利益关系的制度太少。

（5）流域生态补偿的法律制度缺失。中国制度内的补偿对象几乎局限于植树造林方面，制度外的若干尝试不够规范和权威，近似扶贫与恩赐；并且补偿标准过低，对于积极投入部分补偿有限；补偿过程漏损较多，以中央预算直接补偿个人，违反了受益原则（赵春光，2007）。

（6）公众参与水资源立法制度缺位。由于缺乏公众参与制度，公众的合法权益诉求得不到释放和表达，补偿受损得不到有效法律保障，使公众对政府的立法、执法缺乏信任感和认同度，进而易引发大量群体性事件和问题，不利于社会和谐稳定。

3. 生态保护立法存在的问题

（1）环境立法理念低下。环境保护立法仍然偏重末端治理，对生态保护性法律规定存在不足。而且，生态系统管理的法律体系不统一、不完整、不配套，难以完成艰难的生态系统管理任务（王凤远，2008；聂爱平，2009）。

（2）生态系统管理立法不完善。虽然新修订的《环境保护法》等法律明显体现了对生态保护的重视，但在一些重要的生态保护领域仍存在立法空白（毛涛，2010），立法不完善（王凤远，2008）。

（3）生态保护的法律规范较为分散，影响执法力度。有关生态保护的法律规范较为分散，表现形式多为行政法规或国家政策，立法层级偏激，影响执法力度。如《自然保护区条例》《野生动物保护法》效力位阶太低，法律明文保护的范围十分有限，无法满足生态保护的要求。如《水法》《土地管理法》等在立法目的条款中对生态保护未有提及。

（4）立法创新不足，可操作性不强。国家立法是污染控制比较完善，生态保护方面欠缺，这也体现在地方立法；国家生态保护立法是实体法较完善，程序法相对不足，地方立法也没有解决可操作性问题等。立法程序存在瑕疵，势必会影响环境执法的公正与公平。

10.4　国外解决河湖水系连通中法律问题的实践和经验

为了适应自然、改造自然，人类很早就开始了河湖水系连通的有关探索与实践。近年来，针对新时期保障水安全的需要，国外开展了大量的河湖水系连通实践（李原园，2012）。国外开展河湖水系连通工程实践中，相关理论和技术也比较成熟，而且大多数的技术规范和成功的政策举措已上升为法律规范，特别在立法保障方面积累了许多有益的经验，而中国河湖水系连通立法尚处于探索阶段，需要决策者用科学的态度去思考和研究，正确认识并应对河湖水系连通中的法律问题。要解决中国河湖水系连通中面临的上述法律问题，除了需要智慧、克服现有法律法规的滞后，采取积极应对措施外，还需要在考虑中国国情的基础上，借鉴国外成功的立法经验，特别是要参考美国、加拿大、澳大利亚、欧盟国家以及日本等域外解决河湖水系连通法律问题的成功立法经验。

10.4.1　国外解决河湖水系连通中法律问题的相关实践

为了提高各部门的用水效率，在水资源管理中保护和实现自然资源的持续利用，减少巨额财政负担及增强资源分配中的灵活性和反映能力，许多国家和地区纷纷建立水权交易体系，实现水资源的市场化运作（王金霞和黄季焜，2006）。

1. 美国和加拿大

20 世纪初，美国就与加拿大开始合作，从合理使用水资源发展到共同治理湖区污染。1909 年，美国和加拿大签订了边界水条约，并成立了国际联合委员会，目的是解决两国边境河流、湖泊由于水资源使用引起的纠纷（窦明等，2007）。1911 年，国际联合委员会召开第一次会议，将两国委员召集在一起共同讨论水环境问题和其他问题。1970 年，国际联合委员会关于五大湖水污染报告促成了有关五大湖水质问题的谈判。1972 年，美加两国签署了五大湖水质协议，该协议规定两国必须共同努力来治理五大湖的水污染问题（张献华，2010）。到 1977 年，环境监测显示，排入湖内的污染物数量明显减少，水质状况显著好转。此外，经过研究决定，此后的工作重心向有毒污染物对生态环境的影响这一方面转移。1978 年，修订五大湖水质协议，提出了恢复和维持五大湖生态平衡、限定磷排放总量、完全禁止永久性有毒物质排放的建议；引入生态学理论，提出在恢复和治理五大湖水环境的过程中，还应考虑空气、水、土地、生态系统与人类之间的相互作用关系。协议还号召美加两国"实质性地"禁止向五大湖排放难降解有毒物质。1983 年，又将水体中磷负荷削减量附加到五大湖水质协议中，并对富营养化问题比较突出的伊利湖和安大略湖制定了削减目标（窦明等，2007）。1986 年，美国湖区 8 个州的州长签署了五大湖有毒物质排污控制协议，之后，加拿大安大略省和魁北克省也在该协议上签名（张献华，2010）。1987 年，美加两国第三次修订五大湖水质协议，着重强调对非点源污染、大气中粉尘污染和地下水污染的治理，并首次提出实行污染排放总量控制的管理措施。此后，一大批旨在改善五大湖水环境质量的政策、项目出台并付诸实施。如 1990 年，在国际联合委员会两年一次的报告中提到，即使是将难降解有毒物质的排放量控制在较低的水平，也会对儿童的健康构成威胁，由此委员会提出将苏必利尔湖设计为难降解有毒物质的"零排放"示范区（窦明等，2007）。

1991 年，美加签署了削减酸雨的空气质量协定，同年，两国政府以及安大略省、密歇根省、明尼苏达州、威斯康星州 4 省（或州）政府就"恢复和保护苏必利尔湖的两国合作计划"达成共识。1995 年，美国国家环境保护局颁布了被称为五大湖水质保护规范的五大湖水质导则（窦明等，2007）。

2002 年，通过了《五大湖地区发展战略》的区域发展计划。该计划首先提出要对当前最为关注的水环境问题优先制定一套共同行动纲领，从而使整体的合作行动与美国政策委员会的目标保持一致，并规定五大湖地区的生态环境保护和自然资源管理工作将由联邦政府、湖区州政府和当地部落共同承担，其合作方式保持与五大湖水质协议相一致（窦明等，2007）。

2004 年，旨在恢复和保护五大湖生态系统的《五大湖宣言》在芝加哥签署，承诺齐心协力保护、恢复和改善五大湖生态系统，以迎接不断出现的新挑战，确保后代人能够拥有健康的生态环境（张献华，2010）。

1986 年，美国制定了《密西西比河上游管理法》，对密西西比河上游流域协会的组成和职权进行了规定（曾祥华，2012）。1987 年，美国又制定《哈得孙河河口管理法》，该法规定"州环境保护部主任应当成立一个哈得孙河河口管理咨询委员会，以便其同该委员会就影响哈得孙河河口区域的鼓励、保护和使用的监管、政策和其他事项，以及哈得孙河河口管理计划的指定事宜进行会商。这些委员会应当能够代表直接涉及哈得孙河河口区域的利益，包括来自商业性捕鱼、运动员、研究、保育和休闲娱乐业（界）的代表。"美国水权作为私有财产，其转让程序类似于不动产，需经批准、公告、有偿转让等一系列程序（李燕玲，2003）。在美国西部还出现了水银行，水银行将每年的来水量按照水权分成若干份，以股份制形式对水权进行管理，同时开展一系列立法活动，消除水权转让的法律制度障碍，以保证水权交易的顺利进行和水市场的良好发展。美国设立水权咨询服务公司管理美国几乎所有的水权交易（李燕玲，2003），如为委托人提供各种记录档案和其他必需证明，提供水权的占有水量、法律地位及为水权的有益利用提供专家证词。

2. 澳大利亚

澳大利亚水资源短缺严重，再加上水资源分配不均，气候干旱导致地表蒸发量大，因此澳大利亚人对水资源特别重视，建设了众多的水利开发工程，对于水资源的开发、管理和使用形成了一套较为成熟的体系，例如 20 世纪 20—70 年代对世界上最大的流域之一——墨累达令流域的综合开发，其中最著名的河湖水系连通工程则是 1949—1975 年修建的雪山调水工程。澳大利亚的水资源管理立法主要以墨累达令流域为核心。2007 年之前，管理墨累达令河流域的主要依据是《国家水行动》以及 1992 年制定的《墨累达令流域协议》。《国家水行动》试图通过流域各州政府共同分担责任提高墨累达令流域水资源利用的效率；而 1992 年的《墨累达令流域协议》明确规定了各区域之间的水资源分配、水权交易方式、水资源开发的限额、环境规划用水量以及水质与盐度的管理目标等内容，其目的在于确保各州之间的利益平衡以及水资源的合理开发和生态保护。这意味着在经济效益与环境效益之间，河流规划要以环境效益为先，不能为了短期的经济效益而牺牲长期的生态效益。这种经济、社会、生态多元化的管理目标，体现了资源可持续利用的管理理念，是当今国际社会所倡导的自然资源开发与管理理念。2007 年，联邦政府颁布了《联邦水法》，2008 年出台了《联邦水法修正案》，并根据该法组建了墨累达令流域管理局，管理局直接对联邦政府负责。澳大利亚宪法规定，州政府承担水资源的管理责任，联邦政府所拥有的权利较为有限，而由联邦政府和州政府通过协议建立的墨累达令流域管理局则具有该河流流域的最高管理权。该流域管理局包括：①流域部长委员会，为决策机构，最高权力机关；②流域委员会，为执行机构，负责墨累达令河的具体管理和执行部长委员会的决策；③社团咨询委员会，加强流域管理局与利益相关社团或群体、代表的联系；④委员会办公室，负责该局的秘书支持。最特别的是，各州政府在该流域管理局内都有发言人，通过赋予其一定的权利保证其能主张所代表州的利益，实现权利制衡，从决策层面上保障各州的基本利益。因此，该流域管理局所做出的规划具有较高效力，州政府甚至通过专门立法的方式确认其法律效力。赋予流域管理局足够的权利，则在一定程度上保证了流域规划的实施，减少州政府之间的扯皮与推脱。

澳大利亚国家水资源委员会定期对各州的规划执行有效性进行审核，并将结果提供给联邦及各州部长。强制监测和评估不仅保证了各州在规划实施阶段对规划的有效实施，也有利于流域管理局收集各州的规划实施情况，为流域规划的未来实施提供信息反馈，使得流域管理局能及时发现实施中的新情况，并及时调整规划内容。同样，河流水系连通的规划并不能一蹴而就，而应该根据实际实施情况以及不断产生的新信息来及时评价和修订。

除此之外，澳大利亚《水法》还规定了关于流域规划评估的强制规定，要求每十年给予一个协商期，由流域管理局、州政府、流域委员会以及社区委员会进行协商和评估，并接受来自公众的意见，评估的结果可能导致规划的修改。如此，公众在规划实施阶段还能继续根据规划的实际执行情况参与到环境影响评价中，使规划更加科学和合理化。

澳大利亚还建立了生态用水管理制度，主要有生态水权制度（1995 年的《水分配与水权——实施水权的国家框架》、1996 年的《保障生态系统供水的国家原则》）、政府回购生态水权制度。在澳大利亚的水交易市场上，销售者可以自行决定出售其多余或不需要的水量，增加了企业经营的灵活性。通过出售他们不需要的水量以增加经济效益，尤其是不再经营现有的企业或到其他领域投资的情况下，出售部分水权的收入，同样可用于引进节水技术，更进一步提高水的使用效率。对于购买者来说，通过在市场上购买水权，可以投资新企业或在扩建现有企业规模时增加水使用的可靠性（李燕玲，2003）。

3. 欧盟

与其他洲相比，欧洲最特别的地方在于国家多，因此河流多流经多个国家，每个国家的国情与利益不同，难免会引起水资源的争端，从而导致水环境的恶化。例如欧洲最大的河流莱茵河，流经九个国家，因此常常遭受过度开采、水环境恶化、水污染等问题。欧盟相关国家为了解决流经欧盟各国的河流问题，通过了《欧盟水框架指令》，旨在对流域实施综合管理。多瑙河和莱茵河中间隔着分水岭，欧盟曾采取调水的方式用多瑙河的剩余水量补充莱茵河流域水量的不足。莱茵—多瑙河调水工程就是最典型的连通工程，该工程不仅补充了莱茵河水域的水量，还开发了发电站、游览场所、航运等功能。

《多瑙河流域管理规划》是根据《欧盟水框架指令》而制定的规划。根据《欧盟水框架指令》，流域管理规划分为四个阶段，而每个阶段的环评都有不同的任务。第一阶段的规划内容为定义流域范围、组织机构和协调机构，而该阶段的环评任务则是通过筛选确定环评范围和利益相关者；第二阶段规划对流域进行各影响因素的分析并建立保护区目录，该阶段的环评任务则是识别和评估影响；第三阶段规划是制定监测网和计划，该阶段的环评任务是保证后期能利用该监测网对规划的实施效果进行监测；第四阶段则是制定流域管理规划，与之相对应的环评任务则是通过进一步识别和评估影响，最后做出环境报告。

欧盟明确规定规划不同编制阶段所对应的环评任务，保证了规划与环评的同步，避免出现规划完成再做环评的滞后性或规划已开始实施但还未环评的情况出现。

公众参与是《欧盟水框架指令》的重要组成部分。该规划为了实现公众参与，开通了网络主页对该规划信息做了详细介绍，并实时更新《水框架指令》的执行情况以及其他与该规划有关的信息，让公众充分了解该规划的制定与执行信息，并能及时咨询和评议。此外，为了让利益相关者更积极地参与到规划的制定中，该规划还给予部分利益相关者"观察员"的地位，使其在规划编制过程中更具有角色感，带动利益相关者的积极性。目前，已有 21 个组织获得"观察员"地位。

为了保证规划的监测和评估，在流域规划制定的过程中，相关国家共同建立了一个跨国监测网，用以监测流域地表水和地下水的总体情况和长期变化情况。该监测网从各监测点收集数据后，由国家层面的数据管理程序将数据进行收集且转化为指定格式，并发送至跨国监测网络数据管理中心。该中心对数据进行第二次检查之后，将数据上传到网站进行公示。监测网的建立有利于各国政府对当前整体流域情况的了解和信息的收集，避免信息共享不足所导致的决策失误。该跨国监测网成为多瑙河流域规划制定过程中的重要工具，并为后期规划的实施提供了跟踪评价的保证。此外，流域管理机构还收集各国的违法信息，通过违法信息与违法处理结果的公开来提高流域管理的执行效果。

4. 日本

在水环境管理方面，日本于 1967 年通过《公害对策基本法》，确立了国家环境管理的原则。1970 年制定了《水污染防治法》，1972 年，中央政府设置了环境厅，2000 年升格为环境省，下设水质保护局，统一领导和协调水环境管理。日本国土厅统一协调水管理的法律基础是《河川法》，其立法目的在于以流域为单元对河流进行综合管理，在防治河流受到洪水、高潮灾害影响的同时，维持流水的正常功能，并在国土整治和开发方面发挥应有作用，以利维持公共安全、增进公共福利。根据此法，中央政府对一级河川按流域范围指定管理者，负责有关的保护和政治活动，所需费用，一级河川所在的都、道、府、县最多要担负 50%。对于兴利活动，在《河川法》之下又制定了《水资源开发促进法》。同时，为了保证法律的可操作性，《河川法实施令》将《河川法》规定的内容加以细化，对绝大多数条款做了具体解释与规定，使得执法中有一个统一的标准可执行。

20 世纪 60 年代以前，日本环境资源立法局限于单行法、部门法，采取头痛医头、脚痛医脚的立法办法。80年代，日本一度陷入"公害大国"的困境，自90年代开始日本进入环境法制的完善期，其中最具意义的立法活动是1993年的《环境基本法》，该法在注重保护生态系统的同时，以构筑可持续环境保全型社会为目标，积极推进国际环境保护。

10.4.2　国外解决河湖水系连通中法律问题的经验

纵观国外河湖水系连通的立法与司法实践，其值得借鉴的成功经验有如下六点。

1. 环境影响评价先行

河湖水系是由水循环系统、水生态环境系统和经济社会系统组成的流域复合系统的载体，自身在自然因素和人类活动影响下总是处于不断变化过程之中，从而决定了河湖水系连通的复杂性。因此，河湖水系连通必须符合河湖自然演变规律、经济规律和社会发展规律（李原园，2012）。为了避免河湖水系连通工程完成后对其进行评估，评估结果难以改变已经完成的复杂的水系连通，不至于使环境影响评价流于形式，欧盟将环评规划分为多个阶段，不仅规定了每个阶段规划的主要任务，而且规定了与每个规划阶段任务相适应的环评重心，有针对性地对规划制定的每个阶段进行评估。这样不仅保证了环境评价结果能随时被规划所采纳，也避免了规划环评滞后或提前所带来的不利影响。

对河湖水系连通进行规划环境影响评价，最根本的目的在于将消极影响最小化、积极影响最大化，并通过修改规划保证预防性措施的实施。而对于环境影响具有最密切联系的就是利益相关者，因此，利益相关者的合理意见能否被采纳也是影响规划后期实施阻力大小的一个关键因素。为避免河湖水系连通工程给当地社会经济以及生态环境带来负面效果，欧盟环评要求公众全程参与，这使得公众对工程规划的理解由浅至深，到后期能在较为全面了解工程规划内容的基础上提出合理意见，并及时被采纳。另外，欧盟环评中将利益相关者从被管理者的角度转化为管理者，通过角色的转化使公众更有积极性参与到规划与环评中。而中国规划环评常常将公众置于对立的角色，在公众曝光或迫不得已之时才让公众介入，引起公众不满，使得规划和环评难以贯彻实施。因此，通过增加公众对规划环评的付出和归属感来增加公众对规划实施的积极性，可以是改变中国环评公众参与现状的突破口。

河湖水系连通往往涉及多个部门和行政区域，且一个行政区域所采取的特殊的行动往往会对其他行政区域内的河湖水系产生影响，因此各部门、各行政区域之间的调查和环评数据和信息共享是进行河湖水系连通规划环评的前提和基础。通过建立一个健全的机制来共享数据和信息，是科学开展环境影响评价的前提。欧盟的经验表明，除了公开规划的实时实施效果，还应该进一步公开河湖水系连通过程中违法行为及处理结果的信息，提高规划的执行效率。

2. 设立拥有监督管理权的机构

在河湖水系连通中，通常需要一个机构协调政府部门间工作，沟通政府部门与公众之间的信息，以保证各个部门以及政府部门与公众之间的相互协调与合作。目前，中国重要河流的流域，如长江、黄河、淮河等河流，也都设立了流域管理机构，在《水法》的规定下，流域管理机构具有了明确的法律地位，在水资源管理范围内行使法律法规或国务院水行政主管部门所赋予的监督管理权。虽然中国的流域管理机构也有一定的行政管理权，但对地方政府并无约束力，因此，流域管理机构做出的规划通常难以得到地方政府的贯彻实施。澳大利亚是联邦制国家，各州的自主权比较大，在跨行政管辖区的流域中进行利益平衡就必须依靠大量的协商会议来解决。墨累达令河流域是澳大利亚最大的跨行政区流域，它的流域管理需要多个不同行政区域的部门通过州际协议来组建一个跨行政区的全流域管理机制。墨累达令河流域行动就是在这种需求之下建立起来的，它包含一个来自各州的部长会议和一个墨累达令河流域委员会。协商会议成为利益相关人协商利益的平台。流域规划的过程，是一次利益冲突与妥协的平衡过程。根据澳大利亚 2007 年《水法》，制定流域规划的过程中流域管理局必须和流域内各州政府、流域官员委员会以及流域共同体委员会进行协商（曾祥华，2012）。

因此，澳大利亚通过协议设立流域管理机构的方式对中国而言难以借鉴，且在中国目前的行政模式下，在河湖水系连通工程所涉水域设立一个涵盖各部门职权的超部门的水域管理机构实难实现。但不妨在水域管理机构的基础上赋予其更多的权力与职责，让它在充分协调各部门利益的基础上做出有利于河湖水系连通水域整体生态保护兼地区经济发展的决策。

日本在强化"河川管理者"的法权，尊重河川使用者的利益，实施必要的赔偿制度，对违法行为进行处罚，地方财政共同负担河川管理及工程费用。

3. 建立生态用水管理制度

为实现水资源的可持续利用，必须坚持人口、资源、环境协调发展的原则，转变治水思路，从传统水利向现代水利转变、向可持续发展水利转变，而国外的诸多经验无疑给中国水利改革提供了借鉴。美国有 46 个州拥有河道内流量管理权，其中 11 个州以法规条例形式加以规定（侯晓梅，2003）。美国主要生态用水管理制度有最小流量制度和原生态流量制度。为了保护特殊物种和重要生态系统，美国加州制定了野生动植物保护区或栖息地生态用水制度（1934 年《鱼类与野生动物协调法》）、水权转让或调水的生态用水保证制度（加州《水法典》《1992 年中央流域灌溉工程改进法》）、天然河流景观制度（1968 年联邦《自然河流和景观法》、1972 年加州《自然河流和景观法》）。欧盟以及美国在一些多雨的地方采取了滨岸权准则和优先占用权准则（李燕玲，2003）。在水资源比较丰沛的地区，规定"合理使用滨岸土地的水体但又不影响其他滨岸土地所有者合理用水的权利。""滨岸土地都有取水用水权，且所有滨岸权所有者都拥有同等的权利，没有多少，先后之分。""滨岸权必须在流域内滨岸土地上运用，而且这些滨岸土地必须在水体所属流域内。"在干旱和半干旱的美国西部各州采取和发展了优先占用权准则，主要是为了解决西部水资源紧缺、用水较为紧张的问题。其对水权规定了"先占有者先拥有，拥有者可转让，不占有者就不得拥有"等一系列界定原则。

澳大利亚的生态用水管理制度，反映出人类在河流开发中对生态问题的认识不断深化并不断创新管理制度，从而有效保护生态环境。在澳大利亚，联邦政府及其有关州和地区政府在灌区管理方面逐步推行企业化和私有化，减少政府干涉，增加政府核算功能，并从调控作用中进一步分离政府的商业性所有权或经营权（张艳芳，2009）。此外，加拿大和日本等也在努力培育发展水市场，积极开展水权交易，而且，智利、墨西哥、巴基斯坦、印度、菲律宾等一些发展中国家也在尝试通过建立水市场进行水权转让（李燕玲，2003）。

4. 构建公众协同参与机制

河湖水系连通的本质是维系和增强河湖的水力联系、维护良性的流域水循环关系（李原园，2012）。不论是水资源管理体制与水量丰枯的互动，还是水利调整的协调与妥协，都需要建立用水户之间的横向关系，用水户必须以流域的水利用为媒介建立利益共同体，从共同体中遴选代表与政府、水管理部门的代表一起构成流域管理委员会，参与流域管理的决策，反映自己的意见与愿望，维护自己的权益等（刘振胜和周刚炎，2005）。美国自20世纪50年代以来，公众参与水资源开发决策的程度不断提高，1979年，美国环保署在其颁布的法规中明确指出公众参与公共决策的重要性。该法律文件根据《清洁水法》《资源保护与恢复法》以及《安全饮用水法》，就公众参与提出了最低的规制要求和建议。80年代以后，对于重大的水资源开发项目，逐渐形成"沟通与协调"的体制，并在一些地区通过地方议会立法的形式法制化，保障公众和有关部门享有参与决策的权利（徐荟华，2004）。2003年，美国环保署制定了《公众参与政策》，就促进公众参与提出了一系列要求。该政策文件还列出了有效的公众参与的基本步骤，要求环保局的工作人员在实践中按照这些步骤引导和促进公众参与。欧洲为促进公众参与包括水资源管理在内的环境管理，制定了一系列政策措施，其中，有两份政策文件最有影响，即《奥尔胡斯协定》和《关于公众获得环境信息的指导方针》。2003年，欧盟又出台政策，明确指出公众参与取得成效的三个条件：①参与的公众和利益相关人必须来自各个不同层面，代表不同利益群体；②向公众提供的信息应该涉及计划和政策制定和实施的全部过程；③要以通俗易懂的方式、多种渠道向公众提供信息。根据上述政策文件的要求，欧盟各国已经或正在修订和制定相关法律和政策，以促进公众参与水资源的管理。日本的国土资源部与建设省则常常由于水资源开发规划受到公众的反对而使工程搁浅。开发管理部门有完善的公示与意见征询程序，区域的关联者有很强的参与意识，积极思考、审核工程对流域或区域发展的利弊，提出代表区域公众的意见或建议。随着水库大坝的建设对水生态环境的影响被广泛认识，20世纪80年代后期以来，日本有多座水库的建设计划因公众的反对而取消或延期（陈菁，2003）。

5. 强化水环境生态保护

美加两国为保持五大湖水环境处于一种自然平衡状态，凡是要排入湖区的工业废水和生活污水，都要事先经过污水处理厂净化后再排入。此外，美加两国政府非常重视对重金属、难降解有毒物质的排污控制，在湖区设立示范区，力图实现对这些物质的"零排放"，以消除其对人类和生态系统的潜在影响。在维护湖区营养盐分平衡问题上，既要考虑彻底消除富营养化，又要适当维持水体中的营养水平，以保证水生生物的健康生长。为增强五大湖区水域的景观娱乐功能，适当调整当地经济发展速度，杜绝对水资源的过度开发利用，避免由于经济过快发展而导致水资源承载压力过大的局面出现；控制城市发展规模，恢复和保持湿地面积，提供一个健康的适合多物种生存繁衍的栖息场所和适宜的人居环境（窦明等，2007）。

恢复和维持一个多样、稳定、良性的湖区生态系统，强调以本地鱼类、水生生物和野生动植物为主要物种，坚决抵制外来物种的入侵；控制和消除病原体，阻止具有侵略性物种的入侵和扩散，保护人类和生物健康，增强湖区生态经济的活力（窦明等，2007）。

增强美加两国政府之间以及湖区各级政府、流域管理机构、科研机构、用水户和地方团队之间的合作交流，所有机构将作为一个环境保护团体来开展工作和进行合作。各机构可共享相关的资源和信息，同时也有义务汇报自己的工作进展，此外还成立一个公共论坛，以便于信息的交流和制定集体决议（窦明等，2007）。所有这些工作都是为了实现五大湖水环境保护以及人与自然和谐共存这一最终目标。

6. 完善流域管理立法

发达国家采用的流域管理体制大致可分为三大类：①以美国、加拿大、澳大利亚为代表的行政区域分层治理和流域一体化治理相结合体制，这类国家国土面积大，行政区域与流域关系复杂；②以日本为代表的多部门共同治理体制，这类国家国土面积较小，人口稠密，中央政府中与流域管理工作有关的机构较多；③以英国、法国等欧洲国家为代表的流域一体化治理体制（王晓亮，2011）。

美国的法律十分详尽，如《清洁水法》《安全饮用水法》《水资源规划法》等。美国国会于 1933 年通过了《田纳西流域管理局法》，成立了联邦政府机构——田纳西流域管理局。田纳西流域管理局在行政上不受制于流域沿岸各州政府的管理，独自享有在田纳西流域水利建设、发电、航运、渔业等广泛的权力。《萨斯奎汉纳流域管理协议》经过纽约、宾夕法尼亚、马里兰州立法机关批准，于 1970 年经美国国会通过，成为国家法律得以实施（周刚炎，2007）。此外，美国《流域保护与洪水预防法》《国家环境政策法》《森林和草原再生资源规划法》和《国家森林管理法》等法律法规的颁布也对破坏流域生态的行为和协调各部门、各州之间的利益起到了重要作用。

法国 1964 年的《水法》将全国划分为 6 大流域，建立以流域为基础的水资源管理体制。1992 年《水法》进一步加强了这一管理体制，并将水管理的机构设置区分为国家级、流域级、地方级等几个层次（韩瑞光等，2012）。此外，相关法律还有《民法》《刑法》《公共卫生法》《国家财产法》《公共水道和内陆通航法》等。

日本的流域管理体系以 1961 年《水资源开发促进法》为首，包括《水资源开发公团法》《水源地域对策特别措施法》《河川法》等数十部法律（王晓亮，2011）。

澳大利亚联邦政府于 1914 年与新南威尔士州、维多利亚州以及南澳大利亚州政府共同签署了《墨累河水协议》，以此为法律基础成立了墨累河委员会。1992 年联邦政府和沿岸三州签署了《墨累达令流域协议》，取代之前的《墨累河水协议》，各方成立部长理事会、流域委员会和社区咨询委员会。2007 年联邦政府颁布了《联邦水法》，2008 年出台了《联邦水法修正案》，并根据该法组建了墨累达令流域管理局，管理局直接对联邦政府负责。

10.5　解决中国河湖水系连通中法律问题的建议

为确保河湖水系连通战略符合中国各项法律的规定，符合可持续发展原则，应进一步完善河湖水系连通的规划体系，强化其执行和监督检查，加快其立法工作，为严格河湖水系管理提供规划依据和法律保障。细化实化河湖水系连通的各项制度，确保其水资源开发利用和节约保护各项工作有章可循、有法可依。同有关部门尽快出台最严格河湖水系水资源管理制度考核办法、责任追究办法，建立水资源领域重大违法违规问题行政问责制度（陈雷，2012）。条件成熟时，制定一部系统规定河湖水系连通管理基本原则、基本法律制度和运行机制的基本法。

10.5.1 严格环境影响评价制度

河湖水系连通不仅能适度调整水系和水资源的格局，而且还会一定程度改变相关地区的资源环境匹配关系，既存在一定风险，也具有很大难度，因此河湖水系连通工作应在科学规划论证、慎重决策的基础上因地制宜地开展。河湖水系连通需要符合国家主体功能定位、水利总体规划布局、水资源可持续利用、依法治水科学管水、科学论证决策等相关规划和要求，并要符合河湖水系演变自然规律。应从连通的必要性和可能性、连通方式、连通措施、连通效果等方面进行分析研判（李原园，2012），严格按照政策环评、规划环评和项目环评的要求慎重决策，充分发挥环评对科学决策的辅助作用。

1. 环评机构独立

为了增加环境影响评价的科学性，必须保证环评机构具有独立地位，从而确保所做环评报告不受规划编制机关和政府的影响。这种独立性既包括规划环评机关独立于规划编制机关，也包括环评机构本身的独立性。首先，必须将环评机关与规划编制机关分离开来，统一要求河湖水系连通规划的环境影响评价由专门的环评机构编制，避免出现"自编自评"。为了减少环评机构与规划编制机关相勾结，环评机构不应由规划编制机关决定，而应由环评审批机关指定或招标确定。确定环评机构后，由环评机构根据水系连通的特征组织专家组对该规划展开评价。其次，为了提高环境影响评价机构自身的中立性和独立性，应当使环评机构如中国的律师事务所和会计师事务所一样，将其同政府部门相分立，从体制上保障环评机构与政府部门相独立，使环评机构成为环评中中立的第三方。同时，环评机构之间可以成立环评机构协会，归纳总结河湖水系连通常用的规划方法和技术指南，建立水系连通环境影响评价案例库和专家库，通过信息共享的方式使得所有的环评机构人员都能获取水系连通环评信息。

2. 转变环评重点

河湖水系连通环境影响评价应改变以污染预防与治理为重点，而应以河湖水系生态的多样性与完整性作为环评报告的重点内容。从规划的作用角度而言，其作用在于预测河湖水系连通对河湖水系可持续发展的能力影响，以及对经济社会发展的影响等。因此，河湖水系连通的环境影响评价首先应从全局角度，对宏观性、综合性的环境、经济、社会影响进行评价，在此基础上将各种标准细化、量化，使规划的实施更具可行性。根据河湖水系连通的特征，可将环评制定划分为以下四个阶段：第一阶段，确定连通水系的范围；第二阶段，连通水域的生态、社会、经济特征分析，并收集连通水系的基本信息；第三阶段，对河湖水系连通做出初步的规划，然后收集连通水系监测信息；第四阶段，制定河湖水系连通最终规划。为了保障环评的意见能及时被采纳，促使环评的修改，环评应与规划制定一同进行。且针对不同阶段的规划任务，环评也具有不同的评价重心：第一阶段，评价规划确定的水系范围是否科学合理，并确定利益相关者；第二阶段，评估连通水系可能产生的问题；第三阶段，评估初步规划对环境的影响；第四阶段，根据最终的水系连通规划，

253

形成最终的环评报告。明确规划环评的具体时间及任务，在一定程度上可以避免"为了环评而环评"的情况出现。

3. 建立环评实时监测网络

建立一个实时监测网络，随时监测和评价规划实施后的水文情况，根据反馈信息及时对后期的规划进行调整。公众也可以通过该信息网具体了解水系连通实施的情况和效果，及时提出有效意见。同时，应在环评报告的内容中增加规划的替代方案。若在后期监测中发现意外情况，难以在短时间内做出有效的解决方案。因此应在环评报告中增加替代方案的内容，以便在原规划难以达到预期效果时能及时地做出调整。

4. 建设共享数据和信息平台

建立一个健全的机制来共享数据和信息，是科学开展环境影响评价的基本前提。规划编制机关应建立一个参与河湖水系连通的部门和行政区域政府互相交流信息的平台，一方面，减少部门或行政区域政府之间的沟通障碍，避免出现失误决策；另一方面，也可以将部分信息通过该平台向公众进行公示，让公众随时了解规划的具体内容并及时做出评价，提出建议。确保河流信息的公开，才能为公众参与提供前提保障。因此，与规划制定相关的信息都应该被公示并共享，才能给公众以充分了解规划内容并表达意见的渠道和机会，使得公众不会置于被动地位。

除了国内的环评机构之外，还可以让国外环评机构进入中国市场，加强环评机构的市场竞争。

对于未依法提交河湖水系连通建设项目环评文件或者环评文件未经批准，擅自开工建设的，或者未依法进行环评，被责令停止建设后拒不执行的部门和个人，应依《环境保护法》相关规定予以惩处。

10.5.2　重构生态用水管理制度

由于水资源具有整体性，不仅具有生态价值，而且具有经济价值。所以，河湖水系连通以后，受水区可供水量增加，应该更加重视生态环境用水，实现水资源的可持续利用，实现水资源的经济社会和生态环境综合效益的最大化（陈雷，2014）。

1. 明晰水资源生态环境价值管理权

水是生态系统中能量和物质循环的介质，对于调节气候、净化环境起着不可替代的作用。水资源的生态环境价值就是水对生态环境系统正常运转需求的满足程度与作用，它具体包括泥沙的推移、营养物质的运输、环境净化及维持湿地、湖泊、河流等自然生态系统的结构及其他人工生态系统的功能（王浩等，2004）。水资源生态环境价值管理权属于国家公权力，其行使得当，就能满足生态系统的健康完好性能和水环境自身的优良状态。在水资源管理方面，生态水配置权和水质保障权是其职权呈现的两个方面。生态水配置权的有效行使，就能有效地保护维持河流、湖泊等特定时空的水资源以外的生态系统及其自身生态系统的健康完好性所需的水量。水质保障权的有效行使，就能得到河流、湖泊等特定时空水资源自身的水环境，并能有效阻止和控制人们向河流、湖泊等特定时空水资源排放污染物。水质保障权要求所有排水者依照一定的标准和要求承担达标排水的义务，若排水者未按要求履行排水义务，相关政府的主管部门可以利用公权力对其予以制裁。国家的生态水配置权和水质保障权既是一种权力，也是一种职责和义务，不具有市场可交易性。

2. 水资源国家垄断权

国家对水资源垄断权的主要表现有：一是国家对水资源非消耗性使用享有垄断权。在一定条件下，国家既可以自己，也可以许可自然人、法人和其他组织对水资源进行非消耗性使用，如航运、水电开发等。在国家允许的前提下，自然人、法人和其他组织获得的航运、水电开发等权利可以在市场上进行交易。二是国家对水资源消耗性使用也享有垄断权。自然人、法人和其他组织对水资源进行消耗性使用时，被消耗的对象实际上是一定量的水资源。理论上，自然人、法人和其他组织对水资源进行消耗性使用，都必须获得国家的许可。实际中，国家通过法律规定将一定量的水的所有权转让给用水人，但这种转让行为是通过受让人的取水行为实现的。如《取水许可和水资源费征收管理条例》第4条所规定的五种情形就不需要获得许可证取水，并对水资源进行消耗性使用。法律之所以规定国家在垄断着水资源消耗性使用的同时，还应承担向人们提供一定量的生产、生活用水的义务，主要是因为国家肩负有保护人们的基本生存权利和改善人们福祉的义务。这一定量的用水，尤其是生活用水，直接关系到社会广大民众的基本生存和福祉，所以，国家必须允许用水人通过自己提取等方式获得一定量的水的所有权。

3. 水资源国家垄断权的制约和限制

水资源是一种公共物品，社会公众拥有针对水资源的环境利益和基本生存权，公众的这些权利制约和限制着国家对水资源生态价值管理权和水资源经济价值开发利用的垄断权。国家在行使水资源垄断权时，要遵守公共物品在行使所有权方面的原则和规律：公众利益和公共利益至上，当公众利益和公共利益受到侵犯时，国家水行政主管部门要及时予以调整，并对造成的损失依法予以赔偿，对破坏的生态予以修复。社会公众对水资源生态价值享有环境利益，可以在一定程度上保障国家的生态水配置权和水质保障权得到良好的实现。所以，国家的生态水配置权和水质保障权也是一种职责和义务。另外，社会公众为了维持基本生存，必须对水资源进行消耗性使用，所以，国家即使对水资源消耗性使用享有垄断权，其也有义务为社会公众提供一定量的生产、生活用水。因此，国家只有在综合考虑并控制生产、生活等不同领域的用水量前提下，才能将一定量的水资源按照公平、公正、公开的原则予以初始分配，而自然人、法人和其他组织只有在依靠科技的基础上将节约的初始分配水资源指标再分配，才允许在市场上交易。

10.5.3　构建科学合理的用水权交易制度

河湖水系连通无疑对水资源配置提出了更高的要求，需要统筹考虑调水区、受水区以及输水区多方利益的协调关系。结合国外的实践情况及中国的国情，建立科学合理的用水权交易制度势在必行。今后在建立中国的用水权交易制度时应注意以下几点。

1. 完善立法

用水权初始分配制度是生态文明建设方面的一项重大改革，是用市场化机制激励节能减排减碳的一项基础制度。要使这一制度在法律中得以确立，必须完善现有法律。一是要在《民法典》中确立用水权。党的十八大报告和"十三五"规划中提出：建立健全用能权、用水权、排污权、碳排放权初始分配制度，推动形成勤俭节约的社会风尚。建立健

255

用能权、用水权、排污权、碳排放权初始分配制度，这不仅是环境保护法必须亟待解决的问题，也是我国《民法典》制定不能回避的一项内容。用水权与传统民法财产权——物权和债权有着本质的区别，不能通过扩大物权的理论基础将用水权这种新型财产权利纳入现有的物权权利体系内。用水权这类新型权利是私人主体经过行政许可获得的一项权利，行政许可因其本质上是政府的管制行为，其许可的内容本身不具有财产性，它不应是民法上的财产，但许可本身为被许可人创造了用水权交易制度的法律化，这就为许可利益的转让在法律上获得确认。用水权交易机制允许卖方将生产、生活中节约的政府许可利益转让给买方，买方获得许可利益。用水权这类新型财产权与传统财产权共同构成了现代财产权体系。二是在环境保护综合法——《环境保护法》中增加用水权初始分配制度以及用水权交易的相关条文，进一步规定水权交易中资源环境保护问题。三是在《水法》中对水权交易内容应有明确的规定。《水法》是保障中国水资源有效利用和可持续利用最重要的法律，通览这部法律，缺乏对水权交易予以规定。在完善上述两部法律以外，还应尽快修订《水污染防治法》《水土保持法》和《防洪法》等，使这些法律统一协调起来，从法律上严格界定水资源行政管理部门在水权交易过程中的职权和职责，有效促进水权交易活动的顺利开展。

2. 明晰用水权是水资源管理的根本

任何生命体均离不开水，水资源是生态和环境系统中的重要要素。水流在罗马法物的分类中属于人法物中的公用物。同为大陆法系的我国却没有对此予以分类，从目前的法律文件来看，水资源属于国家所有，所有权主体的唯一性即表明水资源所有权不能在其主体间依法流转，无法进入市场进行交易。如何在水资源国家所有的前提下，根据农业、工业、生活等不同的用水方式，对用水权进行合理界定，并探索有效保护、开发利用水资源的产权结构和管理制度，这不仅是环境与资源法学界，也是民法等学界亟须探索并解决的问题。随着社会主义市场经济体制的健全与完善，经济快速发展与水资源短缺的矛盾日益显现，明晰用水权，按用水权理论对水资源的开发和利用进行管理已刻不容缓。因此，当下的用水权改革思路，应该是在国家对水资源拥有所有权的前提下，逐步放开使用经营权，将水资源中的所有权和使用权剥离，根据农业、工业、生活等不同的用水方式，把农业、工业的部分水资源使用权（用水权）纳入市场。按照市场规则进行交易运作，通过认购用水权、转让用水权等方式，将节约的水资源配置到效益高的地方。效益低的地方可以转让部分或全部用水权，获得出让权得到的资金用于节水改造或兴修水利工程。

3. 实现水资源有偿使用

水资源价格是河湖水系连通工程建设和运行管理中的核心问题之一。制定河湖水系连通工程的水资源价格是一个较为复杂的系统工程，其制约因素涉及方方面面。构建科学性与合理性的水资源价格形成机制是河湖水系连通工程运行良好的关键，同时也是促进水资源优化配置和节约用水的重要手段。所以，准确、科学地对水资源本身价值、水资源交易的成本价值和水资源的环境价值进行核算显得格外重要。水资源价格核算既要充分考虑购买用水权的自然人、法人和其他组织的支付意愿和承受能力，也要考虑供水单位的合理收益和成本补偿。在借鉴国外用水权交易制度的先进经验和结合中国具体国情的基础上，中国河湖水系连通工程水资源价格制定需要考虑定价原则与水资源价格形成的结构等相适应，同时还要考虑用水权交易两级市场各自定价标准、水资源本身价值、水资源交易的成本价值以及水资源的环境价值。探讨适应社会主义市场经济体制要求的新的管理运行机制，使水管单位逐步走向市场，前提条件是水资源价格改革，使之能完全达到成本价格，从而使水管单位具有自我造血的功能。这是水资源价格征收体制改革的一个方面。根据用水权理论，要在水资源稀缺的条件下取得用水权，就必须向资源所有者支付相应的费用。目前，中国的水资源价格体系还不完善，水资源费和水利工程水资源价格的标准仍偏低。因此，国家需要根据市场经济的需求，完善水资源价格征收体制，实现水资源有偿使用。

4. 建立统一的水资源管理体制

在探讨用水权改革时，一是要加强水资源统一管理，强化地方党委、政府水环境保护责任，建立水资源管理工作协作机制，定期研究解决河湖水系连通工程中出现的重大问题。二是要实行水资源城乡一体化管理，保证河湖水系连通工程中水资源的持续利用。目前，中国水资源分散管理体制不利于水权交易制度的建立和发展。因此，政府和水行政主管部门应加强水资源权属管理和供水市场的行业管理，充分获取各种有用信息，对目前的水资源状况进行合理评价。三是要划定严格的"生态保护红线"，强化生态用水管理。随着最严格水资源管理制度的深入落实，供人类使用的各类用水得以明确和限制；2010年国务院批复的《全国水资源综合规划》也初步明确了配置给自然生态系统的用水量。河湖水系连通工程建设中一定要采取相关措施，严守"生态保护红线"，河湖水系连通工程不得破坏生物多样性保育区、湿地生态功能区、生态旅游开放区、一般控制区的水生态环境，让河湖水系连通工程呈现出水清岸绿的美景。

5. 建立适合中国国情的用水权市场交易机制

用水权市场（如地表水体、地下水体以及人工水库、水渠的交易市场）交易的是一定量的、不断供应的水资源的使用权，主要是一种水源即水体的使用权交易。用水权的这一特性决定了用水权市场是一个不完全市场，是一个准市场。因此对它的培育和成长需要国家有关法律法规的支持和约束，需要政府的积极推动。首先，国家作为水资源的所有者，是水资源使用权（用水权）初始分配的主体，国家政府作为水市场的管理者和调控者，在水资源配置方面，应行使水行政管理和水行政执法职能，加强对用水权和用水权市场的管理。因此，水资源配置还需要政府的宏观调控。其次，用水权市场是一个新生事物，目前仍处于培育和发展的萌芽期，建设适合中国国情的用水权市场任重道远。毫无疑问，这些都需要法律、法规作为基础来推行用水权交易，使之稳步有序开展。因此，制定用水权交易的有关法规，保护第三者在用水权交易中的利益，尽最大可能防止其对环境带来负面影响，及时、合法、有效地解决河湖水系连通中的水事冲突等，这不仅能促进用水权交易制度的健康发展，还能使用水市场不断得到发展和完善，保障用水权交易双方的切身利益。

综上，国家政府对水资源进行初始分配，实际上是一种对水资源所有权的利益分配。它既可以通过市场也可以通过非市场的形式来实现，就目前的形势来看，两种形式均不能有效解决国家对水资源的垄断权。水资源初始分配方案不仅需要技术上、经济上的可行性，更需要政治上的可行性。总之，要在充分掌握水资源的使用形态及数量上，划定一定量的水资源初始分配量，分清用水权主体的相应权利范围，在加强流域和区域统一管理的基础上，通过引入准市场机制的思路来充分发挥水资源价格信号的作用，实现水资源的可持续利用。通过不断的制度创新和制度变迁，形成比较成熟有效的新的流域水分配、水管理模式，并逐步将实践中的好的经验、好的做法以法律法规的形式加以固定化。

10.5.4　突出公众参与

河湖水系连通工程涉及不同的层面和部门，涉及多方的利益，因此，在河湖水系连通工程相关政策、规划和项目的制定与实施阶段，利益相关方的广泛参与十分必要。在河湖水系连通战略的形成过程中，公众参与尤其关键。因为公众参与可以促使党政领导以及主管人员在政策环评过程中谨慎对待，认真履责，这样有利于防止党政部门领导为政绩、形象而追求短期经济利益的行为，有利于河湖水系连通工程兼顾各方利益。欧洲国家和美国在环境管理中高度重视发挥公众的作用，最近几年分别出台了相应的政策，以促进公众参与水资源管理。

1. 制定公众参与程序

为了保障与河湖水系连通相关公众的利益，公众参与程序是规划编制以及环境影响评价中不可或缺的部分。首先要扩大公众参与的主体范围和时间。公众对于依法进行河湖水系连通的规划都有通过法定程序了解相关信息的权利，因此公众参与的主体不应只限定为"利益相关者"，而是所有的公民都有权了解具体信息，并提出质询和建议。同时，公众参与应该贯穿规划制定的整个过程，规划编制机关和环评机构应在每个阶段都设置途径接受公众的质询和建议。其次，公众参与的方式和程序应该进一步细化。对于公众的具体范围、环评信息的公布程序、公布途径等中国现有法律无具体规定，亟待进一步细化。此外，中国环境保护法律中规定的公众参与形式仅限于听证会、论证会、调查问卷或其他，公众参与的形式较少。应进一步扩大公众参与的途径，增加公众参与的形式，如社区组织说明会、一般公开说明会、记者会、回答民众疑问等。

2. 最大限度保证公众的参与度

公众参与作为环评的重要组成部分，是中国规划环评的薄弱环节。如果仅仅在规划制定完成后才开始征求公众意见，公众难以彻底了解规划具体内容，且所提意见难以改变已完成的规划。让公众参与到规划制定的整个流程中，且让规划编制机关充分采取措施向公众说明所做规划，是公众意见真正能被采纳的前提。将公众参与规划环评的时间从规划制定阶段贯彻到后期的规划实施阶段，最大限度保证公众的参与度，是中国河湖水系连通甚至是所有水资源开发利用过程中都值得借鉴的。

3. 增加公众的归属感

河湖水系连通规划的编制是一个行政行为，其主体是政府，而环境影响评价的目的则在于对该行为进行监督和约束。然而政府一般在各类事务中占优势地位，难以有合适的监督主体对其产生监督和约束。对公众而言，国家将水资源归国家所有，且公众的环保意识还不足以使公众重视国家财产，在未受到污染和损害之前，往往对河湖水系连通漠不关心，监督作用甚微。因此，要通过角色的转化，使公众从被管理者的角度转化为管理者，增加公众的归属感，使公众更积极主动地成为监督者。特别是环境保护组织，一般具有一定的专业知识和经验，对环境保护的监督有很积极的意义。通过赋予环境保护组织一定的地位和权利，使环保组织在一定程度上对政府进行监督。

10.5.5 完善水事纠纷处理机制

河湖水系连通工程在建设和使用过程中不可避免地会出现水事纠纷。水事纠纷是指因水资源配置、使用过程中发生的纠纷。《水法》明确规定了两种处理方式：一是裁决。不同行政区域之间发生水事纠纷的，应当协商处理；协商不成的，由上一级人民政府裁决，有关各方必须遵照执行。二是部门调解或提起诉讼。单位之间、个人之间、单位与个人之间发生的水事纠纷，应当协商解决；当事人不愿协商或者协商不成的，可以申请县以上地方人民政府或者其授权的部门调解，也可以直接向人民法院提起民事诉讼。对水事纠纷，在未解决前，当事人不得单方面改变现状。随着用水权交易试点的增多，可以肯定用水权纠纷将会逐渐增多，但现有的水事纠纷处理机制不能完全应对用水权交易纠纷，因此，完善用水权交易纠纷的处理方式势在必行。

1. 完善中国用水权纠纷处理方式

用水权纠纷是指在水权交易过程中对水资源的权属争议和水资源相关事项的纠纷。它主要有三种类型：一是水资源行政管理部门在水资源初始分配时与水资源权属主体之间出现的纠纷；二是用水权在市场交易时，出让方与购入方之间出现的纠纷；三是用水权交易过程中，出让方或购入方与其他利害关系人之间发生的纠纷。目前，用水权交易纠纷发生后，依照《水法》规定，只能先双方协商解决，协商不成时请求上级人民政府裁决，地方政府部门在用水权交易纠纷中起主要作用，这样的纠纷处理方式亟待完善。因为用水权交易纠纷大多是不同行政区域之间发生的水事纠纷，其不是单纯的自然问题，更不是单一的社会问题；不是通过单纯技术就能处理的问题，更不是单一的制度设计能处理的问题，用水权纠纷处理问题是人与自然和谐共生的综合性问题，要解决这样一个综合性和复杂性集于一体的问题，就必须借助综合性方法来综合治理。

2. 完善中国用水权交易的行政处理机制

关于用水权交易中出现的纠纷，除通过双方协商解决外，还可由人民政府调解、人民政府行政裁决、行政复议、行政诉讼和民事诉讼等方式来解决。其中由人民政府予以行政裁决的纠纷处理方式在中国极其普遍，是在双方协商未果的情况下最常用的解决方式，因此，有必要对中国用水权交易纠纷行政处理机制加以完善。一是在立法中明确规定用水权交易纠纷处理机构及其职权范围。可以按照中央，省、自治区、直辖市，市，自治州、县来划分用水权交易纠纷行政处理机构，其用水权交易纠纷处理职权范围由行政职权范围来确定，行政职权的权限就是用水权交易纠纷处理的权限。二是对于本行政区域间的用水权交易纠纷处理，应当明确在上级人民政府做出裁决以后，如果用水权交易纠纷当事人一方不服，还能够提起行政复议或者直接提起民事诉讼。三是完善用水权交易纠纷的仲裁处理方式。可以在中央和省级政府所在地设立两级用水权交易纠纷处理仲裁委员会，处理专门的用水权交易纠纷案件，界定用水权交易纠纷仲裁的效力，规定经过用水权交易纠纷仲裁委员会仲裁的案件，当事人一方可以根据仲裁书依法申请法院强制执行。四是明确规定县级以上人民政府或县级以上地方人民政府水行政主管部门有权采取临时的用水权交易纠纷处理措施及其该种处理措施的法律依据、性质、权限大小等。根据临时处理措施的性质，给予当事人以救济的权利和救济的方式方法。当临时处理的当事人不服该种临时处理措施时，给予救济制度保障，允许当事人向上级机关提起行政复议或者直接向人民法院提起行政诉讼。五是对在全国范围内产生重大影响的用水权交易纠纷事件或者跨省级的用水权交易纠纷事件，可以依据其影响或危害程度、波及范围、交易纠纷发生地等来确定由中央用水权交易纠纷处理机构处理，还是通过中央用水权交易纠纷处理机构决定交由省级用水权交易纠纷处理机构处理。同样在省、自治区、直辖市范围内有重大影响的用水权交易纠纷事件或者跨市级的水事纠纷事件，也可以依据纠纷发生地、危害程度、波及范围等确定由省级用水权交易纠纷处理机构处理，还是通过省级用水权交易纠纷处理机构决定交由市级用水权交易纠纷处理机构处理。

10.5.6　完善水生态保护立法

中国现行的"一省一法""一市一法""一湖一法"，虽然能够解决区域性河湖水系保护管理问题，但不能彻底解决其水环境生态的问题，因此，完善包括河湖水系在内的水生态保护立法势在必行。

1. 水生态立法应遵循生态规律和社会规律

生态保护法是调整人们在保护生态系统的结构和功能、保护生物多样性以及特定自然区域过程中所发生的社会关系的法律规范的总称。可是，我国目前对各类型生态系统的立法保护仅限于自然资源单行法中的少量规定（梅宏，2008）。在河湖水系连通工程建设过程中，保护水生态就是要遵循生态保护法。生态保护法理应坚持非人类中心主义的法律观，从而确立能够顺应生态规律和社会规律的新的法律原则。生态保护法的基本原则应当包括物种平等原则、代际公平原则、生态优先原则、预防为主原则、合理开发利用原则、污染者付费原则、公众参与原则。其中以确立生态优先原则为宜的理由是：首先，生态优先原则是当今世界上生态保护法的发展趋势，如美国 1969 年通过的《国家环境政策法》；其次，协调发展原则在现实生活中往往成为"经济优先原则"的代名词，如日本在这方面的教训值得汲取（曹明德，2002）；最后，中国经济发展多年持续增长，但也给中国生态环境带来巨大压力，生态破坏和环境污染形势严峻，尚未得到有效遏制。

2. 水生态立法应转变立法模式

中国的生态保护立法模式，一是要实现由"点模式"向"关系模式"的转变，即由孤立的水、海洋等要素之间的点的、线性关系，向立体多维复合的、非线性的关系转变，确立生态系统整体化管理的立法模式。二是要构建中国的生态保护法律框架，建立以保护或恢复某种生态系统的结构或功能为直接目的制定专门的生态保护法律法规，或为此目的在相关单行法中补充、完善生态保护法律法规。拟构建的法律框架，应是由生态保护综合性基本法和各种涉及生态保护的单行法、区域（流域、特定地方）生态系统保护法、生态保护标准共同构成的内部协调、外部统一的法律框架。尽快确立以《水法》为主的水资源生态保护立法体系，完善配套单行法规。制定与《水法》配套的单行法规，填补《水法》在水资源生态保护方面的一些立法空白。如水的许可证制度、水资源保护区制度等。三是立法时应强调保护水资源生态平衡的重要作用，使其必须形成有效的水资源生态保护机制，统一执法主体。建议再次修订《水法》，坚持"独龙治水"，不仅要把水质污染监督管理写进水法，而且需将执法权赋予水务部门（梅宏，2008）。同时还需加大力度，加强操作性，并坚持自由裁量权适度的原则。根据违法者行为的不同情况，必须承担相应的行政责任、民事责任和刑事责任。对于已出台的水法系列规定，在法律责任部分，一方面要加强操作性，另一方面要适度使用自由裁量权。

3. 生态红线的法律保障

生态红线作为中国环境保护的制度创新，成为国家政策，并进入了法律层面成为法律制度。生态红线的法律保障涉及多方面立法，包括国土利用规划立法、生态保护立法、自然资源立法、污染防治立法、生物安全立法等（王灿发等，2014）。构建生态红线法律制度应有详细的框架，生态红线法律保障的基本原则包括保护优先兼顾发展原则、科学规划合理布局原则、管控结合分级保护原则；生态红线法律保障的主要制度包括生态红线的差异化管控制度、生态红线的监测与监察制度、生态红线的统一监管制度、生态红线的越线责任追究制度、生态红线维护的公众参与制度。

4. 建立水生态保护补偿制度

十八届三中全会《中共中央关于全面深化改革若干重大问题的决定》明确提出实行生态补偿制度，这对大力推进水生态文明建设具有重要意义。水生态保护具有很强的正外部性，没有激励机制就会使保护者缺乏保护的积极性。因此，建立水生态保护补偿制度，是保护水生态和区域经济协调发展的重要手段。一是明确水生态补偿的政策支持对象，要把水生态补偿清晰地体现在水源涵养区、水资源保护区等重点补偿对象上。二是建立生态补偿的公共财政制度，建立"谁受益，谁付费"和"谁保护，补偿谁"的市场补偿办法，加大财政转移支付力度，整合优化财政补助结构，将生态建设和环保补助的相关专项资金逐步纳入生态补偿资金，建立健全以公共财政为主的生态补偿机制。三是明确生态补偿的重点投向领域，大力推进以"百村示范、千村整治"和"生态公益林建设"等为代表的生态建设重点工程，并将其作为生态补偿资金投向的重点领域。四是建立生态补偿的行政责任机制，改革和完善现行党政领导干部政绩考核机制，提高生态环境保护工作在政绩考核中的比重，把环保工作实绩考核作为干部任用的一个重要依据，逐步增加其在考核体系中的权重，建立健全特殊生态价值地区领导干部政绩考核的指标体系。同时，必须严肃行政纪律、规范行政手段、执行行政问责，连续三年出境水断面水质达不到考核要求的政府有关领导进行行政问责，使经济补偿和行政问责有机结合起来。

5. 完善节水和污水再生利用制度

节水是解决水资源供需矛盾、提升水环境承载能力、应对水安全问题的重要举措，对社会主义生态文明建设具有重要意义。以水生态环境修复与保护为主的河湖水系连通，要在强化节水和严格防治污染的基础上，结合水资源配置体系，保障生态环境用水，修复河湖和区域的生态环境，重点提高水资源和水环境承载能力。一是强化河湖水系连通规划对节水的引领作用。河湖水系连通工程建成之后要统筹给水、节水、排水、污水处理与再生利用，以及水安全、水生态和水环境的协调。二是严格落实节水"三同时"制度。新建、改建和扩建建设工程节水设施必须与主体工程同时设计、同时施工、同时投入使用。三是大力推行低影响开发建设模式。河湖水系连通结合城市水系自然分布和当地水资源条件，因地制宜地采取湿地恢复、截污、河道疏浚等方式改善城市水生态。按照对城市生态环境影响最低的开发建设理念，控制开发强度，最大限度地减少对城市原有水生态环境的破坏，建设自然积存、自然渗透、自然净化的"海绵城市"。四是严控污水排入河湖水系，加快污水再生利用。没有经过净化处理的污水，不得进入河湖水系；对污水要经过再生处理后利用，合理布局污水处理和再生利用设施，按照"优水优用，就近利用"的原则，在工业生产、城市绿化、道路清扫、车辆冲洗、建筑施工及生态景观等领域优先使用再生水。五是加强计划用水与定额管理。要结合当地产业结构特点，严格执行国家有关用水标准和定额的相关规定；抓好用水大户的计划用水管理，科学确定计划用水额度，自备水取水量应纳入计划用水管理范围；要与供水企业建立用水量信息共享机制，实现实时监控；有条件的地区要建立城市供水管网数字化管控平台，支撑节水工作。

第 3 篇

案 例 研 究

第 11 章　河湖水系连通的环境影响和生态效应实证研究——以关中地区为例

11.1　关中地区河湖水系演化

关中是一个三面环山向东敞开的河谷盆地，位于陕西省中部，其南倚秦岭山脉，北临北山山系，东部宽阔，南北达一二百千米，向西逐渐减少为四五十千米宽；西起宝鸡以陇西为界限，东至潼关以黄河为限，东西长约四百千米。关中地区河流皆属渭河水系。

11.1.1　渭河流域现状

渭河是黄河的最大支流，发源于甘肃省渭源县的鸟鼠山，流经陇东黄土高原、天水盆地、宝鸡峡谷，经由关中平原，于潼关附近汇入黄河，全长 818 km，流域面积 13.43 万 km²。渭河流域属于暖温带半干旱、半湿润气候带，并具有大陆性季风气候区特点，春暖干旱，夏热多雨并有伏旱，秋凉湿润，冬寒少雨雪。关中平原年平均气温在 12℃ 左右，年平均降水量为 600～800mm，其中 7—10 月降水量约占全年的 60%，水面年蒸发量 1200～1400mm，而 4—7 月蒸发量约占全年的 58%，春末夏初干旱现象尤为严重。流域内黄土分布面积广阔，植被覆盖率较低，夏季多暴雨。因此，水土流失严重，每年有大量泥沙冲刷入河，致使渭河含沙量较高。

渭河受地质基础及原始地貌的控制，其支流在渭河两岸构成一个明显的非对称水系（图 11.1）。渭河北岸支流发源于黄土高原，流经距离较长，支沟密布，流域面积较大，水系多呈树枝状。多以西北-东南方向汇入渭河，但是直接流入渭河的河流很少，其中，泾河全长约 455km，流域面积达 45421km²；北洛河长约 680km，流域面积 26905km²。因发源于黄土塬区，汛期能挟带大量泥沙进入渭河，由于泥沙颗粒较细，在河口很难沉积，绝大多数泥沙随渭河水流输入黄河。

南岸支流多发源于秦岭北麓。由于秦岭地势抬升，南岸河流流经距离较短，河床比降较大，水流湍急，流域面积较小，各支流多直接流入渭河，常与渭河呈直角交汇，沿河呈梳状排列。河长一般 15～40km，流域面积 100～300km²。其中，灞河最长，约 100km，流域面积约 1715km²。南岸支流发源于石质山区，汛期山洪暴发时连水带石倾注渭河，形成支流河口三角洲，或倾泻山前形成洪积扇。

渭河是一条靠雨水补给的多沙性河流，7—10 月为汛期，其中 7 月、8 月水量约占汛

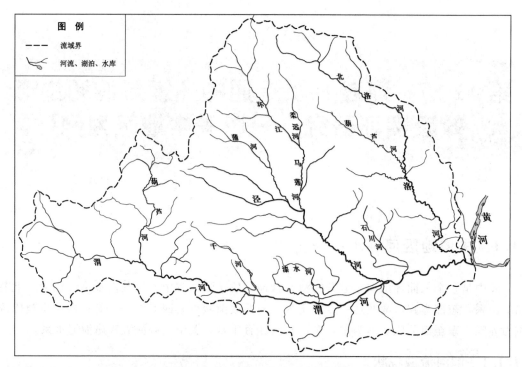

图 11.1　渭河主要水系分布示意图

期的 70%，9 月、10 月仅 30%。7 月、8 月的洪峰主要来自渭河林家村和泾河张家山以上，洪峰忽涨忽落，峰型尖瘦，洪峰历时短。9 月、10 月洪峰峰型矮胖，持续时间长，此时洪水主要来自渭河林家村以下的南山支流。由于夏季暴雨集中，流域内侵蚀剧烈，因此，汛期流量、沙量急增。渭河的水量主要来自咸阳以上，华县多年平均径流量为 87.71 亿 m^3，咸阳为 55.54 亿 m^3，占华县来水量的 63.3%，泾河张家山以上的来水量为 16.46 亿 m^3，占 18.8%，咸阳、张家山至华县区间来水量占 17.9%。

渭河下游的沙量主要来自泾河张家山和渭河林家村以上，华县站多年平均输沙量为 4.12 亿 t，张家山为 3.04 亿 t，占华县来沙量的 73.7%，咸阳只有 1.78 亿 t。多年平均含沙量，华县为 52.5kg/m^3，咸阳为 26.8kg/m^3，张家山为 19.6kg/m^3。

11.1.2　渭河水系演化历史

历史时期关中平原的渭河河道决徙频繁，堤岸垮塌事件时常发生，并发生过主河床相对北移。此外，由于本地区人类活动历史悠久，水利事业开展较早，灌渠纵横交错，影响原有的水系格局。因此，从先秦时期，经隋唐、明清至今日，关中地区河湖水系在自然作用和人类活动的双重影响下发生了较大变化。

1. 先秦时期

春秋以前的渭河水道在二级阶地范围内流经摆荡。春秋以后，河流下切一级阶地形成，河床进入现代发育时期，至少在战国时期河道已经开始弯曲。其中咸阳段河道在春秋以后即一级阶地形成后，渭河南侧在形成宽广河漫滩的同时，北侧一级阶地受到了渭河侵蚀，河道即开始北移趋势。二华河口段北洛河原来出铁镰山后南流入渭而渐东移，沿构造的渭河第二阶地的边缘东南入渭，奠定了今天黄河、渭河、北洛河的基本格局。

2. 秦汉时期

渭水中游河道一般较今日偏南，渭水下游曲流已相当发育，水道长达九百余里。二华河口段在先秦的基础上有所变化，黄河小北干流在汉武帝中叶已向西摆动，渭河河道已蜿蜒曲折，漕运时有困难，渭河入黄河河口较今日入黄河口偏上。

3. 北魏时期

渭水中游流经兴平市阜寨乡南佐村南、户县涝店镇和甘河镇一线。渭水下游特别是二华地区曲流发育，渭河或南或决徙摆荡，沙苑地区是其重要的影响区域，有"渭曲"之称。河口段随黄河的东西摆荡而向西上提或向东延伸，摆幅在5km左右。

4. 隋唐时期

渭水中游河道大致在今周至县尚村镇、户县甘河镇、涝店镇及渭丰乡以南所在的G310国道一线，此线与现在的渭河基本平行。下游唐代中渭桥附近渭水河道有小幅北移，在渭南市临渭区至华县赤水镇间渭水河道较今天偏北4华里左右。河口段黄渭洛时有涨溢，间有摆动侵蚀，比秦汉及魏晋南北朝时河道变迁程度更趋加大。但无论如何变化，三河基本上还是循其故道，特别是渭洛两河，渭河继续随黄河东迁而向西上提或向东延伸。

5. 宋金元明时期

这一时期随着人口增长和对自然界开发力度的加大，植被遭破坏，水土流失加剧，河道决徙频繁。渭水中游宝鸡扶风段泥沙淤积河床，冲蚀河岸，南北均有所迁徙摆动。周至咸阳段与《水经注》时期基本相同，仍然流经户县甘河镇、涝店镇、西北堰头元村周文王庙一线。渭水下游决徙频繁，河道频繁涨溢，不同河段变迁与否及变迁幅度不一。泾渭交汇处渭河河道南北摆动迁徙，而以坡短流急的灞河影响为大，南岸崩蚀较北岸冲崩更为频繁；以唐东渭桥为参照的耿镇附近渭河则向北侵蚀1km左右；临潼以东摆动范围更大，约在5km。二华河口段宋金元时期黄渭洛河道已渐混乱，宋元两代尤是如此。这一时期，黄渭洛河道的变迁是明清大规模河道决徙泛滥的开始，是前代河道溢浸摆动的继续。

6. 清代

清代渭河变迁较明代加剧，河道更趋紊乱，泛滥的次数也渐增多，规模也越来越大，除淹没河滩和田庄外，甚至侵及案根、堤坝。

渭河中游宝鸡扶风段南北摆动频繁，但南徙应该只是在大水之时短期或暂时的现象，其总体趋势还是北移的。渭河在宝鸡至岐山河段由于洲滩影响岐为二支，尔后逐步改道北流眉县槐芽镇西柿林村一带，渭水在清代也发生过明显的南移；在眉县横渠镇以北的渭河河道清代则发生明显的北移；扶风段在同光以后的近百年间发生了大幅度北摆。渭河周至咸阳段南北摆动幅度大、频率高，两岸皆有"三十年河东，三十年河西"之说，摆幅在7~10km，但总体还是北移。

渭河下游从咸阳到西安，主河床相对北摆，而大幅的摆动主要是在1895年以后发生，渭水北迁冲蚀秦咸阳城应该也主要发生在清代。高陵东渭桥段时南时北侵崩，自雍正朝起开始向北岸剧烈活动，侵蚀严重，有学者认为今日此段渭河就是清中叶以来不断北移的后果。泾渭汇合处以东河道南北摆动更加频繁，临潼区北田镇渭河河道在清代应在今天河道北 3km 左右；渭南境内更是"渭河东西亘县境百里余，率三十年一徙，或南或北，相距十里余"。

从空间上来看，中游河段有明显的北移趋势，下游河段虽然也有较大幅度的南北摆动，然而由于下游的水沙性质，实际基本只是在一定范围内的南北循环往复。

除了历史文献的记载外，根据两岸阶地、河漫滩分布状况分析，同样可以看出这一情况。一级阶地的分布状况是南岸阶面宽广，北岸狭窄，说明春秋以后主河床是相对北移的。而河漫滩则明显分为两端，中游更严格说来基本以泾渭汇流处附近为分界点，以西南岸宽、北岸宽河床向北摆，一般在 5～8km；下游严格来说即泾渭汇流处以东呈犬牙交错分布并大致均等，表明弯曲的主河床左右摆动大致相等。历史上，这一河段虽然南北摆动频繁，有时候幅度也比较大，但实际上它们只是在一定范围内围绕着中心轴线来回摆动，基本上还是保持一种平衡状态。

11.2　关中地区河湖水系连通的环境影响研究

河湖水系是流域水循环和水资源形成的载体，水系连通格局会对区域水旱灾害抵御能力、水资源配置能力及河湖健康保障能力产生重要影响，从而对其所属环境产生一系列的影响。关中地区河湖水系连通对环境的影响也主要从水文、水质以及河流形态三方面进行分析。

11.2.1　关中地区水系连通性与水文状况

水系连通性影响水文状况（河湖水量大小、流速及含沙量变化），连通性越好，河流水量越大，流速越快。

以关中渭河为例，水系连通影响河槽容积及累积淤积量变化。渭河下游三个水文站点，平滩流量下河槽容积近期变化如图 11.2 所示。从沿程变化来看，处在过渡型河段的临潼站河槽过流能力要大于处于弯曲型河段的华县站，而咸阳站所在游荡河段的过流能力要明显小于上述两站。从时间变化来看，2002 年以来，渭河下游平滩流量下的河槽容积有增大的趋势，说明渭河下游在近期河道主要以冲刷为主，2003 年渭河的连续数次洪水，对渭河下游的河道造成了严重冲刷，洪水过后，咸阳站河槽容积扩大约 1.6 倍，华县站河槽容积扩大约 2.1 倍。渭河下游整个河道（渭拦 4～渭淤 37）2001—2010 年累积淤积量变化如图 11.3 所示，从图中也可以看出，渭河下游在近期，主要是 2002 年 10 月以后河道以冲刷为主。其中 2002 年 10 月—2010 年 10 月，河道共减少泥沙约 1.47 亿 m³。实施水系连通工程，渭河河道容积以及河道累积淤积量均降低，在一定程度上减缓了汛期洪水威胁。

11.2.2　关中地区水系连通性与水质状况

水系连通性影响水质的好坏。合适的水系连通能在一定程度上使水系流动起来，促进水循环，提高水体更新能力，改善河道内水质。

以陕西渭南卤阳湖湿地为例，实施水系连通工程，对卤阳湖的水质有明显改善作用。

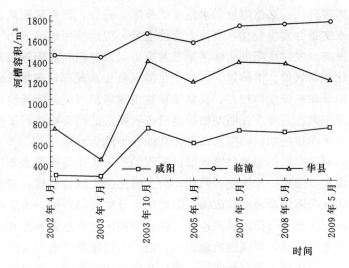

图 11.2 渭河下游河槽容积变化

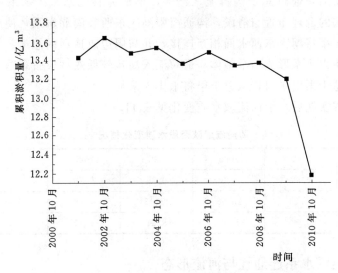

图 11.3 2001—2010 年渭河下游河道累积淤积量变化

卤阳湖湿地地处关中平原与渭北黄土高原的衔接部位，是由水域、沼泽和野生动植物等构成的完整湿地生态系统。湿地生态系统既有内陆湖泊湿地地貌、水文的基本特点，又有历史悠久的人工塑造烙印，具有独特的科学价值，在关中平原地区具有典型性和代表性。卤阳湖湿地以人工硝池为主体，同时还有芦苇沼泽、库塘和沟渠。多样化的湿地生境为不同的动植物提供了栖息与繁衍的温床，因此卤阳湖湿地内动植物资源丰富，具有较高的生物多样性保护价值。另外，卤阳湖湿地开发历史悠久，晒碱和捞硝是湖区湿地资源利用的一种主要方式，从而塑造了本区域极富特色的湿地人文景观，具有较高的湿地保护与合理利用示范价值。

但是卤阳湖湿地周边人口稠密，开发历史较早，湖区大部分土地用于种粮、棉或修建捞硝池，导致湿地天然水域面积已缩小至千亩以下，且呈分散团状分布。湖泊蓄水、纳洪面积缩小，蓄水库容降低，必然增加洪水泛滥的概率。另外，研究区围湖造田、晒碱现象普遍，导致湿地水文条件发生变化，水位人为性上升，湿地排污泄洪能力下降，水体交换能力差，涝渍、洪灾频发。卤阳湖水体污染日益突出，据监测，卤阳湖东滩、西滩两湖水质相近，都存在化学需氧量、溶解氧、五日生化需氧量和总氮含量等超标的问题，这可能与湖泊周边生活源及湖水流动性较差、长期生物腐殖质累积有关。而湖泊水体出口处的水质明显好于卤阳湖东滩、西滩，说明湖泊湿地对进入湖区的污染物进行了部分降解，湖泊湿地仍然发挥着水质净化的功能，但水质净化功能在下降。

近年来，陕西渭南卤阳湖湿地呈蓄水纳洪面积偏小、水体交换能力差、生境干扰和破坏严重的趋势，湿地亟须保护和恢复。因此，为了解决卤阳湖日益变差的水质问题，开展水系沟通工程，实现卤阳湖湿地水质改善、湿地供水量增加的目的。为了确保区域水系的完整性，需要将研究区水系与周边水系连通。在充分利用原有地貌条件和水体现状的基础上，通过实施水系连通工程，将周边的地表水、地下水和灌溉退水引入卤阳湖区，让卤阳湖的水流动起来，进而达到改善湿地水质、增加其供水量的目的。周边地表水和地下水经过湖区湿地的调蓄后，通过总干沟自流入洛河，形成完整的水系。水系连通工程包括支沟、干沟和总干沟的合理布置与清淤，沟通卤阳湖区东西和南北水系，使研究区内的水能够流通顺畅。西干渠将湖区东西水面相互连接，并与周边改造后的总干、中干、东干和排碱支渠相贯通，使得水系形成一个整体，最后汇入高程较低的"天骄湖"，通过"天骄湖"设置的连接排水总干渠出水口，从总干渠将水排入洛河。

水系连通工程实施后，渭河流域水质变化见表 11.1。

表 11.1　　　　　　　　　　渭河流域陕西段水质变化情况　　　　　　　　　单位：mg/L

指标	2005	2006	2007	2008	2009	2010
溶解氧	0.59	0.99	0.26	0.79	3.53	4.89
化学需氧量	40.34	13.58	18.13	7.98	9.60	13.38
氨氮	9.08	5.95	8.84	6.10	4.77	4.93

11.2.3　关中地区水系连通性与河流形态

水系连通性与河流形态成正比关系，连通性的好坏主要依附于河道的属性。

1. 河道的自然属性

（1）流域面积：在河道水系规模一定的情况下，流域面积越大，水系结构连通性越差，因此连通性的大小应统一到单位面积上来评价。

（2）河道长度：鉴于平原河网区的水系特性，河流长度比河流数目更能反映水系规模的大小，进而反映水系的结构连通性水平。

（3）河道过水能力：只有当水系中各河道的过水能力达到一定水平，整个水系的结构连通性水平才会较高。

2. 河道的社会属性

河道的社会属性包含河道级别、河道功能定位、河道空间位置、滨河城市重要度、滨河用地类型等定性及定量因素。原则上可认为河道级别越高，对结构连通性影响越大；定位为引排水通道的河道，对结构连通性的影响大于定位为生态、景观等功能的河道。河道在不同水系片之间所起的串通作用越大或沟通的水系越多，其空间位置重要度越高，对连通性影响越大；河道周边的城镇及用地类型对社会的贡献度越大，其连通性的好坏对整个水网结构连通性的影响越大。

水系连通影响河道的横断面变化，从而改变原有的河道形态。由于水系连通工程的实施，渭河下游河道横断面形态在近期变化较大，尤其在2003年。2003年渭河水系在8月下旬至10月连续发生了3次较大的洪水，其特点是水位高、洪量大、沙量小。2002年至2003年3月，咸阳站河道断面形态稳定。2003年8月30日，咸阳发生了自1981年以来的最大洪水，洪水水位为有实测资料以来的最高水位，河道断面形态在整个洪水期发生了较大的变化，河床左岸后退40m，同时河道刷深3.25m，约占原河道深度的1/2，河漫滩发生淤积。水系连通工程的实施改变了渭河的横断面形态，降低了河漫滩淤积的程度，从而降低了洪水期带来的危害。

11.3 关中地区河湖水系连通的生态效应分析

关中地区河湖水系的生态效应主要从河湖水系生境、河湖生物群落以及景观格局三方面进行分析。一般而言，水系连通性越好，水系生境状况越好，河湖生物群落越具有多样性，景观格局分布越合理。

11.3.1 关中地区水系连通性与水系生境

一般而言，水系连通性越好，相应地河湖水系生境状况越好。河湖水系的物质与能量交换畅通性的具体表现便是河流和湖泊生境的连续性，畅通性越好，生境连续性越强。

对渭河区域进行研究，以西安市为例，对水系变化下河流健康的响应进行分析。西安市地区的河网密度较大，河湖水面率较高，河道频率较大，这些数量特征指标与水系总体的长度、面积以及数量有关，它们的变化趋势与水系总体的基本特征变化一致，因此，水系生境的改变直接引起水系基本数量特征指标的变化，从而影响水系连通性。

通过分析西安市代表站点间的水文连通性，可以看出有高等级河道相连的站点之间的年均连通性均相对较高，且变化较为平稳，略有增加的趋势；而无高等级河道相连的站点之间的年均连通性则相对较低，并有降低的趋势。另外，有高等级河道相连的河流在汛期时，其水文连通性波动较大，且一般低于非汛期和年均的水文连通性；无高等级河道相连的河流在汛期的水文连通性波动相对较小，且一般高于非汛期和年均的水文连通性，这与高等级河道上多水电泵站等有一定的关系。

水系生境对河湖连通性的影响主要体现在：随着区域水系衰退及河道主干化，河网结构稳定度和自然度显著减弱；径流变差系数与水文连通性基本呈负相关趋势，即水系连通性越高，径流变差系数就越低，越利于水资源的利用；水系连通性越高，河流的自净能力也越强，对水质降解系数越大，水质越好；随着水域斑块优势度与连通性的下降，人工景观优势度、连通性和破碎度呈上升趋势，景观总体多样性增加，异质性增强，促使河岸带的景观斑块人工化和简单化，人类对自然景观的入侵和干扰程度逐步增强，河岸带生境质量下降；随着水系的衰退和连通性的下降，河流的社会经济属性减弱，而城市化对水资源的需求持续增加，水系连通对水资源利用的影响更为显著；另外，水系格局与连通变化还严重影响河流生态系统的物质组成。

11.3.2　关中地区水系连通性与生物群落

关中地区水系连通性与生物群落有很大的关系，水系连通性越好，生物群落多样性越丰富。水系连通性的变化对生物种群的结构、分布以及生物的生产力方面均有影响。生物多样性是地球生命支持系统的核心组成部分，是人类社会赖以生存发展的基础。生物多样性具有丰富的内涵，包含了多层次的概念。生物群落多样性是生物多样性的重要组成部分。所谓生物群落，是指在特定的空间和特定的生境下，由一定生物种类组成，与环境之间相互影响、相互作用，具有一定结构和特定功能的生物集合体。一般所说的生物群落多样性是指生物群落的组成、结构和功能的多样性。实际上，生物群落多样性问题是在物种水平上的生物多样性。

水系连通的变化会影响水循环和河流的生态水文过程，而水文情势是众多水生植物、水生类动物、鱼类和众多无脊椎动物生命活动的主要驱动力之一。自然的水位涨落可为鱼类等提供较多的隐蔽场所（张欧阳等，2010），畅通的水流、一定范围内的流量变化以及优良的水质环境等可为鱼类的物质和能量来源、迁徙、生殖过程等提供良好的生存和生产环境。另外，河岸缓冲带等河道生境受人类干扰越低，自然景观所占比例越大，河道与河漫滩的连接度就越大，水系与自然生物环境的分离度就越低，越有利于维持较高的生物量及生物多样性（陈云霞，2006）。水系畅通可以形成薄层积水土壤的过湿地段——湿地，湿地对净化水质、储存水分、调节河湖水量、调节气候及保护生物多样性等具有重要作用（崔国韬，2011）。而湿地生态环境的维持离不开水流，离不开一定水文情势的支持，湿地生态需水量的供给也只有通过水系连通才能实现，因而水系连通是湿地生境演化的决定因素，连通性的改变影响湿地生境，从而影响生物群落。

生物群落与生境具有统一性。什么样的生境就造就什么样的生物群落，两者是不可分割的。如果说生物群落是生态系统的主体，那么生境就是生物群落的生存条件。一个地区丰富的生境能造就丰富的生物群落，生境多样性是生物群落多样性的基础。如果生境多样性遭到破坏，生物群落多样性必然会受到影响，生物群落的性质、密度和比例等都会发生变化。在生境各个要素中，水又具有特殊的不可替代的重要作用。水是生物群落生命的载体，又是能量流动和物质循环的介质。地球上不同地区的降水量多寡，对于形成不同类型的生态系统起决定性作用。

以渭河流域为例，分析水系连通性与生物群落的变化关系。渭河是黄河最大的支流，流域范围主要集中在陕西省中部。发源于甘肃省渭源县鸟鼠山，东至陕西省渭南市，由潼关县汇入黄河。南有东西走向的秦岭横亘，北有六盘山屏障。渭河流域可分为东西两部：西为黄土丘陵沟壑区，东为关中平原区。渭河全长 818km，流域面积 13.43 万 km²。上游以及北岸泾河、洛河等支流流经黄土高原，挟带大量泥沙。

（1）渭河流域补水前对生物群落种类组成的影响。鱼类浮游生物是河流生态系统的重要组成部分。在海洋生态系统中，鱼卵、仔稚鱼是主要的被捕食者，仔稚鱼又是次级生产力的重要消费者，同时它们还是鱼类的补充资源，探讨其群落结构特征对鱼类种群的生存与延续、资源补充以及保持生态平衡都具有重要意义。有些学者对渭河鱼类浮游生物群落的种类组成、数量变动和区系分布等进行了广泛的研究，并且结合非生物环境因子进行了初步的分析和阐述。根据 2000 年 6 月和 2003 年 6 月渭河鱼类浮游生物和环境因子的调查资料，运用典范对应分析（CCA）方法，探讨渭河及其邻近水域鱼类浮游生物群落结构及其时空变化的主要驱动因子，为该水域鱼类资源的科学管理和可持续利用提供参考。总体而言，渭河流域补水前，鱼类种类组成较为单一，数量相对较少，生物多样性较差。

（2）渭河流域补水后对生物群落种类组成产生影响。渭河水域是各种经济鱼类的重要产卵场和育幼场，同时也是一些中上层鱼类的重要索饵场。这些特征注定了渭河水域鱼类浮游生物种类组成的复杂性和多样性。近年来，随着经济发展和人口增加，人类对流域资源与环境的利用越来越多，环境污染的加剧给渭河及邻近水域的环境造成巨大压力。同时，筑库建坝、截流引水，改变了入海径流和泥沙输运原有的季节性与年际变化的格局。水域环境因子的改变，影响生态系统中生物群落的分布格局。其中，浮游生物（包括鱼卵和仔稚鱼）资源作为鱼类的补充资源，其群落结构和数量变动直接影响了该水域鱼类资源的生存与延续。总体而言，渭河流域补水后，河流内鱼类的种类增加，各种鱼类的数量增加，生物多样性较好。

11.3.3　关中地区水系连通性与景观格局

景观格局是指由自然或人为形成的，一系列大小、形状各异，排列不同的景观镶嵌体在景观空间的排列。它既是景观异质性的具体表现，又是包括干扰在内的各种生态过程在不同尺度上作用的结果。景观格局决定着资源和环境的分布形式，与景观中的各种生态过程密切相关，对于抗干扰能力、恢复能力、系统稳定性和生物多样性有着深刻的影响。当前，国内外关于景观格局的研究大多集中在景观格局变化、景观生态安全、景观生态风险等领域，并形成了比较完善的评价方法，然而对于景观格局脆弱性的研究尚不多见。在国外，研究较多是生态环境脆弱性、景观敏感性等，例如从时间和空间的角度探讨景观的敏感性，表明不稳定的景观有时会表现出一定的自我组织性，然而稳定的景观受到扰动的程度超过其承受的阈值范围，也会变得不稳定。在我国，关于景观格局的研究主要集中于生态安全、生态风险，但研究多侧重于基于景观格局的角度评价生态问题。河道渠化是人类改变水系格局的结果，人为干扰的增加也必将引起河道生境和河岸带景观格局的变化，使人工景观占据景观优势，而自然景观逐渐衰减和消亡，这对于河流生境及流域生物多样性都是极为不利的。

以水系连通对沣河的景观格局影响为例，景观格局的脆弱性取决于人类活动对景观系统的外在影响和系统本身的应对能力。景观格局脆弱性是指景观格局在受到外界扰动（自然条件的变化和人类活动的影响）时所表现出来的敏感性以及缺乏适应能力从而使景观系统的结构、功能和特性容易发生改变的一种属性。沣河发源于西安长安区沣峪，流至咸阳市汇入渭河，全长 82km，流域面积 1460km²。据载，大禹曾经治理过沣河，西周的丰、镐二京就建在沣河东西两岸。秦咸阳、汉长安也位于沣河、渭河交汇处，汉、唐时的昆明池也是引沣河水形成的，沣河绕西安之西。研究区河道以赵河为主源，全长75km，流域面积1750km²，其中丘陵区占51.8%，平原区占21.4%，湖泊占26.8%。城西湖东起陈湖嘴，西至高塘集，北到薛家嘴，南到河口集，河底高程一般为18.0～18.5m，低水位19.3m。本区属于温带半湿润季风气候，多年平均气温7.1～8.9℃，多年平均降水量自东南向西北递减，由700～750mm降至500mm，蒸发量为700～1200mm，并由东南向西北增加。该干流包括北洛河、沣河、泾河、黑河、涝峪河等众多支流，2010年，研究区内处于低脆弱区和较低脆弱区的面积比例增加较为显著，形成以西安市为核心，向四周辐射的呈不规则形状的带状特征区域。对比分析后表明，低脆弱区和较低脆弱区的空间分布格局与水系分布格局的客观实际相吻合，这也表明稳定性较强的水域景观对整个地区景观格局的构成具有重要影响。因此，水系连通性越好，景观格局的分布越合理。

11.4　基于河湖水系连通的关中地区河湖水系健康评价

根据本书8.3节提出的河湖水系连通健康评价指标体系，对关中地区河湖水系连通性开展评价。首先，采用层次分析法，确立定性与定量相结合的河湖水系连通健康评价模型，它具有实用、简洁的特点，是解决复杂系统中多层次、多结构、单目标评价模型的较好方法。考虑计算方法的可操作性，为得出河湖水系连通性健康评估总分，综合评价指数按下式计算：

$$E = \sum_{i=1}^{4} \lambda_i \sum_j \lambda_{ij} M_{ij} \qquad (11.1)$$

式中：λ_i 为第 i 个准则层的权重；λ_{ij} 为第 i 个准则层对应的第 j 个指标在该层所占的权重；M_{ij} 为第 i 个准则层对应的第 j 个指标的评分值。

关中地区河湖水系连通健康评价指标的评分刻度见表11.2。此处把健康的极大值1与最小值0之间划分为若干个质量值（评分值），每个质量值即1个刻度，将0～1划分为6个刻度（1、0.8、0.6、0.4、0.2、0.05），与某一刻度相对应，表明分层指标健康指数落在某刻度值处（刻度值也可以内插生成），则此刻度值为该分层指标的健康度。

表 11.2　　　　　　　关中地区河湖水系连通健康评价指标评分刻度表

指　　标		数　　值					
水质达标率	健康度	100	80	65	50	40	≤30
	刻度值	1	0.8	0.6	0.4	0.2	0.05
水土流失比例	健康度	0	10	20	30	40	≥50
	刻度值	1	0.8	0.6	0.4	0.2	0.05
径流系数变化率	健康度	0	5	10	20	30	≥40
	刻度值	1	0.8	0.6	0.4	0.2	0.05
河流断流概率	健康度	0	0.98	0.96	0.93	0.85	≤0.70
	刻度值	1	0.8	0.6	0.4	0.2	0.05

续表

指　标		数　值					
流动畅通率	健康度	1	0.5	0.3	0.2	0.1	≤0.04
	刻度值	1	0.8	0.6	0.4	0.2	0.05
河长变化率	健康度	0	4	8	12	16	≥20
	刻度值	1	0.8	0.6	0.4	0.2	0.05
鱼类种类变化率	健康度	0	5	10	15	20	≥25
	刻度值	1	0.8	0.6	0.4	0.2	0.05
珍稀水生动物存活率	健康度	优	良	中	差	较差	恶劣
	刻度值	1	0.8	0.6	0.4	0.2	0.05
天然植被覆盖率	健康度	≥50	40	30	20	10	≤1
	刻度值	1	0.8	0.6	0.4	0.2	0.05
河道生态需水保证率	健康度	100	90	80	65	50	≤30
	刻度值	1	0.8	0.6	0.4	0.2	0.05
城镇供水保证率	健康度	100	90	80	70	60	≤50
	刻度值	1	0.8	0.6	0.4	0.2	0.05
饮水安全保证率	健康度	100	90	80	70	60	≤50
	刻度值	1	0.8	0.6	0.4	0.2	0.05
过洪能力变化率	健康度	0	10	20	30	40	≥50
	刻度值	1	0.8	0.6	0.4	0.2	0.05
灌溉保证率	健康度	100	90	80	70	60	≤50
	刻度值	1	0.8	0.6	0.4	0.2	0.05
水资源利用率	健康度	100	90	80	70	60	≤50
	刻度值	1	0.8	0.6	0.4	0.2	0.05
单方水 GDP	健康度	≥50	40	30	20	10	≤1
	刻度值	1	0.8	0.6	0.4	0.2	0.05

　　参照8.3节健康评价划分等级，将河湖水系连通健康度划分为三级：①健康，综合指数为0.8～1；②亚健康，综合指数为0.4～0.8；③不健康，综合指数<0.4。

　　根据层次分析法要求，通过专家咨询和打分结合经验判断，按照结构图层次结构关系进行判别比较，分别逐层构建判断矩阵，然后计算出关中地区河湖水系健康评价总矩阵及权重，见表11.3。

表11.3　　　　　　　　关中地区河湖水系连通健康评价总矩阵及权重

序号	准则层	1	2	3	4	权重	参数值
1	环境属性	1	2	3	1	0.3416	
2	生态属性	1/2	1	2	1/3	0.1682	$\lambda_{max}=4.046$
3	社会属性	1/3	1/2	1	1/3	0.1069	$CR=0.017<0.1$
4	经济属性	1	3	3	1	0.3832	

　　表11.3表明关中地区河湖水系连通健康评估中，经济属性最为重要，其次是环境属性，接着是生态属性，社会属性影响相对不重要。这也说明经济生产活动对河湖水系连通

的影响十分显著。

根据本地区收集资料，以 2001—2006 年为时段，确定关中地区河湖水系连通健康评价指标现状值，见表 11.4。

表 11.4　　　　　　　　　关中地区河湖水系连通健康综合评价指数

序号	现状值	健康度	权重	评价指数
1	31.8	0.053	0.024	0.001272
2	76.9	0.05	0.026	0.0013
3	10	0.6	0.44	0.264
4	0.2	1	0.14	0.14
5	0.032	0.05	0.086	0.0043
6	0.2	1	0.024	0.024
7	10	0.05	0.019	0.00095
8	恶劣	0.05	0.033	0.00165
9	26	0.51	0.033	0.01683
10	40	0.16	0.082	0.01312
11	94	0.95	0.021	0.01995
12	1	0.05	0.021	0.00105
13	0.54	0.98	0.064	0.06272
14	71	0.41	0.127	0.05207
15	35	0.05	0.127	0.00635
16	0.02875	0.05	0.127	0.00635

将计算和指标具体值与制定的评分等级标准相对应，如果该值落在某一分级数值范围内，则表示健康指数处于某一状态。利用确定的权重值，最终得出关中地区河湖水系连通健康评价结果，具体见表 11.4。综合健康指数评分值越小，则健康状况越差，否则相反。关中地区河湖水系连通健康评价综合指数为 0.1878。由此可见，关中地区河湖水系连通健康水平处于不健康状态。这种不健康主要是由水质达标率低、生物种群结构差、植被覆盖率低等因素所造成的，这与该地区人口过度集中、城市密集、工农业生产极大破坏了河流连通有关。

第12章 河湖水系连通中的经济与法律问题实证研究——以山东潍坊为例

12.1 潍坊市河湖水系现状与总体发展规划概况

12.1.1 河湖水系现状

潍坊市是一个严重缺水的城市，拥有水资源总量 27.28 亿 m^3，人均占有水资源量 $320m^3$，处于极度缺水状态，水资源严重短缺成为制约经济社会发展的主要瓶颈之一。全市多年平均降水量 655mm，受季风性气候和地形条件的影响，降水时间和空间分布极不均衡，年降水量的 70% 集中在 6—9 月，致使汛期局部地区洪水成灾，干旱季度用水又极为紧张。潍坊市境内河流众多，流域面积 $50km^2$ 以上的有百余条，主要河流水系有潍河、弥河、白浪河、小清河、胶莱河 5 条。这些河流大多发源于南部低山丘陵区，除诸城境内有南流小河外，其余均向北流入渤海莱州湾。

1. 河流

潍坊市河流众多，流域面积大于 $50km^2$ 的河流有 103 条，大部分发源于南部山丘区，除诸城境内有向南流小河外，其余全部向北注入莱州湾。受地理位置决定，境内河流均为季风区雨源型河流，河流补给来源主要是大气降水，同时接受山区裂隙-岩溶水补给河流。因此，大多源短流急，雨季流量大，枯季流量小，甚至干枯。较大的河系有 5 条，自西向东依次为小清河、弥河、白浪河、潍河、南北胶莱河。其他数百条河流和溪流，均系上述主要河流的支流，过境河流只有小清河。潍坊市主要河流详见表 12.1。

表 12.1 潍坊市主要河流统计表

序号	河流名称	发源地	流入地	全长/km	流域面积/km²
1	潍河	莒县箕屋山	昌邑下营入渤海	246	6367
2	弥河	临朐沂山西麓	寿光北部入渤海	177	3863
3	小清河	历程睦里庄	寿光羊口入渤海	237	10276
4	北胶莱河	平度姚家庄	莱州海苍入渤海	103.5	3900
5	白浪河	昌乐大鼓山	寒亭央子北入渤海	127	1237

续表

序号	河流名称	发源地	流入地	全长/km	流域面积/km²
6	汶河	临朐沂山北麓	安丘夹河套入潍河	107.5	1706
7	渠河	临朐大关大官庄	诸城凉台入潍河	100	1059
8	北胶新河	高密仁河梁家屯	昌邑柳瞳东入北胶莱河	38.8	1191
9	塌河	寿光巨淀湖	寿光羊口西入小清河	26.6	1193

2. 水利工程

潍坊市全市共有大型水库 6 座，中型水库 21 座（双王城水库在建），小型水库 702 座，塘坝约为 3064 座，总拦蓄能力可达 35.89 亿 m³。其中 6 座大型水库为峡山水库、白浪河水库、墙夼水库、牟山水库、高崖水库和冶源水库，中型水库包括三里庄水库、青墩水库、石门水库、吴家楼水库等。

近年来，按照新时期治水思路，潍坊市进行水网工程建设，已建成大型跨流域调水工程 19 处，初步构筑起覆盖全市的水网工程体系；完成了国家规划内 25 座大中型病险水库、省规划内 508 座小型水库除险加固任务，已全部通过竣工验收；进行了峡山等 5 座大型灌区配套与节水改造工程；开展了以小流域治理为重点的水土保持工程建设；对潍河、白浪河等骨干河道进行了综合治理；实施了村村通自来水和农村饮水安全工程，农村自来水普及率达到 97%；建成了 10 处国家水利风景区。水利工程建设为全市经济社会的快速发展提供了良好的水资源支撑和防洪安全保障。

12.1.2 潍坊市总体发展规划

1. 城镇体系规划

潍坊城镇体系空间结构为"一主五副两翼"的格局。"一主"指潍坊中心城市；"五副"指依托便捷的交通线构筑的半小时交通圈中五个副中心城市，包括寿光、昌乐、安丘、昌邑及滨海新城（由滨海经济开发区、央子镇滨海项目区组成），成为推动全市经济、文化发展的核心城市圈；"两翼"指以高密和诸城为主组成的东南部经济区和以青州、临朐为主组成的西部经济区。远期（2011—2020 年）城镇发展的重点：中心城市及副中心城市发展到一定程度后，城市规模和经济有相当大的发展，基本实现现代化。在此基础上，城镇化水平不断提高，逐渐迁村并点，中心镇和一般镇成为农村城镇化转移的主要节点，农村人口向城镇大量转移，农业逐步实现现代化。

2. 给水规划

（1）供水战略。整合区域水资源，统筹市域水资源的开发、利用、保护。利用先进技术，减少耗水量，开拓新水源，加强水的重复利用。区域内水库联网，建立统一的水资源分配机制。

（2）需水量预测。预计规划期末农村需水量为 30.68 亿 m³；工业需水量为 13.00 亿 m³；城市居民综合生活用水标准，城镇取 350L/（人·d），乡村取 200L/（人·d），全市居民生活年需水量为 9.0 亿 m³；不可预计水量按总水量的 9% 计算。规划期末全市年总需水量为 58.53 亿 m³。

（3）水资源节约利用。

1）工业节水：按照万元产值耗水量减少 20m³，工业可节水 6.50 亿 m³。

2）农业节水：预计农业可节水 40%，为 12.27 亿 m³。

3）再生水的回用：规划期末各污水处理厂日处理排放水 100 万 m³，按照二级或三级处理标准，可用于景观、市政以及农业用水。

（4）水源开发利用。

1）在各河流（弥河、潍河、白浪河等）下游修建蓄水闸，实现梯级截水，每年可增加水量 2000 万 m³。

2）在具有富水构造的地下水漏斗区兴建地下水补水工程，每年可增加回灌地下水能力 2 亿 m³。

3）通过大中型水库全面除险加固，扩容增蓄 3 亿 m³。

4）实施跨流域水源工程，最终解决潍坊水资源的短缺，利用"引黄济青""南水北调"，年有客水资源 2.14 亿 m³。

5）海水直接用于工业，规划期末年用水 2 亿 m³。

6）水库联网，多库串联、库河串联、水系联网，构筑水利工程网络体系，年可调配水资源 3 亿 m³，实现地表水、地下水统一优化配置，调剂余缺，以丰补歉，初步实现从工程水利向资源水利、从传统水利向现代水利转变。

12.1.3 潍坊市总体发展对水系连通的要求

整合区域水资源，统筹市域水资源的开发、利用、保护。建设水库联网、多库串联、库河串联、水系联网等工程，构筑水利工程网络体系。实施跨流域水源工程，充分利用外调水和雨洪水，加强海水淡化，鼓励淡化海水直接用于工业。实现地表水、地下水统一优化配置，调剂余缺，以丰补歉。利用先进技术，减少耗水量，开拓新水源，加强水的重复利用。区域内水库联网，建立统一的水资源分配机制。在各河流尤其是弥河、潍河、白浪河等主要河流下游修建蓄水闸，实现梯级截水；在具有富水构造的地下水漏斗区兴建地下水补水工程；对大中小型水库全面除险加固，扩容增蓄，增强水资源保障能力和防洪减灾能力。

12.2 潍坊市河湖水系连通工程概况

潍坊市的河湖水系连通工程建设，是在现有水系（人工和自然）的基础上，以现代治水理念为指导，以现代先进技术为支撑，以现代科学管理为保障，通过建设一批控制性枢纽工程和河湖库渠连通工程，将水资源调配、防洪调度和水系生态保护"三网"有机融合，使之形成集防洪、供水、生态等多功能于一体的复合型水系网络体系。

12.2.1 潍坊市水系连通工程建设思路、目标和总体布局

1. 河湖水系连通工程的建设思路

潍坊市河湖水系连通建设的总体思路是加强和省级骨干水网的连通，着力构建县市之

间的水系连通工程，配套完善县域内的水系连通工程，以实现水资源在全市的高效调配，满足供水、防洪、生态、景观等多种需求。

潍坊市现代水网建设的具体思路是以防潮堤和沿海生态防护带为屏障，以弥河、白浪河和潍河三大水系防洪减灾和生态保护工程为基础，以峡山水库、高崖水库、牟山水库、冶源水库、白浪河水库、墙夼水库、双王城水库和其他大中型水库为调蓄枢纽，以引黄济青干渠和沂沭河洪水资源利用工程为调水动脉，以局域水系连通工程为脉络，逐步构建"河河相连、河湖相连、库河相连、库库相连、河渠相连"的河湖连通格局，形成覆盖全市的输、蓄、泄、供畅通的大水系网络，实现集供水、防洪、生态于一体的"三网融合"，最终实现"旱能浇、涝能排、需能供、洪能防、污能控"的生态健康、人水和谐、环境优美的目标，率先实现水利现代化。

2. 河湖水系连通工程的建设目标

根据《中国水利报》2012 年 1 月 5 日第 6 版《正确认识河湖连通》一文，河湖水系连通的目的是解决我国水资源条件与生产力不匹配问题，最终实现人水和谐。其功能主要表现为提高水资源统筹调配能力，改善水环境状况，抵御水旱灾害；目标是构建满足经济社会可持续发展和生态文明建设需要的河湖水系连通网络体系，可通过水利工程实现直接连通，也可通过区域水资源配置网络实现间接连通。

在此基础上，2012 年潍坊市提出其河湖水系连通总体目标：结合潍坊市水利发展实际情况，建设现代水网，统筹解决水资源短缺、水灾害威胁和水生态恶化三大水问题，在全省率先实现水利现代化。其近期目标为到 2015 年，完成现有河湖水系连通工程的配套改造，新建引弥入青等水系连通工程以及孟家沟等水库，对潍河、弥河和白浪河等重点河道进行重点治理，完成南水北调配套工程建设和灌区续建配套建设，加强水系生态保护工作，基本建成"南北贯通、东西互济、蓄排结合、旱涝兼治、库河相连、城乡一体、统筹调度、管理科学"的现代水网体系，初步实现水利现代化。远期目标为到 2020 年，全面构建起集供水、防洪、生态于一体的"三网融合"的山东现代河湖连通体系，实现"资源配置合理、防洪调度安全、水系生态健康、综合功能完善、生态环境优美、人水发展和谐"的目标，在全省率先实现水利现代化。

3. 河湖水系连通工程的总体布局

依据潍坊主要水系和现代水网主要建设工程内容，将潍坊市现代水网建设总体布局概化为：五轴七心九网四水联调，两带三区十河六效兼筹，简称"W36"工程。

河湖水系连通工程布局中，引黄济青一期工程于 1998 年 10 月建成通水，在潍坊市境内长 113.21km，设计引黄流量 30.5m³/s。先后建成分水闸 22 处，设计灌溉面积 52.58万亩，配套有效灌溉面积 26.93 万亩，由于引黄水源不足，实际灌溉面积约 10 万亩。该工程既可将水库水沿输水干渠向用水单位供水，将来可调长江水、黄河水入峡山水库，主要解决潍坊市区、寒亭、坊子、潍北及北港等城市工业、生活用水。白浪河水系联网工程分东西两条调水路线，西线工程从高崖水库调水入白浪河水库，于 1999 年 6 月竣工通水；东线工程从牟山水库调水入白浪河水库，目前正在施工中，此工程完成后，可将牟山水库、高崖水库、白浪河水库等 10 座大中型水库串联，将渠河、汶河、白浪河三大水系联网。分别在寿光、昌邑、寒亭北部滨海区修建 3 座平原水库，所用水源为上游洪水弃水或客水。在黄河水资源得不到可靠保障的情况下，引用长江水是宏观上解决潍坊市水资源短缺最根本的措施，南水北调东线工程潍坊供水区包括市区及寿光、昌邑、高密三市。

12.2.2 水系连通工程建设措施体系

潍坊市是一个水资源严重短缺的城市，不仅面临资源性缺水，而且存在工程性缺水问题。随着潍坊市经济社会飞速发展，城市规模不断扩大，水资源供需矛盾日益突出。为解决这一突出问题，必须根据当地的水资源现状，采取有效措施，调剂余缺，充分合理地利用好地表水资源。为此，潍坊市水利局创新工作思路，打破过去一个流域、一座水库、一条河道、一个灌区的单一治水方式，依据当今世界最前沿的"流域城市论"，把整个城市的水系看作一个整体，最终确立了"多库串联、库河串联、水系联网、优化调度配置水资源"的治水新方略，走出了一条"以水源建设为中心，以水网建设为辐射，以理顺管理体制为保障，以现代技术为支撑，充分利用雨洪水资源，实现水库、水系之间以及区域地表水、地下水之间的统一联合调度、优化配置"的现代治水新道路（董永庆等，2004；徐羽白，2004；郭召平等，2007）。

围绕这一思路，潍坊市连年大干，目前已经初步构筑起区域水网大格局，实现了地表水、地下水联合优化配置，调剂余缺，以丰补歉，最大限度地挖掘水资源潜力，使有限的水资源发挥出了较大效益，初步实现了从工程水利向资源水利，从传统水利向现代水利、可持续发展水利的转变。将丰水区的水调配到缺水区，并充分利用雨洪资源，年可调剂、利用汛期弃水约 2 亿 m^3；对全市 24 座大中型水库除险加固，提高其防洪兴利标准，年可增加蓄水 2 亿 m^3；加强水资源的管理，推行各种节水、保护水的措施，提高水资源利用率，年可节约水资源 4 亿 m^3；积极引用客水，年引长江水、黄河水 1 亿 m^3。通过这些方式方法，潍坊市打破了水资源管理过程中人为将水资源分为"城市水资源"和"农村水资源"的禁锢，加快了城乡供水一体化的进程。

12.2.2.1 潍坊市市级河湖水系连通工程

潍坊市为解决水资源时空分布不均问题，从 20 世纪 80 年代就开始建设单个的跨流域调水工程。据统计，截至目前，潍坊市已经完成了 20 项水系连通工程，连通了潍河流域、白浪河流域和弥河流域，基本涵盖了潍坊市域的全部范围。主要包括引黄入峡工程、白浪河水系联网工程、潍北平原水库等。

1. 引黄入峡工程

该工程是把黄河水、长江水、峡山水库水进行统一调度，实现多水源综合供水，以提高工程供水能力和供水保证率。引黄入峡工程是一个双向调水工程，既可将峡山水库水由南向北调往用户，也可将黄河水、长江水由北向南调入水库。该工程北起引黄济青输水渠，南至峡山水库，输水渠全长 35.43km，设提水泵站 4 座，设计提水能力 20.5m^3/s，工程概算投资 4.14 亿元。引黄入峡工程的调蓄工程是峡山水库，利用现有库容进行调蓄。输水渠由北向南从引黄济青输水河分水口至峡山水库，利用一段峡山水库灌区引潍总干渠；输水渠可以双向输水，由北向南逆坡引黄河水，由南向北顺坡从峡山水库引水。目前已实现了由南向北送水的一期目标，有效地缓解了潍坊市区、坊子、寒亭、昌邑、高密及北港、海化等地区的用水紧张问题。二期工程调黄河水、长江水入峡山水库，将实现由南向北调水的目标。

2. 白浪河水系联网工程

白浪河水库距市区较近,其地理位置对发展城市供水十分有利。白浪河水库总库容 1.48 亿 m³,但其流域面积小,自产水量满足不了城市供水的要求,为提高供水保证率,就必须跨流域调水。而与其相邻的其他流域水资源较丰,有较多弃水(王勇等,2008)。白浪河水系联网工程包括东西两条调水线路。西线调高崖水库水入白浪河水库,引水流量为 10m³/s,联沂山、大关、高崖、马宋、白浪河 5 座水库,主要是利用高崖水库东干 40km 渠道,再经 24km 孝妇河进入白浪河水库,年可调水 2000 万 m³,已于 1999 年建成通水。东线为调牟山水库水入白浪河水库,潍坊市南部和西南部山区是全市暴雨集中区,该区域的于家河、下株梧等水库的流域面积 2200km²,地表水相当丰富,一般年份,部分地表水顺河而下,白白流入大海。"引牟入白"不但能达到多蓄少弃的目的,而且能彻底解决水资源分布不均的问题。白浪河水系联网东线工程引水流量为 5m³/s,主要是利用牟山水库北干 10km,经 12.5km 输水隧洞进白浪河水库,年可调水 2000 万 m³。主要工程为 12.5 km 输水隧洞及配套建筑物,该隧洞跨昌乐、安丘、坊子三个县(市、区),就其长度而言,位居全国范围内能运行的引水隧洞之首。隧洞工程于 2004 年 2 月开工建设,于 2007 年 6 月建成通水。

白浪河水系联网工程的实施,将渠河、汶河、白浪河三大水系联网,使白浪河、牟山、高崖、于家河、下株梧、共青团、尚庄、马宋、沂山、大关 10 座大中型水库组合成一个统一的水资源调度系统。该系统控制流域面积 2000 km²,可以将沂山、沂水两个暴雨中心控制在网络之内。10 座水库的总兴利库容 2.9 亿 m³,不论哪个流域降大雨,都能做到统一调度洪水,减少入海弃水,极大地提高白浪河水库的供水能力。

白浪河水库通过水系联网,年可调入水量 2000 万 m³,可为潍坊市区日供水 8 万 t,改善沿途 5 县(区)50 万亩农田灌溉条件和 10 万群众的吃水问题。白浪河水库已建成向奎文、潍城、坊子三区城乡以及潍坊第二水厂、潍坊啤酒厂等工业供水项目,向城区白浪河、虞河、张面河三河生态及景观供水工程,向符山景区调水工程正在建设中。白浪河水库已被潍坊市委、市政府列为潍坊的第二水源地,成为潍坊的第二座"水塔"。

3. 潍北平原水库

潍坊"三北"地区(寿光、寒亭、昌邑三县区北部沿海地区)总面积约 1783 km²,北临渤海,海岸线长 113 km。该区地势平坦,地下浅层埋藏有丰富的卤水资源,是发展盐化工产业的重要基地和对外交流的重要窗口。但是,水资源缺乏成为制约该区经济持续快速发展的瓶颈。潍北地区多年平均降水量为 590mm,比全市平均降水量少 11%;该地区地表水资源主要是上游河流来水,大部分在汛期直接流入渤海;在地下 30~360m 范围内有少量的淡水或微咸水,由于储量少,补给困难,开采成本高,不宜作为持续的可利用淡水资源。淡水资源紧缺成为制约"三北"地区经济社会快速发展以及生态环境改善的主要因素,必须通过兴建平原水库,实施跨流域跨地区调水,才能从根本上解决该地区的水问题。为此,潍坊市建设了潍北水库(张明君等,2003)。

潍北水库坐落于潍坊北部茫茫盐碱滩的中段,于 2001 年 9 月开工兴建,到 2002 年底主体工程建设完成。主要工程内容包括:水库围坝及防渗防护工程、入库泵站、供水泵站、净水厂、20 km 供水管道及相应配套工程。水库总库容 500 万 m^3，兴利库容 440 万 m^3，年调蓄水量 2052 万 m^3，工程总投资 6000 万元。于 2003 年建成，可调引峡山水库水、黄河水和长江水进行存蓄，主要解决山东海化集团、潍坊北港等企业用水和北部 10 万群众的饮用水问题，并扩大沿途农田灌溉面积 4000hm²。

4. 北部水网工程

北部水网工程建设地点为昌邑市、寿光市、寒亭区的北部及滨海经济开发区、潍坊经济开发区，主要由"两横六纵"构成。"两横"是指新开东西向两条人工河。"南一横"位于荣乌高速公路附近，"北一横"位于北大港路侧。"两横"由东向西依次贯通潍河、堤河、虞河、白浪河、丹河、弥河等南北向天然河道，使各条河流相互贯通，达到丰枯相济、蓄排并举的网络状水系。"六纵"是指区域内南北向天然河道潍河、堤河、虞河（含丰产河、利民河两支流）、白浪河、丹河（含崔家河）、弥河六条河流。通过河道整治、新建拦蓄水工程等措施，调蓄水量，扩大水面，形成河流型平原水库。治理范围为河道入海口至荣乌高速公路，其中白浪河、虞河向南延伸至济青高速公路。"六纵"共治理河道长 197km。

"两横六纵"规划总长 277km，新建拦河闸坝 23 座，跨河桥涵 71 座，节制闸分水闸 26 座。规划治理面积 12.3 万亩，其中形成水面约 9.2 万亩，一次性拦蓄水量 1.4 亿 m^3。水网工程拦蓄水源包括南水北调工程的长江水、黄河水、潍河、弥河流域来水及部分污水处理后产出的中水。"南一横"工程为调水工程，"六纵"河道及河流型平原水库为蓄水工程。"南一横"工程两端高、中间低，均可将水调至崔家河。工程建成后，每年调蓄两次，最大年调水量 2.8 亿 m^3。规划利用长江水、黄河水 1.5 亿 m^3，潍河水 0.726 亿 m^3，弥河水 0.274 亿 m^3，其他来水 0.3 亿 m^3。工程规划总投资 18.5 亿元。

5. 四河串联工程

四河串联工程调潍河水入张面河、虞河、白浪河，补充城区水源工程，工程总投资 1.4 亿元。2008 年 2 月动工，12 月完成，年可向城区调水 3000 万 m^3。

12.2.2.2 潍坊市市级以下河湖水系连通工程

各县（市、区）立足当地实际，从水资源服务经济社会发展大局出发，集中力量建设了一批跨流域调水引水工程，建成了本区域内的水网体系。这些调水工程巧借地势，自流输水，是惠及后代的民心工程。

1. 高密市五河三库串联调蓄水工程

高密位于胶东半岛与鲁中腹地接壤地带，主要河流共有 11 条，境内有王吴水库、城北水库，毗邻峡山水库。全境地势南高北低，南部为缓丘区，中部为缓坡区，北部为低洼区，地下大部分为红板岩。受地理条件和气候等因素影响，自古高密十年九旱，水资源缺乏，全市人均占有量仅为全国人均占有量的 1/7。更为严峻的是，有限的水资源大部分为高氟水，水质很差，尤其是北部地区氟离子含量高，每升水含 4～6mg，有的地方达到 18mg，超过国家标准 18 倍，严重影响了高效农业的发展和人民生活水平的提高。1997 年，高密市委、市政府确立了"通过兴建五河三库串联调蓄水工程，改变高密水利现状"的工作思路，决定打造"新源头"，为全市经济社会发展和群众基本用水提供有效保障。2000 年年底，历时三年投资 8500 万元的五河三库串联调蓄水工程完工并投入运行。

高密市五河三库串联调蓄水工程将峡山、王吴、城北 3 座水库与官河、五龙河、胶河、北胶新河、柳沟河 5 条河道串联，对河道进行治理后节节建闸，形成库库相串联，优化配置水资源的大水利格局。其控制沿途 2.93 万 hm² 农田灌溉用水，回灌补源面积达 200 km²，大大改善了高氟区 30 万群众的饮用水条件，减轻了王吴水库和胶河中下游乡镇的防洪压力，提高了中西部河道的防洪能力，有效地补充了沿途地下水源，确保了城区供水。按每年两次调蓄计算，可以利用境内五条主要河流汛期水量 5000 万 m³，增加地表水可利用量 50%，降低了洪涝灾害，并极大地改善了沿途的生态环境。

2. 昌乐县南水北调工程

昌乐县为解决县城用水，1988 年建成了高崖水库向城区调水工程，即昌乐县南水北调工程，该工程包括总干和北干两部分，全长 62 km，以高崖水库为主体，修建了一系列跨河工程，干渠串联孟津河、漳河、九曲河、白浪河、猪河、龙丹河，送水入丹河、于河、桂河水系，沿途串联 36 座小水库，构成了从南至北的水利网。该工程的建成有效地缓解了昌乐县中北部地区的水资源紧缺状况，为城区用水提供了可靠的水源，促进了昌乐县城乡供水一体化的进程，使昌乐县成为山东省首批实现城乡供水一体化的水务县之一。目前，该工程每年向城区供水 1200 万 m³，占整个城区供水的 70% 以上，下一步争取达到每年 2000 万 m³，减少城区地下水的取用，彻底解决昌乐县城用水问题。

3. 安丘市南水北调工程

1995 年，安丘市建成了南水北调工程，将于家河书库水调往牟山水库，实现了渠河、汶河两大水系联网，于家河、牟山、下株梧、共青团、尚庄 5 座水库串联，解决安丘城及其以北地区的用水问题。该工程全长 54 km，年调水 8360 万 m³。

4. 坊子区东水西调和西水东调工程

坊子区东水西调和西水东调工程将峡山、白浪河水库的水调往坊子城乡，全长 37km，年调水 2100 多万 m³，解决了坊子城区用水和沿途 6667hm² 农田灌溉。

此外，诸城市建成了引涓调水工程，将涓河水调往三里庄水库，全长 11.7km，年调水 1000 万 m³。寒亭建设了引峡济寒、引峡上埠工程，把峡山水库的水调往寒亭城乡，年调水 1500 万 m³。昌邑建成了双台"四河串联"工程，寿光高起点规划、高标准建设了一批河道拦蓄水工程和河河相通工程，青州建设了黑虎山、仁河水库联合向青州城区调水的供水工程。

河湖水系连通，为水资源统一调度、优化配置打了下坚实的物质基础。这些调水、引水、拦水、蓄水工程，初步构筑起了全市水利工程的"网络"体系，最大限度地拦蓄一时之"丰"，补可能之"歉"，把一方之"余"调济给他地之"缺"，实现了水库之间以及区域地表水、地下水、区间径流水之间的联合调度、统一配置。

12.3　潍坊市河湖水系连通驱动要素与作用

12.3.1　潍坊市河湖水系连通驱动要素

1. 水资源分布与区域发展不匹配

潍坊市通过不断的建设，水利事业取得了巨大的成就，但仍无法彻底解决水资源短缺、水资源分布不均的问题。虽然从 20 世纪 80 年代开始，潍坊市大力倡导水资源优化配置，但水资源短缺问题仍然突出，尤其在人口密集和工业集中的市区和北部滨海地区。因此，为了解决水资源分布与区域发展现状及未来规划不匹配的问题，潍坊市不断规划建设了一系列水系连通工程。

2. 原有水系连通工程亟待完善

潍坊市为解决水资源分布不均问题，建设了大批水系连通工程，已建成的水系连通工程发挥了巨大作用。然而，已有的水系连通工程多集中在县域范围内，虽已较为完善，但是全潍坊市内的大水网格局仍有待进一步建设，全市水资源联合调配利用仍未真正实现。

再者，已有水系连通工程多以供水功能为主，缺乏对供水保障、防洪减灾、生态保护等多方面的统筹考虑。因此，完善已有水系连通工程，发挥工程的综合功能，亦是水系连通工程的建设动力之一。

潍坊市已有水系连通工程在建设过程中，由于资金不足等原因，存在配套设施不完善等问题；另外，许多工程经过多年运作，逐渐出现了设施老化破损等现象，因此新的水系连通工程的建设很有必要。

3. 推进水利现代化建设

中央两个一号文件、两次水利工作会议明确提出了推进水利现代化的发展要求。潍坊市委、市政府高度重视水利现代化工作，提出了要争创山东省现代水利示范市的目标，决定把建设水系连通工程、建成现代水网作为统筹解决潍坊市供水、防洪、生态三大水问题的总抓手，全面推动潍坊市水利现代化建设进程。

4. 潍坊市水资源供需分析

根据潍坊市经济社会发展的总体趋势和基本格局，潍坊市的经济发展离不开水资源的保障，即潍坊市国民经济第一、二、三产业的发展都需要水资源的充分保证。按照新口径用水户的分类，全社会的需水包括生活用水、生产用水和生态用水。根据潍坊市不同水平年及不同频率供水量的分析计算和潍坊市全社会需水量的计算成果进行供需平衡的分析计算，多年平均方案的情况下，潍坊市各水平年 2000 年、2010 年、2020 年、2030 年分别缺水 296919 万 m³、267839 万 m³、276578 万 m³、308755 万 m³（表 12.2），缺水率分别为59%、57%、57%、60%。潍坊市水资源的开发利用率达到了 75%，大于国际开发利用率40% 的标准要求，且人均水资源可供量为 244m³，小于国际标准人均 500m³ 的要求，故为资源性缺水地区。

表 12.2　　　　　　　　　　　　潍坊市水资源供需分析表　　　　　　　　　　　单位：万 m³

水平年	来水				用水			缺水			
	多年平均	50%	75%	95%	50%	75%	95%	多年平均	50%	75%	95%
2000 年	205854	191050	150339	110862	502769	564814	564814	296919	311719	414475	453952
2010 年	205854	191050	150339	110862	473693	519284	519284	267839	282643	368945	408422
2020 年	205854	191050	150339	110862	482432	521465	521465	276578	291382	371126	410603
2030 年	205854	191050	150339	110862	514612	549194	549194	308755	323536	398855	438332

从表 12.2 可以看出, 2010 年、2020 年、2030 年在不同保证率 50%、75%、95% 情况下, 缺水情况越来越严重。从潍坊市水资源供需平衡预测可以看出, 潍坊市是水源性缺水城市, 为了弥补其水资源的短缺, 保证潍坊市的可持续发展, 增强水资源支持社会经济发展的能力, 需要采取有效措施, 对内节流、挖潜, 对外开源, 积极争取外调水源, 以缩小缺水缺口, 而充分利用中水, 推进中水回用进程将会对潍坊市紧张的用水状况起到一定的缓解作用。

5. 潍坊市水系连通工程论证

根据水系联网建设设计理念和潍坊市经济、社会发展需求, 潍坊市针对水利现状, 打破过去一个流域、一座水库、一条河道、一个灌区的单一治水方式, 及时开展大型长距离跨流域调水工程建设。首先, 实施峡山水库输水干渠工程。该工程全防渗、全立交、全封闭, 总长 35.43km, 投资 1.5 亿元。此工程既可将黄河水调入峡山水库, 又能将水库水沿输水干渠向用水单位供水。不仅解决了潍坊市区、坊子等地区的用水紧张问题, 而且年可节水 8000 万 m^3。其次, 开工建设引牟入白跨流域调水工程。该工程分东、西两条调水线路, 总投资 1.2 亿元。其中西线工程从高崖水库调水入白浪河水库; 东线工程从牟山水库调水入白浪河水库, 需打隧洞 12km, 目前正在进行施工前的各项准备工作。此工程完成后, 可将牟山、高崖、白浪河等 10 座大中型水库串联, 渠河、汶河、白浪河三大水系联网。再次, 建设了高密市五河三库串联调蓄水工程。该工程总投资 8500 万元, 将峡山、王吴、城北 3 座水库, 官河、五龙河、柳沟河、北胶新河、胶河 5 条河道串联。此工程建成后其经济、社会和生态效益十分显著, 可以控制沿途 44 万亩农田灌溉用水, 极大地减轻王吴水库和胶河中下游 6 处乡镇的防洪压力, 提高中西部河道的防洪能力, 有效地补充沿途地下水源, 回灌补源面积可达 200km², 大大改善沿途高氟区地下水质和 30 万群众的饮用水条件。在未来 10 年或更长的时间内确保高密城区用水。按每年两次调蓄计算, 可以利用境内 5 条主要河流汛期水量 5000 万 m^3, 增加地表水可利用量 50%, 降低供水成本, 并极大地改善沿途的生态环境。最后, 建设了安丘市西水东调工程。该工程以安丘南水北调五库串联调水工程为依托, 总投资 2383 万元, 增加灌溉面积 10 万亩。这些调水工程与前些年建成的昌乐、安丘、高密南水北调, 诸城引涓调水, 坊子东水西调等大型跨流域调水工程, 逐步构筑起全市多库串联、水系联网、联合调度的大框架。

这些措施的落实对加强潍坊市水资源的统一调度管理, 充分合理利用水资源奠定了坚实的基础。同时, 通过水系联网建设还为大力发展城乡供水创造了条件。目前, 潍坊市已建成 15 项城市及工业供水项目, 总供水能力每天达 40 多万 t。潍坊市重点规划建设了峡山水库和白浪河水库两大调供水中心。其中峡山水库供水中心规划供水范围覆盖 7 个县 (市、区), 建成了向潍坊市区、潍坊电厂、化纤集团等地城乡供水工程; 白浪河水库调供水中心在引牟入白东线调水工程完成后, 可使白浪河水库每日为潍坊市区供水 10 万 t, 扩大改善 5 县 (区) 50 万亩灌溉条件, 解决沿途 10 万群众的饮用水问题。目前已建成的白浪河水库向奎文区供水工程, 日供水 8000t。各县 (市、区) 也根据当地的实际, 积极发展城乡供水网络, 目前全市已发展乡镇集中供水工程 75 处。昌乐、安丘、高密、诸城依托各自的调水工程向县城供水, 实现了供水事业的较大发展。

12.3.2 河湖水系连通的作用

1. 优化水资源配置

通过构建潍坊市水系连通工程，可以形成"五轴七心九网，三区两带十河"的水系格局。潍河流域、弥河流域、白浪河流域、胶莱河流域和小清河流域之间相互贯通，实现山东省骨干水网、潍坊市域水网和县域水网的有效连接，实现跨流域调水，使水资源得到合理配置。

潍坊市水系连通工程实施后，全市范围内的地表水、地下水、外调水、雨洪水和非常规水等多种水源将得到合理配置和高效利用，从而提高潍坊市的供水能力、水资源调蓄能力和应急供水保障能力。潍坊市水系连通工程将使供水能力达到 26.80 亿 m^3，实现平水年份不缺水；雨洪水资源利用率达到 35%，有效保障全市的供水安全。

2. 提高防汛抗旱能力

潍坊市水系连通工程完工后，大多数河道的防洪标准达到 20 年一遇，重点河流达到 50 年一遇，重点河段达到 100 年一遇或更高。各城镇防洪标准满足要求。全部水库和水闸均完成除险加固，骨干河道及重要支流均进行了综合治理。

3. 水系生态环境修复

通过水土保持、生态景观河道、沿海生态防护带、环库生态防护带和地下水保护工程的建设，全市水土流失治理度达到 95%，自然湿地保护率达到 70%，主要水功能区的达标率达到 80%，主要河流水质达标率达到 80%，地下水超采面积和海水入侵面积将大幅度减小，各重要市县的环城水系基本建成，全市水系生态环境得到明显改善。

12.4 潍坊市河湖水系连通中的经济问题

如前所述，对于河湖水系连通的经济分析，需要根据经济学的效率原则，准确认识和统一运用会计成本和机会成本、私人成本和社会成本、货币成本和非货币成本等概念和工具，运用公共工程分析中的成本收益分析（CBA）、成本效益分析（CEA）、成本效用分析（CUA）、成本可行性分析（CFA）等方法，全面具体地认清潍坊市河湖水系连通的公共物品、外部性、公共利益、规模经济等经济性质，分析水资源社会总供求的总量、结构、开发利用效率等问题，以及水资源管理的法律和管理体制上的基础制度不健全问题，以实现社会经济和自然环境的协调发展。

12.4.1 潍坊市水资源的社会经济特点与河湖水系连通的经济性质

1. 潍坊市水资源的社会经济特点

从社会经济发展对水资源需求的角度看，潍坊市的水资源具有以下特点：

（1）社会经济发展对水资源的需求不断增长，而潍坊市尽管河流众多，有大中型水库26 座，水的自然存量以及对水的开发能力相对稀缺有限，见表 12.2，水资源总量和人均水资源量都不足，即便实行了引黄入峡、南水北调等工程，水资源总供求依然存在着数量严重失衡问题。

（2）水的分布与社会经济发展需求之间在空间、时间分布上的不平衡、不匹配。大致而言，潍坊市降水主要在夏季，汛期局部地区洪水成灾，秋、冬、春季则严重缺水，干旱季度用水极为紧张；随着工业化、城市化的发展，潍坊市 2010 年城镇人口已经超过农村人口，相对于农村，城市水资源严重不足，这是潍坊市社会经济发展中水资源总供求的时间、空间上的结构失衡问题。

（3）对水的研究规划、投资建设、运营使用效率不高，投入产出比低，特别是河湖和地下水污染严重。如据国土资源部调查，2000—2002 年全国 63％的地下水资源符合Ⅰ～Ⅲ类标准，2009 年北京、辽宁等 8 省（直辖市）Ⅳ～Ⅴ类地下水占了 73.8％，2011 年全国 200 个城市地下水较差至极差水质占比为 55％。山东省同样存在着严重的径流水、地下水污染问题，潍坊市环保局 2013 年 2 月 15 日下发《关于对网民爆料潍坊许多企业将污水注入地下进行全面排查的通知》，山东省环保厅检查 20 家企业发现 14 件涉嫌向地下排污的案件。水资源低效开发利用导致潍坊市水资源稀缺程度进一步增大，这是社会经济发展中水资源开发利用效率低下问题。

（4）水资源的产权界定、定价机制和价格水平、法律制定和公共管理等方面存在问题，这是水资源管理的法律和管理体制上的基础制度不健全问题。

2. 潍坊市河湖水系连通的经济性质

在此基础上，潍坊市提出其河湖水系连通总体目标是结合潍坊市水利发展实际情况，建设现代水网，统筹解决水资源短缺、水灾害威胁和水生态恶化三大水问题，在全省率先实现水利现代化。从经济分析的角度看，水资源短缺、水灾害威胁属于水资源的数量稀缺、时间空间分布不平衡问题，水生态恶化属于水资源开发利用效率低下问题。从潍坊市水资源供给与社会经济发展的供求关系以及潍坊市在山东、全国的位次上看，潍坊市 2010 年末全市人口 873.78 万人，约占全省人口的 9.2％；2013 年生产总值 4420 亿元，约占全省 GDP 的 8.1％；多年平均降水量约 660mm，夏季（6—8 月）降水量占全年降水量的 61.7％，人均占有水资源量 320m³，为全国的 1/6，这几项指标与全省水平几乎相同。由此，潍坊市的水资源状况和河湖水系连通项目既具有准公共物品的性质，又具有地方公共物品的性质。

（1）潍坊市河湖水系连通的准公共物品性质。社会经济发展所需要、所提供的各种产品和服务大致可分为纯私人物品、纯公共物品和介乎两者之间的准公共物品（或准私人物品），不同性质物品的生产提供和监督管理方式也有所不同。潍坊市现在的水网建设可概括为"五轴七心九网四水联调、两带三区十河六效兼筹"的总体布局，简称"W36"工程，完成了引黄入峡工程、白浪河水系联网工程、潍北平原水库等 20 项连通潍河流域、白浪河流域、弥河流域等河湖水系连通工程。显然，潍坊市现有的河湖水系连通项目的相当一部分既是许多居民、企业普遍遇到而依靠单个居民、企业难以有效解决的水资源供求的公共性问题，又是在一定程度上可以向单个居民、企业直接收费而解决投资、成本问题的水资源供求的私人性问题。因此，在河湖水系连通的规划、决策、投资、运用、管理上，应当将个人、市场方式与集体、政府方式结合起来，取长补短，公私兼顾，实现河湖水系连通的私人成本与社会成本、私人收益和社会收益的统一。

（2）潍坊市河湖水系连通的地方公共物品性质。对于潍坊市河湖水系连通的地方公共物品性质，可以从两个层面理解：从山东以至全国的角度看，潍坊市河湖水系连通的许多项目公共物品具有相对的独立性、完整性，具有局部性、区域性的特征；从潍坊区域的角度看，潍坊市河湖水系连通又是由一系列相对独立、完整的项目组成的，某些河湖水系连通项目是为解决局部地区、某些居民和企业的水资源问题而投资建设，外部性、公益性主要覆盖部分居民和企业。因此，在河湖水系连通上，潍坊市应当全面分析、系统规划河湖水系连通项目，实现河湖水系连通的社会成本收益最优化。潍坊市已经开始打破过去一个流域、一座水库、一条河道、一个灌区的单一治水方式，把整个地区、整个城市的水系看作一个整体，确立了"多库串联、库河串联、水系联网、优化调度配置水资源"的治水新方略，实行各种水资源统一调度、优化配置的治水新道路。同时，应当在统筹规划的基础上，相对独立地组织项目的实施和管理。

12.4.2 潍坊市河湖水系连通的效率分析

河湖水系连通是解决潍坊市水资源短缺的重要手段。尽管如此，还必须从潍坊市河湖水系连通的准公共物品、地方公共物品的性质出发，运用会计成本和机会成本、私人成本和社会成本、货币成本和非货币成本等概念和工具，具体分析河湖水系连通的经济效率。具体而言，对于河湖水系连通，可以从公共项目的融资供求和融资体制、经济效益、社会效益和环境效益分析、水资源的产权安排和定价机制、水资源的立法和行政管理问题、公共项目的民主表决制度、移民和工程补偿、宏观分析等方面进行分析。

首先，潍坊市河湖水系连通必须建立在对水资源利用现状和未来供求的准确分析基础之上。表 12.2 只是基于潍坊市水资源供求历史数据的简单外推预测，今后还必须根据潍坊市的人口、产业结构、经济增长、社会发展、环境保护、潍坊市与相关地区的社会经济环境关系等因素，从水资源的产权、供求数量、价格等角度，运用相关数据和调查资料，对潍坊市的水资源供求以及河湖水系连通项目进行科学系统的分析和预测。

其次，对河湖水系连通项目的社会成本收益的经济可行性进行分析。具体规划实施河湖水系连通项目，必须准确运用会计成本和机会成本、货币成本和非货币成本、私人成本和社会成本等概念和工具，从短期和长期、货币和非货币、静态和动态、经济社会和环境的复杂系统的角度，对投资项目的私人成本收益和社会成本收益都进行事前、事中、事后的科学分析，而不能简单主观地给出似是而非、整齐划一的判断。如此，才可能全面考虑、准确计量河湖水系连通的成本收益问题，比如，公共项目规划中的经济可行性和环境评价，公共项目建成后的监测和评估。

最后，潍坊市河湖水系连通大致属于准公共物品、地方公共物品，在近期内政府和公共投资还将发挥重要的甚至主要的作用，相关制度对河湖水系连通具有重要的激励约束性。为此，还需要针对我国河湖水系连通中存在的制度问题，从水资源产权、公共投资和公共项目、跨区域协调管理、公共决策和社会监督等方面进行制度分析。比如，在公共项目的科学规划，地方人民代表大会对重大公共项目的质询、表决和监督，水资源的占有、转让、使用、收益等权利安排等方面，都存在一系列需要解决的制度改革问题。

12.5 潍坊市河湖水系连通中的法律问题

河湖水系连通涉及区域经济社会发展、生态环境保护等方面，不同地区水系条件、经济发展状况不同,水系连通的需求势必有所差异。水系连通工程实行跨区域或流域的水资源调度,势必会给连通区域带来一定的影响,包括正面效应和负面效应(李宗礼等,2011)。2013 年 8 月的调研发现,潍坊市"W36"工程的实施,对强化生态之基、促进人水和谐、推动"生态潍坊"建设的确有重要意义,但给当地政府带来了一些值得深思的法律问题。

12.5.1　值得深思的法律问题

1. 环境影响评价问题

潍坊市"W36"工程的具体思路是以防潮堤和沿海生态防护带为屏障,以弥河、白浪河和潍河三大水系防洪减灾和生态保护工程为基础,以峡山水库、高崖水库、牟山水库、冶源水库、白浪河水库、墙夼水库、双王城水库和其他大中型水库为调蓄枢纽,以引黄济青干渠和沂沭河洪水资源利用工程为调水动脉,以局域水系连通工程为脉络,实现集供水、防洪、生态于一体的"三网融合",最终达到"旱能浇、涝能排、需能供、洪能防、污能控"的目标。为了实现这一目标,潍坊市共规划建设了 19 处大型水系连通工程(李先成,2013)。这 19 处大型水系连通工程大多未开展水文地质调查、工程地质调查、海(咸)水入侵调查与监测和海底侵蚀淤积监测评价等。不仅如此,还有一些连通工程存在未评先建的现象,如潍坊北部建设的"两横六纵"水利工程,2007 年已开工"南一横"工程,全部工程 2010 年完成,直到 2012 年 7 月 18 日才完成《山东省潍坊市现代水网建设规划》的评审(郗建荣,2013)。

2. 水质恶化问题

潍坊市是严重缺水的城市之一,且水资源分布与经济社会发展不匹配。加之潍坊造纸厂、化工厂以及大面积农业种植业等企业较多,部分生产、生活污水不经处理便直接排入河道,造成水质严重污染;同时由于潍坊城内的排水管线均为合流管线,每到汛期,大量雨污合流管道中的污水随雨水一起排出,大量面源污染也被雨水冲入河中,致使河、湖水质恶化,水体受到富营养化严重威胁。如寿光市小清河入海口的银鱼,在 20 世纪 70—80年代,作为特产而家喻户晓,但从 90 年代初开始,随着水质恶化,银鱼难觅踪影。为了彻底改变小清河的污染问题,2005 年开始,仅寿光市政府每年就投入 2% 以上 GDP 的资金对小清河进行治理。2009 年冬天开始,消失了多年的银鱼又重新出现在寿光市羊口镇中心渔港码头,直到 2011 年渔获量仍较往年减半(潘来奎等,2011)。

3. 河湖生态系统退化问题

盐碱地和淡水匮乏一直是潍坊滨海生态建设的最大难题。为解决生态短板,提升滨海开发区生态建设水平,滨海区以生态打造带动经济社会可持续发展,全面实施山海湖河综合整治与开发。据了解,山海湖河综合整治工程分为南海生态组团和白浪河入海口生态示范带两大主体。南海生态组团按照生态滨河城市门户区的功能定位,依托白浪河综合整治、盐碱地生态示范园、南水北调配套工程等重点项目,采用"蓄淡压盐"原理对盐碱地实施改良。同时,利用河湖交汇、水系迂回贯通的自然优势,开河引水、聚水成湖,配合大规模耐盐碱和生态观光农作物种植,发展生态高效观光产业和滨水商业,实现生态效益、经济效益和社会效益的同步提高。不过,随着农业的开发、城市的发展、人类对生物资源高度开发利用、环境污染加剧、大部分湖岸硬化，生物生存的生境支离破碎，致使地带性植被破坏，天然植被零星分布，生物多样性丧失，湖泊生态系统退化，生态景观单一。

4. 缺乏水生态环境预警预报技术

潍坊市的弥河、白浪河和潍河三大水系，以及峡山水库、高崖水库、牟山水库、冶源水库、白浪河水库、墙夼水库、双王城水库和其他大中型水库对潍坊的经济社会发展发挥了十分重要的作用，但潍坊市的这些河湖水系目前仍然没有建设自动监测系统，无法提供实时高效数据。因此，较难科学地评价湖泊水生态环境，不能提出科学合理的修复和改善技术方法，也不能对湖泊富营养化的发生发展进行预警预报，且没有相应的应急预案。

5. 水管理的体制和机制存在障碍

近年来，国家虽出台了一系列政策法律措施，但由于对水所具有的特殊性认识不到位，仍存在管理、治理权责不清，各自为政的现象，许多制约水管理的体制仍未理顺、机制障碍仍未清除。目前河湖水系归不同部门管理，水利部门管理弥河、白浪河和潍河三大水系等，建设部门管理城区内的排水，环保部门管理水污染。由于城市河湖水系是一系统工程，目前"条块分割"的管理不利于城市河湖水系建设。

12.5.2 对策与建议

人与水土资源之间的相互作用是影响城市水系的关键因素。因此，有关水土资源利用的决策和行动将很大程度决定水系所面临的问题。本书紧紧围绕潍坊的城市定位，充分利用现状条件，提出了如下对策与建议：

（1）坚持环评先行的理念，尽可能减少水系连通带来的负面效应。加强水资源综合管理和风险管理是实施河湖水系连通的重要保障。应该充分利用分布水文模型在水文模拟中的优势，就河湖水系连通工程对水循环、生态环境产生的影响进行模拟、预测与评估，进行综合效益和风险分析，为尽可能减少水系连通带来的负面效应提供科学支撑；在搞好动态监测的基础上，科学调度，不断提高河湖水系连通工程的风险管理水平。因此，深入研究区域水情特点，科学论证其连通需求，是科学规划和实施河湖水系连通工程的前提。因此，已经开工没有环评的项目，要及时补办环评手续；即将开工的项目一定要环评先行；坚决杜绝未评先建的违法行为。在重大规划批准实施前，必须做地质环境调查评价，通过区域地质调查，查明该区域地质结构、地层划分对比、空间展布及相互关系，为潍坊沿海区域可持续发展、城市规划、生态环境保护以及工程建设提供基础工程地质资料。

（2）优化产业结构，减少环境污染。制定和实施正确的产业政策，通过产业结构调整，优化产业结构，减少环境污染。积极推进清洁生产，大力发展循环经济。严格控制新污染源，新建项目必须符合国家产业政策，执行环境影响评价和"三同时"制度。限期治理重点工业污染源，加强对重点工业污染源的监管。淘汰年产 1 万 t 以下的造纸生产线，关停污染排放超标的企业。要求在潍河、弥河、白浪河、虞河、小清河干流和小清河所有支流两岸 5km 以内所有排放污水的单位采用先进的技术、工艺和设备，增加水循环次数，提高水重复利用率。所有已建、新建污水处理厂必须同步建设污水管网、污泥处理和除磷脱氮设施。新开发区域要同步配套建设污水管网，所有污水处理厂必须安装在线监测设施。加快发展农业清洁生产，结合农业产业结构调整，发展生态农业、有机农业和节水农业，加强农药和化肥环境安全管理。

（3）加强水资源保护，实现水资源可持续利用。实施优化配置、高效利用、有效保护和科学管理的水资源战略，改变传统用水方式，大力节约用水，建立节水防污型社会，积极开发利用雨洪、海水、污水和微咸水等新水资源，促进水资源可持续利用。加大各类饮用水源保护区的监管力度，加强饮用水源保护区环境综合整治，加强水库建设和水库水源保护，规划建设备用水源，保障饮用水源安全，保障城市居民用水质量。推行城市节水、污水处理及其资源化，创建节水型城市。严格控制地下水开采量，严禁超采地下水。

（4）加强生态保护和修复。近年来，随着环境科学和生态学的发展和应用，人们逐渐意识到城市河道治理除了满足社会经济发展需求，还要兼顾对生态系统健康及可持续发展的影响。目前世界上一些发达国家都在进行河流回归自然的改造。瑞士、德国等于 20 世纪 80 年代末提出了全新的"近自然河流治理"概念和"自然型护岸"技术。借鉴国外的成功经验，开展环库沿河大生态带建设，建设主要污染河流（河段）"截、蓄、导、用"和人工湿地水质净化工程，综合治理河流入海口生态环境，实施生态恢复。通过清淤、护堤、绿化、建设截污管网，建设人工湿地，对流域的水质进行净化，改善小流域生态环境。凡是具备条件的湖滨、河道都应进行湿地修复工程建设。河道内的农田一律退耕还湿。以示范区建设为突破口，全面推进湿地建设。在污水处理厂下游建设人工湿地，进一步保持和改善水质。

（5）强化水资源配置和调度。进一步整合社会及监测系统资源，突出功能建站，创新监测管理体制，不断完善环境监测机构体系，建立完善的区域监测综合评价和预警技术管理体系，实现对潍坊市环境监测统一规划、统一管理、统一运行。加强水资源统一管理，把水源的配置和调度放在突出的位置，按照保饮水、保秋种、保生态、保生产的次序，科学配置、有效调度各种水源参与抗旱，确保经济社会正常运行。落实最严格水资源管理制度，规范水资源论证工作。严格取水许可管理，严厉打击无证取水、非法取水行为。强化计划用水管理，确保不突破区域用水总量控制红线。利用经济的杠杆作用促进水资源的节约利用。建立水资源管理责任考核制度，将水资源开发、利用、节约和保护的主要指标纳入地方经济社会发展综合评价体系，政府主要负责人对本行政区水资源管理和保护工作负总责。建立完善水资源管理协调合作机制，统筹协调解决落实最严格水资源管理制度的重大问题。调用黄河水、长江水，置换峡山水库用于生活、工业的水，保农田、保生态。把双王城水库作为调蓄水库，峡山水库作为市区东部、滨海区、寒亭、高密、昌邑北部用水水源地，白浪河水库作为市区西部用水水源地。三河（白浪河、虞河、张面河）生态用水尽量采用中水。

目前，潍坊市本地可用的水资源已基本无潜力可挖，调用长江水、黄河水是从根本上解决用水短缺的重要途径。但现状实际利用量很少，其主要原因是胶东调水渠道输水能力的不足及潍坊市的配套工程不完善，而配套工程不完善是其关键制约因素，因此，潍坊市应加快建设胶东调水配套工程。

综上所述，河湖水系是潍坊市巨大的财富，依据河湖水系环境承载能力，遵循河湖水系水资源系统自然循环功能，按照潍坊经济社会发展规律和生态环境规律，在保证河湖水系系统功能完整性前提下，不断适应环境变化，维持河湖水系的生命功能。

第 13 章 我国河湖水系连通总体格局与实证分析——以南水北调工程为例

南水北调工程是当今世界上规模最大的河湖水系连通工程,横跨长江、黄河、淮河和海河四大流域,建立了多条河流间的水力联系,同时对其他相关地区的水资源配置和管理产生了诸多影响。

13.1 南水北调工程概况

南水北调工程总体规划确立了我国"四横三纵、南北调配、东西互济"的水资源配置总体格局。

13.1.1 南水北调工程总体规划主要布局

2002 年国务院批复的《南水北调工程总体规划》确定了东线、中线和西线三条调水线路,分别从长江下、中、上游调水,与长江、淮河、黄河、海河四大江河相互连接,构成我国"四横三纵、南北调配、东西互济"的水资源配置格局(图 13.1,见文后彩插)。南水北调工程调水总规模 448 亿 m^3,其中东线 148 亿 m^3,中线 130 亿 m^3,西线 170 亿 m^3。

东、中、西线三条调水线路各有其合理供水目标和范围,并与四大江河形成一个有机整体,为北方受水区经济社会的可持续发展提供基本水源保障(表 13.1)。

表 13.1   南水北调东、中、西线总体规划布局

项目	东 线 工 程	中 线 工 程	西 线 工 程
引水地点	长江下游扬州附近	丹江口水库陶岔渠首	通天河、雅砻江和大渡河上游
供水目标	补充山东半岛和山东、江苏、安徽等输水沿线地区的城市生活、工业和环境用水,兼顾农业、航运和其他用水,并为向天津、河北应急供水创造条件	主要为北京、天津以及河北省 6 个省辖市、70 个县级市及县城和河南省 11 个大中城市、30 个县级市及县城供水	主要向青海、甘肃、宁夏、内蒙古、陕西、山西 6 省(自治区)的黄河上中游地区供水,还可向河西内陆地区供水,并相机向黄河补水

项目	东 线 工 程	中 线 工 程	西 线 工 程
输水线路	在江苏省江水北调工程现状基础上扩大规模并向北延伸,利用京杭大运河及与其平行的河道逐级提水送至东平湖,然后分两路输水:一路向北,在位山附近经隧洞穿过黄河;另一路向东,通过胶东地区输水干线经济南输水到烟台、威海	沿规划线路开挖渠道输水,在唐白河流域西侧过长江流域与淮河流域的分水岭方城垭口后,经淮淮海平原西部边缘在郑州以西孤柏嘴处穿过黄河,继续沿京广铁路西侧北上,可基本自流到北京、天津	开凿穿过长江与黄河的分水岭巴颜喀拉山的输水隧洞,推荐采用明流洞自流输水方案,从雅砻江干流热巴坝址开始至黄河干流入黄口全线明流引水,区间其他各水库均通过支洞与主干隧洞相连
工程规模	调水规模为148亿 m^3 ,分三期实施:一期89亿 m^3 ;二期增至106亿 m^3 ;三期增至148亿 m^3	调水规模为130亿 m^3 ,分两期实施:一期95亿 m^3 ;二期增至130亿 m^3	调水规模为170亿 m^3 ,分三期实施:一期40亿 m^3 ;二期增至90亿 m^3 ;三期增至170亿 m^3

13.1.2 东线一期工程布局

东线一期工程的供水范围为山东省鲁南、鲁北及胶东半岛,江苏省除里下河地区以外的苏北地区和里运河东西两侧地区,以及安徽省部分地区。主要受水城市包括济南、青岛、聊城、德州、滨州、烟台、威海、淄博、潍坊、东营、枣庄、济宁、菏泽、徐州、扬州、淮安、宿迁、连云港等21座地级及以上城市(图13.2,见文后彩插)。

东线一期工程调水线路总长1466.5km;在东平湖以南布置13级抽水泵站,扬水约39m;沿线调蓄总库容47.29亿 m^3 。主要工程包括:河道工程、泵站工程、蓄水工程、穿黄河工程、水资源控制和水质监测工程、截污导流工程、里下河水源调整补偿工程等。一期工程多年平均抽江水量为87.66亿 m^3 ,受水区干线分水口门净增供水量36.01亿 m^3 ,其中江苏省19.25亿 m^3 ,山东省13.53亿 m^3 ,安徽省3.23亿 m^3 。

东线一期工程于2002年开工建设,2013年12月正式通水运行。

13.1.3 中线一期工程布局

中线一期工程的供水范围为唐白河流域、淮河上中游和海河流域西部平原地区。主要受水城市包括北京、天津、邯郸、邢台、石家庄、保定、衡水、廊坊、南阳、平顶山、漯河、周口、许昌、郑州、焦作、新乡、鹤壁、安阳、濮阳19个大中城市和100多个县或县级市(图13.3,见文后彩插)。

中线一期工程调水线路总长1432km,其中从陶岔渠首到北京团城湖1276.4km,从河北徐水县到天津外环河155.5km。陶岔渠首至北拒马河段采用明渠输水方式,北京段全部采用管涵输水方式,天津段采用箱涵输水方式。主要工程包括水源工程、输水工程和汉江中下游治理工程三部分。

中线一期工程多年平均调水量95亿 m^3 ,其中河南省37.7亿 m^3 (含刁河灌区现状用水量6亿 m^3),河北省34.7亿 m^3 ,北京市12.4亿 m^3 ,天津市10.2亿 m^3 。

中线一期工程于2002年开工建设,2014年12月正式通水运行。

13.2 我国河湖水系连通总体格局的确立

近年来的河湖水系连通工程建设与区域发展战略息息相关。新中国成立以来，我国区域发展经历了从均衡发展、非均衡发展到协调发展的三次重大战略转型过程。1950—1978年，由于当时农业生产比重大，工业生产先天不足，我国实施了区域均衡发展战略，重点在中西部地区展开了大规模的投资建设，这一阶段的调水工程多以农业供水为主要目标。1978—2000年，我国制定了改革开放的发展战略，促进了重点开发区域从过去的中西部地区向更具发展优势的东南沿海地区的转移，因此后期上马的调水工程多以城市生活和工业用水为主，而且原来许多以农业灌溉为主的工程也逐步让位于城市供水。进入21世纪，鉴于过去长时间的非均衡发展战略客观上造成了地区间尤其是沿海与内地、东部与中西部的发展差距日益扩大，党中央、国务院高屋建瓴地提出了全面协调可持续的发展观，通过实施西部大开发、振兴东北地区等老工业基地、促进中部地区崛起等一系列战略，逐步形成东中西优势互补、经济联动的新的发展格局。新的区域协调发展战略对我国调水工程建设提出了新的要求和挑战。

2010年12月，国务院印发《全国主体功能区规划》，明确了未来我国人口、经济、资源与环境相协调的国土空间开发格局，根据不同区域的资源环境承载能力、现有开发强度和发展潜力，确定了不同区域的主体功能。

在这一背景下，将我国区域间的水资源配置与国家主体功能区规划相对应，还有一些不适应的地方。据统计，目前全国37个主要城市化地区中有21个分布在缺水地区，26个存在水资源安全问题，123个100万人口以上的特大城市中有58个存在比较严重的缺水问题；超过一半的国家农产品主产区（如黄淮海平原主产区、汾渭平原主产区、甘肃新疆主产区等）位于缺水地区；在国家重要能源基地中，东北地区、新疆、山西、鄂尔多斯盆地等能源基地也均位于资源性缺水地区，国家优化开发区与重点开发区缺水程度如图13.4所示（见文后彩插）。

因此，可以预见，未来以调水工程为重点的区域水资源配置工程建设任重而道远。

2010年国务院批复的《全国水资源综合规划》，对解决水资源开发过度地区、缺水地区以及生态环境脆弱地区的水问题给予了重点安排，并规划了相应的调水工程。规划到2030年，全国多年平均跨流域调水形成的供水量为474亿 m³，其中黄河、淮河、海河、辽河4个水资源区调水形成的供水量为438亿 m³，占全国跨流域调水供水量的92%（表13.2）。因此在未来一段时间内，为确保实现我国区域协调发展的目标，必须进一步加强以南水北调工程为骨干、其他区域性调水工程建设为支撑的国家水网络体系工程建设。

表13.2　　　　　　　　　　　全国跨流域调水供水量配置表　　　　　　　　单位：亿 m³

水资源一级区	现状年		2030 年	
	调（引）出	调（引）入	调（引）出	调（引）入
全国	188.4	187.5	580.4	535.8
松花江区	0.0	0.0	10.7	1.2

续表

水资源一级区	现状年		2030 年	
	调（引）出	调（引）入	调（引）出	调（引）入
辽河区	0.0	0.0	1.2	9.8
海河区	0.0	45.6	0.0	163.4
黄河区	86.9	0.0	97.3	97.6
淮河区	1.6	128.5	1.6	218.6
长江区	90.4	10.2	452.5	18.3
东南诸河区	8.1	0.0	15.0	0.0
珠江区	0.0	1.2	0.4	16.9
西南诸河区	1.4	0.0	1.7	3.1
西北诸河区	0.0	2.0	0.0	6.9
北方地区	88	176.5	110	497.8
南方地区	100.4	11	470.4	38

　　作为国家水资源宏观配置的核心网络体系，南水北调工程受水区域涵盖了长江三角洲、环渤海 2 个优化开发区，冀中南地区、呼包鄂榆地区等 8 个重点开发区，黄淮海平原、长江流域等 5 个农产品主产区以及黄土高原丘陵沟壑水土保持生态功能区等 5 个重点生态功能区，以及山西、鄂尔多斯盆地两大国家能源战略基地（表 13.3）。因此，今后必须从战略高度进一步做好区域内的调水工程建设工作。

表 13.3　　　　　　　　　　南水北调工程受水内相关主体功能区分布

开　发　区		地　区
优化开发区（2 个）		环渤海地区、长江三角洲地区
重点开发区（8 个）		冀中南地区、太原城市群、呼包鄂榆地区、东陇海地区、中原经济区、关中-天水地区、兰州-西宁地区、宁夏沿黄经济区
限制开发区（10 个）	农产品主产区（5 个）	黄淮海平原主产区、长江流域主产区、汾渭平原主产区、河套灌区主产区、甘肃新疆主产区
	重点生态功能区（5 个）	黄土高原丘陵沟壑水土保持生态功能区、秦巴生物多样性生态功能区、阴山北麓草原生态功能区、祁连山冰川与水源涵养生态功能区、甘南黄河重要水源补给生态功能区

　　此外，在我国的东北、西北、东南和西南等区域，为保障各主体功能区的供水安全，还将规划和实施一系列的区域性调水工程，以逐步健全和完善与区域发展相协调的水资源配置格局。

13.3　南水北调东、中线一期工程的效益分析

　　南水北调东、中线一期调水工程实施以后，新增供水可以有效缓解受水区的水资源紧

缺形势，促进区域经济的可持续发展，还可以有效遏制受水区地下水超采的恶化趋势，同时还可以增加生态和农业供水 60 亿 m³ 左右，使北方地区水生态恶化的趋势初步得到遏制，并逐步恢复和改善生态环境。在全球气候变暖、极端气候增多的条件下，增加国家的抗风险能力，为经济社会可持续发展提供保障。

13.3.1 南水北调工程规划对生态环境影响问题的考虑

为保障南水北调东、中线的调水水质，以及最大限度减少由于调水造成的生态环境问题，在南水北调工程规划和东、中线一期工程建设期间重点开展了东线工程治污规划，丹江口水库库区及上游地区水污染防治与水土保持规划、汉江中下游治理工程（兴建兴隆水利枢纽、引江济汉、改建闸站、整治局部航道 4 项工程），以及汉江中下游地区水污染防治等大量工程和非工程措施。

1. 东线工程生态环境治理举措

为了确保东线调水水质，国家制定了《南水北调东线工程治污规划》，提出了东线工程治污总体控制目标，确定"治理、截污、导流、回用、整治"一体化治污体系，规划及实施方案共确定治污项目 426 个，投资 153 亿元，其中江苏省 102 项，投资 59 亿元；山东省 324 项，投资 94 亿元。江苏、山东两省编制了治污实施方案，提出了城镇污水处理、截污导流工程、工业结构调整项目、工业综合治理工程项目和流域综合治理等措施。江苏、山东两省还分别签订了治污工作目标责任书，通过健全体制机制，完善政策法规和标准体系，创新形成了一套符合东线治污实际的治污理念、管理体制和运行机制，实行了关闭排污口、截蓄中水、推行城镇污水处理等有针对性的措施，甚至关停并转了一批污染严重的企业，以调整产业结构。

通过治污项目和沿线综合治污措施，东线治污取得明显成效。在沿线经济十年保持两位数高增长的情况下，沿输水干渠污染物入河总量持续减少，自 2012 年 11 月起，东线黄河以南段各控制断面水质全部达到规划目标要求，输水干线达到Ⅲ类水标准。昔日鱼虾绝迹、"一湖酱油"的南四湖又重现生机和活力，绝迹多年的小银鱼、毛刀鱼、鳜鱼等再现湖中，白马河还发现了素有"水中熊猫"之称的桃花水母，运河沿线城市的人居环境也得到极大改善。

2. 中线工程生态环境治理举措

丹江口水库是中线工程的水源地，做好丹江口库区及上游水污染防治与水土保持工作，不仅对确保中线工程水质安全，而且对促进该区域经济社会发展、全面建设小康社会、实现人与自然和谐共处都具有重要意义。2006 年国务院批复了《丹江口水库库区及上游地区水污染防治与水土保持规划》，目标是丹江口库区水质长期稳定达到国家地表水环境质量标准Ⅱ类要求，汉江干流省界断面水质达到Ⅱ类标准，直接汇入丹江口水库的各主要支流达到不低于Ⅲ类标准。水土流失严重地区，开展以小流域为单元的综合治理，使治理区 25 县的水土流失治理程度达到 30%～40%，开展治理的小流域减蚀率达到 60%～70%，林草植被覆盖度增加 15%～20%，年均减少入库泥沙 0.4 亿～0.5 亿 t，增强水源涵养能力，年均增加调蓄能力 4 亿 m³ 以上。

汉江中下游治理工程规划建设兴隆水利枢纽、引江济汉、部分闸站改造、局部航道整治工程四大工程，旨在缓解调水对汉江中下游的不利影响。兴隆水利枢纽的主要任务是枯水期壅高库区水位，改善库区沿岸灌溉和河道航运条件。作为一项生态补水工程，兴隆水利枢纽在主体工程中专门修建保护鱼类的鱼道设施，为汉江鱼类洄游上溯产卵提供通道。除国家规划的这四大治理工程，为进一步消除南水北调对汉江生态环境的影响，湖北省还启动了重点湖库水环境综合整治工程，保护污染较严重的城市内湖及生态功能较强的重要区域性湖泊，通过对重点江湖的生态修复，带动湖北全省江湖水生态环境的全面保护与修复。

《湖北省汉江中下游流域水污染防治规划》提出，到 2010 年，流域内环境污染和生态环境恶化的状况基本得到改变，汉江干流及其主要支流环境质量有比较明显的改善。流域内省辖市等环境保护重点区域的环境质量基本符合小康社会水平要求，进入经济快速发展、环境清洁优美、生态良性循环的环境保护模范城市或城区行列。通过实施该项规划，对于实现污染物排放总量控制计划，有效改善流域水环境质量，实现流域水环境质量全面稳定达标，促进湖北省经济持续发展具有重要意义。

总体上，为保障南水北调东、中线调水水质，国家和地方在水源区及调水工程沿线开展了大量水土保持、截污治污等措施，大大改善了当地的生态环境质量。

13.3.2　东线一期工程的综合效益分析

东线一期工程供水范围南起长江，北至德州，东至威海，涉及江苏、安徽、山东 3 省的 21 个地市及其辖内的 71 个县市区，总面积 16.6 万 km^2，受益人口约 1 亿人。根据国务院批复的相关可行性研究报告，东线一期工程从长江下游调水到山东半岛和鲁北地区，补充山东、江苏、安徽等输水沿线地区的城市生活、工业和环境用水，兼顾农业、航运和其他用水。多年平均抽江水量为 87.66 亿 m^3（比现状增抽江水量 38.01 亿 m^3）；受水区干线分水口门净增供水量 36.01 亿 m^3，其中江苏省 19.25 亿 m^3，山东省 13.53 亿 m^3，安徽省 3.23 亿 m^3。在全面实施东线治污控制单元实施方案基础上，规划水平年输水干线水质基本达到地表水 III 类标准。

东线一期工程除了解决北方水资源短缺问题外，还具有有效改善生态环境、提高京杭大运河的航运能力、改善水利设施条件等重要作用。东线一期工程正式通水后，黄河以南从东平湖至长江将实现全线通航，1000～2000t 级船舶可畅通航行，新增港口吞吐能力1350 万 t。换算下来，新增加的运力抵得上新建一条"京沪铁路"。工程通水后，沿线城市及工业将增加供水量 22.34 亿 m^3；农业增供水量 12.65 亿 m^3，涉及灌溉面积 3025 万亩；航运船闸增供水量 1.02 亿 m^3。此外，工程所建泵站还可双向运行，增加排涝面积266 万亩，使其排涝标准由不足 3 年一遇提高到 5 年一遇以上。据可行性研究报告测算，东线一期工程多年平均供水效益达 109.5 亿元。东线工程通水后，北方地区一部分人将告别长期饮用高氟水和苦咸水的历史，地下水严重超采局面也逐步得到遏制。

在加强工程建设的同时，南水北调还加大治污和生态环境建设，东线一期建成后，工程沿线的绿化率和人居环境都得到了很大提升，生态效益凸显。

13.3.3　中线一期工程的综合效益分析

中线一期规划从汉江丹江口水库引水，年均调水量 95 亿 m^3，中线一期工程计划于

2013 年年底建成，2014 年 10 月通水。根据可行性研究报告批复，中线一期工程任务是向华北平原包括北京、天津在内的 19 个大中城市及 100 多个县（县级市）提供生活、工业用水，兼顾生态和农业用水。中线一期工程为一等工程，由水源及输水干线工程、汉江中下游治理工程、丹江口库区及上游水污染防治和水土保持等部分组成。水源及输水干线工程包括丹江口水库大坝加高、丹江口水库库区移民安置、陶岔渠首枢纽重建、穿黄河隧洞、穿漳河枢纽、输水明渠及其与河流的交叉建筑物、惠南庄泵站、PCCP 管和暗涵等，其中，丹江口大坝将按正常蓄水位 170m 一次加高，工程完成后任务调整为防洪、供水为主，结合发电、航运等综合利用；总干渠（至北京）长 1276.4km，天津干渠 155.5km。汉江中下游治理工程包括建设引江济汉、兴隆水利枢纽、部分闸站改造、局部航道整治四项工程。

中线建成后，沿线城市居民优质饮用水能够得到保证，干旱年份一些城市将不再出现"水荒"现象。对数百万长期饮用高氟水、苦咸水和其他含有害物质的深层地下水的当地农民来说，中线工程将从根本上改善饮水质量。

中线工程可缓解北京、天津等华北地区水资源危机，为北京、天津及河南、河北沿线城市生活、工业增加供水 64 亿 m³，增供农业供水 30 亿 m³，大大改善供水区生态环境和投资环境，推动我国中部地区的经济发展。丹江口水库大坝加高提高汉江中下游防洪标准，保障了汉北平原及武汉市的安全。

13.4 南水北调实施过程中的重要问题与对策

南水北调工程是大型的跨流域调水工程，涉及多个流域多个省市，管理主体多种，利益主体多样，关系十分复杂。在工程的实施过程中，重点需要解决工程属性定位、管理体制、水量调度等一系列问题。

13.4.1 工程属性

跨流域调水工程的属性定位问题将对工程的资金筹措方式、运行调度方式、水价制定政策以及区域水资源配置等产生不同方向的影响，进而对工程管理体制产生不同性质的影响。按照南水北调工程总体规划和供水特点，南水北调工程是一个兼有公益性和经营性双重性质的工程项目。公益性主要体现在它是跨流域调水，具有生态补水的功能，因而要求政府主导，加强宏观调控，加强行政监管，加强统一协调；经营性体现在它供水的对象主要是城市生产、生活用水，供水工程成本要在水价中有所体现，要求按照现代企业制度管理，按市场机制运作。既不能沿用计划经济体制下的"政府建设，用水户无偿用水"，也不能采用完全市场化的"市场配置"，而是要积极探索和逐步建立水的"准市场"配置机制和管理体制，实现政企分开、政事分开、政资分开、政府和社会中介组织分开。只有清醒地认识南水北调工程这种特性，才能深入了解和把握工程建设管理体制的针对性和内涵。

13.4.2 管理体制

南水北调工程是从硬件设施上解决北方缺水矛盾的重大举措，无疑具有深远的意义。

但是，要保证水资源的合理开发、节约利用和有效保护，还需要根据发展市场经济的新形势，对计划经济下形成的水资源管理体制和经营机制加以改革，为南水北调工程更好地发挥作用创造良好体制条件。

现行水资源管理体制的突出弊端是，偏重行政手段和管理分散，难以应对缺水、浪费水和水污染的挑战。因此，要加强对目前水资源管理体制改革思路的研究，包括如何对水资源规划、开发、使用和环境保护等实行综合性管理；如何在较大流域内建立统一的、有权威的水资源管理机构；如何主要运用法律的、经济的手段，并辅之以必要的行政手段，确保水资源的可持续利用等。

过去计划经济下的调水工程都是国家财政出资，地方受益，几乎所有引水工程规模都比实际需求大1倍左右，造成投入大、浪费多、效益差。南水北调这样远距离跨流域的调水工程，也必然涉及水资源管理体制和水利现代化建设的许多疑点和难点，例如各大流域水资源统一配置、统一管理问题，水资源开发利用过程中的产权归属和产权经营收益问题，水权的分配、交换和定价问题，发展水市场和改善政府宏观调控等。这些问题都应该加强研究，以满足水资源管理体制改革的现实需要。

13.4.3 管理条例

国外政府高度重视调水工程的配套制度建设，依照专门的法规和政策合理调配水资源。如美国，仅一项联邦政府或州政府投资建设的调水工程相应就有一部具体的法案。由于我国与西方欧美国家不同的国家体制，国内的跨流域调水工程多缺乏顶层设计，存在边规划、边设计、边建设、边管理的现象，政府公共管理职能偏弱，部门职能交叉现象较为普遍，相关制度体系建设严重滞后或不足，往往都是采取先立项实施、后建立管理制度框架、再逐步完善制度体系的方式。

南水北调工程属于典型的跨流域调水工程，涉及中央与地方多个管理主体和多个利益主体。2014年2月国务院出台的《南水北调工程供用水管理条例》，对水量调度、用水管理、水质保障和工程设施管理与保护做出了明确规定，厘清了多方责任，对保障工程顺利运行和按期达效具有重要作用。

13.4.4 水价制定

南水北调工程横跨多个流域、多个省市，涉及供水、防洪、排涝、航运、生态修复等多个领域，投资规模大，建设周期长，线路长、口门多，新老工程结合，运行维护管理复杂。水价的制定，既要考虑工程的公益性、基础性和战略性特点，同时要考虑工程具有一定的经营性。

南水北调东、中线工程实行两部制水价，即将供水价格分解为基本水价和计量水价两部分。基本水价用于补偿供水直接工资、管理费用和50%的折旧费、工程维护费等固定成本；计量水价用于补偿基本水价以外的其他变动运行成本。

结合东、中线工程实际特点，东线一期主体工程运行初期供水价格按照保障工程正常运行和满足还贷需要的原则确定，不计利润，并按规定计征营业税及其附加值。中线一期主体工程运行初期供水价格按照成本水价的原则确定，不计利润，并按规定计征营业税及其附加值。目前，东、中线一期主体工程运行初期供水价格政策已分别于 2014 年 1 月和 12 月由国家发展改革委印发并执行。

13.4.5 水量调度

在水量分配和调度方面，《水法》规定国务院发展计划主管部门和国务院水行政主管部门负责全国水资源的宏观调配。全国和跨省、自治区、直辖市的水中长期供求规划，由国务院水行政主管部门会同有关部门制定，经国务院发展计划主管部门审查批准后执行。调蓄径流和分配水量，应当依据流域规划和水中长期供求规划，以流域为单元制定水量分配方案。跨省、自治区、直辖市的水量分配方案和旱情紧急情况下的水量调度预案，由流域管理机构会商有关省、自治区、直辖市人民政府制定，报国务院或者其授权的部门批准后执行。水量分配方案和旱情紧急情况下的水量调度预案经批准后，有关地方人民政府必须执行。县级以上地方人民政府水行政主管部门或者流域管理机构应当根据批准的水量分配方案和年度预测来水量，制定年度水量分配方案和调度计划，实施水量统一调度；有关地方人民政府必须服从。《国务院关于实行最严格水资源管理制度的意见》进一步强调，流域管理机构和县级以上地方人民政府水行政主管部门要依法制定和完善水资源调度方案、应急调度预案和调度计划，对水资源实行统一调度。水资源调度方案、应急调度预案和调度计划一经批准，有关地方人民政府和部门等必须服从。同时强调要进一步完善流域管理与行政区域管理相结合的水资源管理体制，切实加强流域水资源的统一规划、统一管理和统一调度。

2014 年出台的《南水北调工程供用水管理条例》规定南水北调工程水量调度以国务院批准的多年平均调水量和受水区各省、自治区、直辖市水量分配指标为基本依据，由国务院水行政主管部门制定年度水量调度计划，由南水北调工程管理单位制定月水量调度方案。

13.4.6 地下水压采

受水区地下水压采是实现南水北调工程达效的关键之一。南水北调（东、中线）一期工程受水区涉及我国水资源严重短缺的海河流域、淮河流域和黄河流域内的北京、天津、河北、山东、河南及江苏 6 个省（直辖市）。受水区大部分地区地表水资源匮乏，为了维持经济社会发展，不得不长期依靠过量开采地下水来满足用水要求，造成区域地下水水位持续下降、部分地区含水层疏干、地面塌陷、地裂缝、海（咸）水入侵、地下水污染、土地沙化、湿地萎缩等严重的生态问题。

南水北调通水后，一方面要利用南水北调水作为替代水源，对受水区地下水超采进行压采和治理，减少因长期大量超采地下水造成的地面沉降、地裂缝、水质恶化等地质生态灾害，恢复地下水生态环境；另一方面要对受水区地下水非超采区进行保护，优先利用南水北调水，严格控制新井数量和地下水开采量，避免形成超采，造成生态环境的恶化。

2007 年，水利部组织淮委、海委和黄委以及 6 个省市水利部门共同编制完成了《南水北调东、中线地下水压采方案》，提出了 2010 年、2015 年和 2020 年受水区各省（直辖市）的地下水压采目标以及实现压采目标的保障措施。

13.4.7　配套工程建设

南水北调工程总体规划确定后，配套工程决定着工程总体效益能否得到正常发挥。工程干线来水后如何与当地水调配利用，如何输送至用户，如何实现经济、社会和生态环境的可持续发展，均是配套工程研究解决的课题。配套工程是南水北调工程的有机组成部分，只有与主体工程同步建设建成，如期实现南水北调通水的目标才能实现。由于配套工程规模大、投资巨大，筹资任务重，强度很高，难度很大。东线一期工程配套建设涉及江苏、山东两省，中线一期工程配套工程涉及湖北、河南、河北、天津、北京等省（直辖市）。目前，根据国务院南水北调工程建设委员会批准的《南水北调工程项目法人组建方案》，各地方配套工程由地方组建项目法人，负责相应配套工程的建设和运行管理，但中央在投资、运行管理等方面也给予了一定的政策支持。

13.5　南水北调与相关河湖水系连通工程的相互作用及影响

南水北调确立的"四横三纵、南北调配、东西互济"水资源配置总体格局，将大大促进其他相关区域的水资源优化配置和水资源统一管理。海河水系、山东水系、苏北水系等其他相关区域可以将南水北调来水作为水源，调整当地的水资源配置格局，进一步促进当地水和外调水的统一管理，提高区域水资源保障水平，促进区域经济社会的可持续发展。以南水北调工程为骨干的河湖水系连通总体布局如图13.5所示（见文后彩插）。

13.5.1　南水北调与引江济淮的相互作用及影响

引江济淮工程曾是国务院国发〔1990〕56号文批转的南水北调三条规划线路之一。在东线工程规划正式启动后，引江济淮工程前期工作主要以安徽省为主开展。

引江济淮从长江下游引水至淮河中游地区，是一项兼具向工业和城市供水、农业灌溉补水、水生态环境改善和发展江淮航运等多项功能的大型河湖水系连通工程。工程从长江干流引水，经巢湖跨越江淮分水岭调水入淮河及其以北地区，线路总长约1279.8km（图13.6）。工程近期供水范围以安徽省为主，且小规模送水到河南省永城、柘城、鹿邑、郸城4个县市。初定工程实施后多年平均引江水量为26.93亿m³（未含济巢改善生态的10亿m³水量），过江淮分水岭21.59亿m³，入淮河18.73

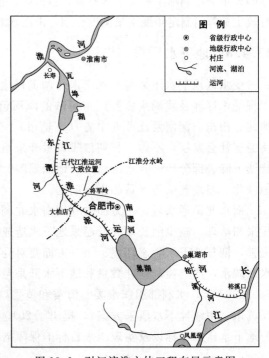

图13.6　引江济淮主体工程布局示意图

亿 m^3。多年平均干线口门以下净增加供水 21.51 亿 m^3，其中安徽省增加供水 18.14 亿 m^3（其中沿淮淮北地区 12.97 亿 m^3），河南省增加供水 3.37 亿 m^3，估算工程静态总投资 406.54 亿元。

13.5.2 南水北调与苏北水网的相互作用及影响

目前，苏北地区已形成了以南四湖、沂沭河、洪泽湖、白宝湖、里下河五大水网为主的河湖水系互连互通格局。各水网范围内的主要江河、湖泊和水库见表 13.4。各江、河、湖、库之间的连通关系如图 13.7 所示。

表 13.4　　　　　　　　苏北水网地区各水系主要江河湖库

水网	主要江河	主要湖泊/水库
南四湖水网	不牢河、韩庄运河、中运河、房亭河、徐洪河、邳苍分洪道等	南四湖、骆马湖等
沂沭河水网	沂河、沭河、新沭河、新沂河、盐河、蔷薇河、沂沭河、灌河等	石梁河水库等
洪泽湖水网	淮河、怀洪新河、徐洪河、二河、废黄河、淮河入海水道、苏北灌溉总渠、入江水道等	洪泽湖、高邮湖、邵伯湖等
白宝湖水网	新河、山阳河、芒稻河、夹江等	白马湖、宝应湖等
里下河水网	里运河、通榆河、三阳河、卤汀河、泰东河、泰州引江河、新通扬运河、潼河等	射阳湖等

江水北调工程修建于 1961 年，其中北调工程以江都站为起点，京杭大运河为输水骨干河道，经洪泽湖、骆马湖调蓄，送水到南四湖下级湖；同时通过二河向泗阳站下引洪泽湖水，实现长江、淮河联合向北送水；还可通过淮沭新河向连云港供水。20 世纪 90 年代，建成徐洪河引洪泽湖到徐州。东引工程以三江营和泰州引江河高港枢纽为引水口门，经新通扬运河、卤汀河、泰东河向里下河地区和沿海垦区引水，还利用通榆河一期工程送水至苏北灌溉总渠以北地区。在现有的以江水北调工程为主的骨干调水工程和以灌区工程为主的区域性供水工程支撑下，2010 年年底到 2011 年汛前，江都站枢纽总计供水 63 亿 m^3，约等于两个洪泽湖的水量。

南水北调东线江苏境内输水线路按照调蓄湖泊分为三段：一是长江至洪泽湖段，由三江营和高港引水，分运河和运西两线，利用原里运河、苏北灌溉总渠，新辟三阳河、金宝航道；二是洪泽湖至骆马湖段，采用中运河和徐洪河双线输水，新开成子新河和利用二河从洪泽湖引水入中运河；三是骆马湖至南四湖段，有中运河—韩庄运河、中运河—不牢河和中运河—房亭河三条输水线。东线配套工程有泰州引江河二期工程，以及向连云港、徐州、淮安供水的输水支线等。苏北地区利用东线工程，提高供水保证率，改善河道内外的生态环境，保障经济发展。

13.5.3 南水北调与鄂北地区水资源配置工程的相互作用及影响

鄂北供水工程开发任务是以城乡生活、工业供水和唐东地区农业供水为主，通过退还被城市挤占的农业灌溉和生态用水，改善该地区的农业用水条件和生态环境。根据规划，工程供水范围包括唐东地区（唐白河以东）、随州府澴河北区和大悟澴水区，行政区划涉及襄樊市的襄州区、枣阳市，随州市的随县、曾都区、广水市，孝感市大悟县，共 3 个地

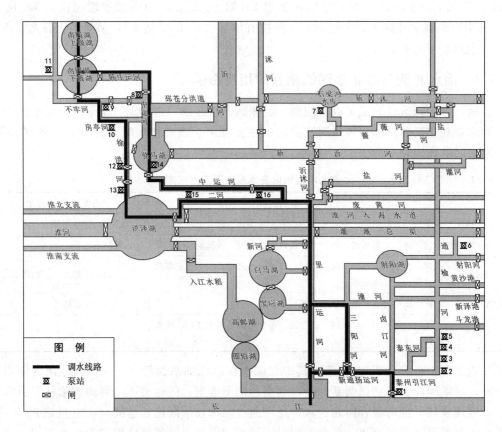

图13.7　苏北水系连通情况示意图

1—石良港枢纽；2—黄家集站；3—富安站；4—安丰站；5—东台站；6—北坍站；
7—石良河站；8—刘山闸站；9—解台闸站；10—单集站；11—洛湖站；
12—沙集站；13—泗洪站；14—皂河站；15—刘老涧站；16—泗阳站

级市6个县（市、区），供水区2010年总人口377.42万人。

工程年总引水量13.98亿 m³（供水区和唐西地区合计），其中，中线规划分配水量11.07亿 m³，新增引水量2.91亿 m³，拟从汉江中下游用水量中调剂。规划区多年平均引水量7.70亿 m³，城镇生活、工业、农业用水分别为2.64亿 m³、3.06亿 m³、2.00亿 m³。

13.5.4　南水北调与引汉济渭的相互作用及影响

引汉济渭工程地跨黄河、长江两大流域，穿越秦岭屏障，主要由黄金峡水利枢纽、秦岭输水隧洞和三河口水利枢纽三大部分组成。工程在汉江干流黄金峡和支流子午河分别修建水源工程黄金峡水利枢纽和三河口水利枢纽蓄水，经总长98.3km的秦岭隧洞送至关中。工程供水范围为西安、宝鸡、咸阳、渭南等渭河沿岸大中城市，主要解决城市生活、工业生产用水问题。工程总调水规模15亿 m³，总工期99个月，静态总投资162.18亿元。

通过实施引汉济渭工程，2025年、2030年汉江干流石泉、安康、白河等断面多年平均径流量将分别减少约10亿 m³ 和15亿 m³。与现状相比，下泄流量总体有所减小。同时，黄金峡和三河口水库建成运行后，库内水位明显抬高，水流挟沙力降低，库区河道将产生泥沙淤积。坝下河段水位与天然河道相比略有变化。黄金峡水库以下汉江干流输沙量较工程实施前将有所减小，且沙量减小比例大于流量减小比例。

引汉济渭工程调水后虽然对汉江中下游有一定的影响，但多年平均供水量仅减少0.37亿 m³，占供水量的0.2%。在长系列模拟供水的过程中，受影响的时段共10个，占总时段数的0.7%，对汉江中下游影响有限。

引汉济渭工程调水后，南水北调中线一期工程多年平均调水量将减少0.9亿 m³，占总调水量的1.0%。在长系列模拟供水的过程中，中线一期工程受影响的时段共74个，占总时段数的4.9%。由于北调水只是受水区的水源之一，在北调水供水少量不足时，可由当地其他水源调剂，因此对中线一期工程受水区的影响有限。

13.5.5 南水北调与山东水网的相互作用及影响

1. 南水北调东线一期工程山东段水系连通现状

山东省2011年提出构建以黄河、南水北调东线山东段、胶东输水干线等调水大动脉为骨架，以省内大型水系、河流及输水渠道为网络，以南四湖、东平湖及水库塘坝等各类蓄水设施为调蓄中枢，形成多库串联、水系联网、城乡一体、配套完善，集蓄、滞、泄、排、调、供、节于一体的全省水利工程网络，并形成各级配套的水资源优化配置方案及相应的法律法规体系，逐步实现水资源联合调度、优化配置和高效利用。

南水北调东线工程在山东境内分为南北、东西两条输水干线，形成T形输水动脉（图13.8，见文后彩插）。长江水经泵站逐级提水进入东平湖后，分水两路，一路向北穿黄河后自流至天津（山东境内487km），沿线连通南四湖、东平湖；另一路向东经新辟的胶东输水干线借引黄济青渠道，向胶东地区供水。

南北干线：引江水到南四湖下级湖，在二级坝内建泵站抽水入上级湖。南四湖至东平湖段，利用梁齐运河输水至邓楼，建泵站抽水入东平湖。穿黄工程位于解山和卫山之间，包括南岸输水渠、穿黄枢纽和北岸出口穿卫山引黄闸三部分。江水过黄河后，接小运河至临清，立交穿卫运河北上。

东西干线：连接东平湖与引黄济青段240km河道，建成后与胶东地区应急调水工程衔接，可替代部分引黄水量。

2. 南水北调东线一期工程与济南城市水网连通情况

济南市立足市内现有防洪减灾、城乡供水和水系生态骨干体系，以大型河道、骨干支流河道、输水干线为主要框架，骨干水库、主要湖泊湿地为节点，提出了构建"五横连八纵、一环绕泉城"的骨干水网体系（图13.9，见文后彩插）。其中，"五横"是指贯穿济南市东西的黄河、小清河、徒骇河、德惠新河4条大型河流和南水北调输水干渠；"八纵"是指北大沙河、玉符河、巨野河、绣江河、大辛河与商中河6条中型河流形成的5纵和田山、邢家渡引黄输水干渠和东联供水输水干线3纵；"一环绕泉城"指围绕主城区的卧虎山、锦绣川、狼猫山、杜张4座山区水库和玉清湖、鹊山、东湖3座平原水库。

在济南市水网骨干构架中，东线主干渠横穿济南市。主干渠西起平阴县，沿济平干渠、小清河，东至章丘市出济南，全长 153km。新建贵平洼水库和东湖水库利用玉清湖水库调蓄。另外，济南市水网连通工程中的济平干渠—玉清湖—卧虎山水库—锦绣川水库、东湖水库—东联供水工程—狼猫山水库、东湖水库—章丘的杜张、朱各务水库间连通工程均在南水北调东线济南市配套工程规划之中。

13.5.6　南水北调与海河水网的相互作用及影响

1. 南水北调工程与海河水网连通情况

海河平原除天然河流外，还有贯穿南北的南运河以及多条人工减河和引水渠道（包括引黄渠道），河渠纵横交错，河水流向复杂。现有主要连通工程有引滦入津、引滦入唐、京密引水渠、永定河引水渠、引黄济冀、引岳济淀和引黄济津潘庄线路 7 项（图 13.10，见文后彩插）。

海河流域规划在现有水利工程和南水北调等新建工程基础上，构建以"二纵六横"为骨干、局部河系连通为补充的河渠湖库连通总体工程布局。其中"二纵"是指中线、东线两条总干渠，以及鲁北、豫北、河北、天津的引黄工程；"六横"是指滦河、北三河、永定河、大清河、子牙河、漳卫河 6 个具有较强水资源配置能力的天然河系，以及进入永定河上游的引黄入晋北干线、南水北调支渠和配套工程、现有引水工程等。

规划完成中线配套工程、东线配套工程、山西省引黄入晋北干线工程、河北省引黄工程、河南省引黄补源工程 5 项骨干工程；完善中线总干渠与各河系连通工程，即在中线总干渠与主河道交叉位置兴建退水闸工程，实现总干渠与卫河支流、漳河、滏阳河及其支流、滹沱河、大清河支流、永定河等多条河流的连通。

在汉江丰水年时，利用中线总干渠向海河流域河流、湿地和地下水超采区实施生态补水；完善引岳（岳城水库）济淀（白洋淀）、引岳济衡（衡水湖）、引黄（黄壁庄水库）济衡等大型水库与平原河系的连通工程，提高供水可靠性，改善生态环境。

2. 南水北调工程与河北引黄工程连通情况

近年来河北省在综合考虑本省南水北调受水区地形地貌、供水目标分布特点等基础上，提出了以"二纵六横十库"为骨架的供水网络体系。其中，"二纵"为中线总干渠和东线总干渠；"六横"为六个大型输水工程，包括赞善干渠、石津干渠、沙河干渠、廊坊干渠、天津干渠以及中、东线连通渠的邯沧干渠；"十库"包括四座大型平原调蓄水库（即调节城镇用水的大浪淀、千顷洼、广阳水库和调节生态环境用水的白洋淀）、六座中线总干渠以西的山区补偿调节水库（东武仕、朱庄、岗南、黄壁庄、王快、西大洋水库）。在这一总体框架下再布置 101 条引水管道与城市供水公司的净水厂、输水管网衔接，形成河北省中南部平原区四通八达、南北调剂、东西互补、地表地下水联调的供水网络体系（图 13.11，见文后彩插）。

根据河北省南水北调配套规划，中线一期工程分配水量 30.5 亿 m³；东线二期工程向河北增供 7 亿 m³ 的水量，能满足 2020 年受水区城市用水问题。引黄工程作为以农业和生态环境补水为主的工程，向河北黑龙港及运东地区供水，使引黄供水范围内严重超采地下水情况得到缓解，白洋淀等重要湿地生态得到修复。

引黄工程和引江工程供水范围和重点不同，两者互为补充，互不替代。

13.5.7 南水北调与西北相关区域水网工程的相互作用及影响

山西省结合自身水源条件、河流水系分布、已建在建水利工程布局，按照河湖水系连通、科学调度的水资源配置思路，以骨干水源工程为龙头，以六大主要河流和区域性供水体系为主骨架，以天然河道和输水工程为通道，以境内地表水、地下水和黄河水优化配置为中心，以不同干旱年水源调度方式为手段，构建了覆盖山西重点保障区域的供水体系，实现主要供水区拥有"主水"和"客水"两类水源，具备区域外应急调水的能力，形成"二纵十横、六河连通，纵观南北、横跨东西，多源互补、保障供应，丰枯调剂、结构合理，稳定可靠、配置高效"的山西大水网（图13.12，见文后彩插）。

总体上，南水北调作为大型跨流域调水工程，在国家宏观水资源配置格局中具有十分重要的作用。其他地区的河湖水系连通工程，或是南水北调工程的有益补充，或是南水北调工程的延伸，如苏北水网和山东水网，与南水北调工程存在直接的水力联系，可以理解为南水北调工程的延伸和扩展。引汉济渭与南水北调中线工程的水源关系密切，相互影响。如即将建成通水的南水北调东中线一期工程，运行后将缓解北京、天津、河北、河南和山东等地区水资源供需紧张的矛盾，目前还在前期阶段的西线调水工程，如在2030年达效，将大大缓解黄河流域上中游六省区的水资源紧缺形势，会对现有的黄河流域水资源配置格局产生影响，也会影响山西水网、甘肃和青海省境内河湖水系连通工作。南水北调工程的运行，除了满足自身受水区的用水实现工程目标以外，还会对其他相关地区的河湖水系连通产生较大影响。因此，我国今后在开展相应的河湖水系连通实践中，必须注重各工程之间的相互影响和作用，可能会使效益加倍，同时也可能导致负面影响倍增。

第 14 章 结 论 和 建 议

14.1 主要结论

本书在总结概括现有河湖水系连通研究成果以及分析总结国内外已有连通工程的演变过程和利弊分析的基础上，从河湖水系连通的定义和内涵出发，提出了河湖水系连通的基本思路和关键技术，探讨了河湖水系连通中可能存在的环境与生态问题，对已有的思想方法和实践进行了哲学思考和经济分析，提出了解决河湖水系连通中政策法律问题的方法，从水资源防洪、生态环境、哲学经济、法律等方面构建了河湖水系连通的理论框架。基于该理论框架，系统分析了河湖水系连通的格局现状，厘清国家、区域和城市各层面对河湖水系连通的需求。并在此基础上，针对我国不同地区的功能定位、资源禀赋条件、生态系统特征和发展需求，提出了我国河湖水系连通的战略措施和总体布局。

14.1.1 河湖水系连通的基本认识和基础理论

（1）在河湖水系连通的构成要素分析基础上，将河湖水系连通定义为：在自然水系基础上通过自然和人为驱动作用，维持、重塑或构建满足一定功能目标的水流连接通道，以维系不同水体之间的水力联系和物质循环。河湖水系连通定义的内涵可以从三方面理解：①江河、湖泊、湿地以及水库等构成的"自然-人工"复合水系是河湖水系连通的实施基础；②疏导、沟通、引排、调度等措施是河湖水系连通的必要手段；③遵从自然规律，构建良性的流域和区域水循环关系是河湖水系连通的最终目的。

（2）河湖水系连通的功能主要有提高水资源统筹调配能力和供水保障程度，改善水生态环境状况，抵御水旱灾害能力三个方面；目标是在尊重自然水循环和河湖自然演变规律的基础上，全面考虑水的资源功能、环境功能、生态功能，通过建设水库、闸坝、泵站、渠道等必要的水工程，在国家、区域、城市层面构建布局合理、功能完备，蓄泄兼筹、调控自如，丰枯调剂、多源互补，水流通畅、环境优美的江河湖库水网体系。

（3）从自然地理分异、连通区域尺度、连通目的三个层面构建河湖水系连通分类体系。第一层面以自然地理分异为依据，可分为湿润半湿润区水系连通型、干旱半干旱区水系连通型两大类；第二层面以连通区域尺度为依据，可分为国家层面水系连通型、流域层面水系连通型、区域层面水系连通型、城市层面水系连通型四大类；第三层面以连通目的为依据，可分为资源调配型、水生态与环境改善型、水旱灾害防御型、综合治理型四大类。

（4）分析研究了长江水系、黄河水系、珠江水系、海河水系、淮河水系、松花江水系、辽河水系等主要河流的形成与演变的历史过程。另外，还对鄱阳湖、洞庭湖、太湖、洪泽湖、巢湖等主要湖泊的演变及现状进行了研究。研究表明河湖水系连通的主要影响因素包括气候影响、泥沙影响和人类活动影响，如围垦、筑堤、建闸、开凿运河等，但不同阶段的河湖连通影响因素不同。河湖水系演变的驱动力除经济社会发展外，还包括生态环境健康的需求。

（5）在文献查阅的基础上，从水资源统筹调配能力、改善河湖健康保障能力、增强抵御水旱灾害能力功能层面出发，选取典型的国内外连通案例，分析历史不同时期的河湖水系连通工程建设要点，总结归纳国内外水系连通建设的发展沿革和转变方向。结合案例分析结果，从经济、社会、生态三个方面来分析河湖水系连通的正面效益与负面影响。总结了国内外水系连通案例对我国河湖水系连通研究的启示，结合我国当前国情和水利发展趋势，提出了实施河湖水系连通战略的合理化建议。

（6）河湖水系连通构建的是一个多要素、多层次、多功能的"自然-人工"复杂系统。因此，河湖水系连通理论应遵循水量平衡原理、能量守恒定律以及生态平衡原理等涉及自然、生态多方面的基本原理。其中，水量平衡原理即河湖水系连通战略实施前后，区域（流域）的水资源总量没有发生改变。因此，在自然水循环方面，需要合理评估水量变化对生态环境的影响；在社会水循环方面，需要重新研究水资源供需平衡关系，及时调整水资源配置方案。能量守恒定律即河湖水系连通过程的势能、动能和热能转换过程中，总能量不变。其一方面要求合理利用河湖水体的高差势能来制定连通方案；另一方面也需要足够的动能来保障足够的自净能力和挟沙能力。生态平衡原理是指河湖生态系统的抵抗能力和恢复能力保持协调，根据连通各区域的生态平衡阈值的分布，合理制定连通方案，避免片面侧重河湖的社会功能，而对河湖的生态平衡造成不可逆转的破坏。

（7）初步构建了河湖水系连通的理论框架。提出包含自然水循环和社会水循环在内的区域（流域）水循环系统是河湖水系连通理论的主要研究对象；分析了河湖水系连通的主要目的，包括资源匹配、风险分担、环境改善和生态健康等；对河湖水系连通的研究内容进行了归纳总结，包括河湖水系连通演变规律、连通系统辨识与评价、连通格局的优化与调整和复杂水网的检测与调控等；系统阐述了机理分析、统计分析、数值模拟和优化技术等研究方法在河湖水系连通工作中的应用。

（8）从河湖水系连通驱动机制的角度，分析经济社会、河湖水系和生态环境之间的关系。并在此基础上，深入探讨三者之间的正反馈和负反馈机理。科学合理的河湖水系连通要在全面统筹考虑水的资源功能、环境功能、生态功能的基础上，通过建设水库、闸坝、泵站、渠道等必要的措施和工程，构建布局合理、功能完备，蓄泄兼筹、调控自如，丰枯调剂、多源互补，水流通畅、环境优美的江河湖库水网体系，可以更好地发挥河流的功能与作用，为经济社会可持续发展提供更加有力的支撑和保障。

（9）从解决自然水循环和社会水循环之间存在问题的角度，构建了河湖水系连通的支撑理论体系，包括水循环理论、水资源配置理论、水旱灾害风险理论和河流湖泊健康理论。这四个理论相互补充，为解决自然水循环和社会水循环之间存在的问题提供了技术支撑，而水循环理论则从整体上为这四个理论提供了理论基础和交叉融和的平台。因此，河湖水系连通的理论基础是以水循环理论为核心，水资源配置理论、水旱灾害风险理论、河流湖泊健康理论综合构建的有机整体。

（10）河湖水系连通关键技术研究可分为规划设计中的关键技术和运行管理中的关键技术两个部分。其中，规划设计中的关键技术可以分为河湖水系功能与问题识别技术、河湖水系连通需求分析技术、河湖水系连通方案甄选技术和河湖水系连通效果评估技术四个部分。运行管理中的关键技术可以分为河湖水系连通风险控制技术、河湖水系连通实时监测技术、河湖水系连通水网调度技术和河湖水系连通后评估技术四个部分。这些关键技术相互嵌套，完整地包含了河湖水系连通工作的整个技术流程，将有效地支撑河湖水系连通工作的进一步开展。

14.1.2　河湖水系连通的环境影响和生态效应

（1）河湖水系连通产生的环境影响主要体现在水系的水文、水质和河流形态三个方面，河湖水系连通最直接的响应是水文条件的变化，水系生命体与非生命物质的连通载体便是水质，而河道形态则是与河湖水系连通长期演化与交互的体现。

（2）河湖水系连通引发的生态效应主要体现在生境、生物群落和景观格局三个方面，河湖水系连通状态会诱发生境退化、破碎化和同质化等问题，而生物群落则是河湖水系连通状态优劣的天然指示物，同时，景观格局的连续性也是河湖水系连通在宏观方面的体现。

（3）总结归纳了河湖水系连通健康评价理论的建立原则和评价指标的选取原则。综合以上原则，从环境属性、生态属性、社会属性、经济属性四个方面，建立了涵盖 1 个目标层、4 个准则层、16 个指标层的河湖水系连通健康评价指标体系。目标层为河湖水系连通性健康，同时将河湖水系连通健康属性的四个方面（即环境属性、生态属性、社会属性和经济属性）作为准则层指标。并根据河湖水系连通健康评价指标确定的原则，得到 16 个评价指标：水质达标率、水土流失比例、径流系数变化率、河流断流概率、流动畅通率、河长变化率、鱼类种类变化率、珍稀水生动物存活率、天然植被覆盖率、河道生态需水保证率、城镇供水保证率、饮水安全保证率、过洪能力变化率、灌溉保证率、水资源利用率、单方水 GDP。

（4）参照河流健康评价、环境质量评价、生态系统评价等相关理论研究，将河湖水系连通健康状态依次划分为"健康、亚健康、不健康"三个等级。在健康状态下，人类活动得到严格的调控与约束，对河湖水系连通途径的稳定性胁迫很小，河湖水系连通状态的各项指标均未超出国家有关标准或限定，河湖水系系统功能健全、状态稳定，能够完全保证河湖水系中物质和能量交换的畅通，并且能够维持环境系统的可恢复性和生态体系的稳定性，促进环境生态的良性发展。在亚健康状态下，受到外界的胁迫，河湖水系连通局部阻滞，物质和能量流通交换能力弱化，但未造成河湖水系环境生态系统的整体失稳，水系连通状态的稳定性和功能的健全性趋于破坏的临界状态，但是水系环境质量和生态功能没有明显的恶化迹象。而不健康状态下，河湖水系连通状态出现物质和能量交换途径受阻、交换过程动态平衡被打破，河湖水系连通功能逐渐趋于紊乱，各指标变量的变化幅度超过多年平均阈值，河湖水系系统整体性失稳，环境生态明显恶化，必须借助外力调控措施才能够使其得以恢复。

　　（5）河湖水系连通有利于实现水资源的可持续利用，促进经济社会发展目标和生态保护目标与水资源条件之间的协调。其实施过程中要面临一定的挑战，河湖水系连通是一个复杂的系统，涉及资源、环境、社会、经济等各方面的要素，具有高度的综合性。为尽量减少水系连通对社会经济和生态环境的不利影响，要充分考虑水系连通涉及区域的水资源条件及其对原有水系格局的影响，综合权衡水系连通的投资与效益、正面效应与负面效应、社会经济效应与生态环境效应、短期效应与长期效应，广泛听取和认真分析研究有关部门、地方和专家的意见和建议，坚持民主论证，深入分析水系连通工程经济技术的合理性及生态环境的可承受性，对水系连通进行综合评判。根据各地水情、民情，从实践需求出发，对河湖水系连通的基本准则与评判指标进行分析与探讨。在满足安全性、经济性、合理性、可行性、稳定性等多方面的要求前提下具体实施过程中把握以下原则：坚持水资源可持续利用思想，人水和谐理念，严格执行水资源管理制度，科学的河湖水系连通战略，贯彻生态文明建设理念。将河湖水系连通科学地进行下去，以期达到人与自然和谐健康稳定的发展，在河湖水系连通工程实施过程中趋利避害，正确把握。

14.1.3　河湖水系连通的哲学思想、经济分析及法律问题

　　（1）从系统的观点分析现阶段我国水资源和自然生态环境需要克服的缺点和不足。指出要提高工程技术人员的理论储备和理论自觉意识，分析工程目标的多层次关系及其最优化问题、工程规模大与小的问题、确定性与随机性的问题及未来的风险问题综合考察工程的复杂性。承认非人类中心主义在价值认识上的合理性，即要打破人类中心主义的只对人的内在价值的关照，将道德关怀的范围从生命物扩展到无机物，从生命个体扩展到整个自然界（生态系统）。非人类存在物同人类是平等的，在整个生态系统中均占有一个固有位置。其次是要承认人类中心主义对人的实践性和社会性的认识，充分认识到人在实践中的积极性和主动性，走向积极主动地适应、顺应自然规律的道路，最终实现人与自然和谐发展。

　　（2）从河湖水系连通面临的经济问题出发，提出了解决河湖水系连通经济问题的原则，即效率原则。界定了河湖水系连通的经济性质，即公共物品、外部性、公共利益、规模经济等。指出了河湖水系连通工程的可行性分析需要注意的内容，即技术可行性、政治和法律可行性、行政可行性、环境可行性和经济可行性。总结了目前国内外已有的水利工程经济分析方法，在此基础上提出了河湖水系连通的经济分析框架，即公共项目的成本收益分析方法，并扩展了公共项目经济分析中的成本、收益的概念范围。归纳概括了河湖水系连通经济分析的内容，河湖水系连通的经济分析包括社会调查和文献分析、案例研究和项目诊断、专题研究等几种形式，包括项目的研究和规划、融资供求和融资体制、经济效益、社会效益和环境效益分析、水资源的产权安排和定价机制、水资源的立法和行政管理、公共项目的民主表决制度、移民和工程补偿、宏观分析等基本的、重点的问题。

　　（3）根据现有的法律法规，从水利工程建设和生态保护两个方面，探索了目前河湖水系连通工程立法和研究现状。指明中国现有的水权理论不统一，现有的生态保护立法仍处于一种割裂状态，已制定、实施的生态保护专门法很少。在深入分析现有河湖水系连通中

的法律问题的基础上，提出了未来解决的方向。即严格环境影响评价制度，重构生态用水管理制度，构建科学合理的水权交易制度，突出公众参与，完善水事纠纷处理机制，完善水生态保护立法。

14.1.4 河湖水系连通的总体格局和实证分析

根据不同区域的资源环境承载能力、现有开发强度和发展潜力，确定不同区域的主体功能，明确在未来我国人口、经济、资源与环境相协调的国土空间开发格局的背景下，需将我国区域间的水资源配置与国家主体功能区规划相对应。

为解决水资源开发过度地区、缺水地区以及生态环境脆弱地区的水问题而给予了重点安排，进行相应的调水工程规划。在未来一段时间内，为确保实现我国区域协调发展的目标，必须进一步加强以南水北调工程为骨干、其他区域性调水工程建设为支撑的国家水网络体系工程建设。在我国的东北、西北、东南和西南等区域，为保障各主体功能区的供水安全，还将规划和实施一系列区域性调水工程，以逐步健全和完善与区域发展相协调的水资源配置格局。

14.1.5 河湖水系连通的战略布局和总体构想

（1）在系统总结分析河湖水系连通实践经验、基本理论与关键技术的基础上，结合我国国情、水情，确定了河湖水系连通的总体思路，包括河湖水系连通工作指导思想、河湖水系连通工作基本要求、河湖水系连通总体技术要求与不同类型河湖水系连通技术要求。

（2）从国家、省级区域与城市三个层面提出我国河湖水系连通的战略布局与基本构想。国家层面河湖水系连通以重要河流骨干河道为基础，重要控制性水库为中枢，依托南水北调等已建或在建的重大跨流域调水工程，逐步形成"干线贯通、四片内连、水系连网、互连互通"的国家层面河湖水系连通总体格局。省级区域层面河湖水系连通以省内水系及流域为单元，以省内水利工程为依托，以水库（湖泊）为调蓄中枢，通过必要的连通工程，形成城乡一体、互连互通、多水源联合调度的水网络体系。在国家骨干水网覆盖地区，通过加强配套工程建设，将区域内部水网络与国家骨干水网相连通。城市层面河湖水系连通以城市原有水系为基础，沟通城市河流、湖泊、周边水库及湿地，通过连通工程、疏浚治理、水景观工程，形成互连互通、多源互补、引排有序、生态改善的城市水网络体系。

14.2 主要建议

构建引得进、蓄得住、排得出、可调控的河湖水网体系，根据丰枯变化调水引流，实现水量优化配置，提高供水的可靠性，增强防洪抗旱能力，改善生态环境，维护河湖健康生态，使之更好地服务于经济社会发展。应充分考虑地域之间经济社会发展水平等方面的差异，把握不同类型河湖水系连通的特点和要求。深入开展调查研究，提出不同地域、尺度下不同类型河湖水系连通工作推进的思路，并争取尽快在政策法规、规划设计、管理体制、长效运行机制等方面提出切实可行、有针对性的对策措施，为深入推动河湖水系连通工作提供支撑。

14.2.1 尊重自然规律、建设生态文明

尊重自然规律，一方面要重视机理研究。河湖水系连通的对象是以河湖水系为核心，流域水循环过程为主体，是与生物地球化学过程和人类维持社会经济发展的涉水过程等相互联系、相互影响的复杂巨系统。因此，河湖水系连通必须在厘清连通对这些过程的作用机理基础上，合理制定连通规划，保障区域水循环的健康发展。尊重自然规律，另一方面要实现可持续发展。对于河湖水系本身，要保证河流湖泊能够保持自身的稳定状态，实现正常的、有活力的输水行洪和输沙功能，并具有较强的通过自我调整而趋于平衡的能力；对于其他相关系统，要在利用河流资源的同时，维持水循环的可再生性、水生生态的可持续性、水环境的可持续性，同时还要考虑对河流资源利用的公平性，包括地域间和代际间的公平性。

我国江河众多，自然地理差异很大，水文气象条件各异，不同地区的河流湖泊有其基本的特征和天然的演变规律。应在充分掌握河湖水系演变规律的基础上，深入分析其现状变化特征和未来演变趋势，根据区域水系格局和水资源禀赋条件、生态环境特点，经科学规划论证和研究评估，在技术可行、经济合理、风险可控的前提下，因地制宜、合理有序地开展河湖水系连通，为经济社会发展及生态文明建设提供支撑。

14.2.2 强化机理研究、审慎科学论证

河湖水系连通不仅是对河湖水系结构的调整，而且是对区域水循环、生态环境和经济社会都产生较大影响，涉及面广、影响因素多、相关利益复杂。因此，审慎科学的论证是河湖水系连通的基础。首先，实施河湖水系连通工程，要认真做好前期工作。充分研究水文循环、水沙运动、河湖演变等自然规律，在机理分析的基础上科学连通，避免盲目建设。其次，实施河湖水系连通工程，要加强方案协调论证。坚持"三先三后"原则，重视替代方案的比选，确保连通的必要性。在方案比选方面，统筹考虑上下游、左右岸、连通区域之间的利益关系，充分听取有关部门、地方以及专家和民众的意见和建议，保证决策方案的科学性。最后，重视连通方案的后期调整与评估。连通方案要能够根据效果反馈灵活调整，实现"可调控"，为风险应对留出空间。同时在连通系统综合评价的基础上，加强调整方案和补偿机制的研究。

14.2.3 科学调度管理、建立长效机制

"引排顺畅、蓄泄得当、丰枯调剂"是河湖水系连通的重要目的，而这必须通过科学调度来实现。河湖水系连通将构建一个多目标、多功能、多层次、多要素的复杂水网巨系统，必须从更高的层次、更大的范围、更长的时段统筹考虑连通区域的经济社会、生态环境等各方面的水情、工况和需求，建立全面、宏观、精确、及时的调度准则与方案。与此同时，复杂的构成要素和耦合关系必然带来更多的不确定性，即包括观测的不确定性、模拟的不确定性等，这些不确定性反映在实际运行过程中，就体现为各种风险事件。而外在和人为因素也会导致风险事件的发生，如工程风险、灾害风险、环境风险、经济风险和社

会风险等。面对河湖水系连通工程的各种风险,必须有充足的风险防范意识,树立和增强风险意识、忧患意识,要建立一套完备适用的风险管理系统,加强对风险的控制与管理,努力提高防范和应对能力,才能有效地应对各种风险和挑战,保障河湖水系连通工程的正常运行及效益发挥。

14.2.4 强化协调沟通,协同区域发展

面对资源约束趋紧、环境污染严重、生态系统退化的严峻形势,河湖水系连通必须将生态文明放在重要地位。水资源匮乏、水体污染严重等已经使我国很多河流和河流廊道的生态系统处于脆弱状态,部分地区存在湿地退化、湖泊萎缩的现象。因此,河湖生态系统脆弱的现状决定了河湖水系连通必须将生态系统的保护放在突出地位。在实施河湖水系连通战略的时候,应对连通区域进行生态环境影响评价,注意生态脆弱区的保护,防止生物入侵,合理制定连通方案,避免片面侧重河湖的社会功能,而对河湖的生态平衡造成不可逆转的破坏。与此同时,在部分条件许可地区,可以修建水生态环境改善型河湖水系连通工程,拯救与修复生态价值较大的区域生态系统。

14.2.5 加强立法工作,推进依法管理

在中国重要河流的流域,如长江、黄河、淮河等河流,已经设立了流域管理机构,在《水法》的规定下,流域管理机构具有了明确的法律地位,在水资源管理范围内行使法律法规或国务院水行政主管部门所赋予的监督管理权。虽然中国的流域管理机构也有一定的行政管理权,但对地方政府并无约束力,因此由流域管理机构做出的规划通常难以得到地方政府的贯彻实施。在中国目前的行政模式下,设立一个涵盖各部门职权的超部门的流域管理机构目前难以实现。但不妨在流域管理机构的基础上赋予其更多的权力与职责,让它在充分协调各部门利益的基础上做出有利于流域整体生态保护兼地区经济发展的决策。最大限度保证公众的参与度,将公众参与规划环评的时间从规划制定阶段贯彻到后期的规划实施阶段,是中国河湖水系连通,甚至是所有水资源开发利用过程中都需要努力实现的。

为确保河湖水系连通战略符合中国各项法律的规定,符合可持续发展原则,应进一步完善河湖水系连通的规划体系,强化其执行和监督检查,加快其立法工作,为严格河湖水系管理提供规划依据和法律保障。细化实化河湖水系连通的各项制度,确保其水资源开发利用和节约保护各项工作有章可循、有法可依。同有关部门尽快出台最严格河湖水系水资源管理制度考核办法、责任追究办法,建立水资源领域重大违法违规问题行政问责制度。条件成熟时,制定一部系统规定河湖水系连通管理基本原则、基本法律制度和运行机制的基本法。

14.2.6 拓宽投资渠道,健全资金管理

我国的河湖水系连通问题分析,应当充分考虑我国的社会经济发展水平、经济政治转型、大国政治经济、国际开放竞争等条件约束。

(1) 从社会经济发展阶段和水平上看,我国正处于从农业、农村国家向工业、城市国家的转变过程中,2001 年、2010 年我国 GDP 分别约为 11 万亿元、40 万亿元,2016 年超

过 74 万亿元；2006 年、2016 年我国人均 GDP 分别超过 2000 美元、8000 美元，我国还是一个中等收入水平的发展中国家。

（2）从经济政治转型上看，我国初步建成了社会主义市场经济体制，还处于市场经济、民主政治的改革发展过程中，这些都影响着诸如河湖水系连通等公共项目的研究、决策、实施、监督等问题。

（3）从经济发展、人口、资源等因素看，我国是一个发展中的社会主义大国，大国的经济发展和公共管理具有一系列不同于中小国家的特征。

（4）改革开放 30 多年来，我国社会经济发展经历从经济特区试点、对外开放到开放经济的发展过程，诸如河湖水系连通等公共项目还必须考虑国际因素影响，必须在国际分工、竞争和国际合作、协调的全球化格局中决策和实施。

河湖水系连通等工程一旦投资、完成后，随之而来的就是水资源的分配和消费问题，按照什么原则、标准、价格、方法分配公共物品就具有了重要的政策意义。我国当前公共物品提供、分配上一般采取免费提供、收费提供、定量配给、特定供给、市场化供给等不同方式，但从整体上看存在着具有总量不足、体制分割、结构失衡、效率偏低等缺陷。在水资源分配上，应当采取公平前提、效率决定、公平与效率相结合的原则。公平原则是指居民、企业等各种利益主体在参与水资源分配原则上应当拥有平等的权利和机会，公平原则本质上就是充分、平等的权利原则，是公平的制度或制度性公平。效率原则是指资源配置坚持成本分析原则，强调全社会收益的最大化目标，提高资金筹集、投资使用、生产和交易过程的经济效率。在公平与效率的关系，制度公平是其他条件和制度基础，在公平的前提下，通过多种经济成分共同发展的基本经济体制和市场自由充分竞争的配置方式，就可以通过河湖水系连通而实现水资源的有效配置，而资源有效配置反过来支持和巩固了制度公平。

河湖水系连通是具有显著的外部性、公共性的项目，政府和社会主体、政府调控和市场力量共同参与，必须具有技术、经济和政治、行政的可行性，必须兼顾经济、社会、环境问题。对此，不仅要对公共项目本身，对项目的投入产出过程和结果进行分析，还要对包括约束河湖水系连通在内的我国公共工程的决策、投资、实施、监督管理等法律制度、组织机构、政府管理和治理结构等制度性问题进行经济分析，提出改进建议，以推动我国法律创新和体制改革。

参 考 文 献

白雪梅，吕光明，2004. 东北老工业基地发展的结构演进和路径选择 [J]. 发展研究参考 (3)：132.

[苏] 包达阔夫，1952. 河流的生命 [M]. 石英，安吉，译. 北京：商务印书馆.

北京市生态环境建设协调联席会议办公室. 2004. 北京市生态环境建设年度发展报告 [R]. 北京：北京市 发展和改革委员会区县经济处.

彼得·拉塞尔，1991. 觉醒的地球 [M]. 北京：东方出版社.

卞锦宇，耿雷华，方瑞，2010. 河流健康评价体系研究 [J]. 中国农村水利水电 (9)：39 - 42.

卞锦宇，耿雷华，方瑞，2010. 我国河流健康内涵初探 [J]. 水利科技与经济，16 (3)：262 - 263，266.

[苏] 波波夫，1957. 河床的生命 [M]. 杨逸龙，译. 上海：科学技术出版社.

蔡守秋，2006. 生态补偿机制的法律研究 [J]. 南京社会科学 (7)：73 - 80.

曹建廷，李原园，周智伟，2006. 水资源承载力的内涵与计算思路 [J]. 中国水利 (18)：19 - 21.

曹明德，2004. 论中国水资源有偿使用制度——中国水权和水权流转机制的理论探讨与实践评析 [J]. 中 国法学 (1)：77 - 86.

曹明德，2002. 论生态法的基本原则 [J]. 法学评论 (6)：67 - 68.

曹明德，2009. 跨流域调水生态补偿法律问题分析——以南水北调中线库区水源区 (河南部分) 为例 [J]. 中国社会科学院研究生院学报 (2)：5 - 12.

曹明德，2010. 对建立生态补偿法律机制的再思考 [J]. 中国地质大学学报 (社会科学版) (5)：28 - 35.

曹庆，黄森开，黄彬彬，等，2014. 水文过程对湖滨带景观格局影响研究进展 [J]. 人民珠江 (3)： 295 - 305.

曹亚丽，王飞，徐霞，2014. 基于生态工程恢复的游湖湾水环境改善效果 [J]. 水资源与水工程学 报 (1)：82 - 86，90.

柴增凯，肖伟华，王建华，等，2010. 滦河流域突发水污染事件控制技术研究//中国原水论坛专辑 [J]. 河海大学学报 (自然科学版)，2010，38 (增刊)：341 - 345.

常玉苗，赵敏，2007. 跨流域调水对生态环境影响综合评价指标体系研究 [J]. 水利经济，25 (2)： 6 - 7.

车伍，黄宇，李俊奇，等，2005. 北京城区河湖水系治理中的问题与建议 [J]. 环境污染与防治， 27 (8)：593 - 597.

陈菁，2003. 流域水资源管理体制初探 [J]. 中国水利 (1)：29 - 31.

陈开琦，2012. 我国水资源安全法律问题研究 [J]. 天府新论 (6)：75 - 82.

陈克进，宋蜀华，2001. 中国民族概论 [M]. 北京：中央民族大学出版社.

陈坤，2011. 从直接管制到民主协商——长江流域水污染防治立法协调与法治环境建设研究 [M]. 上海： 复旦大学出版社.

陈坤，2011. 完善长江流域跨界水污染防治法律体系的探讨 [J]. 生态经济 (3)：157 - 160.

陈雷，2014. 加强河湖管理建设水生态文明 [N]. 人民日报 (2014 - 03 - 22).

陈茂山，2006. 海河流域水环境变迁与水资源承载力的历史研究 [D]. 北京：中国水利水电科学研究院.

陈睿智，桑燕芳，王中根，等，2013. 基于河湖水系连通的水资源配置框架 [J]. 南水北调与水利科 技 (4)：14.

陈睿智，钟永华，刘晓辉，等，2013. 丰枯遭遇对引汉济渭受水区水资源配置的影响研究 [J]. 资源科 学，35 (8)：1577 - 1583.

陈思萌，黄德春，2008. 基于马萨模式的跨界水污染治理政策评价比较研究 [J]. 环境保护 (3)：
47 - 49.

陈文，2013. 论生态文明与法治文明共建背景下的生态权与生态法 [J]. 生态经济 (11)：24 - 31，44.

陈晓景，董黎光，2006. 流域立法新探 [J]. 郑州大学学报 (哲学社会科学版)(3)：61 - 65.

陈晓景，2006. 流域生态系统管理立法研究 [J]. 中州学刊 (4)：87 - 89.

陈晓景，2010. 流域生态环境用水法律制度解析——以密西西比州为例 [J]. 法学杂志 (11)：71 - 75.

陈晓景，2011. 中国环境法立法模式的变革——流域生态系统管理范式选择 [J]. 甘肃社会科学 (1)：
191 - 194.

陈兴茹，2006. 城市河流生态修复浅议 [J]. 中国水利水电科学研究院学报 (3)：226 - 231.

陈云霞，许有鹏，付维军，2007. 浙东沿海城镇化对河网水系的影响 [J]. 水科学进展 (1)：68 - 73.

谌洁，2008. 珠江流域诸水系的形成与演变 [J]. 水利发展研究 (4)：75 - 76.

程功舜，2010. 我国水资源保护的法律制度及其完善. 河南科技大学学报 (哲学社会科学版)(4)：
91 - 94.

程晓陶，2003. 风险分担 利益共享 双向调控 把握适度——三论有中国特色的洪水风险管理. 水利发展研
究 (9)：8 - 12.

丛振涛，倪广恒，2006. 生态水权的理论与实践. 中国水利 (19)：21 - 24.

崔国韬，左其亭，窦明，2011. 国内外河湖水系连通发展沿革与影响 [J]. 南水北调与水利科技，9 (4)：
73 - 76.

崔国韬，左其亭，李宗礼，等，2012. 河湖水系连通功能及适应性分析. 水电能源科学，30 (2)：1 - 5.

崔国韬，左其亭，2012. 河湖水系连通与最严格水资源管理的关系 [J]. 南水北调与水利科技 (2)：
129 - 132.

崔建远，2002. 关于水权争论问题的意见 [J]. 政治与法律 (6)：29 - 38.

崔建远，2002. 水权与民法理论及物权法典的制定 [J]. 法学研究 (3)：37 - 62.

崔宁，梁冬梅，苏伟，2010. 水环境承载力研究评述 [J]. 陕西水利 (2)：114 - 115.

戴晴，1989. 长江长江——三峡工程论争 [M]. 贵阳：贵州人民出版社.

邓泽延，胡俊杰，2006. 水资源统一管理的理论依据及模式 [J]. 西北水电 (2)：5 - 8.

邓泽延，周明，2006. 我国流域管理研究述评 [J]. 南水北调与水利科技 (S1)：91 - 94.

狄效斌，孙继朝，荆继红，等，2008. 珠江三角洲地区水环境污染特点及其相关因素探讨 [J]. 南水北调
与水利科技 (4)：60 - 62.

丁小明，李磊，2005. 污水水权的探讨 [J]. 技术经济 (7)：12 - 14.

董文虎，2001. 浅析水资源水权与水利工程供水水权兼探两种水权衍生出的防治弃水 (洪水等) 和防治
退水 (废污水等) 的义务 [J]. 江苏水利 (1)：7 - 9.

董永庆，徐士尧，高胜，2004. 潍坊市区域性水网体系建设初探 [J]. 山东水利 (70)：16 - 18.

董哲仁，2003. 河流形态多样性与生物群落多样性 [J]. 水利学报 (11)：1 - 6.

董哲仁，2005. 河流健康评估的原则和方法 [J]. 中国水利 (10)：17 - 19.

窦红身，姜加虎，2000. 洞庭湖 [M]. 合肥：中国科学技术大学出版社.

窦明，崔国韬，左其亭，等，2011. 河湖水系连通的特征分析 [J]. 中国水利 (16)：17 - 19.

窦明，马军霞，胡彩虹，2007. 北美五大湖水环境保护经验分析 [J]. 气象与环境科学，30 (2)：
20 - 22.

段学花，2013. 关于现代河流生态保护的哲学思考 [J]. 江苏水利 (10)：43 - 45.

范健灵，2003. 我国水资源状况及南水北调工程 [J]. 山西建筑，29 (3)：267 - 268.

范文涛，王先甲，1990. 都江堰渠首工程系统分析 (下)：数学模型、自然启示与改进意见 [J]. 系统工
程理论与实践 (6)：61 - 66.

方子云，1993. 环境水利学 [M]. 北京：水利电力出版社.

房燕，2009. 中国水权交易法律制度完善研究 [D]. 青岛：山东科技大学.

傅春，姜哲，2007. 中部地区水环境污染及其防治建议 [J]. 长江流域资源与环境 (6)：791 - 795.

戈派拉克瑞斯南，2004. 都江堰工程是对人类的贡献 [J]. 中国水利 (18)：4.

耿海清，2014. 开展政策环评需明确哪些关键问题 [N]. 中国环境报 (2014 - 09 - 18).

郭庆汉，2008. 南水北调：水源区面临的机遇与挑战 [J]. 武汉交通职业学院学报，10 (3)：43 - 46.

郭潇，方国华，章哲恺，2008. 跨流域调水生态环境影响评价指标体系研究 [J]. 水利学报 (9)：1125 - 1130，1135.

郭召平，张宁花，董永庆，2007. 潍坊市构筑区域水网为经济社会发展提供水资源保障 [J]. 山东水利 (3)：47 - 48.

郭振仁，彭海君，杨大勇，等，2009. 流域水质安全事件应急体系设计 [J]. 水资源保护，25 (2)：83 - 86.

韩瑞光，马欢，袁媛，2012. 法国的水资源管理体系及其经验借鉴 [J]. 中国水利 (11)：39 - 42.

韩宇平，蒋任飞，阮本清，2007. 南水北调中线水源区与受水区丰枯遭遇分析 [J]. 华北水利水电学院学报 (1)：8 - 11.

郝玲，2011. 淮河流域暴雨时空演变特征及灾害风险评估 [D]. 南京：南京信息工程大学.

郝天奎，2013. 推进流域立法 为淮河流域综合规划实施提供法律支撑 [J]. 治淮 (8)：46 - 47.

何鹏，肖伟华，李彦军，2011. 国外湖泊管理和保护的经验及其启示 [J]. 水科学与工程技术 (4)：13.

何用，李义天，吴道喜，等，2006. 水沙过程与河流健康 [J]. 水利学报，37 (11)：1354 - 1359.

洪松，陈静生，2002. 中国河流水生生物群落结构特征探讨 [J]. 水生生物学报 (3)：295 - 305.

侯浩波，2012. 城市环境污染现状及解决思路 [J]. 黑龙江科技信息 (16)：46.

胡德胜，2006. 水、人、权：人权法上的水权 [J]. 河北法学 (5)：17 - 24.

胡珺，李春晖，王亦宁，等，2013. 中国湖泊保护的法律制度现状与建议 [J]. 水力发展研究 (6)：15 - 19.

胡玮璇，2012. 从地方分治到参与共治——中国流域水污染治理研究评析 [J]. 首都师范大学学报 (社会科学版) (S1)：14.

黄宝强，刘青，胡振鹏，等，2012. 生态安全评价研究述评 [J]. 长江流域资源与环境 (S2)：150 - 156.

黄昌硕，刘恒，耿雷华，等，2010. 南水北调工程运行风险控制及管理预案初探 [J]. 水利科技与经济，16 (1)：33 - 36.

黄崇福，郭君，艾福利，等，2013. 洪涝灾害风险分析的基本范式及其应用 [J]. 自然灾害学报，22 (4)：11 - 23.

黄河，2004. 水权转让存在的问题与对策 [J]. 水利发展研究 (5)：9 - 10.

黄辉，2010. 水权：体系与结构的重塑 [J]. 上海交通大学学报 (哲学社会科学版) (3)：24 - 29.

黄锡生，2004. 论水权的概念和体系 [J]. 现代法学 (4)：134 - 138.

黄锡生，2005. 水权制度研究 [M]. 北京：科学出版社.

霍尔姆斯·罗尔斯顿，2000. 环境伦理学 [M]. 杨通进，译. 北京：中国社会科学出版社：294.

霍尔姆斯·罗尔斯顿，2000. 哲学走向荒野 [M]. 刘耳，叶平，译. 长春：吉林人民出版社：110.

姬鹏程，孙长学，2009. 完善流域水污染防治体制机制的建议 [J]. 宏观经济研究 (7)：33 - 37.

季笠，陈红，蔡梅，等，2013. 太湖流域江河湖连通调控实践及水生态环境作用研究 [M]. 北京：中国水利水电出版社.

贾超，刘宁，陈进，2003. 南水北调中线工程风险分析的若干工程问题 [J]. 岩土工程技术 (3)：180 - 183.

江剑平，谭今来，2005. 改善当前我国环境资源管理体制探析 [J]. 城市环境与城市生态 (1)：19 - 21.

姜加虎，黄群，孙占东，2006. 长江流域湖泊湿地生态环境状况分析 [J]. 生态环境，15 (2)：424 - 429.

姜文来，2000. 水权及其作用探讨 [J]. 中国水利 (12)：13 - 15.

蒋剑勇，2003. 水权理论初论［J］. 浙江水利水电专科学校学报（1）：51-53.

金海统，2008. 水权究竟是什么？［C］//中国法学会环境资源法学研究会，水利部，河海大学. 2008 年全国环境资源法学研讨会（年会）论文集.

金菊良，魏一鸣，付强，等，2002. 洪水灾害风险管理的理论框架探讨［J］. 水利水电技术（9）：40-42，75.

金立新，1998. 美国和加拿大五大湖的水污染防治与管理［J］. 水资源保护（4）：7-9.

康玲，何小聪，熊其玲，2010. 基于贝叶斯网络理论的南水北调中线工程水源区与受水区降水丰枯遭遇风险分析［J］. 水利学报（8）：908-913.

郎佩娟，2012. 我国流域立法模式的合理选择与实现路径［J］. 北京行政学院学报（3）：96-100.

冷罗生，2009.《水污染防治法》值得深思的几个问题［J］. 中国人口·资源与环境（3）：66-69.

李博，2000. 生态学［M］. 北京：高等教育出版社.

李芳，刘冰，沈华，2012. 我国洪涝灾害风险管理框架及运行机制研究［J］. 中国应急管理（8）：20-23.

李浩，2012. 河湖水系连通战略的经济学思考［J］. 水利发展研究，12（7）：34-37.

李京善，2008. 水权分配影响因素分析与对策［J］. 南水北调与水利科技（6）：121-123.

李景宜，2011. 陕西渭河流域主要环境问题及其治理［J］. 干旱区研究，28（6）：967-973.

李景宜，2011. 渭河下游洪水灾害的降水危险性评估与区划［J］. 中国人口·资源与环境，21（2）：106-111.

李静，2011. 论如何完善我国水资源保护的法律制度［J］. 资源节约与环保（1）：58-61.

李克让，1992. 中国气候变化及其影响［M］. 北京：海洋出版社.

李雷，危起伟，吴金明，等，2013. 长江宜宾江段渔业资源现状调查. 长江流域资源与环境，22（11）：1449-1457.

李丽华，郭黄金，2011. 我国流域水污染研究综述［J］. 中国环境管理干部学院学报（2）：73-76.

李娜，刘树坤，2003. GIS 技术在洪水风险管理系统开发中的应用［C］//中国水利学会 2003 学术年会论文集. 宜昌：三峡出版社.

李鹏，2011. 李鹏论三峡工程［M］. 北京：中国三峡出版社，中央文献出版社.

李胜，黄艳，2013. 美澳两国典型跨界流域管理的经验及启示. 中北大学学报（社会科学版）（5）：12-16.

李素琴，程亮生，2008. 我国水资源保护法律制度的现状与完善［J］. 山西省政法管理干部学院学报（6）：28.

李听，2010. 城市资源环境承载力研究［M］. 深圳：海天出版社.

李希昆，张树兴，2003. 澜沧江-湄公河次区域水资源保护立法问题研究［C］//水利部政策法规司，中国法学会环境资源法学研究会，中国海洋大学. 2003 年中国环境资源法学研讨会（年会）论文集（上册）.

李香云，2013. 国外生态用水管理制度的启示［J］. 水利发展研究（9）：83-86.

李新国，江南，朱晓华，等，2006. 近三十年来太湖流域主要湖泊的水域变化研究［J］. 海洋湖沼通报（4）：17-24.

李新玲，2012. 中国水污染治理的曙光——评《从地方分治到参与共治——中国流域水污染治理研究》［J］. 首都师范大学学报（社会科学版）（S1）：53-55.

李燕玲，2003. 国外水权交易制度对我国的借鉴价值［J］. 水土保持科技情报（4）：5.

李迎喜，童波，2007. 水利水电开发规划中的技术环评［J］. 中国水利（2）：31-34.

李勇，于宏兵，艾丽娜，等，2013. Arc Hydro 模型提取流域水文信息及精度分析——以松花江流域为例［J］. 水资源与水工程学报，24（6）：120-123.

李由，王淑芳，2014. 现代政治经济学教程［M］. 北京：经济科学出版社.

李由，2008. 中国转型期公共政策过程研究 [M]. 北京：北京师范大学出版社.

李由，2012. 政府与市场关系的应有性质与制度基础 [J]. 人民论坛，387（11）：18-20.

李由，2014. 论经济转型的动力主体、实现途径和制度保障 [J]. 人民论坛，460（12）：58-60.

李友华，2006. 中国水资源产权配置与管理研究 [D]. 哈尔滨：东北农业大学.

李原园，李宗礼，郦建强，等，2012. 水资源可持续利用与河湖水系连通 [C] // 中国水利学会. 中国水利学会 2012 学术年会特邀报告汇编：21.

李原园，郦建强，李宗礼，等，2011. 河湖水系连通研究的若干问题与挑战 [J]. 资源科学，33（3）：386-391.

李原园，马超德，2009. 国外流域综合规划技术 [M]. 北京：中国水利水电出版社.

李原园，2014. 河湖水系连通实践经验与发展趋势 [J]. 南水北调与水利科技，12（4）：81-85.

李宗礼，郝秀平，王中根，等，2011. 河湖水系连通分类体系探讨 [J]. 自然资源学报，26（11）：1975-1982.

李宗礼，李原园，王中根，等，2011. 河湖水系连通研究：概念框架 [J]. 自然资源学报，26（3）：513-522.

李宗礼，刘晓洁，田英，等，2011. 南方河网地区河湖水系连通的实践与思考 [J]. 资源科学，33（12）：2221-2225.

郦建强，李静，刘国纬，等，2003. 我国暴雨和洪水的主要特征及其在防洪工作中应注意的问题 [J]. 水利规划与设计（4）：10-14.

梁凤刚，王秀丽，王得军，2003. 跨流域调水中的水文监测方案编制 [J]. 海河水利（4）：23-25.

梁士奎，左其亭，2013. 基于人水和谐和"三条红线"的水资源配置研究 [J]. 水利水电技术，44（7）：14.

林静谦，1981. 围湖造田的历史教训 [J]. 经济研究（2）：75-78.

林远，2015. "十三五"将建构水权流转机制 [N]. 经济参考报（2015-10-09）.

刘昌明，刘晓燕，2008. 河流健康理论初探 [J]. 地理学报（7）：683-692.

刘大鹏，2010. 基于近自然设计的河流生态修复技术研究 [M]. 长春：东北师范大学.

刘国纬，1995. 跨流域调水运行管理——南水北调东线工程实例研究 [M]. 北京：中国水利水电出版社.

刘国纬，2000. 关于中国南水北调的思考 [J]. 水科学进展，11（3）：345-350.

刘洪先，2002. 国外水权管理特点辨析 [J]. 水利发展研究，2（6）：1-3，17.

刘洪岩，2009. 俄罗斯生态安全立法及对中国的启示 [J]. 环球法律评论（6）：77-86.

刘加海，2011. 黑龙江省河湖水系连通战略构想 [J]. 黑龙江水利科技，39（6）：15.

刘家沂，凌欣，2011. 论海洋生态损害之国家索赔的实现路径 [J]. 中国海商法年刊，22（4）：48-54.

刘建林，梁倩茹，马斌，等，2010. 南水北调中线商洛水源地补偿公共政策研究. 人民黄河，32（11）：9-11.

刘娜，王克林，段亚锋，2012. 洞庭湖景观格局变化及其对水文调蓄功能的影响 [J]. 生态学报，32（15）：4641-4650.

刘书俊，2003. 水资源之气态水权的民法思考 [J]. 科技进步与对策（11）：100-102.

刘卫先，2014. 对我国水权的反思与重构 [J]. 中国地质大学学报（社会科学版），14（2）：75-84.

刘文，王建平，陈金木，等，2010. 关于推进流域立法的思考 [J]. 水利发展研究（1）：19.

刘莹，2004. 关于水权交易市场相关问题的探讨 [J]. 中国水利（9）：68.

刘振胜，周刚炎，2005. 试论流域与区域相结合的水资源管理体制 [J]. 人民长江（8）：9-12.

刘志仁，袁笑瑞，2013. 西北内陆河如何强化最严格水资源管理法律制度 [J]. 环境保护，41（15）：69-70.

刘卓，刘昌明，2006. 东北地区水资源利用与生态和环境问题分析 [J]. 自然资源学报（5）：700-708.

鲁帆，赵静，2013. 河湖水系连通的基本准则与评判指标刍议 [J]. 中国水利（9）：17-20.

陆杰斌, 2005. 中国水资源危机成因的经济分析及其解决办法 [J]. 中国农学通报 (5): 400 - 403.

罗德里克·纳什, 1999. 大自然的权力: 环境伦理学史 [M]. 杨通进, 译. 青岛: 青岛出版社.

罗丽, 2006. 日本生态安全保护法律制度研究 [J]. 河北法学 (6): 199 - 122.

吕忠梅, 熊晓青, 2012. 环境法视野下的 "良好湖泊有限保护" [J]. 环境保护 (14): 16 - 19.

吕忠梅, 张忠民, 2013. 以分级分区为核心构建重点流域水污染防治新模式. 环境保护 (15): 33 - 35.

吕忠梅, 2000. 长江流域水资源保护统一立法刻不容缓 [J]. 红旗文稿 (8): 27.

吕忠梅, 2005. 水污染的流域控制立法研究 [J]. 法商研究 (5): 95 - 103.

吕忠梅, 2007. 水污染治理的环境法律观念更新与机制创新——从滇池污染治理个案出发 [J]. 河南师范大学学报 (哲学社会科学版), 2 (2): 119.

吕忠梅, 2009. 水污染纠纷处理主管问题研究 [J]. 甘肃社会科学 (3): 17 - 20.

马蔼乃, 2003. 全国河流水系网络化与渤海淡化工程的思考 [J]. 南水北调与水利科技, 1 (1): 20 - 22.

马明印, 2015. 吉林省白城市河湖连通工程成效显著 [J]. 吉林水利 (2): 3.

马生军, 2011. 论流域水资源分配与生态保护 [J]. 北方环境 (9): 7 - 8.

马晓强, 2002. 水权与水权的界定——水资源利用的产权经济学分析 [J]. 北京行政学院学报 (1): 37 - 41.

马振, 2013. 加强水生态保护与修复为全面开展水生态文明建设奠定基础 [J]. 中国水利 (15): 73 - 75.

毛翠翠, 左其亭, 2012. 正确认识河湖连通 [N]. 中国水利报 (2012 - 8 - 14).

毛涛, 2008. 中国流域生态补偿制度的法律思考 [J]. 环境污染与防治, 30 (7): 100 - 103.

毛涛, 2010. 我国区际流域生态补偿立法及完善 [J]. 重庆工商大学学报 (社会科学版) (4): 99 - 104.

梅宏, 2008. 论中国生态保护立法及其完善 [J]. 中国海洋大学学报 (社会科学版) (5): 49 - 55.

梅纳德·M·霍夫斯米特, 1997. 可持续发展的水政策 [J]. 水利水电快报 (10): 10 - 14.

孟伟, 张远, 张楠, 等, 2013. 流域水生态功能区概念、特点与实施策略 [J]. 环境科学研究 (5): 465 - 471.

孟祥永, 陈星, 陈栋一, 等, 2014. 城市水系连通性评价体系研究 [J]. 河海大学学报 (自然科学版), 42 (1): 24 - 28.

苗波, 江山, 2004. 水之权力与权利 (上) [J]. 水利发展研究 (2): 16 - 22.

苗波, 江山, 2004. 水之权力与权利 (下) [J]. 水利发展研究 (3): 16 - 22.

欧文·拉兹洛, 1991. 人的价值的系统哲学. 闵家胤, 等, 译. //系统哲学讲演集 [M]. 北京: 中国社会科学出版社: 132.

欧文·拉兹洛, 1998. 系统哲学引论 [M]. 钱兆华, 等, 译. 北京: 商务印书馆: 337.

潘德勇, 2010. 国外水资源管理立法对中国的启示 [J]. 黑龙江省政法管理干部学院学报 (7): 134.

潘桂棠, 刘宝珺, 2006. 南水北调西线工程面临的挑战与对策 [J]. 国土资源科技管理 (23): 1 - 4.

庞鹏沙, 董仁杰, 2004. 浅议中国水资源现状与对策 [J]. 水利科技与经济 (5): 267 - 268.

裴丽萍, 2001. 水权制度初论 [J]. 中国法学 (2): 90 - 101.

彭祥, 胡和平, 2007. 水资源配置博弈论 [M]. 北京: 中国水利水电出版社.

彭雪林, 2011. 陕西渭河生态景观带规划的理论及方法研究 [D]. 咸阳: 西北农林科技大学.

普宏江, 1998. 美国五大湖环境保护介绍 [J]. 全球科技经济瞭望 (7): 54 - 56.

普书贞, 吴文良, 陈淑峰, 等, 2011. 中国流域水资源生态补偿的法律问题与对策 [J]. 农业环境与发展 (4): 119 - 126.

钱正英, 陈佳琦, 等, 2006. 人与河流和谐发展 [J]. 中国水利 (1): 7 - 10.

任海军, 秦小虎, 2008. 西部旱区雨水集蓄对中国水权理论的启示——为 "水权之争" 提供一个西部经验兼与诸学者商榷 [J]. 科学经济社会 (1): 16 - 21.

任占林, 王维航, 2002. 我国西部地区生态环境存在的问题及对策 [J]. 牡丹江师范学院学报 (哲学社会科学版) (2): 118 - 119.

邵东国，2001. 跨流域调水工程规划调度决策理论与应用［M］. 武汉：武汉大学出版社.

佘正荣，1996. 自然的自身价值及其对人类价值的承载［J］. 自然辩证法研究（3）：17-23.

沈大军，王浩，蒋云钟，2004. 流域管理机构：国际比较分析及对中国的建议［J］. 自然资源学报（1）：86-95.

沈大军，2007. 水资源配置理论、方法与实践［M］. 北京：中国水利水电出版社.

沈佩君，邵东国，1995. 国内外跨流域调水工程建设的现状与前景［J］. 武汉水利电力大学学报，28（5）：463-469.

沈玉昌，龚国元，1986. 河流地貌学概论［M］. 北京：科学出版社.

盛海洋，王飞跃，李勇，等，2005. 南水北调工程规划特点及其综合效益研究［J］. 水土保持研究，12（4）：178-182.

师武军，周艺怡，邢卓，2009. 国家战略背景下的环渤海地区发展［J］. 城市规划，33（S1）：5-9，20.

施祖麟，毕亮亮，2007. 中国跨行政区河流域水污染治理管理机制的研究——以江浙边界水污染治理为例［J］. 中国人口·资源与环境（3）：3-9.

石瑞花，2008. 河流功能区划与河道治理模式研究［D］. 大连：大连理工大学.

石佑启，黄喆，2013. 论法治视野下珠三角跨界水污染的合作治理——以广佛联手整治跨界水污染为例［J］. 学术研究（12）：59-67.

石玉波，2001. 关于水权和水市场的几点认识［J］. 中国水利（2）：31-33.

史学瀛，2007. 生物多样性法律问题研究［M］. 北京：人民出版社.

水利部发展研究中心，2003. 南水北调工程建设与管理体制研究简介［J］. 中国水利（1）：70-74.

水利部太湖流域管理局，2010. 引江济太调水试验［M］. 北京：中国水利水电出版社.

宋蕾，2009. 世界流域水资源立法模式之比较［J］. 武汉大学学报（哲学社会科学版）（6）：768-771.

粟晓玲，康绍忠，魏晓妹，等，2007. 气候变化和人类活动对渭河流域入黄径流的影响［J］. 西北农林科技大学学报（自然科学版）（2）：153-159.

孙德威，2010. 城市雨洪利用技术综述［J］. 中国防汛抗旱（1）：32-36.

孙立元，危起伟，张辉，等，2014. 基于水声学的长江上游向家坝至宜宾江段鱼类空间分布特征［J］. 淡水渔业，44（1）：48-56.

孙晓红，2007. 防洪风险识别估计方法及应用［J］. 黑龙江水专学报（1）：38-41.

孙秀敏，秦长海，2009. 南水北调工程运行期经济风险作用机理及防控措施研究［C］//中国水利学会水资源专业委员会，中国水利水电科学研究院，大连理工大学. 变化环境下的水资源响应与可持续利用——中国水利学会水资源专业委员会2009学术年会论文集.

谭徐明，2011. 鲁西南汶泗河流域河湖生态修复的战略思考［J］. 中国水利（6）：100-101，114.

谭振东，吴明官，2014. 鹤岗市城市供水体系建设构想［J］. 黑龙江水利科技（8）：217-218.

唐川，师玉娥，2006. 城市山洪灾害多目标评估方法探讨［J］. 地理科学进展（4）：13-21.

唐传利，2011. 关于开展河湖连通研究有关问题的探讨［J］. 中国水利（6）：86-89.

唐涛，蔡庆华，刘健康，2002. 河流生态系统健康及其评价［J］. 应用生态学报，13（9）：1191-1194.

田东奎，2006. 中国近代水权纠纷解决的启示［J］. 政法学刊（6）：65-69.

田方，林发棠，凌纯锡，1987. 论三峡工程的宏观决策［M］. 长沙：湖南科学技术出版社.

田方，林发棠，1989. 再论三峡工程的宏观决策［M］. 长沙：湖南科学技术出版社.

田飞，2012. 对我国水资源法律保护的思考［J］. 环境保护与循环经济，32（10）：26-29.

田飞，2013. 对水权与水权交易法律制度构建的思考［J］. 广西政法管理干部学院学报（7）：56-63.

田坤，范荣亮，安婷，等，2015. 基于敏感性分析的徐州市水生态综合治理［J］. 水利规划与设计（5）：1-6.

佟金萍，王慧敏，2011. 水资源适应性配置系统方法及应用［M］. 北京：科学出版社.

万劲波，周艳芳，2002. 中日水资源管理的法律比较研究［J］. 长江流域资源与环境，（1）：16-20.

汪劲,2010. 对松花江重大水污染事件可能引发跨界污染损害赔偿诉讼的思考 [J]. 清华法治论衡,(1): 262-279.

汪劲,2010. 中国环境执法的制约性因素及对策 [J]. 世界环境 (2): 19-20.

汪恕诚,2000. 水权和水市场——谈实现水资源优化配置的经济手段 [J]. 中国水利 (11): 6-9.

汪恕诚,2004. 再谈人与自然和谐相处:兼论大坝与生态 [J]. 中国水利 (8): 6-14.

王灿发,江钦辉,2014. 论生态红线的法律制度保障 [J]. 环境保护,42 (Z1): 30-33.

王灿发,2003. 论中国环境管理体制立法存在的问题及其完善途径 [J]. 政法论坛:中国政法大学学报 (4): 50-58.

王灿发,2005. 跨行政区水环境管理立法研究 [J]. 现代法学 (5): 130-140.

王灿发,2007. 从淮河治污看中国跨行政区水污染防治的经验和教训 [J]. 环境保护 (14): 30-35.

王灿发,冯嘉,2009. 论我国水污染防治立法的新发展 [J]. 北京林业大学学报 (社会科学版),8 (1): 1-5.

王灿发,2009. 水资源管理的立法新举 [J]. 世界环境 (2): 32-33.

王超,2010. 城市河湖水生态与水环境 [M]. 北京:中国建筑工业出版社.

王凤远,2008. 美国和日本生态系统管理立法经验及其启示 [J]. 齐齐哈尔大学学报 (哲学社会科学版) (11): 15-18.

王海潮,蒋云钟,王浩,等,2008. 国内跨流域调水工程对南水北调中线建设和运行管理的启示 [J]. 水利水电技术,39 (1): 64-67.

王浩,党连文,谢新民,2008. 流域初始水权分配理论与实践 [M]. 北京:中国水利水电出版社.

王浩,2008. 水利与国民经济协调发展研究 [R]. 北京:中国水利水电科学研究院.

王浩,秦大庸,王建华,2003. 黄淮海流域水资源合理配置研究 [M]. 北京:科学出版社.

王浩,王建华,秦大庸,2006. 基于二元水循环模式的水资源评价理论方法 [J]. 水利学报 (12): 1496-1502.

王浩,汪林,2004. 水资源配置理论与方法探讨 [J]. 水利规划与设计 (B03): 50-56,70.

王浩,杨贵羽,2010. 二元水循环条件下水资源管理理念的初步探索 [J]. 自然杂志,32 (3): 130-133.

王浩,游进军,2008. 水资源合理配置研究历程与进展 [J]. 水利学报 (10): 1168-1175.

王浩. 2011 论调水与节水关系 [N]. 中国水利报 (2011-08-02).

王慧敏,孙冬营,王圣,2013. 流域跨行政去水污染如何走出治理困境 [J]. 环境保护 (19): 32-34.

王金霞,黄季焜,2002. 国外水权交易的经验及对中国的启示 [J]. 农业技术经济 (3): 56-62.

王腊春,史运良,2007. 中国水问题——水资源与水管理的社会研究 [M]. 南京:东南大学出版社: 32.

王柳艳,2013. 太湖流域腹部地区水系结构、河湖连通及功能分析 [D]. 南京:南京大学.

王强,袁兴中,刘红,等,2013. 引水式小水电对西南山地河流鱼类的影响 [J]. 水力发电学报,32 (2): 133-148,158.

王强,袁兴中,刘红,等,2014. 引水式小水电对重庆东河大型底栖动物多样性的影响 [J]. 淡水渔业,44 (4): 48-56.

王茹,2008. 土木工程防灾减灾学 [M]. 北京:中国建材工业出版社.

王瑞玲,连煜,王新功,等,2013. 黄河流域水生态保护与修复总体框架研究 [J]. 人民黄河 (10): 107-110.

王树义,吴宇,2010. 中澳流域规划法律性质及其利益预分配功能之比较分析 [J]. 甘肃政法学院学报 (7): 98-104.

王树义,2003. 俄罗斯联邦水权研究 [J]. 法商研究 (5): 131-136.

王威,2010. 泛珠三角区域内流域水资源保护法律问题研究 [J]. 改革与战略,26 (6): 124-126,151.

王曦,胡苑,2004. 流域立法三问 [J]. 中国人口·资源与环境 (4): 137-139.

王晓冬,2004. 中美水污染防治法比较研究 [J]. 河北法学 (1): 130-132.

王晓亮，2011. 中外流域管理比较研究 [J]. 环境科学导刊 (1)：15-19.

王亚华，2002. 水资源特性分析及其政策含义 [J]. 经济研究参考 (20)：8-12.

王亚娜．2012. 潍坊市水污染控制规划研究 [D]. 青岛：中国海洋大学.

王艳艳，梅青，程晓陶，2009. 流域洪水风险情景分析技术简介及其应用 [J]. 水利水电科技进展 (2)：56-60，65.

王燕，2008. 我国水资源保护法律制度浅析——基于循环经济的视角 [J]. 行政与法 (9)：28.

王义成，丁志雄，李蓉，2009. 基于情景分析技术的太湖流域洪水风险动因与响应分析研究初探 [J]. 中国水利水电科学研究院学报 (1)：7-14.

王勇，鲁家奎，毛慧慧，2013. 跨流域调水在海河流域河湖水系连通中的作用 [J]. 海河水利 (1)：1-2.

王勇，庄维刚，孔祥岭，2008. 潍坊市白浪河水系联网工程实现洪水资源化利用 [J]. 山东水利 (123)：49-50.

王云霞，杨庆峰，2009. 非人类中心主义的困境与出路——来自生态学马克思主义的启示 [J]. 南开学报 (哲学社会科学版) (3)：57-63.

王中根，李宗礼，刘昌明，等，2011. 河湖水系连通的理论探讨 [J]. 自然资源学报，26 (3)：523-529.

魏宏森，曾国屏，1995. 系统论——系统科学哲学 [M]. 北京：清华大学出版社：339-353.

文伏波，韩其为，许炯心，等．2007. 河流健康的定义与内涵 [J]. 水科学进展，18 (1)：140-150.

吴阿娜，2008. 河流健康评价：理论、方法与实践 [D]. 上海：华东师范大学.

吴逮喜，2003. 长江流域防洪体系与评价 [J]. 中国水利 (3)：64-66.

吴道喜，黄思平，2007. 健康长江指标体系研究 [J]. 水利水电快报 (12)：1-3.

吴浩云，梅青，王义成，2009. 太湖流域洪水风险动因和响应的定性分析 [J]. 河海大学学报 (自然科学版) (3)：249-254.

郗敏，孔范龙，李悦，等，2013. 陕西渭南卤阳湖湿地保护与恢复工程措施探析 [J]. 湿地科学，11 (2)：254-258.

夏继红，卢智灵，2006. 河流生命健康仿生学研究 [J]. 水科学与工程技术 (5)：44-46.

夏军，高扬，左其亭，等，2012. 河湖水系连通特征及其利弊 [J]. 地理科学进展，31 (1)：26-31.

夏军，刘孟雨，贾绍凤，等，2004. 华北地区水资源及水安全问题的思考与研究 [J]. 自然资源学报 (5)：550-560.

向莹，韦安磊，茹彤，等，2015. 中国河湖水系连通与区域生态环境影响 [J]. 中国人口·资源与环境，25 (5S1)：139-142.

向毓莲，2013. 生态环境保护与经济发展之间的关系 [J]. 吉林农业 (6)：9-11.

肖义，郭生练，熊立华，等，2005. 大坝安全评价的可接受风险研究与评述 [J]. 安全与环境学报 (3)：90-94.

谢伟，2012. 香港与内地水污染防治法比较 [J]. 社会科学家 (5)：85-88.

邢大韦，张玉芳，粟晓玲，2004. 对 2003 年陕西渭河洪水的思考 [J]. 水利与建筑工程学报 (1)：14，28.

邢大韦，张玉芳，2004. 西北地区水资源可持续利用管理 [J]. 水资源与水工程学报 (1)：50-55，63.

邢大韦，1996. 陕西渭河流域水文干旱分析 [J]. 西北水资源与水工程 (1)：1-9，15.

邢鸿飞，2008. 论作为财产权的水权 [J]. 河北法学 (2)：99-102.

幸红，2007. 流域水资源管理法律机制探讨——以珠江流域为视角 [J]. 法学杂志 (3)：104.

徐国宾，杨志达，2012. 基于最小熵产生与耗散结构和混沌理论的河床演变分析 [J]. 水利学报，43 (8)：948-956.

徐辉；张大伟，2007. 我国流域可持续发展的国家立法评价 [J]. 生态经济 (11)：37-41.

徐荟华，2004. 流域管理中的公众参与问题 [J]. 前沿 (3)：60-62.

徐建安，彭驰，刘丹，2003. 水系连通对水生态的影响 [J]. 城市建设理论研究，5 (35)：500-501.

徐军，2004. 中国流域管理立法现状及反思 [J]. 河海大学学报（哲学社会科学版）(4)：20-31.

徐羽白，2004. 关于潍坊市地表水资源优化配置的探讨 [C] //山东水利学会第九届优秀学术论文集.

徐宗学，庞博，2011. 科学认识河湖水系连通问题 [J]. 中国水利 (16)：13-16.

许凤冉，2010. 流域生态补偿理论探索与案例研究 [M]. 北京：中国水利水电出版社.

许继军，2013. 水生态文明建设的几个问题探讨 [J]. 中国水利 (6)：15-16.

许士国，石瑞花，赵倩，2009. 河流功能区划研究 [J]. 中国科学（E辑：技术科学）(9)：1521-1528.

许晓彤，2009. 跨流域调水的社会支撑系统架构 [J]. 人民黄河，31 (2)：59-60.

许长新，2011. 区域水权论 [M]. 北京：中国水利水电出版社.

杨恢武，2011. 水生态环境治理背景下的城市河湖水网规划目标与对策 [J]. 生态经济 (7)：167-170.

杨继学，2006. 超越人类中心主义重构人与自然关系 [J]. 中国特色社会主义研究 (2)：65-68.

杨建基，边立明，宋耀，2003. 关于跨流域调水工程投融资问题的研究 [J]. 人民黄河，25 (1)：33-35.

杨立信，刘纬国，2003. 国外调水工程 [M]. 北京：中国水利水电出版社.

杨伟利，阿柱，2007. 中国水权制度改革"破茧"在即 [J]. 环境 (8)：36-39.

杨文慧，严忠民，吴建华，2005. 河流健康评价的研究进展 [J]. 河海大学学报（自然科学版）(6)：5-9.

易志斌，马晓明，2009. 解决跨界水污染问题的政策手段分析 [J]. 人民黄河 (3)：59-60.

易志斌，2013. 国内跨界水污染治理研究综述 [J]. 水资源与水工程学报，24 (2)：109-113.

尤尔根·哈贝马斯，2003. 在事实与规范之间——关于法律和民主法治国的商谈理论 [M]. 童世骏，译. 北京：生活·读书·新知三联书店.

游进军，王忠静，甘泓，等，2008. 国内跨流域调水配置方法研究现状与展望 [J]. 南水北调与水利科技 (3)：1-4.

俞孔坚，李迪华，李海龙，等，2012. 京杭大运河国家遗产与生态廊道 [M]. 北京：北京大学出版社：34.

袁记平，2008. 饮用水权的法律探析 [J]. 环境保护 (16)：16-18.

袁杰锋，邓涌涌，2000. 长江河道采砂管理政策法规研究 [J]. 人民长江 (11)：12-14.

臧超，左其亭，2014. 河湖水系连通的系统可靠度分析 [J]. 水利水电技术，45 (1)：16-20.

曾晨，刘艳芳，张万顺，等，2011. 流域水生态承载力研究的起源和发展 [J]. 长江流域资源与环境 (2)：203-210.

曾祥华，2012. 我国流域管理立法模式探讨 [J]. 江南大学学报（人文社会科学版），11 (6)：50-55.

翟浩辉，2001. 优化配置水资源促进和保障西部地区经济社会可持续发展 [J]. 中国水利 (10)：13-18.

余富基，周志勇，侯晓，2005. 国外有关流域水管理委员会的立法概要 [J]. 水利水电快报 (16)：9-11，25.

张保胜，2014. 关于水利工程项目建设中的生态保护问题研究 [J]. 中国水运 (1)：134-135.

张纯成，2006. 为自然抑或为人？——对人类中心主义与非人类中心主义争论的分析 [J]. 自然辩证法研究，22 (12)：1-4，51.

张婕，王慧敏，2008. 南水北调工程运行期社会风险分析 [J]. 人民长江，39 (15)：18-19，66.

张君，2013. 基于河湖连通的区域水资源承载能力分析 [D]. 北京：中国水利水电科学研究院.

张利杰，田义文，徐娟，2010. 浅析我国水资源保护法律制度及完善 [J]. 河南科技 (16)：55-56.

张莉莉，王建文，2012. 水权是实现的制度困境及其路径探析棋以水权的内涵解读为重点 [J]. 安徽大学学报（哲学社会科学版）(5)：131-136.

张美红，2010. 我国流域水污染防治的法律缺陷及法律完善 [J]. 水利经济 (5)：21-25.

张明君，刘肖军，薛贵乐，2003. 潍坊市潍北平原水库建设管理情况的调查 [J]. 山东水利 (64)：

38 - 39.

张欧阳，卜惠峰，王翠平，等，2010. 长江流域水系连通性对河流健康的影响 [J]. 人民长江，41（2）：15 - 16.

张欧阳，熊文，丁洪亮，2010. 长江流域水系连通特征及其影响因素分析 [J]. 人民长江，41（1）：1 - 5.

张平，2005. 水权制度与水资源优化配置 [J]. 人民黄河（4）：15 - 16.

张仁田，鞠茂森，2000. 澳大利亚的水改革，水市场和水权交易 [J]. 水利水电科技进展（2）：65 - 68.

张式军，2003. 论环境纠纷的行政处理 [J]. 法治论丛（6）：59 - 63.

张献华，2010. 20 世纪加拿大和美国关于五大湖区的环境协调机制 [J]. 上饶师范学院学报（8）：25 - 28.

张兴奇，秋吉康弘，黄贤金，2006. 日本琵琶湖的保护管理模式及对江苏省湖泊保护管理的启示 [J]. 资源科学（2）：39 - 42.

张修真，1999. 南水北调——中国可持续发展的支撑工程 [M]. 北京：中国水利水电出版社.

张艳芳，张祎，2008. 澳大利亚水资源分配的法律原则 [J]. 内蒙古环境科学（2）：2.

张毅敏，张永春，高月香，等，2010. 生态与农村 [J]. 环境学报，26（21）：9 - 13.

张梓太，2004. 流域水污染防治立法的两点思考 [J]. 法学杂志（1）：19 - 21.

长江流域水资源保护立法研究课题组，1999. 长江流域水资源保护立法问题研究 [J]. 中国法学（2）：39 - 47.

长江水利委员会，2005. 维护健康长江，促进人水和谐研究报告 [R]. 武汉：长江水利委员会.

赵春光，2007. 中国流域水资源可持续利用的法律问题及对策 [J]. 法学论坛（6）：122 - 127.

赵红梅，2004. 水权属性与水权塑造之法理分析 [J]. 郑州大学学报（哲学社会科学版）（4）：23 - 26.

赵俊芳，郭建平，徐精文，等，2010. 基于湿润指数的中国干湿状况变化趋势 [J]. 农业工程学报，26（8）：18 - 24.

赵来军，2007. 我国流域跨界水污染纠纷协调机制研究：以淮河流域为例 [M]. 上海：复旦大学出版社.

赵子平，2013. 关于加速推进河湖连通工程建设的思考 [J]. 水利技术监督，21（2）：48 - 50.

哲伦，译，2011. 区域环境合作的典范——保护五大湖 [J]. 资源与人居环境（3）：57.

郑连第，2003. 世界上的跨流域调水工程 [J]. 南水北调与水利科技，（S1）：14 - 15.

郑连第，2003. 中国历史上的跨流域调水工程 [J]. 南水北调与水利科技（S1）：5 - 8，48.

郑连生，2012. 适水发展与对策 [M]. 北京：中国水利水电出版社.

中国科学院，世界自然基金会，长江水利委员会，等，2007. 长江保护与发展报告 2007 [M]. 武汉：长江出版社.

中国可持续发展研究会，2012. 中国自然灾害与防灾减灾知识读本 [M]. 北京：人民邮电出版社.

周刚炎，2007. 中美流域水资源管理机制的比较 [J]. 水利水电快报（5）：1 - 4.

周魁一，蒋超，1990. 古鉴湖的兴废及其历史教训 [J]. 古今农业（2）：44 - 54.

周魁一，2001. 洞庭湖的历史演变与防洪功能评价 [J]. 黑龙江水专学报（3）：91 - 107.

周永红，赵言文，施国庆，2008. 水利规划环境影响评价 [J]. 水资源保护（5）：79 - 82.

朱九龙，2014. 国内外跨流域调水水源区生态补偿研究综述 [J]. 人民黄河（2）：78 - 81.

朱一中，夏军，2006. 论水权的性质及构成 [J]. 地理科学进展（1）：43 - 48.

朱元生，2002. 水资源开发与管理的时代性 [J]. 水利规划设计（3）：55 - 59.

左其亭，崔国韬，2012. 河湖水系连通理论体系框架研究 [J]. 水电能源科学，30（1）：15.

左其亭，马军霞，陶洁，2011. 现代水资源管理新思想及和谐论理念 [J]. 资源科学，33（12）：2214 - 2220.

左其亭，赵衡，马军霞，2014. 水资源与经济社会和谐平衡研究 [J]. 水利学报，45（7）：785 - 792，800.

左其亭，2009. 和谐论——研究水问题的重要理论方法 [C] //变化环境下的水资源响应与可持续利用：中国水利学会水资源专业委员会 2009 学术年会论文集. 大连：大连理工大学出版社：203 – 207.

Cohen N，2008. ISRAEL'S NATIONAL WATER CARRIER [J]. Present Environment & Sustainable Development，2（1）.

International Joint Commission Canada & United States，2002. Great Lakes Water Quality Agreement [N]. https：//www. ijc. org/en/who/mission/glwqa.

Lu X ，Higgitt D L，2015. Sediment yield variability in the Upper Yangtze，China [J]. Earth Surface Processes & Landforms，24（12）：1077 – 1093.

Lu X X，2005. Spatial variability and temporal change of water discharge and sediment flux in the lower Jinsha tributary impact of environmental change [J]. River Research and Applications，25（21）：229 – 243.

Penning – Rowsell E C，Chatterton J B，1977. The Benefits of Flood Alleviation：A Manual of Assessment Techniques [J]. Geographical Journal，145（3）.

Rapport D J，1989. What Constitutes Ecosystem Health？ [J]. Perspectives in Biology and Medicine，33（1）：120 – 132.

Robert Costanza，Michael Mageau.，1999. What is a healthy ecosystem？ [J]. Aquatic Ecology，33（1）：105 – 115.

Rogers K，Biggs H，1999. Integrating indicators，endpoints and value systems in strategic management of the river of the Kruger National Park [J]. Freshwater Biology，41（2）：254 – 263.

Schofield N J，Davies P E，1996. Measuring the health of our rivers [J]. Water，（5 /6）：39 – 43.

Shama T C，Dickerson W T，1980. System model of daily sediment yield [J]. Water Resource Reseatch，16（3）：501 – 506.

Stoddard J L，Larsen D P，Hawkins C P，et al.，2006. Setting expectations for the ecological condition of streams：the concept of reference condition [J]. Ecological Applications，16（4）：1267 – 1276.

The U. S. Policy Committee for the Great Lakes，2002. Great Lakes Strategy 2002 [N]. http：//gleams. altarum. org/ glwatershed /strategy/.

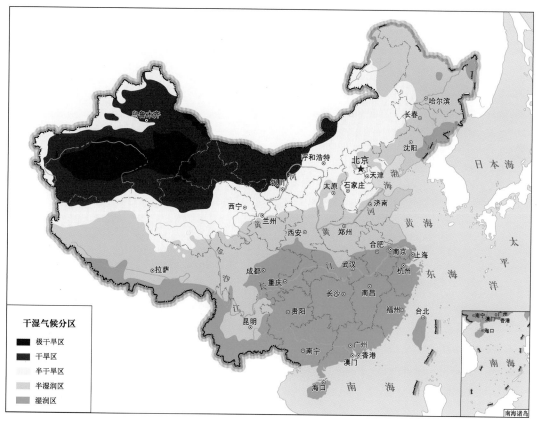

图 4.1 我国干湿平均分布状况示意图

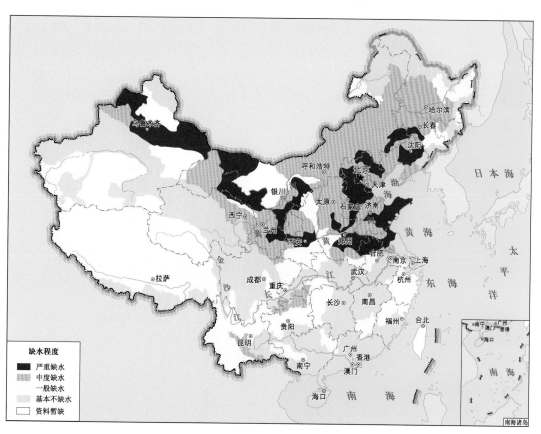

图 6.2 全国现状缺水程度分布图

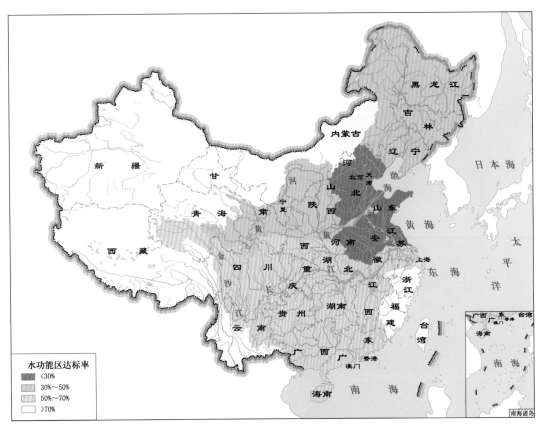

图 6.7　全国水功能区达标率分布图

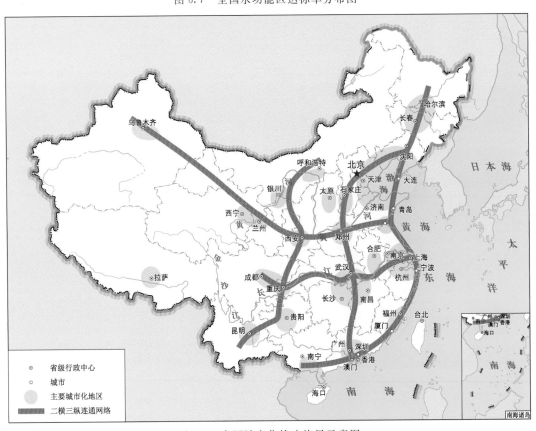

图 6.8　全国城市化战略格局示意图

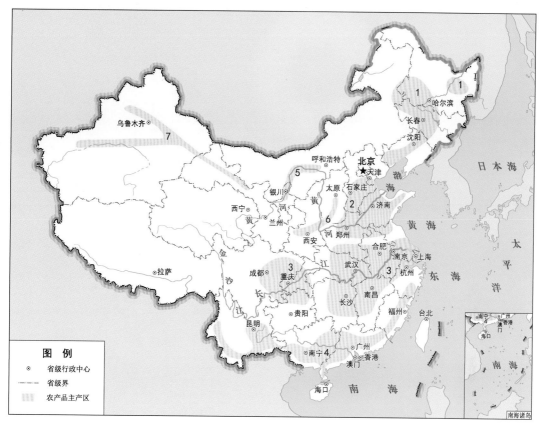

图 6.9　全国农业战略格局示意图

1—东北平原主产区；2—黄淮海平原主产区；3—长江流域主产区；4—华南主产区；

5—河套灌区主产区；6—汾渭平原主产区；7—甘肃新疆主产区

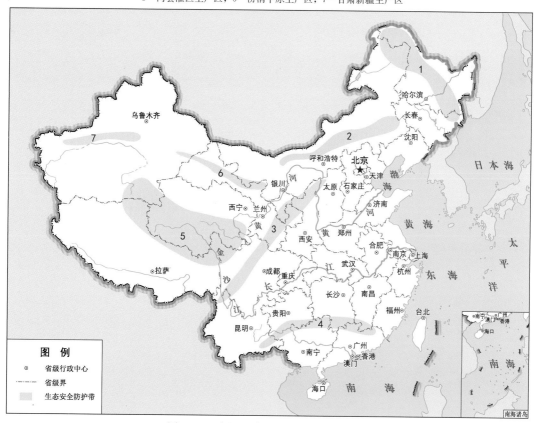

图 6.10　全国生态安全战略格局示意图

1—东北森林带；2—北方防沙带；3—黄土高原-川滇生态屏障；4—南方丘陵地带；5—青藏高原生态屏障；6—北方防沙带

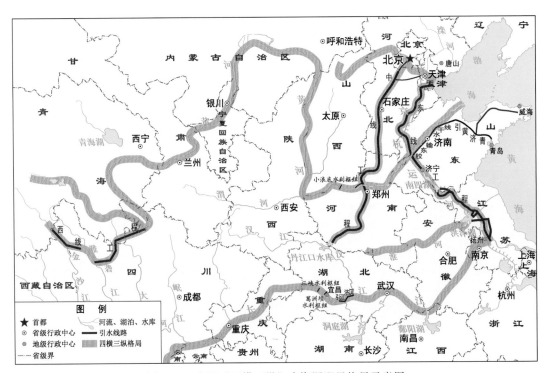

图 13.1　我国"四横三纵"水资源配置格局示意图

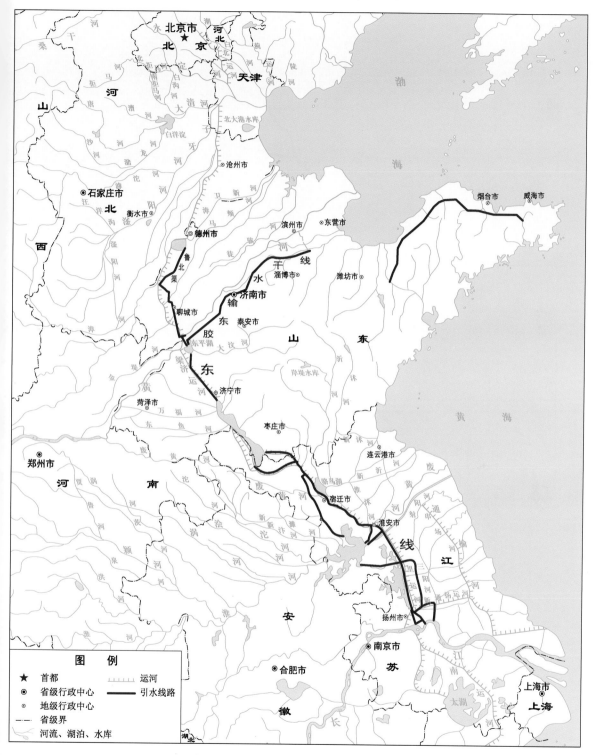

图 13.2　南水北调东线一期工程线路示意图

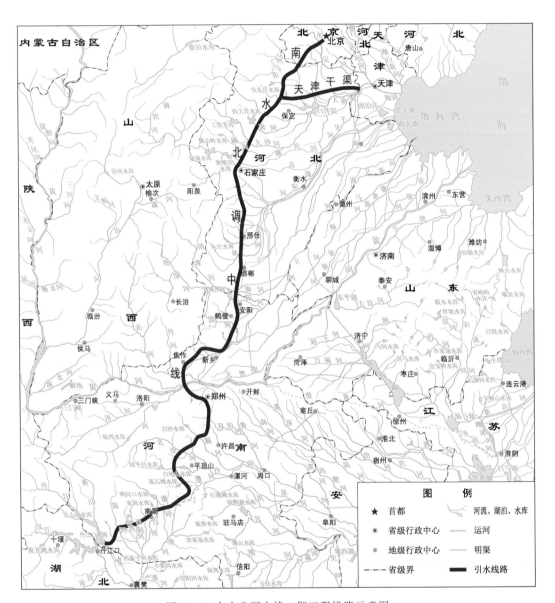

图 13.3　南水北调中线一期工程线路示意图

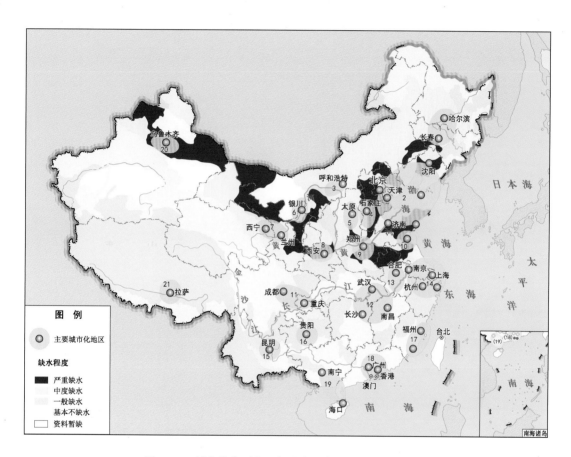

图 13.4　国家优化开发区与重点开发区缺水程度示意图

1—哈长地区；2—环渤海地区；3—呼包鄂榆地区；4—冀中南地区；5—太原城市群；6—宁夏沿黄经济区；7—兰州西宁地区；
8—关中-天水地区；9—中原经济区；10—东陇海地区；11—成渝地区；12—长江中游地区；13—江淮地区；
14—长江三角洲地区；15—滇中地区；16—黔中地区；17—海峡两岸经济区；18—珠江三角洲地区；
19—北部湾地区；20—天山北坡地区；21—藏中南地区

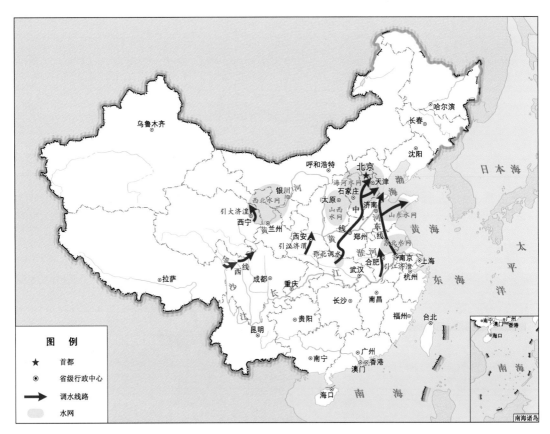

图 13.5　以南水北调工程为骨干的河湖水系连通总体布局示意图

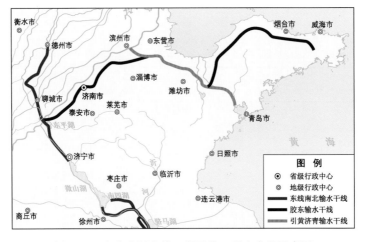

图 13.8　南水北调东线一期干线工程山东段示意图

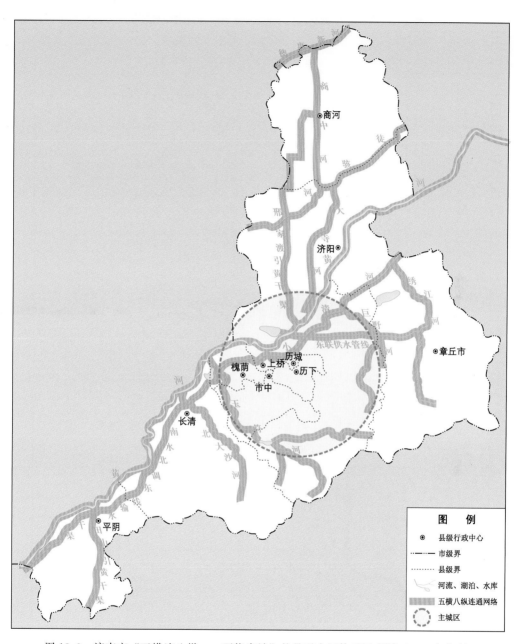

图 13.9　济南市"五横连八纵、一环绕泉城"的骨干水网体系示意图（2018 年资料）

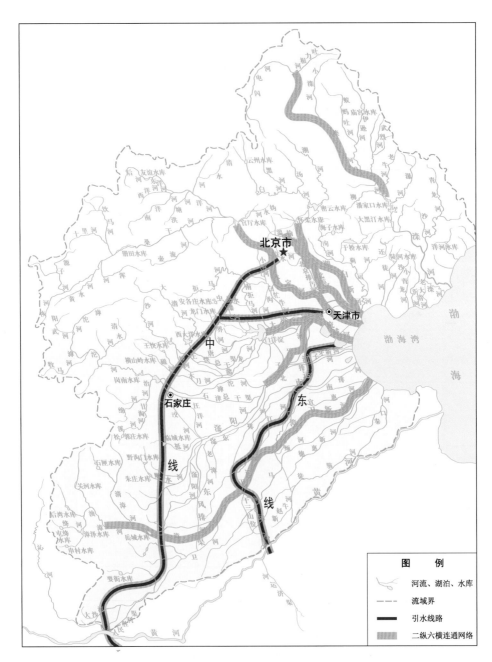

图 13.10　海河水系连通总体布局示意图

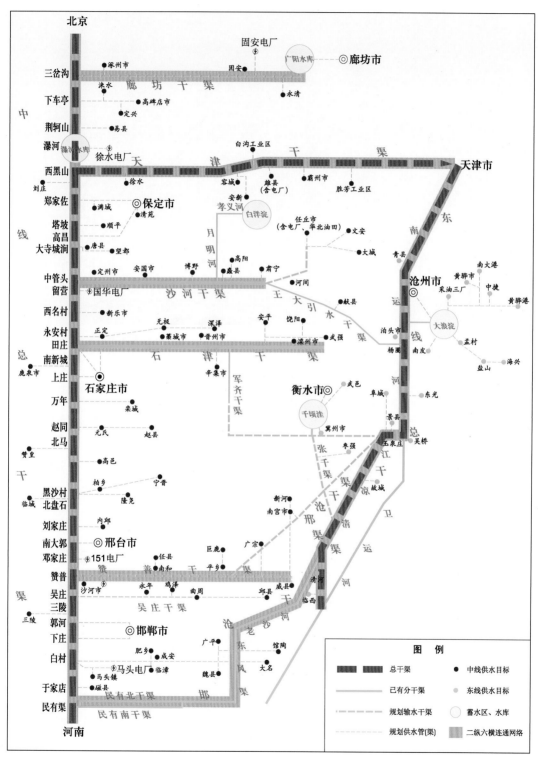

图 13.11　河北省以"二纵六横十库"为骨架的供水网络体系示意图

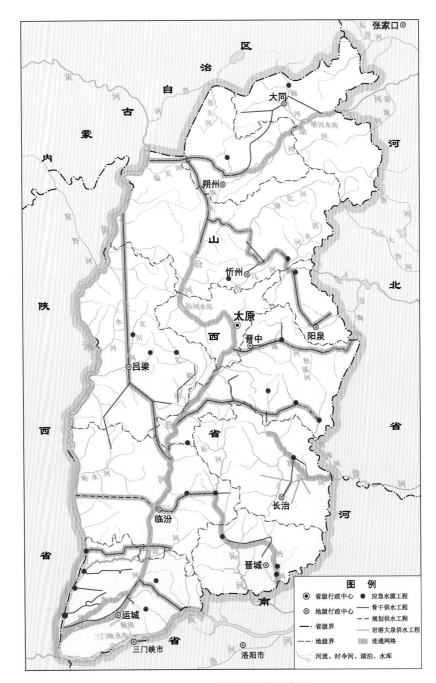

图 13.12　山西大水网规划示意图